电工电子基础课程系列教材
桂林航天工业学院教材建设经费资助出版

# 基于Multisim+Proteus+Altium Designer的电路设计、仿真与制板

贾磊磊　李精华　主编
陈俊峰　主审

電子工業出版社
Publishing House of Electronics Industry
北京 • BEIJING

## 内 容 简 介

本书从电路设计能力形成的自然规律出发，按照工程教育认证的要求，结合从事电路设计必须具备的能力，通过具体的典型案例的设计过程介绍电路设计。本书首先从电路设计中必须具备的电路基本概念、电路设计必须熟悉的电子元器件入手，然后通过不同的仿真软件绘制经典单元电路原理图并进行仿真分析，通过不同难度的经典工程案例的电路原理图及 PCB 设计，完成对学生电路设计能力的培养，在每个项目设计中还设计了能力形成的观察点，作为学生能力形成性评价依据。根据电路设计工程师在电路设计过程中需掌握的常用软件和设计方法，本书运用具体的工程案例，完整地介绍常用的 Multisim、Proteus 及 Altium Designer 等软件的操作和设计方法，其中 Multisim 和 Proteus 软件侧重于电路的仿真分析，Altium Designer 软件侧重于 PCB 设计。书中根据 8 路抢答器的技术指标，运用 Multisim 和 Proteus 软件对 8 路抢答器电路的设计原理进行仿真分析，验证设计方案的正确性，再用 Altium Designer 软件完成 8 路抢答器的 PCB 设计，并要求学生完成 8 路抢答器的焊接与调试，完整地体现了一个电子产品项目的设计全过程。全书共 8 章，主要包括：电路设计基础知识、常见的电子元器件、基于 Multisim 的典型单元电路仿真分析、基于 Proteus 的音频功率放大器设计与仿真分析、8 路抢答器电路设计与仿真分析、制作个人元器件库及其元器件、单片机综合实验电路板设计、基于 STM32 的 DDS 信号源硬件电路设计。书中案例难易结合，强化设计过程，突出能力培养。本书提供配套的电子课件 PPT、教学大纲、案例设计电路资源、思考与练习参考答案等。

本书可作为工科院校开设的电路 CAD、电路设计与仿真、电子技术课程设计或电子信息工程专业的基础工程实训等课程的教材，还可供从事电路设计开发的工程技术人员学习和参考。



**图书在版编目（CIP）数据**

基于 Multisim+Proteus+Altium Designer 的电路设计、仿真与制板 / 贾磊磊，李精华主编. —北京：电子工业出版社，2024.2

ISBN 978-7-121-47366-1

Ⅰ. ①基…　Ⅱ. ①贾…　②李…　Ⅲ. ①电子电路－计算机辅助设计－应用软件　Ⅳ. ①TN702

中国国家版本馆 CIP 数据核字（2024）第 024466 号

责任编辑：王晓庆
印　　刷：三河市华成印务有限公司
装　　订：三河市华成印务有限公司
出版发行：电子工业出版社
　　　　　北京市海淀区万寿路 173 信箱　　邮编：100036
开　　本：787×1092　1/16　印张：18.25　字数：467 千字
版　　次：2024 年 2 月第 1 版
印　　次：2024 年 2 月第 1 次印刷
定　　价：59.00 元

凡所购买电子工业出版社图书有缺损问题，请向购买书店调换。若书店售缺，请与本社发行部联系，联系及邮购电话：（010）88254888，88258888。

质量投诉请发邮件至 zlts@phei.com.cn，盗版侵权举报请发邮件至 dbqq@phei.com.cn。

本书咨询联系方式：（010）88254113，wangxq@phei.com.cn。

# 前　言

根据习近平总书记强调的“加快建设科技强国，实现高水平科技自立自强”重要讲话精神，结合《中共中央关于制定国民经济和社会发展第十四个五年规划和二〇三五年远景目标的建议》，坚持创新驱动发展，加快发展现代产业体系，坚持创新在我国现代化建设全局中的核心地位，把科技自立自强作为国家发展的战略支撑。智能制造及人工智能技术是我国产业发展的核心技术，而智能制造及人工智能的控制离不开系统的硬件电路，因此电路设计已经成为高校电子信息类、自动化类和仪器类等专业学生必须掌握的一门重要技术。

电路设计工作者需要具备电子元器件识别、电路方案设计、电路功能仿真分析、电路原理图设计和电路 PCB 设计等能力。目前国内高校流行的电路仿真软件是 Multisim 和 Proteus 软件，虽然这两款软件都具有 PCB 设计功能，但在国内并不流行，电路设计工程师不习惯使用 Multisim 和 Proteus 进行 PCB 设计；而国内流行的电路 PCB 设计软件是 Altium Designer，但其电路仿真功能比不上 Multisim 和 Proteus。三款软件各有特色，是工科学生需要掌握的设计软件。本书结合 Multisim、Proteus、Altium Designer 三者的优势，利用 Multisim、Proteus 仿真功能分析典型单元电路设计，利用 Altium Designer 强大的 PCB 设计功能设计经典的、实用的真实电路案例；运用具体的电路设计案例对三款软件分别进行介绍，重点是教会学生运用软件进行电路设计。

本书从电路设计能力形成的自然规律出发，按照工程教育认证的要求，结合学生从事电路设计必须具备的能力，通过具体的典型案例的设计过程介绍电路设计。本书首先从电路设计中必须具备的电路基本概念、电路设计必须熟悉的电子元器件入手，然后通过不同的仿真软件绘制经典单元电路原理图并进行仿真分析，通过不同难度的经典工程案例的电路原理图及 PCB 设计，完成对学生电路设计能力的培养，在每个项目设计中还设计了能力形成的观察点，作为学生能力的形成性评价依据。根据电路设计工程师在电路设计过程中需掌握的常用软件和设计方法，本书运用具体的工程案例，完整地介绍常用的 Multisim、Proteus 及 Altium Designer 等软件的操作和设计方法，其中 Multisim 和 Proteus 软件侧重于电路的仿真分析，Altium Designer 软件侧重于 PCB 设计。全书共 8 章，第 1 章电路设计基础知识，通过该部分内容的学习，学生将具备各种电路的相关知识；第 2 章常见的电子元器件，通过该部分内容的学习，学生能认识常见的电子元器件、电子元器件的原理图符号及其封装图，具备基本的元器件识别能力；第 3 章基于 Multisim 的典型单元电路仿真分析，通过该部分内容的学习，学生可掌握 Multisim 软件的仿真分析方法，具备单元电路的设计和分析能力及对虚拟仪器的使用能力；第 4 章基于 Proteus 的音频功率放大器设计与仿真分析，通过该部分内容的学习，学生可掌握 Proteus 软件的仿真分析方法，具备分模块设计复杂电路的能力；第 5 章 8 路抢答器电路设计与仿真分析，学生通过该项目设计过程的学习，可具备电路分析、仿真、PCB 设计及焊接与调试的能力；第 6 章制作个人元器件库及其元器件，通过该部分内容的学习，学生可掌握利用 Altium Designer 软件制作个人元器件库及其元器件，具备制作非标准元器件库及其元器件的能力；第 7 章单片机综合实验电路板设计，通过该部分内容的学习，学生可具备复杂电路的原理图和 PCB 的设计能力；第 8 章基于 STM32 的 DDS 信号源硬件电路设计，通过该部分内容的学习，学生可具备层次原理图及其 PCB 设计的能力。

本书按照电路设计必须具备的知识及能力来编写，与同类教材相比，本书具有以下特点。

（1）知识点全面。全面按照电路设计工程师必须具备的电路基本概念、电子元器件识别能力、电路分析能力、电路设计能力及软件操作能力来编排教学内容，从而实现对学生电路设计能力的培养。

（2）教学内容关联度大。本书中的项目设计案例都来源于实际工程，且分别与电路分析、模拟电路、数字电路、单片机技术及 STM32 嵌入式设计相关，巩固了学生的专业知识基础，提高了学生的专业能力。

（3）突出难点和重点。经过多年的教学，编者发现学生在电路设计过程中对元器件不熟悉甚至不认识，对元器件的封装比较困惑，因此在课程教学内容的编排中，通过第 2 章常见的电子元器件，对常见元器件的外形、原理图符号和常见封装图进行对比分析，运用元器件的图片加强学生对元器件的感性认识，同时在具体的项目设计中加强对元器件封装图的介绍，解决学生设计过程的疑难问题。

（4）学习的软件数量多。通过具体的项目设计，对电路设计工程师在电路设计过程中常使用的 Multisim、Proteus 及 Altium Designer 等软件都进行详细介绍，但又不简单地局限于对三款软件操作功能的介绍，以提高学生的软件操作能力。第 5 章“8 路抢答器电路设计与仿真分析”充分利用三款软件的不同特点进行联合设计，先利用 Multisim 和 Proteus 的仿真优势完成 8 路抢答器的电路原理图的仿真设计，再利用 Altium Designer 的 PCB 设计优势完成 8 路抢答器的 PCB 设计。

（5）项目案例设计过程详细。每个项目案例都有具体的操作步骤说明，并附有操作设计界面，只要一步一步地参照提示，就能完成设计，可提高学生的自学能力。

（6）虚实结合，突出分析。综合性的项目案例按照项目的设计流程，根据设计指标设计技术方案，然后运用软件进行仿真分析，最后确定电路设计方案，完成电路的 PCB 设计。在仿真分析过程中充分运用软件所提供的虚拟仪器及检查方法对设计的性能指标进行分析，完整体现了工程设计过程，从而提高学生的分析能力和工程设计能力。

全书共 8 章，桂林航天工业学院教学副校长、测控技术与仪器教学指导委员会委员、工程教育认证资深专家李智对本书的编写提供了技术指导；企业专家陈俊峰研究员根据企业产品的开发过程对本书进行了审核，并对第 1 章的 PCB 设计过程提出了宝贵的意见；第 2、3、4、5、6 章内容由桂林航天工业学院李精华教授编写，第 1、7、8 章由桂林航天工业学院贾磊磊副教授编写。本书得到了桂林航天工业学院教学团队建设项目“自动化与仪器类专业群教学团队”（2020JXTD06）和桂林航天工业学院教材建设经费的资助。本书提供配套的电子课件 PPT、教学大纲、案例设计电路资源、思考与练习参考答案等，请登录华信教育资源网（www.hxedu. com.cn）注册后免费下载。

本书在编写过程中查阅和参考了大量相关的参考文献，从中得到很多帮助和启示，在此对为本书提供帮助的作者和单位表示深深的感谢。作者 E-mail：lijh@guat.edu.cn。

编　者

2024 年 1 月

# 目 录

第 1 章 电路设计基础知识 …… 1
1.1 电路的基本概念 …… 1
1.2 电路图 …… 1
1.3 印制电路板 …… 4
1.4 印制电路板图设计基础 …… 10
1.5 印制电路板的生产工艺和制作过程 …… 15
1.5.1 印制电路板的生产工艺 …… 15
1.5.2 简单印制电路板的制作过程 …… 17
1.5.3 印制电路板的工业生产过程 …… 18
1.6 印制电路板组装过程 …… 19
1.7 电路知识形成观察点分析 …… 22
本章小结 …… 22
思考与练习 …… 22
第 2 章 常见的电子元器件 …… 23
2.1 电子元器件基本知识 …… 23
2.2 常用电子元器件的原理图符号及其封装图 …… 25
2.2.1 电阻器的原理图符号及其封装图 …… 25
2.2.2 电容器的原理图符号及其封装图 …… 28
2.2.3 电感器的原理图符号及其封装图 …… 29
2.2.4 二极管的原理图符号及其封装图 …… 30
2.2.5 三极管的原理图符号及其封装图 …… 33
2.2.6 场效应管的原理图符号及其封装图 …… 33
2.2.7 集成电路的识别及其封装图 …… 34
2.2.8 三端集成稳压器及其封装图 …… 43
2.2.9 晶振及其封装图 …… 44
2.2.10 光电耦合器及其封装图 …… 45
2.2.11 遥控器接收头及其封装图 …… 46
2.2.12 开关及其封装图 …… 46
2.2.13 继电器及其封装图 …… 51
2.2.14 插接件及其封装图 …… 51
2.2.15 跳线 …… 57
2.3 元器件识别能力形成观察点分析 …… 58
本章小结 …… 58
思考与练习 …… 58

第 3 章 基于 Multisim 的典型单元电路仿真分析 …… 59
3.1 基于 Multisim 的直流稳压源电路的仿真分析 …… 59
3.1.1 直流稳压源设计要求 …… 60
3.1.2 基于 Multisim 的直流稳压源电路仿真原理图设计 …… 60
3.1.3 基于 Multisim 的直流稳压源电路仿真分析 …… 64
3.1.4 基于 Multisim 的直流稳压源电路仿真分析教学设计 …… 67
3.2 基于 Multisim 的混联直流电路的仿真分析 …… 67
3.3 基于 Multisim 的串联谐振电路的仿真分析 …… 70
3.4 基于 Multisim 的单管共射放大电路的仿真分析 …… 72
3.5 基于 Multisim 的测量放大电路的仿真分析 …… 76
3.6 基于 Multisim 的电压−频率转换电路的仿真分析 …… 78
3.7 基于 Multisim 的二阶 RC 有源滤波器电路的仿真分析 …… 79
3.8 基于 Multisim 的集成选频放大器的仿真分析 …… 81
3.9 基于 Multisim 的译码器构成的跑马灯电路的仿真分析 …… 83
3.10 基于 Multisim 的二十四进制计数器电路的仿真分析 …… 86
3.11 基于 Multisim 的 51 单片机控制的跑马灯电路的仿真分析 …… 89
3.12 基于 Multisim 的典型单元电路的能力形成观察点分析 …… 96
本章小结 …… 97
思考与练习 …… 97
第 4 章 基于 Proteus 的音频功率放大器设计与仿真分析 …… 99
4.1 音频功率放大器的主要技术指标 …… 99
4.2 音频功率放大器设计要求 …… 102
4.3 ±15V 直流稳压源仿真设计 …… 102
4.4 音调控制电路设计与仿真分析 …… 109
4.4.1 音调控制电路设计 …… 110
4.4.2 音调控制电路原理分析 …… 111
4.4.3 音调控制电路高、低音的幅频特性分析 …… 115
4.5 前级放大电路设计与仿真分析 …… 117
4.5.1 前级放大电路设计 …… 117
4.5.2 前级放大电路仿真分析 …… 119
4.6 工频陷波器电路设计与仿真分析 …… 123
4.6.1 工频陷波器电路设计 …… 124
4.6.2 工频陷波器电路仿真分析 …… 125
4.7 功率放大电路设计与仿真分析 …… 125
4.7.1 功率放大电路设计 …… 126
4.7.2 功率放大电路仿真分析 …… 128
4.8 简易音频功率放大器总电路设计 …… 129
4.8.1 简易音频功率放大器整体电路原理图的仿真分析 …… 130
4.8.2 音频功率放大器电路元器件封装 …… 130
4.8.3 音频功率放大器电路 PCB 设计 …… 136

4.9　简易音频功率放大器项目设计能力形成观察点分析……137
本章小结……137
思考与练习……138
**第 5 章　8 路抢答器电路设计与仿真分析**……140
5.1　8 路抢答器的主要技术指标……140
5.2　基于 Proteus 的 8 路抢答器电路原理图设计与仿真分析……140
5.2.1　基于 Proteus 的 8 路抢答器的编码电路设计与仿真……141
5.2.2　基于 Proteus 的 8 路抢答器的译码显示及报警电路设计与仿真……142
5.2.3　基于 Proteus 的 8 路抢答器整体电路设计与仿真……144
5.3　基于 Multisim 的 8 路抢答器电路原理图设计与仿真分析……144
5.4　基于 Altium Designer 20 的 8 路抢答器设计……145
5.4.1　8 路抢答器的元器件清单……145
5.4.2　基于 Altium Designer 20 的 8 路抢答器的原理图设计……148
5.4.3　基于 Altium Designer 20 的 8 路抢答器的双面 PCB 设计……163
5.5　Multisim、Proteus、Altium Designer 优缺点分析……184
5.6　8 路抢答器装配与焊接……185
5.7　8 路抢答器项目设计能力形成观察点分析……186
本章小结……186
思考与练习……186
**第 6 章　制作个人元器件库及其元器件**……189
6.1　创建元器件封装库及元器件封装制作……189
6.1.1　创建个人元器件封装库……190
6.1.2　采用封装向导设计元器件封装……190
6.1.3　采用手工绘制方式设计元器件封装……193
6.1.4　从其他封装库中复制封装……197
6.1.5　元器件封装编辑……199
6.2　创建原理图的元器件符号库及原理图的元器件符号制作……200
6.2.1　创建个人原理图的元器件符号库……200
6.2.2　采用手工方式绘制原理图的元器件符号……202
6.2.3　绘制包含子部件的元器件符号……205
6.2.4　采用元器件符号设计向导设计元器件符号……208
6.2.5　从其他元器件符号库中复制元器件符号……210
6.3　创建集成元器件库……211
6.3.1　创建个人集成元器件库……212
6.3.2　创建双联电位器集成元器件库……214
6.4　制作个人元器件库项目设计能力形成观察点分析……223
本章小结……224
思考与练习……224
**第 7 章　单片机综合实验电路板设计**……225
7.1　单片机综合实验电路板的主要技术指标……225

7.2 电源模块电路设计…………226
7.2.1 电源模块原理图设计…………226
7.2.2 电源模块电路分析…………227
7.3 单片机最小系统模块电路设计…………228
7.3.1 单片机最小系统模块原理图设计…………228
7.3.2 单片机最小系统模块电路分析…………228
7.4 通信模块电路原理图设计…………230
7.4.1 基于 RS232 通信的硬件电路…………230
7.4.2 基于 RS232 通信的程序下载…………231
7.4.3 基于 ISP 通信的硬件电路…………232
7.5 显示模块电路设计…………232
7.5.1 单个 LED 电路设计…………233
7.5.2 单色点阵电路设计…………234
7.5.3 8 位共阴数码管显示电路设计…………234
7.5.4 液晶显示电路设计…………235
7.6 按键及键盘电路设计…………236
7.7 串行总线扩展电路设计…………237
7.7.1 A/D 转换电路设计…………237
7.7.2 DS1302 实时时钟电路设计…………238
7.7.3 存储器、温度传感器及红外遥控电路设计…………239
7.8 较大电流驱动接口电路设计…………240
7.9 双面 PCB 设计…………241
7.10 单片机综合实验电路板项目设计能力形成观察点分析…………248
本章小结…………248
思考与练习…………249
**第 8 章 基于 STM32 的 DDS 信号源硬件电路设计…………252**
8.1 基于 STM32 的 DDS 信号源主要技术指标…………252
8.2 基于 STM32 的 DDS 信号源硬件系统设计…………252
8.3 基于 STM32 的 DDS 信号源硬件电路原理图设计…………253
8.3.1 层次原理图的基本结构…………253
8.3.2 基于 STM32 的 DDS 信号源的“自顶向下”层次原理图设计…………254
8.3.3 基于 STM32 的 DDS 信号源的“自底向上”层次原理图设计…………263
8.3.4 层次原理图之间的切换…………264
8.4 基于 STM32 的 DDS 信号源硬件电路的双面 PCB 设计…………265
8.5 基于 STM32 的 DDS 信号源项目设计能力形成观察点分析…………275
本章小结…………276
思考与练习…………276
**附录 A Altium Designer 快捷键大全…………280**
**参考文献…………283**

# 第 1 章　电路设计基础知识

内容导航

| 目标设置 | 建立电路、电路板的基本概念 |
| --- | --- |
| 内容设置 | 电路与电路图的基本概念；印制电路板设计、工艺设计及生产流程 |
| 能力培养 | 具备电路基本知识及专业素养能力 |
| 本章特色 | 通过丰富的图片介绍电路的基本概念及印制电路板的生产流程 |

## 1.1　电路的基本概念

### 1. 什么是电路

电路又称导电回路或电子回路，是电流流过的回路，是用金属导线将电气、电子部件（如电阻、电容、电感、二极管、三极管、电源和开关等）按一定方式连接起来构成的网络[1]。

电路的规模可以相差很大，小到硅片上的集成电路，大到高低压输电网。最简单的电路是由电源、电器（负载）、导线和开关等元器件组成的。电路导通时叫作通路，断开时叫作开路或断路。只有在通路时，电路中才有电流通过。电路中电源正、负极间直接被接通的情况叫作电源短路，这种情况是决不允许的。另一种短路是指某个元器件的两端被直接接通，此时电流不经过该元器件，这种情况叫作该元器件短路。开路（或断路）是允许的，而短路决不允许，因为电源短路会导致电源烧坏，元器件短路会导致元器件无法正常工作。

### 2. 电路的分类

电路的分类标准不同，电路的名称不同，这里主要介绍两种分类方法。根据电路中流过的电流性质，一般把电路分为直流电路和交流电路两种，直流电通过的电路称为“直流电路”，交流电通过的电路称为“交流电路”。

根据电路所处理信号的不同，电路可以分为模拟电路和数字电路。

模拟电路是指用来对模拟信号进行传输、变换、处理、放大、测量和显示等工作的电路。模拟电路是电子电路的基础，它主要包括放大电路、信号运算和处理电路、振荡电路、调制和解调电路及电源等。

数字电路又称数字逻辑电路或逻辑电路，是指用来对数字信号进行算术运算、逻辑运算及时序处理的电路。数字电路具有逻辑运算和逻辑处理功能，逻辑门是数字电路的基本单元。从整体来看，数字电路可以分为组合逻辑电路和时序逻辑电路两大类。

## 1.2　电路图

电路图是指反映电路中元器件之间电气连接关系的图，在日常的工作中，电路图通常是指电路原理图。电路图是所有电子产品的“档案”，掌握电路图是从事电子产品生产、装配、调试及维修的重要基础。

电路图主要由元器件符号、连线、节点、注释 4 大部分组成。电路图中的元器件符号的形状与实际元器件的形状不一定相似，甚至完全不一样，电路图中元器件符号的引脚位置与元器件实物的引脚位置可以一致，也可以不一致，但电路图中的元器件符号应能体现元器件实物的特征，比如，电路图中元器件符号的引脚名称和编号要与实际元器件的引脚名称和编号保持一致，几种常用的元器件及其对应的元器件符号如图 1-1 所示。电路图中的连线表示实际电路中的导线或者对应印制电路板上的铜模，比如收音机电路原理图中的连线，在印制电路板图中并不一定都是线形的，也可以是一定形状的铜膜。电路图中的节点表示几个元器件引脚或几条导线之间相互的连接关系，所有和节点相连的元器件引脚、导线，不论数目多少，都是导通的。电路图的注释在电路图中是十分重要的，电路图中所有的文字都可以归入注释一类。在电路图的各个地方都有注释存在，它们可用来说明元器件的型号、名称等。

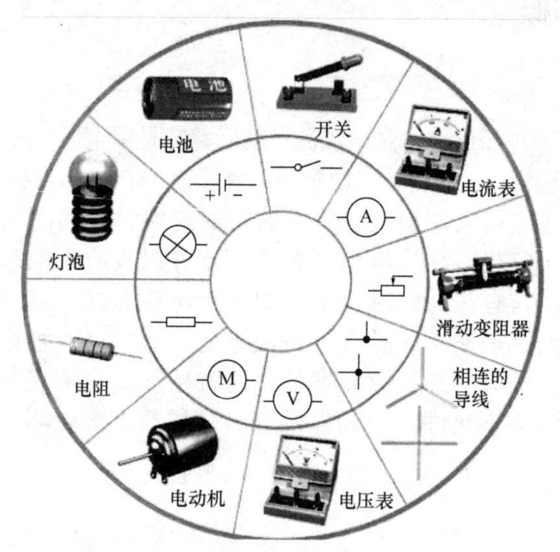


图 1-1　常用的元器件及其对应的元器件符号

根据电路应用的行业领域的不同，电路中常涉及电路框图、电路原理图、印制电路板图、电路元器件分布图、电路板装配图、电路点位图和电路实物图等概念，而且容易混淆，下面分别加以说明。

### 1．电路框图

电路框图又称电路方框图，是一种用方框、线段和箭头表示电路各组成部分之间的相互关系的功能图，其中每个方框都表示一个单元电路，线段和箭头则表示单元电路之间的关系和电路中信号的走向。图 1-2 所示为调光台灯的电路框图，在这种图纸中，除了方框、连线及说明文字，几乎没有别的符号。

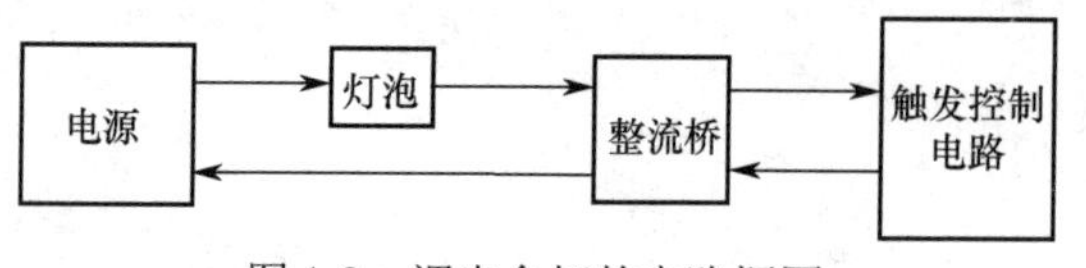


图 1-2　调光台灯的电路框图

电路框图只能说明这个电路的功能构成及不同单元电路之间的大致连接关系，并不能说明电路中每个元器件的具体连接方式及相关的元器件参数。电路框图是一种重要的电路功能图，对于了解系统电路的组成和各单元电路之间的逻辑关系非常有用。电路框图相对电路原理图来说更加简洁，电路框图的逻辑性强，便于记忆和理解，可以直观地看出电路的组成和信号的传输途径，以及信号在传输过程中经过的处理过程。电路设计工程师在设计一个电子产品前，往往先绘制电子产品的电路框图。电路框图又分为信号流程框图、电路组成原理框图和各种集成电路的内部电路框图等几种。

### 2．电路原理图

电路原理图是由代表不同电子元器件的元器件符号、各元器件符号之间的连线及连线之间的节点所构成的一种图纸，是电子产品中最常见的一种电路图（日常所说的“电路图”主要是指电路原理图）。在电路原理图中用相应的符号代表不同的电子元器件，可以直接体现电路的结构和工作原理。因此电路原理图常用于描述电子电路的工作原理，用于电子产品的设计、分析、检测和维修等领域。

在绘制电路原理图时，不用考虑电子元器件的实际位置，因此可以从容地在图纸上或者在计算机上进行电路原理图的绘制工作，绘制电路原理图的好处是可以节省时间、便于标准化。可以想象，如果表达一个电路要画出各个电子元器件的外观图形，那要浪费多少时间。如果采用已经标准化的元器件符号，则只要知道各个电子元器件的电路原理图符号，就可以看懂电路原理，可以大大提高电路图的流通性。分析电路时，通过识别图纸上所画的各种电子元器件符号及它们之间的连接方式，就可以了解电路实际工作时的原理。图 1-3 所示为调光台灯的电路原理图，通过该图就可以很容易地了解台灯的工作原理。

### 3．印制电路板图

印制电路板图是一种布线图，是用于制作印制电路板的图纸，印制电路板图又称印制线路板图，简称印制图或 PCB（Printed Circuit Board）图。印制电路板图一般包含印制线路（铜箔线条）和接点，调光台灯的印制电路板图如图 1-4 所示。有些印制电路板图中除了铜箔线条和接点，还有一些元器件的位置和辅助说明等信息，其功能是用于制作印制电路板和为装配元器件提供服务。

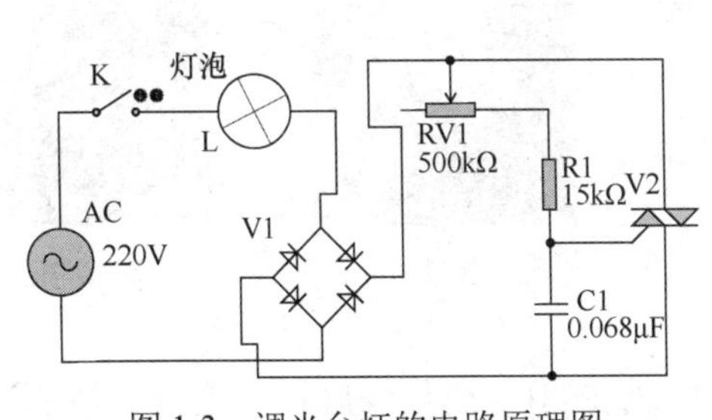


图 1-3　调光台灯的电路原理图

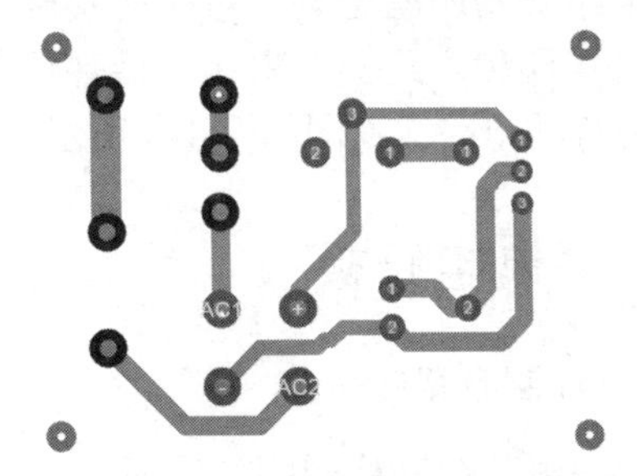

图 1-4　调光台灯的印制电路板图

### 4．电路元器件分布图

电路元器件分布图是一种能直观表示实物电路中元器件实际分布情况的图，电路元器件分布图与实际电路板中的元器件分布情况是完全对应的，该类电路图可简洁、清晰地表

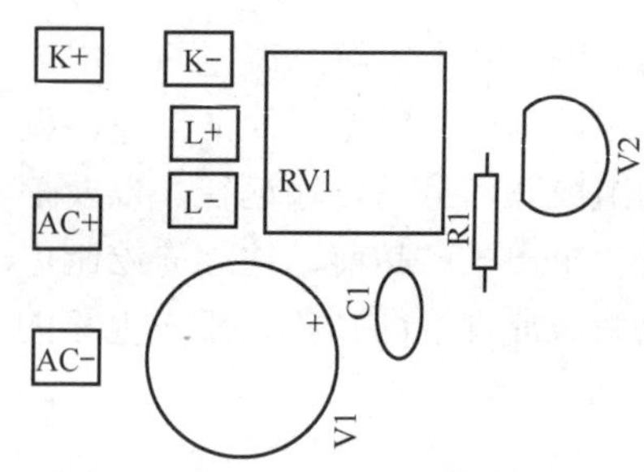

图 1-5　调光台灯的电路元器件分布图

示电路板构成中所有元器件的位置关系，调光台灯的电路元器件分布图如图 1-5 所示。

### 5. 电路板装配图

电路板装配图是电子产品整机装配图的一部分，电路板装配图上的符号往往是电子元器件的实物外形图。技术员只要照着电路板装配图上画的样子，把一些电子元器件装配在印制电路板上并加以固定和连接就能完成电路的装配工作。这种电路板装配图一般是供初学者使用的。有些电子制作资料通常把元器件的排列位置单独制作成一个图片，也可以称为电路的装配图。

这里涉及一个装配图的概念，装配图是用于指导电子产品机械部件、整机组装的简图。

装配图可以分为机械传动部件装配图和整机装配图，其中机械传动部件装配图是用来分解电子产品机械传动部件之间关系的图纸，通过机械传动部件装配图，组装技术人员可以将机械传动部件之间进行关联，使其实现机械功能；而整机装配图则用来分析电子产品各零部件之间的关系，组装技术人员通过整机装配图之间的关系，可以将零散的部件组合成用户能够使用的电子产品。

### 6. 电路点位图

电路点位图是一种电子文档格式，该文档主要包含印制电路板图和电路板图上元器件的名称、电压、电流及该元器件与其他元器件之间的连接关系等信息。不同公司生产的电路点位图的格式不同，所采用的阅读软件也不同，比如，华硕公司生产的电路点位图的阅读软件是 TSICT 软件，需要查找元器件位置，只需右击，在弹出的菜单中选择“Net 查询”，在弹出的对话框中输入元器件标号后，即可在软件中找到这个元器件在电路板上的实际位置和与其连接点的所有导线；在观看电路板图时，将光标指向要查的元器件位置，则会在屏幕上显示出这个元器件的名称和参数，为维修人员带来很大的便利。

### 7. 电路实物图

电路实物图就是电子电路的实际物体图片，也就是在印制电路板上安装元器件后的实物图，调光台灯的电路实物图如图 1-6 所示。

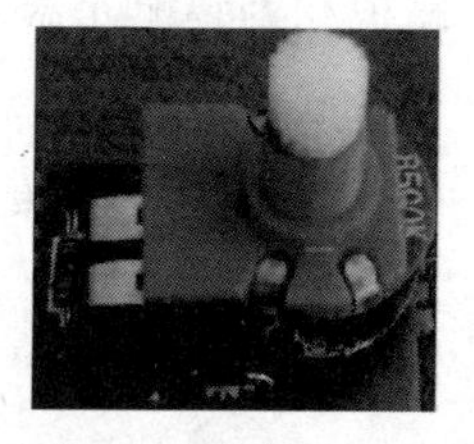
图 1-6　调光台灯的电路实物图

## 1.3　印制电路板

### 1. 印制电路板简介

印制电路板又称印制线路板，简称印制板或 PCB，由绝缘底板、连接导线和装配焊接电子元器件的焊盘组成，如图 1-7 所示。目前，印制电路板已经被广泛地应用在电子产品的生产制造中。

### 2. 印制电路板的组成

目前的印制电路板主要由以下几部分组成。

（1）印制线（Pattern）：印制线实质上就是 PCB 上元器件的连接电路，它是将覆铜板上的铜箔按实际电路连接的要求经过一系列蚀刻处理而留下的细小的网状线路。成品 PCB 上的印制线一般涂上一层绿色或棕色的阻焊剂，防止氧化和锈蚀。在设计上用大铜面作为接地及电源层。

（2）介电层（Dielectric）：用来保持线路及各层之间的绝缘性材料，俗称基材。

（3）孔（Through Hole/Via）：印制电路板上孔的分类有很多，主要有以下几种。

① 根据孔的电气连接性能，孔可分为有电气连接的镀覆孔（PTH）和无电气连接的非镀覆孔（NPTH），如图 1-8 所示。

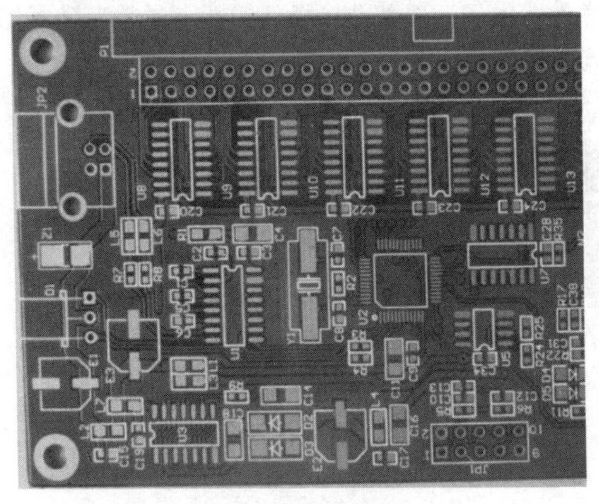

图 1-7　印制电路板

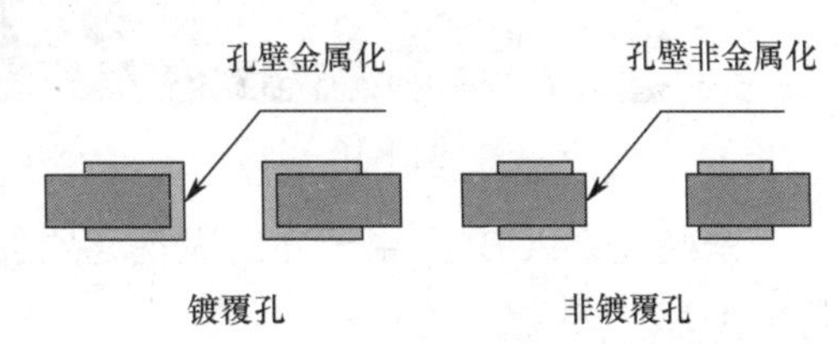


图 1-8　镀覆孔（PTH）和非镀覆孔（NPTH）

镀覆孔是指孔壁镀覆有金属的孔，其可以实现 PCB 内层、外层或内外层上导电图形之间的电气连接，其大小由钻孔的大小及镀覆金属层的厚度共同决定。

非镀覆孔是不参与 PCB 电气连接的孔，即非金属化的孔。

② 根据孔贯穿 PCB 内外层的层次，孔可分为通孔、埋孔和盲孔，如图 1-9 所示。

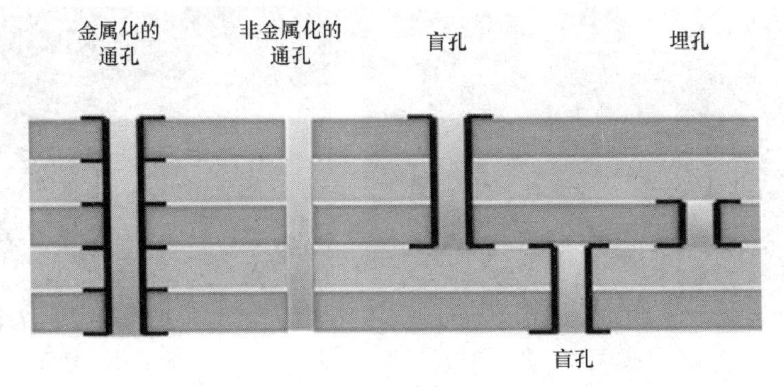


图 1-9　通孔、埋孔和盲孔

通孔：通孔贯穿整个 PCB，可用于实现内层连接或元器件的定位安装等。其中，用于元器件端子（包括插针和导线）与 PCB 固定和电气连接的通孔又称为元器件孔。用于内层连接，但并不插装元器件引线或其他增强材料的通孔又称为导通孔。在 PCB 上钻通孔的目的主要有两个：一是产生一个穿过板子的开口，允许随后的工序在板子的顶层、底层和内层线路间形成电气连接；二是使板上元器件的安装保持结构完整性和位置精度。

埋孔：埋孔实现多层板中内电层之间的互连。

盲孔：盲孔实现多层板的第 1 层到第 2 层或者第 3 层的连接。

在结构复杂、重量轻、成本较高的电子产品（如手机、平板电脑和医疗设备）中，盲孔和埋孔设计很常见。通过控制钻孔深度或激光烧蚀可形成盲孔。

③ 根据孔的功能，孔可分为过孔、元器件孔、安装孔、槽孔和定位孔等多种类型。

过孔：过孔是实现 PCB 上不同的导电层之间电气互连的金属化的孔，如图 1-10 所示。过孔不用于接插元器件，过孔可分为通孔、埋孔和盲孔。

元器件孔：元器件孔是用于焊接固定插件式电子元器件及接插件的孔，通常为金属化孔，同时可以兼做不同的导电层之间的电气互连，如图 1-11 所示。

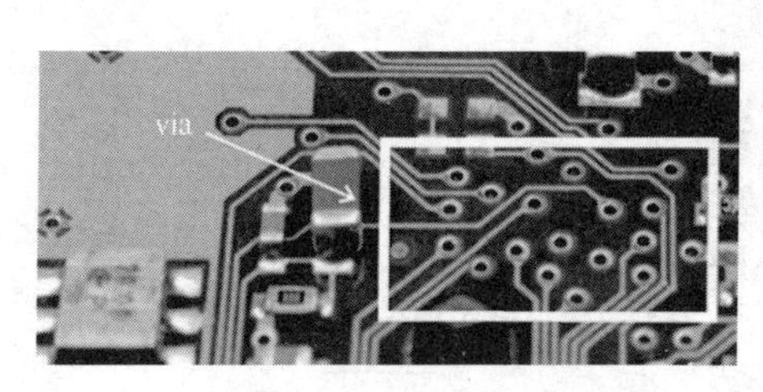


图 1-10　过孔

图 1-11　元器件孔

安装孔：PCB 上用于固定大型元器件的直径较大的孔，具体大小视实际需要来定，如图 1-12 所示。

槽孔：钻机钻孔程序中自动转化为多个单孔的集合或通过铣的方式加工出来的槽，一般用于接插器件引脚的安装，如接插座的椭圆形引脚，如图 1-13 所示。

定位孔：在 PCB 顶部、底部的三四个孔，板上其他孔以此为基准，又称靶孔或靶位孔，钻孔前通过靶孔机（光学冲孔机或 X 射线钻靶机等）制作，钻孔时用于销钉定位和固定。

图 1-12　安装孔

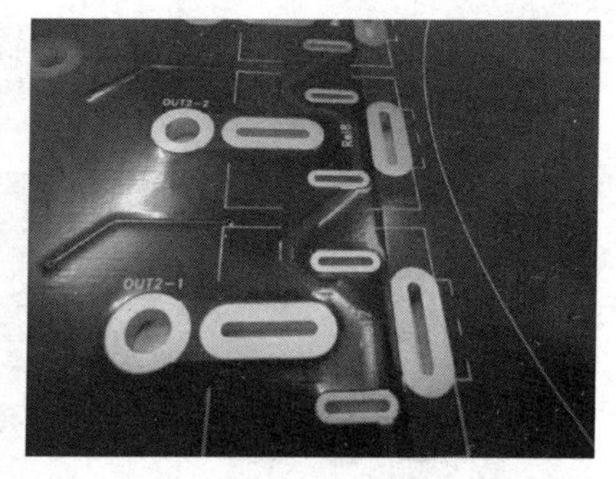


图 1-13　槽孔

（4）焊盘（Soldering Pad）：焊盘也叫连接盘，用于固定元器件引脚或用于引出连线，它有圆形、方形、八角形及圆矩形等形状。焊盘可分为通孔式及表面贴片式两大类，其中通孔式焊盘必须钻孔，而表面贴片式焊盘无须钻孔。有些 PCB 上的焊盘是覆铜板本身的铜箔经过喷涂一层阻焊剂而形成的，也有一些 PCB 上的焊盘则采用了浸银、浸锡、浸镀铅锡合金等措施。焊盘的大小和形状对焊点的质量、PCB 的质量及美观程度有着直接的影响。

（5）元器件面（Component Side）：元器件面又称元器件装配面，是 PCB 上用来安装元器件的一面。单面 PCB 上无印制线（铜箔）的一面就是元器件面，双面 PCB 上印有元器件的图形、字符等标记的一面就是元器件面。

（6）焊接面（Solder Side）：与印制电路板的元器件面相对应的另一面，一般不做任何标记，通常以底面（Bottom）定义。

（7）阻焊层（Solder Resistant/Solder Mask）：阻焊层就是阻碍焊接的层，是 PCB 上绿色（或棕色）的面，是绝缘的保护层。阻焊层可以保护印制铜线不被氧化，也可以防止元器件被焊接到不正确的地方。

### 3. 印制电路板的分类

实际电子产品中使用的印制电路板千差万别，简单的印制电路板只有几个焊点或导线，一般电子产品中的焊点数为数十个到数百个甚至上千个，焊点数超过 600 个的属于复杂印制电路板。根据不同的标准，印制电路板有不同的分类。

1）根据印制电路板的层数来分

印制电路板可分为单面板、双面板和多层板。常见的多层板一般为 4 层板或 6 层板，复杂的多层板可达几十层。

（1）单面板

单面板（Single-Sided Boards）在厚度为 0.2～0.5mm 的绝缘基板的一个表面上敷有铜箔，通过印制和腐蚀的方法在基板上形成印制电路，在设计上导线则集中在敷铜的一面（有贴片元器件时和导线为同一面，插件元器件在另一面），元器件的装配集中在其中一面，因为导线只出现在其中一面，所以这种 PCB 称为单面板，如图 1-14 所示。因为单面板在设计线路上有许多严格的限制（由于只有一面，因此布线间不能交叉而必须绕独自的路径），所以只有早期的电路才使用这类板子。单面板适用于电子元器件密度不高的电子产品，如收音机、一般的电子产品等，比较适合手工制作。

(a) 单面板顶层

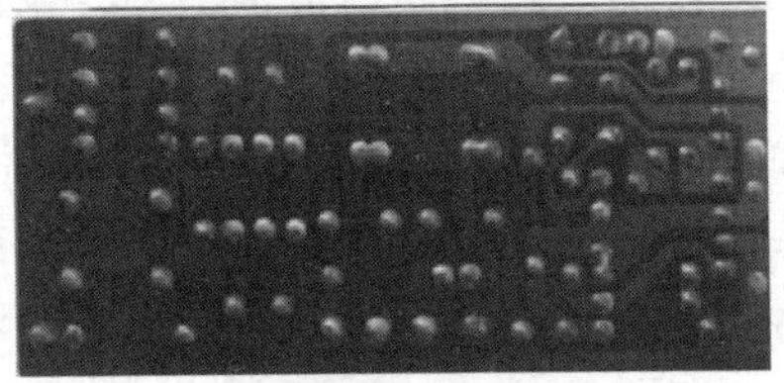
(b) 单面板底层

图 1-14　单面板

（2）双面板

双面板（Double-Sided Boards）在绝缘基板（其厚度为 0.2～0.5mm）的两面均敷有铜箔，可在绝缘基板的两面制成印制电路，如图 1-15 所示，放置元器件的层称为顶层，另一面称为底层。印制电路板底层与顶层之间通过金属化过孔（Via）将两面的线路连通，这需要特殊的制作工艺，手工制作双面板基本是不可能的。双面板的面积是单面板面积的两倍，双面板解决了单面板中布线交错的难点（可以通过孔导通到另一面），它更适合用在比单面板更复杂的电路上。由于双面印制电路的布线密度较高，因此能减小电子产品的体积。

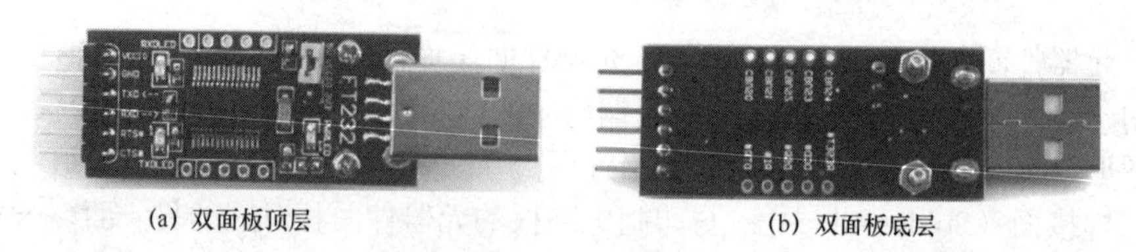

(a) 双面板顶层　　(b) 双面板底层

图 1-15　双面板

（3）多层板

在绝缘基板上制成三层或三层以上电路的电路板称为多层板（Multi-Layer Boards），它是由几层较薄的单面板或双面板黏合而成的，其厚度一般为 1.2～2.5mm，如图 1-16 所示。为了把夹在绝缘基板中间的电路引出，多层印制电路板上安装元器件的孔需要金属化，即在小孔内表面涂覆金属层，使之与夹在绝缘基板中间的印制电路接通。其特点是与集成电路块配合使用，可以减小产品的体积与重量，还可以增设屏蔽层，以提高电路的电气性能。图 1-17 所示为多层板的结构示意图，多层板所用的元器件多为贴片式元器件，其特点：使整机小型化，减小了整机重量；提高了布线密度，缩小了元器件的间距，缩短了信号的传输路径；减少了元器件焊接点，降低了虚焊风险；增设了屏蔽层，减少了电路的信号失真；引入了接地散热层，减少局部过热现象，提高整机工作的可靠性。

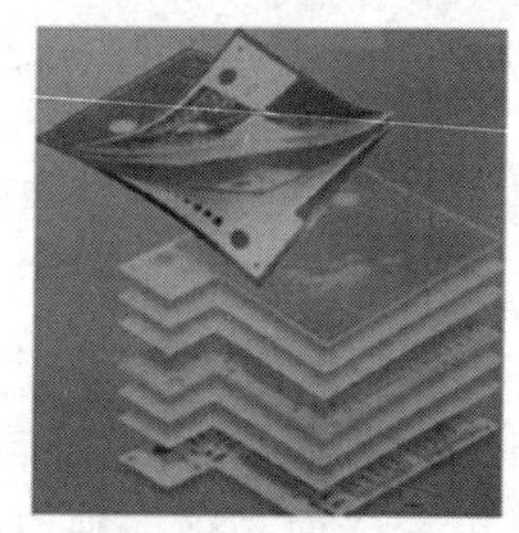

图 1-16　多层板拼接示意图

元器件面
电源层
内层一
内层二
地层
焊接面
内层板（0.43mm）
半固化板（0.155mm）
内层板（0.43mm）
半固化板（0.155mm）
内层板（0.43mm）

图 1-17　多层板的结构示意图

常见的 4 层板的层与层之间的关系是最上和最下的两层是信号层，中间两层是接地层和电源层，将接地层和电源层放在中间，这样容易对信号线做出修正。当然，板子的层数并不代表有几层独立的布线层，在特殊情况下会加入空层来控制板厚，通常层数都是偶数，并且包含最外侧的两层。常见老人机的电路板一般是 4 层，智能机的电路板一般是 8～10 层，计算机的主板大多是 6～8 层，层数越多，成本也就越高，理论上电路板可以做到近 100 层。大型的超级计算机大多使用相当多层的主机板，不过因为这类计算机已经可以用许多普通计算机的集群代替，所以超多层板已经渐渐不被使用了。

2）根据印制电路板的软硬来分

根据印制电路板的软硬来分，印制电路板可分为刚性印制电路板、柔性印制电路板和软硬结合印制电路板。刚性 PCB 与柔性 PCB 的直观区别是柔性 PCB 可以弯曲。

刚性 PCB 的常见厚度有 0.2mm、0.4mm、0.6mm、0.8mm、1.0mm、1.2mm、1.6mm 和 2.0mm 等，刚性 PCB 的常见材料有酚醛纸质层压板、环氧纸质层压板、聚酯玻璃毡层压板和环氧玻璃布层压板。

柔性 PCB 的常见厚度为 0.2mm，焊零件处的背面加上了加厚层，加厚层的厚度为 0.2mm、0.4mm 不等。柔性 PCB 的常见材料有聚酯薄膜、聚酰亚胺薄膜和氟化乙丙烯薄膜。

3）根据印制电路板的材料来分

根据材料的不同，印制电路板可分为酚醛纸基敷铜箔板（又称纸铜箔板）、环氧酚醛玻璃布敷铜箔板、环氧玻璃布敷铜箔板和聚四氟乙烯玻璃布敷铜箔板 4 种。

（1）酚醛纸基敷铜箔板。

酚醛纸基敷铜箔板是用纸浸以酚醛树脂，两面衬以无碱玻璃布，在一面或两面覆以电解铜箔，经热压而成的。这种板的缺点是机械强度低、易吸水及耐高温性较差，但价格便宜。

（2）环氧酚醛玻璃布敷铜箔板。

环氧酚醛玻璃布敷铜箔板是用无碱玻璃布浸以酚醛树脂，并覆以电解紫铜经热压而成的。由于使用了环氧树脂，因此环氧酚醛玻璃布敷铜箔板的黏结力强、电气及机械性能好、既耐化学溶剂又耐高温潮湿，但环氧酚醛玻璃布敷铜箔板的价格较贵。

（3）环氧玻璃布敷铜箔板。

环氧玻璃布敷铜箔板是将玻璃丝布浸以用双氰胺作为固化剂的环氧树脂，再覆以电解紫铜箔经热压而成的。它的电气及机械性能好，既耐高温又耐潮湿，且板基透明。

（4）聚四氟乙烯玻璃布敷铜箔板。

聚四氟乙烯玻璃布敷铜箔板是用无碱玻璃布浸以聚四氟乙烯分散乳液，再覆已经氧化处理的电解紫铜箔经热压而成的。它具有优良的电气性能和化学稳定性，是一种能耐高温且有高绝缘性的新型材料。

### 4. 印制电路板设计软件

硬件工程师是离不开原理图设计和 PCB 设计的，为了高效地设计出 PCB，硬件工程师一定都有使用得比较顺手的设计软件，国内有以下几款最常用的 PCB 设计工具。

1）Protel/Altium Designer

Protel 是 Altium 公司在 20 世纪 80 年代末推出的 EDA 软件；Altium Designer 简称 AD，是 Protel 软件开发商 Altium 公司推出的一体化的电子产品开发系统，运行于 Windows 操作系统。Altium Designer 除全面继承 Protel 先前一系列版本的功能和优点外，还增加了许多改进和很多高端功能。该平台拓宽了板级设计的传统界面，全面集成了 FPGA 设计功能和 SOPC 设计实现功能，从而允许工程设计人员将系统设计中的 FPGA 与 PCB 设计及嵌入式设计集成在一起。

在电子行业的 CAD 软件中，Protel/Altium Designer 当之无愧地排在众多 EDA 软件的前面，是电子设计者的首选软件，在国内的普及率也较高，有些高校的电子专业专门开设了课程来学习它，几乎所有的电子公司都要用到它，许多公司在招聘电子设计人才时在其条件栏上常会写着要求会使用 Protel/Altium Designer。该软件发展至今，形成了完整的全方位电子设计系统，包含电路原理图绘制、模拟电路与数字电路混合信号仿真、多层印制电路板设计（包含印制电路板自动布线）、可编程逻辑器件设计、图表生成、电子表格生成、支持宏操作等功能，并具有 Client/Server（客户机/服务器）体系结构。

2）Cadence allegro

Cadence allegro 软件是美国楷登电子的电路原理图和 PCB 设计工具软件，该公司是一家专门从事电子设计自动化（Electronic Design Automation，EDA）的软件公司，由 SDA Systems 和 ECAD 两家公司于 1988 年兼并而成，是全球最大的电子设计自动化、半导体技术解决方案和设计服务供应商之一。其 PCB Layout 功能非常强大，自带仿真工具，可实现信号完整性仿真和电源完整性仿真。Cadence allegro 的高速信号设计是实际上的工业标准，在制作高速线路板方面具有绝对的优势。

3）PADS

PADS 软件是美国 Mentor Graphics 公司的电路原理图和 PCB 设计工具软件。目前该软件是从事电路设计的工程师和技术人员主要使用的电路设计软件之一，是 PCB 设计高端用户最常用的工具软件之一。PADS 作为业界主流的 PCB 设计平台，以其强大的交互式布局布线功能和易学易用等特点，在通信、半导体、消费电子、医疗电子等当前最活跃的工业领域得到了广泛的应用。PADS Layout/Router 支持完整的 PCB 设计流程，涵盖了从原理图网表导入、规则驱动下的交互式布局布线、DRC/DFT/DFM 校验与分析，直到最后的生产文件（Gerber）、装配文件及物料清单（BOM）输出等全方位的功能需求，确保 PCB 工程师可高效率地完成设计任务。

4）Proteus

Proteus 是英国著名的 EDA 工具（仿真软件），从原理图设计、代码调试到单片机与外围电路协同仿真，可一键切换到 PCB 设计，真正实现了从概念到产品的完整设计。它是将电路仿真软件、PCB 设计软件和虚拟模型仿真软件三合一的设计平台，其能支持 8051、HC11、PIC10/12/16/18/24/30/DSPIC33、AVR、ARM、8086、MSP430、Cortex 和 DSP 等多种处理器的仿真分析，并持续增加其他系列处理器模型。在编译方面，它也支持 IAR、Keil 和 MATLAB 等多种编译器。

对于 PCB 设计软件，只要学会使用一个，其余的学习起来就比较容易了，因为这类软件的功能都是很接近的。

## 1.4 印制电路板图设计基础

电路设计人员根据电子产品的原理图和元器件的形状尺寸，运用设计软件绘制印制电路板图，就是印制电路板图的设计。在设计印制电路板图时，设计人员应依据有关规则和标准，参考有关的技术文件。技术文件中规定了一系列电路板的尺寸、层数、元器件尺寸、坐标网格的间距、焊接元器件的排列间隔、制作印制电路板图的工艺等。

设计一块印制电路板图包括：（1）根据整机总体设计要求，完成电路原理图设计，确定电路所有元器件的规格和型号；（2）根据电路工作的温度、湿度、气压、防雷击和防静电等条件要求，明确某些元器件的特殊要求，如哪些元器件需要屏蔽、哪些导线需要采用屏蔽线、哪些元器件需要经常调整或更换；（3）根据印制电路板与整机其他部分（或分机）的连接形式，确定插座和连接器件的型号规格。

### 1. 印制电路板（PCB）图的设计步骤

印制电路板图的设计，可分为 4 个步骤。

1）绘制电路原理图

根据电路功能需要，运用电路设计软件设计正确的电路原理图。电路原理图的设计是 PCB 制作流程中的第一步，也是十分重要的一步。

2）生成网络表

电路原理图设计完成后，需要更进一步地对各个元器件进行封装，然后对电路原理图进行电气规则检查，确认没有电气规则错误后，生成网络表。

3）设计 PCB 图

（1）在电路设计软件的 PCB 编辑器中加载网络表，实现元器件的自动布局。根据电路原理图生成网络表，将电路中的元器件及其连接关系加载到 PCB 编辑器。

（2）元器件人工布局。根据电路原理图并考虑元器件布局和布线的要求，哪些元器件在板内，哪些元器件要加固，哪些元器件要散热，哪些元器件要屏蔽，哪些元器件在板外，需要多少板外连线，引出端的位置如何，等等，进行手工布局。初步完成 PCB 上元器件的布局和 PCB 的大小设计。印制电路板的外形应尽量简单，一般为长方形，应尽量避免采用异形板。印制电路板的尺寸应尽量靠近标准系列的尺寸，以便简化工艺，降低加工成本。

（3）设置布线规则，根据设计要求确定 PCB 的层数，确定 PCB 上的线宽、导线的走向及线间安全距离等布线规则。

（4）自动布线。在较复杂的电路中，软件布线不能实现 100%的布通率，会存在“飞线”现象，“飞线”过多，会影响元器件的安装效率，不能算是成功之作，所以只有在迫不得已的情况下才使用。

（5）手动修改 PCB 图，并进行电气规则检查，以排除各个元器件在布线时的引脚或引线交叉错误，所有的错误排除后，一个完整的 PCB 设计过程就完成了。

4）PCB 图保存与提交

用计算机将设计好的 PCB 图保存，提交给印制电路板的生产厂家。

### 2．印制电路板图的布局[10]

印制电路板图的布局的正确结构设计，是决定电子作品能否可靠工作的一个关键因素。印制电路板图的布局主要包括整体布局、元器件布局、导线布局、焊盘布局等几个方面。

1）印制电路板图的整体布局

在进行印制电路板图布局之前，必须对电路原理图有深刻的理解，只有在彻底理解电路原理的基础上，才能做到正确、合理地布局。在进行布局时，要避免各级电路之间和元器件之间的相互干扰，这些干扰包括电场干扰（电容耦合干扰）、磁场干扰（电感耦合干扰）、高频和低频间干扰、高压和低压间干扰，还有热干扰等。在进行布局时，还要满足设计指标、符合生产加工和装配工艺的要求，要考虑到电路调试和维护维修的方便。对电路中所用的元器件的电气特性和物理特征要充分了解，如元器件的额定功率、电压、电流、工作频率、元器件的物理特性（如体积、宽度、高度、外形等）。印制电路板图的整体布局还要考虑整个板的重心平稳、元器件疏密恰当、排列美观大方。

2）印制电路板图的元器件布局

印制电路板图的元器件布局应遵循以下几条原则。

（1）在通常情况下，所有元器件均应布置在印制电路板的一面。对于单面板，元器件只能安装在没有印制电路的一面；对于双面板，元器件也应安装在印制电路板的一面；如果需要绝缘，可在元器件与印制电路板之间垫绝缘薄膜或在元器件与印制电路板之间留 1～2mm 的间隙。在条件允许的情况下，尽量使元器件在整个板面上分布均匀、疏密一致。

（2）在板面上的元器件应按照电路原理图的顺序尽量呈直线排列，并力求电路安装紧凑和密集，以缩短引线、减小分布电容，这对于高频电路尤为重要。印制电路板上的元器件排列一般分为规则排列和不规则排列。规则排列也叫整齐排列，即把元器件按一定规律或一定方向排列，这种排列受元器件位置和方向的限制，印制电路板导线的布线距离长而且复杂，电路间的干扰也大，一般只在电路工作在低电压、低频（1MHz 以下）的情况下使用。规则排列的优点是整齐美观，且便于进行机械化打孔及装配。不规则排列也叫就近排列，由于不受元器件位置和方向的限制，按照电路的电气连接就近布局，布线距离短而简捷，电路间的干扰少，有利于减小分布参数，适合高频（30MHz 以上）电路的布局。不规则排列的缺点是外观不整齐，也不便于进行机械化打孔及装配。

（3）如果因电路的特殊要求必须将整个电路分成几块进行安装，则应使每一块装配好的印制电路板成为具有独立功能的电路，以便于单独进行调试和维护。

（4）为了合理地布置元器件、缩小体积和提高机械强度，可在主要的印制电路板之外再安装一块辅助板，将一些笨重元器件（如变压器、扼流圈、大电容器、继电器等）安装在辅助板上，这样有利于加工和装配。

（5）布置元器件的位置时应考虑它们之间的相互影响。元器件放置的方向应与相邻的印制导线交叉，电感元器件要注意防止电磁干扰，线圈的轴线应垂直于板面，这样安装时元器件间的电磁干扰最小。

（6）电路中发热的元器件应放在有利于散热的位置，必要时可单独放置或加装散热片，以利于元器件本身的降温和减小对邻近元器件的影响。

（7）应将大而重的元器件尽可能安置在印制电路板上靠近固定端的位置，并降低其重心，以提高整板的机械强度和耐震、耐冲击能力，以及减小印制电路板的负荷和变形。

3）印制电路板图的导线布局

印制电路板图的布线是指对印制导线的走向及形状进行放置，它在 PCB 设计中是最关键的步骤之一，而且是工作量最大的步骤之一。PCB 布线有单面布线、双面布线及多层布线，布线的方式也有自动布线和手动布线两种。在印制电路板图的布线中，先采取软件自动布线，再按照以下规则进行手动布线修改。

（1）地线的布局。一般将公共地线布置在印制电路板的边缘，便于将印制电路板安装在机架上，也便于与机架（地）相连接。导线与印制电路板的边缘应留有一定的距离（不小于板厚），这不仅便于安装导轨和进行机械加工，而且提高了电路的绝缘性能。

在各级电路的内部，应防止因局部电流而产生的地阻抗干扰，采用一点接地是最好的办法。图 1-18（a）所示为在电路各级间分别采取一点接地的原理示意图。但在实际布线时并不一定能绝对做到，而是尽量将它们安排在一个公共区域之内，如图 1-18（b）所示。

若电路工作频率在 30MHz 以上或在高速开关的数字电路中，为了减小地阻抗，常采用大面积覆盖地线的方法，这时各级的内部元器件接地也应贯彻一点接地的原则，即在一个小的区域内接地，如图 1-19 所示。

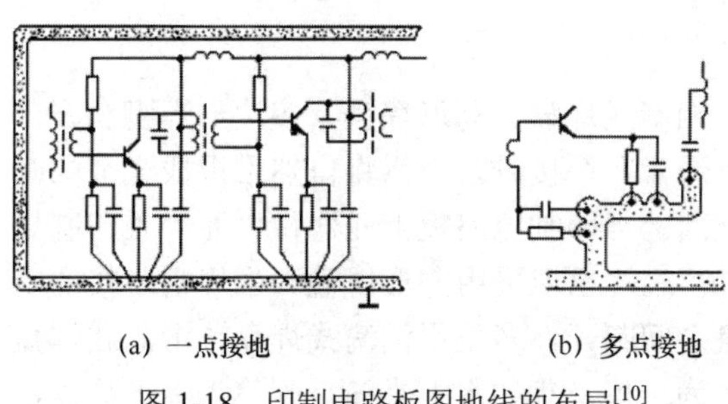


图 1-18　印制电路板图地线的布局[10]

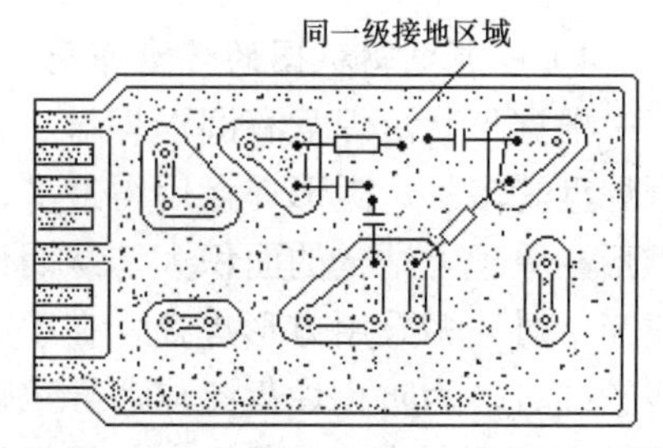


图 1-19　印制电路板图上的大面积地线[10]

（2）输入端、输出端导线的布局。为了减小导线间的寄生耦合，在布线时要按照信号的流通顺序进行排列，电路的输入端和输出端应尽可能远离，输入端和输出端之间最好用地线隔开。在图 1-20（a）中，输入端和输出端靠得过近且输出导线过长，将会产生寄生耦合，图 1-20（b）所示的布局就比较合理。

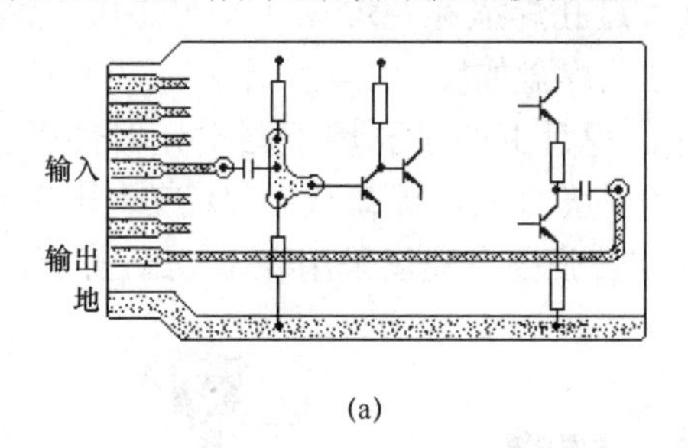


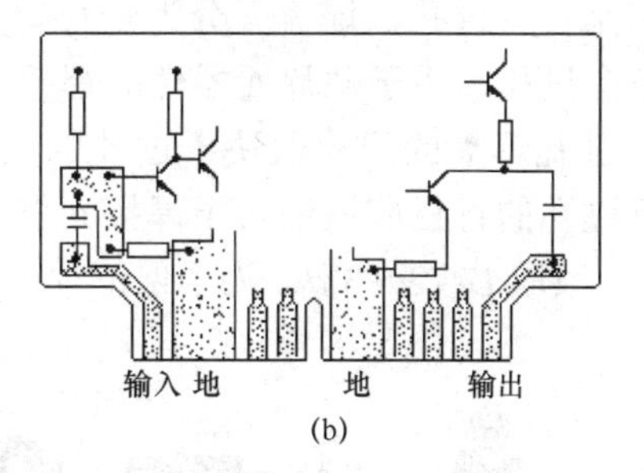


图 1-20　输入端和输出端导线的布局[10]

（3）高频导线的布局。对于高频电路，必须保证高频导线、晶体管各电极的引线、输入线和输出线短而直，若线间距离较小，则要避免导线相互平行。高频电路应避免用外接导线跨接，若需要交叉的导线较多，则最好采用双面印制电路板，将交叉的导线印制在板的两面，这样可使连接导线短而直，在双面板两面的印制线应避免互相平行，以减小导线间的寄生耦合，最好呈垂直布置或斜交，如图 1-21 所示。

图 1-21　双面印制电路板高频导线的布局[10]

（4）印制电路板的对外连接。印制电路板对外连接有多种形式，可根据整机结构要求而确定。一般采用导线互连和插接两种方式连接。

图 1-22（a）所示为导线互连方式，将需要对外进行连接的接点先用印制导线引到印制电路板的一端，注意导线应从被焊点的背面穿入焊接孔。在外接高频高压外导线时，高频信号需采用屏蔽导线，这时的高频屏蔽导线应在合适的位置引出，不应与其他导线一起走线，以避免相互干扰，图 1-22（b）所示为高频屏蔽导线的外接方法。

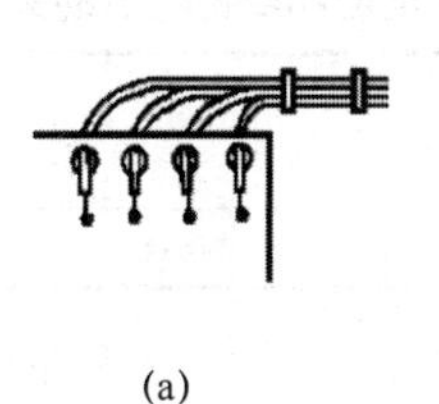


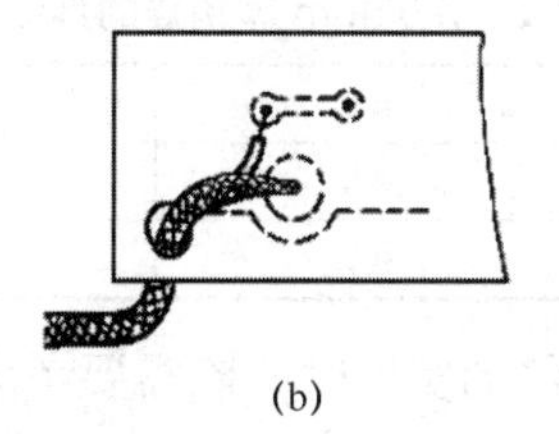


图 1-22　印制电路板图对外连接图[10]

4）印制电路板图的焊盘布局

根据形状，焊盘有圆形焊盘、方形焊盘、泪滴式焊盘、岛形焊盘、多边形焊盘和开口型焊盘等多种，圆形焊盘用得最多，因为圆形焊盘在焊接时，焊锡将自然堆焊成光滑的圆锥形，原理上结合的面积大，从而使元器件牢固。当印制电路板上元器件大而少且印制导线简单时，多采用方形焊盘，在手工自制 PCB 时，也多采用方形焊盘。当焊盘连接的走线较细时，为防止焊盘起皮，导致走线与焊盘之间断开，多采用泪滴式焊盘，泪滴式焊盘常用在高频电路中。若焊盘与焊盘间的连线合为一体，犹如水上小岛，则称为岛形焊盘，如图 1-23 所示。岛形焊盘常用于元器件的不规则排列中，有利于元器件的密集和固定，并可大量减小印制导线的长度与数量。此外，焊盘与印制线合为一体后，铜箔面积增大，使焊盘和印制导线的抗剥离强度大大增加。岛形焊盘多用在高频电路中，它可以减少接点和印制导线的电感，增大地线的屏蔽面积，减小接点间的寄生耦合。

根据是否有过孔，焊盘又分为贴片焊盘、过孔焊盘和花焊盘（又叫热风焊盘）。贴片焊盘上没有过孔，用于贴片元器件的焊接。过孔焊盘如图 1-24 所示，用于直插式元器件的焊接，过孔焊盘的尺寸取决于过孔的尺寸，焊盘上的过孔用于固定元器件引脚或跨接线。焊盘过孔的直径应该稍大于焊接元器件的引脚直径，焊盘直径 $D$ 应大于焊盘过孔的内径 $d$，一般取 $D$=(2～3)$d$，为了保证焊接及结合强度，建议采用表 1-1 给出的尺寸。

图 1-23　岛形焊盘[10]

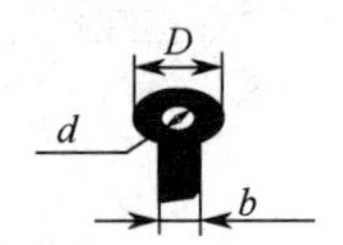


图 1-24　过孔焊盘的尺寸[10]

**表 1-1　焊盘直径 $D$ 与焊盘过孔的内径 $d$ 的关系[10]**

| 焊盘过孔的内径 $d$/mm | 0.4 | 0.5 | 0.5 | 0.8 | 1.0 | 1.2 | 1.5 | 2.0 |
|---|---|---|---|---|---|---|---|---|
| 焊盘直径 $D$/mm | 0.5 | 1.5 | 1.5 | 2.0 | 2.5 | 3.0 | 3.5 | 4.0 |

5）印制电路板图的导线宽度设计

在设计印制电路板时，元器件布局和布线初步确定后，就要具体地设计印制电路板上的导线。导线的尺寸、导线间距和图形格式不能随便选择，它们关系到印制电路板的总尺寸和电路性能。由于敷铜板的铜箔厚度有限，在需要流过较大电流的条状铜箔中，应考虑铜箔的载流量问题。如果将 0.03mm 厚度的铜箔作为宽为 $W$（mm）、长度为 $L$（mm）的条状导线，那么其电阻为 0.0005×$L$/$W$ 欧姆[11]。另外，铜箔的载流量还与印制电路板上安装的元器件种类、数量及散热条件有关。在考虑到安全的情况下，一般可按经验公式 0.15×$W$（A）来计算铜箔的载流量[11]。表 1-2 所示为 0.05mm 厚铜箔的导线宽度与允许电流和自身电阻的关系。

**表 1-2　0.05mm 厚铜箔的导线宽度与允许电流和自身电阻的关系[10]**

| 导线宽度/mm | 0.5 | 1.0 | 1.5 | 2.0 |
|---|---|---|---|---|
| $I$/A | 0.8 | 1.0 | 1.3 | 1.9 |
| $R$/（Ω/m） | 0.7 | 0.41 | 0.31 | 0.25 |

在决定印制导线的宽度时，除需要考虑载流量外，还应注意它在板上的剥离强度及与连接盘的协调，一般取导线宽度 $b$=(1/3～2/3)$D$。一般的导线宽度为 0.3～2.0mm，建议优

先采用 0.5mm、1.0mm、1.5mm、2.0mm 规格，其中 0.5mm 导线宽度主要用于微/小型化电子产品。

印制导线本身也具有电阻，当电流流过时将产生热量和电压降。印制导线的电阻在一般情况下可不予考虑，但当其作为公共地线时，为避免地线产生的电位差而引起寄生反馈，应考虑其阻值。

印制电路的电源线和接地线的载流量较大，因此在设计时要适当加宽，一般取 1.5～2.0mm。

当要求印制导线的电阻和电感比较小时，可采用较宽的信号线；当要求分布电容比较小时，可采用较窄的信号线。

6）印制电路板图的导线间距设计

在设计印制电路板图时，一般情况下，导线的间距等于导线宽度即可，但不能小于 1mm，否则在焊接元器件时采用浸焊方法就有困难。对微/小型化设备，最小导线间距不小于 0.4mm。导线间距的选择与焊接工艺有关，采用浸焊或波峰焊时，导线间距要大一些，采用手工焊接时，导线间距可适当小一些。

在高压电路中，相邻导线之间存在着高电位梯度，必须考虑其影响。印制导线间的击穿将导致基板表面炭化、腐蚀和破裂。在高频电路中，导线间距将影响分布电容的大小，从而影响电路的损耗和稳定性。因此导线间距的选择要根据基板材料、工作环境、分布电容大小等因素来综合确定。最小导线间距还与印制电路板的加工方法有关，选用时更需要综合考虑。

7）印制电路板图的导线图形设计

设计印制导线的图形时，应遵循以下原则。

（1）在同一印制电路板上的导线宽度（除地线外）最好一样；

（2）印制导线应走向平直，不应有急剧的弯曲和尖角，所有弯曲与过渡部分均须用圆弧连接；

（3）印制导线应尽可能避免有分支，如必须有分支，分支处应圆滑；

（4）印制导线应尽量避免长距离平行，双面布设的印制导线不能平行，应交叉布设；

（5）如果印制电路板需要有大面积的铜箔，如电路中的接地部分，则整个区域应镂空成栅状，如图 1-25 所示，这样在浸焊时能迅速加热，并保证涂锡均匀。栅状铜箔还能防止印制电路板受热变形，防止铜箔翘起和剥脱。

图 1-25　栅状铜箔[10]

## 1.5　印制电路板的生产工艺和制作过程

### 1.5.1　印制电路板的生产工艺

现代印制电路板的制造工艺主要分为减成法、加成法和积层法。

#### 1. 减成法

利用化学品或机械将空白的电路板（即铺有一块完整金属箔的电路板）上不需要的地方除去，余下的地方便是需要的电路，称为减成法。减成法的方法有两大类，一类是用蚀刻的方法去掉多余的覆铜层，另一类是用雕刻机的方法去掉多余的覆铜层，前者是目前

PCB 生产的主要方法。减成法的蚀刻法又分为丝网印刷、光印制作、热转印制作和雕刻制作 4 种方法。

（1）丝网印刷电路板：把预先设计好的电路图制成丝网遮罩，丝网上不需要的电路部分会被蜡或者不透水的物料覆盖，然后把丝网遮罩放到空白电路板上面，再在丝网上涂上不会被腐蚀的保护剂，把电路板放到腐蚀液中，没有被保护剂遮住的部分便会被腐蚀，最后清理保护剂。丝网印刷的基本原理图如图 1-26 所示，图中字母 A 表示油墨，B 表示刮板，C 表示丝网图形，D 表示丝网，E 表示网框，F 表示印刷出来的图形。

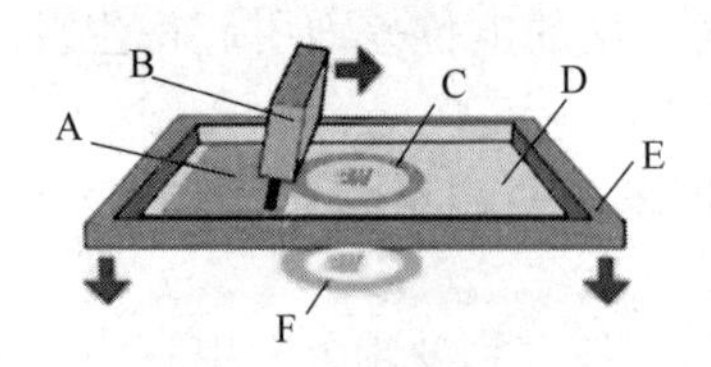


图 1-26　丝网印刷的基本原理图

（2）光印制作电路板又叫感光电路板，通过光线直接照射均匀涂在电路板上的感光药膜，没有线路保护的有光照的地方的药膜会被显影剂溶解，有线路保护的药膜保留在电路板的铜皮上，不让腐蚀溶液腐蚀铜皮，最后保留成为线路。感光电路板的制作流程如图 1-27 所示。

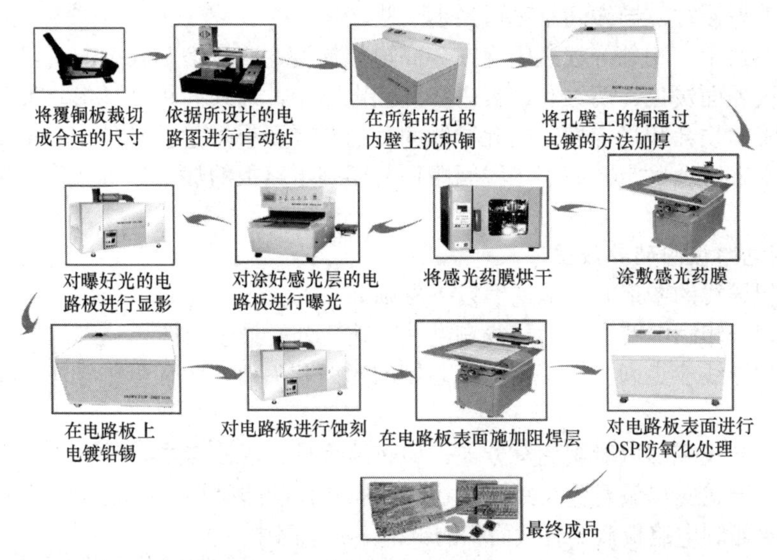


图 1-27　感光电路板的制作流程

（3）热转印制作电路板利用静电成像设备代替专用印制电路板的照相设备，利用含树脂的静电墨粉代替光化学显影定影材料，通过静电印制电路制板机在铜板上生成电路板图的防蚀涂层，经蚀刻形成印制电路板。基本制板工艺流程是打印底片（激光打印机）→热转印（热转印机）→蚀刻（喷淋蚀刻机）→钻孔（精密微型台钻）。热转印制作电路板一般只适合作为单面板，因此一般只需要输出底层线路图形即可。

（4）雕刻制作电路板利用雕刻机雕刻出电路板，其中以激光雕刻技术最为先进，激光雕刻是将激光束汇聚到待加工材料表面，利用汇聚后激光的能量将加工材料表面熔化或气化形成痕迹以达到雕刻材料表面的目的，大大降低了印制电路板的生产成本，有效地减少了环境污染。

### 2. 加成法

在绝缘基材表面有选择地沉积导电金属而形成导电图形（电路图）的方法，称为加成法，加成法又分为全加成、半加成和部分加成这三种。加成法相对减成法具有以下优点。

（1）由于加成法避免了大量蚀刻铜及由此带来的大量蚀刻溶液处理费用，因此大大降低了印制电路板的生产成本，有效地减少了环境污染。

（2）加成法工艺比减成法工艺的工序减少了约 1/3，简化了生产工序，提高了生产效率。

（3）加成法工艺能达到齐平导线和齐平表面，从而能制造 SMT（表面贴装技术，目前电子组装行业里最流行的一种技术和工艺）等高精密度印制电路板。

（4）在加成法工艺中，由于孔壁和导线同时化学镀铜，孔壁和板面上导电图形的镀铜层厚度均匀一致，因此提高了金属化孔的可靠性，也能满足高厚径比印制电路板小孔内镀铜的要求。

#### 3. 积层法

积层法是制作多层板的方法之一，是在制作内层后才包上外层，再对外层用减成法或加成法处理的一种方法。不断重复积层法的动作，可以得到更多层的多层板，此为顺序积层法。

### 1.5.2　简单印制电路板的制作过程

#### 1. 用电路设计软件设计印制电路板图

印制电路板的设计是指以电路原理图为蓝本，实现电路使用者所需要的功能。印制电路板的设计主要指印制电路板图设计，需要考虑内部电子元器件、金属连线、通孔和外部连接的布局、电磁保护、热耗散、串音等各种因素。优秀的电路设计可以节约生产成本，达到良好的电路性能和散热性能。简单的印制电路板图设计可以用手工实现，但复杂电路的印制电路板图设计一般需要借助计算机辅助设计（CAD）实现。对于印制电路板图的设计将在后续的章节中进一步分析。

#### 2. 打印印制电路板图（PCB 图）

将绘制好的电路板图用转印纸打印出来，注意有画的一面朝向自己，一般打印两张电路板，即在一张纸上打印两张电路板图，从其中选择打印效果最好的制作电路板。

#### 3. 裁剪覆铜板

根据设计要求，将覆铜板裁成符合规定的大小，不要过大，以节约材料。

#### 4. 预处理覆铜板

用细砂纸把覆铜板表面的氧化层打磨掉，以保证在转印电路板时，热转印纸上的碳粉能牢固地印在覆铜板上，打磨好的标准是板面光亮、没有明显污渍。

#### 5. 转印电路板

将打印好的电路板裁剪成合适的大小，把印有电路板的一面贴在覆铜板上，对齐后把覆铜板放入热转印机，放入时一定要保证转印纸没有错位。一般来说经过 2～3 次转印，电路板就能很牢固地转印在覆铜板上。热转印机事先应预热，温度设定为 160～200℃，由于温度很高，因此在操作时一定要注意安全。

#### 6．腐蚀电路板

先检查电路板是否转印完整，若有少数没有转印好的地方，可以用黑色油性笔修补。然后就可以腐蚀了，等电路板上暴露的铜膜完全被腐蚀掉后，将电路板从腐蚀液中取出并清洗干净，这样一块电路板就腐蚀好了。腐蚀液的成分为浓盐酸、浓双氧水、水，比例为1∶2∶3，在配制腐蚀液时先放水，再加浓盐酸、浓双氧水，若操作时浓盐酸、浓双氧水或腐蚀液不小心溅到皮肤或衣物上，要及时用清水清洗，由于要使用强腐蚀性溶液，因此在操作时一定要注意安全。

#### 7．电路板钻孔

电路板上是要插入电子元器件的，所以需要对电路板钻孔。依据电子元器件引脚的粗细选择不同的钻针，在使用钻机钻孔时，一定要按稳电路板，钻机速度不能开得过慢。

#### 8．电路板预处理

钻孔完后，用细砂纸把覆在电路板上的墨粉打磨掉，用清水把电路板清洗干净。水干后，用松香水涂在有线路的一面，为加快松香凝固，可以用热风机加热电路板，只需 2～3min 松香就能凝固。

### 1.5.3　印制电路板的工业生产过程

下面以用光印制作电路板为例，简单介绍其生产过程。

#### 1．开料

将大片板料切割成各种要求规格的小块板料。

#### 2．内层干菲林

干菲林是利用物料特性将图形转移到铜面上的。在板面铜箔上贴上一层感光材料（感光油或干膜），然后通过黑菲林（又称为银盐片）进行对位曝光，显影后形成线路图形。

#### 3．内外层中检

检测电路板开路和短路等缺陷问题。

#### 4．棕化工序

本工序用于继内层开料、内层干菲林、内层蚀板之后对生产板进行铜面处理，在内层铜箔表面生成一层氧化层以提升多层电路板在压合时铜箔和环氧树脂之间的接合力。

#### 5．内层压板

完成环氧树脂板在高温、高压条件下的压合过程。

#### 6．钻孔

在电路板上钻通孔或盲孔，以建立层与层之间的通道。

#### 7．沉铜和板电

在钻出的孔内沉积一层薄薄的化学铜，目的是在不导电的环氧玻璃布基材（或其他基材）上通过化学方法沉上一层铜，便于后面电镀导通形成线路。

#### 8．外层干菲林

在板面铜箔表面上贴上一层感光材料（干膜），然后通过黄菲林进行对位曝光，显影后形成线路图形。

#### 9．图形电镀

图形电镀实现对孔内和线路表面的电镀，以达到镀铜厚度的要求。

#### 10．全板镀铜

全板镀铜主要是为加厚保护那层薄薄的化学铜以防其在空气中氧化，形成孔内无铜或破洞。

#### 11．外层蚀刻

在外层电路的图形部分上，镀上一层铅锡抗蚀层，然后用化学方式将其余的铜箔腐蚀，没有被腐蚀的镀铅锡线路铜层就是电路的线路。

#### 12．退锡

将所形成图形上的锡层退掉，以便露出所需的线路。

#### 13．丝印阻焊油墨或贴阻焊干膜

在板上印刷一层阻焊油墨或贴上一层阻焊干膜，经曝光、显影后做成阻焊图形，主要目的是防止在焊接时线路间发生短路。

#### 14．化金/喷锡

在板上需要焊接的地方沉上金或喷上一层锡，便于焊接，同时可防止该处铜面氧化。

#### 15．字符

在板上印刷一些标志性的字符，主要便于客户安装元器件。

#### 16．冲压/成型

根据客户要求加工 PCB 外形。

#### 17．电测

通过闭合回路的方式检测 PCB 中是否有开路和短路现象。

## 1.6　印制电路板组装过程

印制电路板组装（Printed Circuit Board Assembly，PCBA）。就是对 PCB 裸板进行元器件的贴装、插件并实现焊接的工艺过程，随着电子产品 PCBA 组装向小型化、高密度方

向发展，SMT 表面贴装技术现如今已成为电子组装的主流技术。但由于 PCBA 加工中存在一些电子元器件尺寸过大的原因，插件加工一直没有被取代，并仍然在电子组装加工过程中扮演着重要的角色，所以 PCB 中会存在一定数量的通孔插装元器件。插装元器件和表面组装元器件兼有的组装称为混合组装，简称混装，全部采用表面组装元器件的组装称为全表面贴装。PCBA 方式及其工艺流程主要取决于组装元器件的类型和组装的设备条件。

在 PCBA 之前需要完成以下工作：

（1）收集和准备需要的元器件、零配件和印制电路板；

（2）元器件引线的预加工；

（3）清洁印制电路板；

（4）检测元器件和印制电路板是否性能良好；

（5）按组装顺序将元器件分类放置。

PCBA 的准备工作完成以后，进行 PCBA 生产，PCBA 生产工艺流程图如图 1-28 所示。

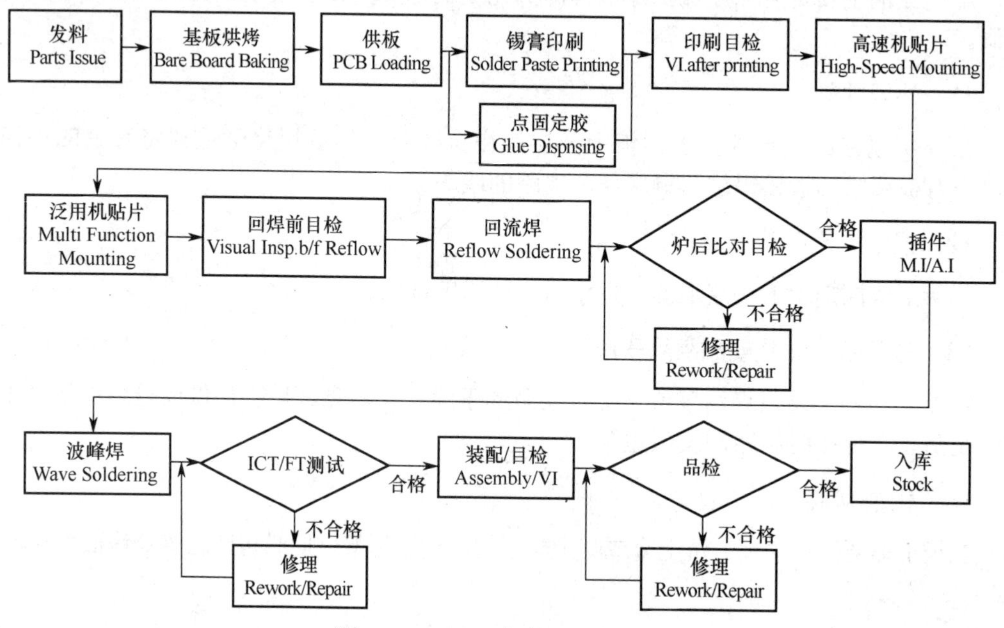


图 1-28　PCBA 生产工艺流程图

波峰焊与回流焊是电子产品生产工艺中两种比较常见的电子产品焊接方式，它们的主要区别是波峰焊用于焊接插件电路板，回流焊用于焊接 SMT 贴片电路板。

波峰焊是让插件板的焊接面直接与高温液态锡接触达到焊接目的，其高温液态锡保持一个斜面，并由特殊装置使液态锡形成一道道类似于波浪的现象，所以叫波峰焊，其主要材料是焊锡条。

回流焊的设备内部有一个加热电路，将空气或氮气加热到足够高的温度后吹向已经贴好元器件的电路板，让元器件两侧的焊料熔化后与主板黏结。回流焊是靠热气流对焊点的作用，使胶状的焊剂在一定的高温气流下发生物理反应达到 SMD（Surface Mounted Devices，表面贴装器件）的焊接；之所以叫“回流焊”，是因为气体在焊机内循环流动产生高温而达到焊接目的。

不同 PCBA 的制程工艺存在一定流程差异，下面就各种制程进行详细阐述。

### 1. 单面 THT 插件

生产线工人先将电子元器件插装单面 PCB，然后进行波峰焊，焊接固定之后清洁板面即可，其生产工艺流程图如图 1-29 所示。波峰焊工艺简单、快捷，但波峰焊生产过程中效率低，其成型过程中还会带来静电损坏风险。

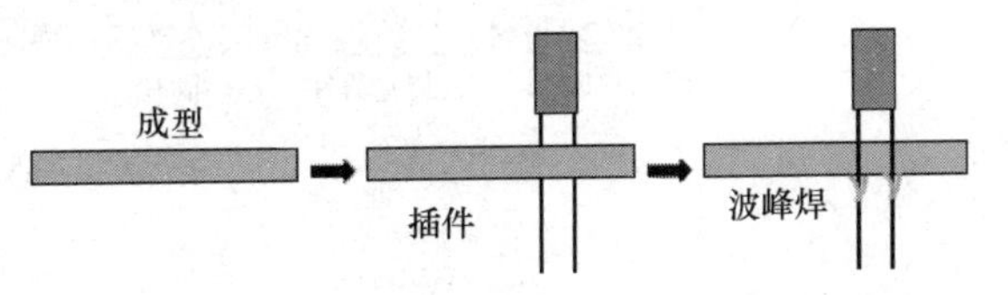


图 1-29　单面 THT 插件的 PCBA 生产工艺流程图

### 2. 单面 SMT 贴装

首先把锡膏添加至组件垫，PCB 光板完成锡膏印刷后，通过回流焊贴装电子物料，最后进行回流焊焊接，其生产工艺流程图如图 1-30 所示，回流焊工艺简单、快捷，生产效率高。

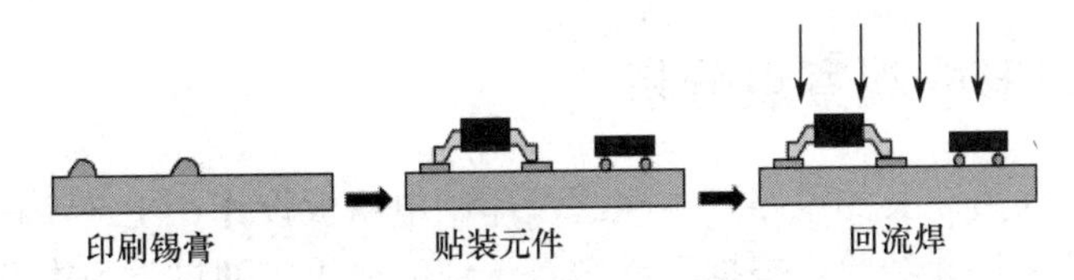


图 1-30　单面 SMT 贴装的 PCBA 生产工艺流程图

### 3. 单面混装

首先对 PCB 印刷锡膏，然后贴装电子元器件进行回流焊焊接，质检过后再做 DIP 插装，完成波峰焊或手工焊接。对通孔元器件较少的，可采用回流焊和手工焊的方式，其生产工艺流程图如图 1-31 所示，生产效率较高。

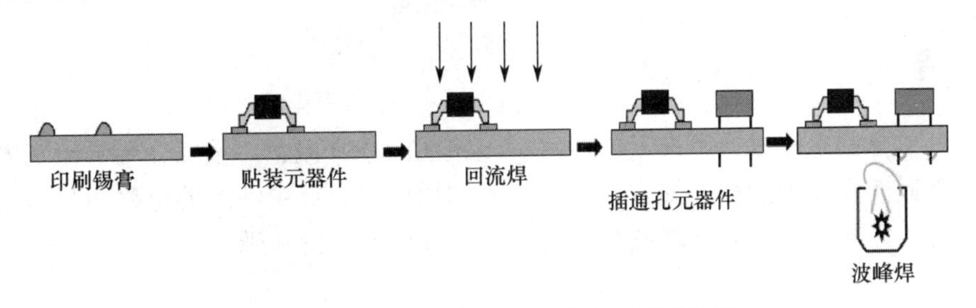


图 1-31　单面混装的 PCBA 生产工艺流程图

### 4. 单面贴装和插装混合

部分 PCB 是双面板，一面贴装，另一面插装。贴装和插装的工艺流程跟单面加工是一致的，但回流焊和波峰焊时 PCB 要用治具。对通孔元器件较少的，可采用回流焊和手工焊的方式，其生产工艺流程图如图 1-32 所示，生产效率较高。

### 5. 双面 SMT 贴装

有时 PCB 设计工程师为保证 PCB 的功能性和美观性，通常采取双面贴装。一面布置 IC 元器件，另一面贴装片式元器件，可最大限度地利用 PCB 空间，实现 PCB 面积最小化。

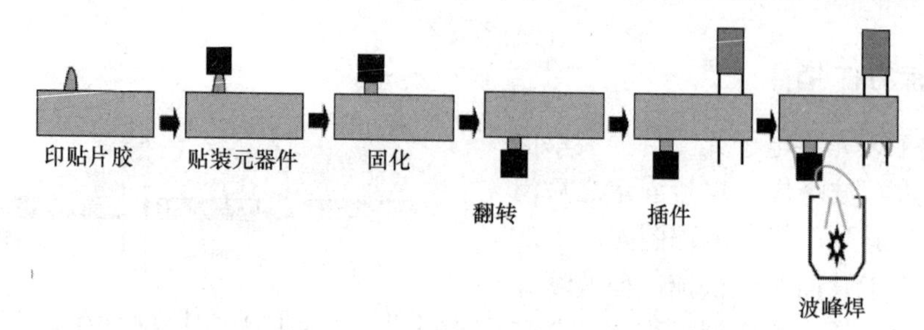


图 1-32　单面贴装和插装混合的 PCBA 生产工艺流程图

### 6．双面混装

双面混装有两种方式。第一种方式的 PCBA 需经过三次加热，效率较低，且使用红胶工艺波峰焊，焊接合格率较低，不建议采用。第二种方式适用于双面 SMT 封装元器件较多、THT（通孔式）封装元器件少的情况，建议采用手工焊。

## 1.7　电路知识形成观察点分析

本章对电路设计所涉及的电路基本概念及印制电路板设计、生产流程进行了介绍，为后续的电路设计积累设计经验。根据工程教育认证的要求，通过学习本章内容，学生可具备电路、PCB 及 PCB 生产流程等方面的专业知识，因此设计了以下观察点。

（1）询问电路的定义、电路的分类、电路的组成等基本概念，对其具备的专业知识进行合理性评价。

（2）询问印制电路板的定义、构成、生产工艺和生产流程，对其具备的印制电路板的工程知识进行合理性评价。

## 本章小结

本章简单介绍电路设计所涉及的电路、电路图的基本概念，重点介绍了印制电路板图及印制电路板图设计中的相关知识，让初学者知道电路设计中涉及的电路图和印制电路板的相关概念，为初学者建立电路图和印制电路板设计的理论基础。

## 思考与练习

1．简述电路的定义，并说明电路的分类。
2．简述电路原理图的含义。
3．简述印制电路板（PCB）图的基本结构。
4．印制电路板的种类有几种？说明 4 层电路板的结构组成。
5．简述印制电路板图的设计步骤。

# 第2章　常见的电子元器件

内容导航

| | |
|---|---|
| 目标设置 | 能够识别电阻、电容、二极管、三极管、场效应管、常见的集成电路、三端稳压管、晶振、遥控接收头、开关、插接件、跳线等电子元器件及对应的原理图符号和封装图 |
| 内容设置 | 电阻、电容、二极管、三极管、场效应管、常见的集成电路、三端稳压管、晶振、遥控接收头、开关、插接件、跳线等元器件介绍 |
| 能力培养 | 电子元器件的识别能力及专业素养能力 |
| 本章特色 | 以图形的方式介绍电子元器件的实物图、电子元器件的原理图符号及其对应的封装图 |

电子元器件（简称元器件）是电路的基本组成单元，电子元器件又分为电子元件和电子器件，电子元件是指工厂在加工时没改变原材料分子结构的产品，电子器件是指工厂在生产加工时改变了原材料分子结构的产品。

## 2.1　电子元器件基本知识

### 1. 电子元器件的分类

（1）根据电子元器件工作时其内部是否需要能（电）源来分，可以分为有源元器件和无源元器件。

① 无源元器件又称为被动元器件，电子元器件工作时，其内部没有任何形式的电源，则这种元器件叫作无源元器件，通俗地说就是不用电源就能显示其特性的就叫无源元器件。从电路性质上看，无源元器件具有两个基本特点：一是无源元器件自身不消耗电能，或把电能转换为不同形式的其他能量；二是无源元器件只需输入信号，不需要外加电源就能正常工作。常见的无源元器件有二极管（Diode）、电阻器（Resistor）、排阻（Network Resistor）、电容器（Capacitor）、电感器（Inductor）、变压器（Transformer）、继电器（Relay）、按键（Key）、蜂鸣器、扬声器（Speaker）、开关（Switch）、连接器（Connector）、插座（Socket）、连接电缆（Line）和印制电路板（PCB）。

② 有源元器件又称主动元器件，电子元器件工作时，其内部有电源存在，则这种元器件叫作有源元器件，通俗地说就是需要电源才能显示其特性的就叫有源元器件，如三极管和 IC（集成电路）都是有源元器件。从电路性质上看，有源元器件有两个基本特点：一是有源元器件自身也消耗电能；二是有源元器件除输入信号外，还必须有外加电源才可以正常工作。

（2）根据电子元器件是否采用半导体集成的特性来分，可以分为分立元器件和集成电路。

① 分立元器件就是具有单一功能的电路基本元器件，如晶体管、二极管、电阻、电容、电感等。

② 集成电路就是把基本的电路元器件（如晶体管、二极管、电阻、电容、电感等）

制作在一个小型晶片上，然后封装起来形成具有一定功能的单元。集成电路的优势就是用小的体积可实现尽可能多的功能，集成电路也有劣势，在面积受限制的情况下，集成电路无法将其每个部件都做得非常好。

（3）根据电子元器件的封装来分，可以分为通孔式封装元器件和表面贴片式封装元器件。在印制电路板上将元器件安置在板子的一面，并将引脚焊接在另一面，这种技术称为通孔式（Through Hole Technology，THT）封装。元器件与其引脚被焊接在印制电路板同一面，不用为每只引脚的焊接在印制电路板上钻孔，这种技术称为表面贴片式（Surface Mounted Technology，SMT）封装。由于 THT 封装的元器件需要占用大量的空间，还需要为每只引脚钻一个孔，THT 元器件引脚实际上占用了两个面的空间，THT 引脚焊点也比较大；而 SMT 元器件比 THT 元器件小，只使用一个面，印制电路板的利用率高，同样大小的印制电路板上安装的 SMT 元器件要比 THT 元器件多，因此现今的印制电路板大部分都是 SMT 元器件。

（4）根据电子元器件的功能来分，可以分为电阻类、电容类、电感类、电位器类、开关类、继电器类、连接器类、二极管类、三极管类、场效应管类、IC 类及新型电子元器件。

### 2. 电子元器件的原理图符号

电子元器件的原理图符号是电路图的主要构成部分，要求电子元器件的原理图符号的引脚名称和编号与电子元器件的实物的引脚名称和编号必须保持一致，但电子元器件的原理图符号形状和引脚位置与实际的元器件形状和引脚位置可以不一样。在有些电路原理图中会省略电子元器件的原理图符号中部分没有用的引脚，值得注意的是，电路图中常将集成电路的原理图符号中的电源引脚和接地引脚隐藏且不显示。对于常用电子元器件的符号，将在后面的章节中介绍。

### 3. 电子元器件封装

电子元器件封装（Footprint）又称元器件外形名称，是由电子元器件焊接到印制电路板（PCB）上的外观图形和焊盘图形所构成的，其功能是提供给电路板设计者使用，换言之，电子元器件封装就是电路板上的元器件。既然电子元器件封装只是电子元器件的外观和焊盘，电子元器件的封装就仅是一个空间的概念。因此，不同的电子元器件可以公用一种电子元器件封装，另外，同种电子元器件也可以有不同的封装形式，所以在设计 PCB 的时候，不仅要知道电子元器件的名称，还要知道电子元器件的封装类型。获取电子元器件封装信息通常有两种途径，即电子元器件数据手册和自己测量实物。电子元器件数据手册可以通过厂家或互联网获取。

电子元器件的封装工艺流程的发展大致经历了以下几个阶段。

（1）从电子元器件封装的结构方面来看，电子元器件封装经历了 TO（Transistor Outline，晶体管封装）、SOP（Small Outline Package，小外形封装）、DIP（Dual In-line Package，双列通孔式封装）、PLCC（Plastic Leaded Chip Carrier，塑封有引线芯片载体）封装、TQFP（Thin Quad Flat Package，薄塑封四角扁平封装）、BGA（Ball Grid Array，球栅阵列）封装、CSP（Chip Scale Package，芯片级封装）等阶段的发展。

（2）从电子元器件封装材料来看，电子元器件的封装材料经历了金属、陶瓷、塑料及陶瓷与金属或塑料混合等多种材料的发展。

（3）从电子元器件封装的引脚形状来看，电子元器件的封装经历了长引线直插、短引线或无引线贴装、球状凸点三个阶段。

（4）从电子元器件封装的装配方式来看，电子元器件的封装经历了通孔插装、表面组装和直接安装三个阶段。

## 2.2　常用电子元器件的原理图符号及其封装图

各种复杂的电路都离不开常用的电子元器件，熟悉常用的电子元器件是电子工程师的必备技能。下面将简单介绍常用的电子元器件。

### 2.2.1　电阻器的原理图符号及其封装图

电阻器（Resistor）简称电阻，在电路图中常用“字母 R+数字”表示，如电路图中的“R1”电阻，表示编号为“1”的电阻。根据阻值的特性，电阻常分为三大类：固定电阻、变电阻（电位器、可变电阻）和特殊电阻（热敏电阻、光敏电阻和压敏电阻）[1]。注意，可变电阻（包括微调电阻）与电位器是有较大差别的，主要是调节量与电阻阻值变化量之间的关系：可变电阻一般是线性关系，即调节量与阻值增大（或减小）成正比；而电位器的变化关系有线性、指数型及对数型三种，以适应不同的需要，如作为音量调节 电位器，采用的就是指数型。下面将对常见电阻的名称、原理图符号及封装图分别进行介绍。

#### 1．固定电阻

固定电阻的封装尺寸是由其额定功率及工作的电压等级确定的，电阻的额定功率及工作的电压等级越大，固定电阻的体积就越大。固定电阻的常见封装有通孔式封装和表面贴片式封装两种。

图 2-1（a）所示为通孔式固定电阻的外形，不同阻值、不同功率的电阻形状和大小有所不同；图 2-1（b）所示为通孔式固定电阻的原理图符号的两种形式，在设计中可以任选一种；图 2-1（c）所示为通孔式固定电阻的封装图，通孔式固定电阻的常用封装有 AXIAL-0.3（引脚间距离为 300mil）～AXIAL-1.0（引脚间距离为 1000mil）等，可以根据各种类别电阻的引脚间距离选择不同的封装。

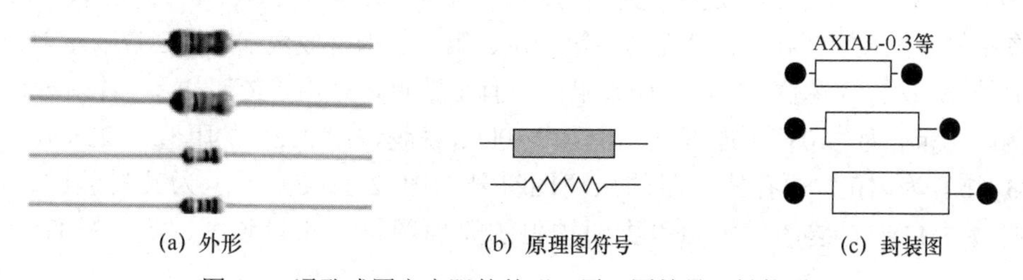


图 2-1　通孔式固定电阻的外形、原理图符号及封装图

贴片电阻（SMT Resistor）又称贴片式固定电阻（Chip Fixed Resistor），是金属玻璃釉电阻器中的一种。它是将金属粉和玻璃釉粉混合，采用丝网印刷法印在基板上制成的电阻[6]。其耐潮湿和高温，温度系数小，可大大节约电路空间成本，使设计更精细化。贴片电阻的阻值常采用数字索位标称法在电阻体上标明，有 3 位和 4 位两种。所谓数字索位标称法，就是在电阻体上用 3 位（或 4 位）数字来标明其阻值，比如，3 位数字标称法，它的第 1 位和第 2 位为有效数字，第 3 位表示在有效数字后面所加“0”的个数，这一位不会出现字母。例如，“103”表示“$10\times10^3$=10kΩ”；“151”表示“15×10=150Ω”。如果是小数，则用“R”表示“小数点”，并占用一位有效数字，其余两位是有效数字，例如，“2R4”表示“2.4Ω”，“R15”表示“0.15Ω”。

图 2-2（a）所示为 10K 贴片式固定电阻的外形，不同阻值、不同功率的电阻的形状和大小有所不同；图 2-2（b）所示为 10K 贴片式固定电阻的原理图符号的两种形式，在设计中可以任选一种；图 2-2（c）所示为 10K 贴片式固定电阻的封装图，贴片式固定电阻的常用封装有 0201、0402、0603、0612、0805、1206 等，可以根据各种类别电阻的引脚间距离选择不同的封装，其中应用最广的贴片电阻的尺寸代码是 0805 和 1206，并且逐步有向 0603 发展的趋势，0402 和 0201 这两种封装常用于集成度较高的产品中，其对 SMT 工艺水平也提出了较高的要求。

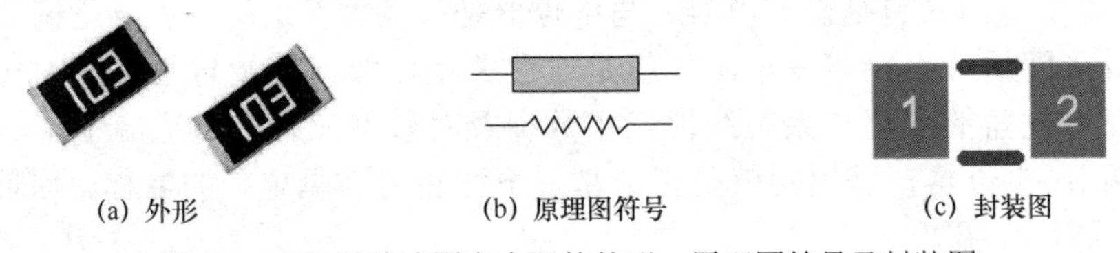

(a) 外形　(b) 原理图符号　(c) 封装图

图 2-2　10K 贴片式固定电阻的外形、原理图符号及封装图

### 2. 排阻

排阻（Network Resistor）即网络电阻器。排阻是将若干参数完全相同的电阻集中封装在一起而组合制成的。它们的一只引脚都连到一起作为公共引脚，其余引脚正常引出。所以如果一个排阻是由 *n* 个电阻构成的，那么它就有 *n*+1 只引脚，一般来说，最左边的那只引脚是公共引脚，它在排阻上一般用一个色点标出来，其颜色通常为黑色或黄色。排阻具有装配方便、安装密度高等优点，目前已被大量应用在电视机、显示器、计算机、小家电中的电路板上，作为某个并行口的上拉电阻或下拉电阻，使用排阻比用若干固定电阻更方便。排阻的封装包括通孔式（THT）封装和表面贴片式（SMT）封装两种。

图 2-3（a）所示为 10K 通孔式排阻的外形，常见的引脚有 5 只、8 只、9 只、10 只等几种，图中的三位数字“103”，从左至右第一位、第二位为有效数字，第三位表示前两位数字乘 10 的 *N* 次方（单位为 Ω），如果阻值中有小数点，则用“R”表示，并占一位有效数字。例如，标示为“103”的阻值为 $10\times10^3$=10kΩ，标示为“222”的阻值为 $22\times10^2$=2.2kΩ。图 2-3（b）为 10K 通孔式排阻的原理图符号；图 2-3（c）所示为其封装图，PCB 设计软件库中自带封装图。不同引脚的排阻的原理图符号和封装图，设计软件库中一般都有。

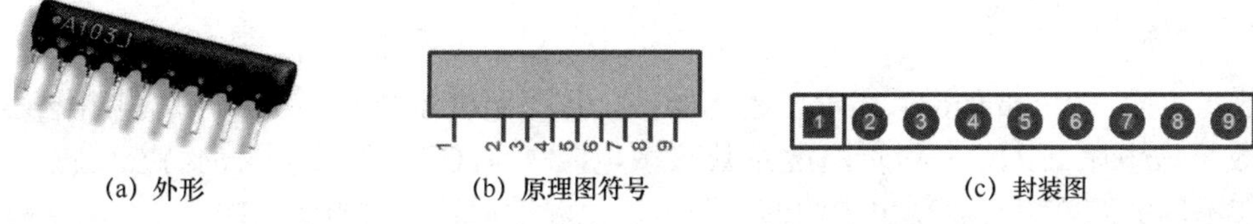


(a) 外形　(b) 原理图符号　(c) 封装图

图 2-3　10K 通孔式排阻的外形、原理图符号及封装图

### 3. 电位器

电位器（Potentiometer）是具有三个引出端、阻值可按某种变化规律调节的电阻元器件，是可变电阻器的一种。电位器通常由电阻体和可移动的电刷组成，当电刷沿电阻体移动时，在输出端可获得与位移量成一定关系的电阻值或电压。电位器既可作三端元器件使用，也可作两端元器件使用，后者可视为一可变电阻器，由于它在电路中的作用是获得与输入电压（外加电压）成一定关系的输出电压，因此称之为电位器。电位器的种类繁多，尺寸及形状各不相同，但电位器的原理图符号都是一样的，因此在电路板设计中需要根据所购买的电位器的参数选择合适的 PCB 封装。图 2-4 所示为一种单联旋转电位器的外形、原理图符号及封装图。

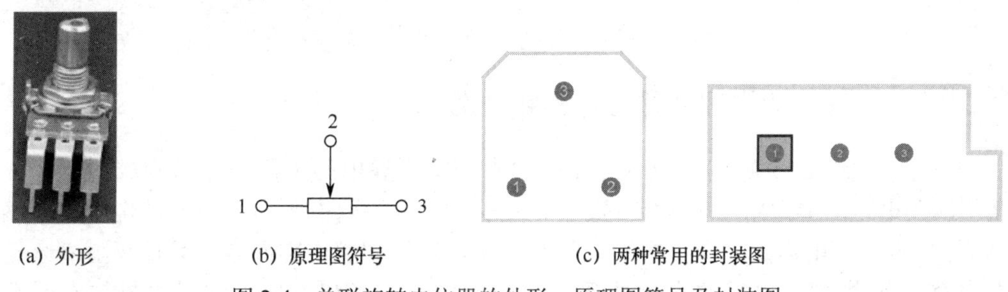


(a) 外形　(b) 原理图符号　(c) 两种常用的封装图

图 2-4　单联旋转电位器的外形、原理图符号及封装图

### 4. 光敏电阻

光敏电阻（Photo Resistor 或 Light-dependent Resistor）是用硫化镉或硒化镉等半导体材料制成的特殊电阻器，其工作基于内光电效应。光照越强，阻值就越低，随着光照强度的增大，电阻值迅速减小，亮电阻可小至 1kΩ 以下。光敏电阻对光线十分敏感，其在无光照时呈高阻状态，暗电阻一般可达 1.5MΩ。随着科技的发展，具有特殊性能的光敏电阻将得到极其广泛的应用[7]。根据光谱特性的不同，光敏电阻可分为三种：紫外光敏电阻器、红外光敏电阻器、可见光光敏电阻器。图 2-5 所示为一种 GM205 光敏电阻的外形、原理图符号及封装图。光敏电阻的基板直径有 $\phi$3mm、$\phi$4mm、$\phi$5mm、$\phi$7mm、$\phi$11mm、$\phi$12mm、$\phi$20mm、$\phi$25mm 等几种，设计中可根据光敏电阻的引脚直径选择封装。

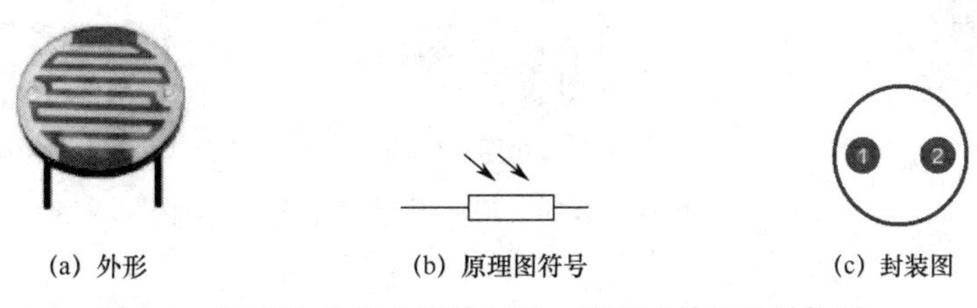

(a) 外形　(b) 原理图符号　(c) 封装图

图 2-5　GM205 光敏电阻的外形、原理图符号及封装图

### 5. 热敏电阻

热敏电阻（Thermistor）属于敏感元器件，按照温度系数的不同，热敏电阻分为正温度系数热敏电阻（PTC）和负温度系数热敏电阻（NTC）。热敏电阻的特点是对温度敏感，在不同的温度下可表现出不同的电阻值。正温度系数热敏电阻（PTC）在温度越高时电阻值越大，负温度系数热敏电阻（NTC）在温度越高时电阻值越小，它们同属于半导体器件。图 2-6 所示为热敏电阻的外形、原理图符号及封装图，热敏电阻的引脚间距离有 3mm、4mm、5mm、7mm 等，可以根据各种类别热敏电阻的引脚间距离的不同选择不同的封装，电路板上的封装图大小只要能安装即可。

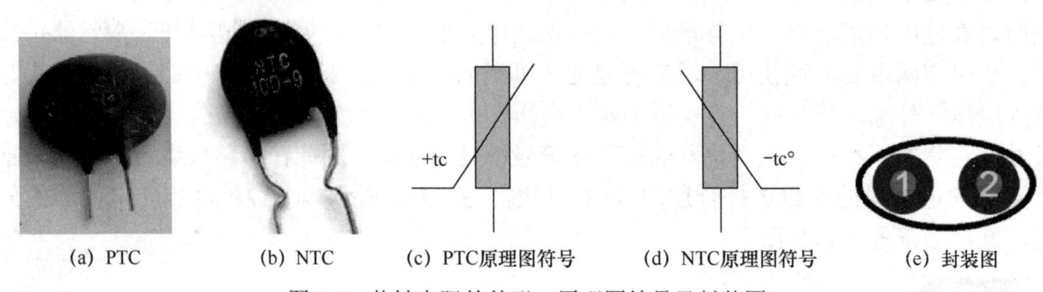


(a) PTC　(b) NTC　(c) PTC原理图符号　(d) NTC原理图符号　(e) 封装图

图 2-6　热敏电阻的外形、原理图符号及封装图

## 2.2.2　电容器的原理图符号及其封装图

电容器（Capacitor）是在两个导体之间夹一层不导电的绝缘介质而构成的，简称为电容[1]，在电路图中常用“字母 C+数字”表示，如电路图中名为“C1”的电容表示编号为“1”的电容。电容的主要参数为容量及耐压，对于同类电容而言，其体积随着容量和耐压的增大而增大。电容的常见外观为圆柱形、扁平形和方形，常用的封装有通孔式（THT）封装和表面贴片式（SMT）封装两大类。

### 1. 贴片电容

贴片电容的全称为多层（积层、叠层）片式陶瓷电容器，是一种电容材质，由于贴片元器件紧贴电路板，要求温度稳定性要高，因此贴片电容以钽电容为多。根据其耐压的不同，贴片电容分为 A、B、C、D 4 个系列，具体分类如下：A 3216（10V）、B 3528（16V）、C 6032（25V）、D 7343（35V）。图 2-7 所示为贴片电容的外形、原理图符号及封装图，常见的封装有 0402、0603、0612、0805、1206、3216、3528 等，无极性电容常用 0603 和 0805 两类封装。

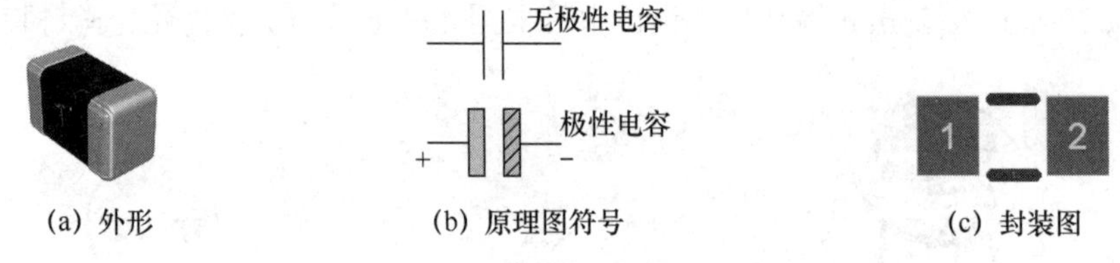


(a) 外形　(b) 原理图符号　(c) 封装图

图 2-7　贴片电容的外形、原理图符号及封装图

### 2．通孔式电容

通孔式电容主要有无极性电容、极性电容（电解电容）和可变电容等。图 2-8 所示为通孔式无极性电容的外形（外形为扁平形）、原理图符号及封装图。常见的封装有 RAD-0.1～RAD-0.5 等，可以根据各种类别电容引脚间距离的不同而选择不同的封装。圆柱形的无极性电容的封装则采用 CAPPR4×5。

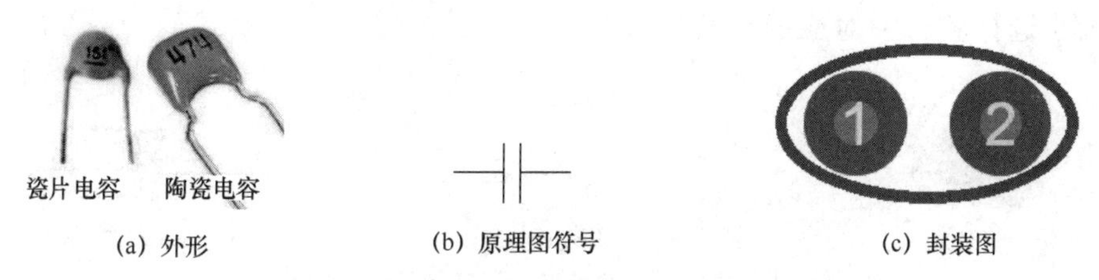


(a) 外形　(b) 原理图符号　(c) 封装图

图 2-8　通孔式无极性电容的外形、原理图符号及封装图

图 2-9 所示为通孔式电解电容（外形为圆柱形）的外形、原理图符号及封装图，图 2-9（b）中的三种图形都表示极性电容，任选一种作为原理图符号即可，图 2-9（c）中圆半径及引脚间距离根据电解电容的实际大小选择软件中对应的封装型号，常见的封装有 RB5～RB10.5、CAPPR1.27×2.8～CAPPR7.5×35 等。

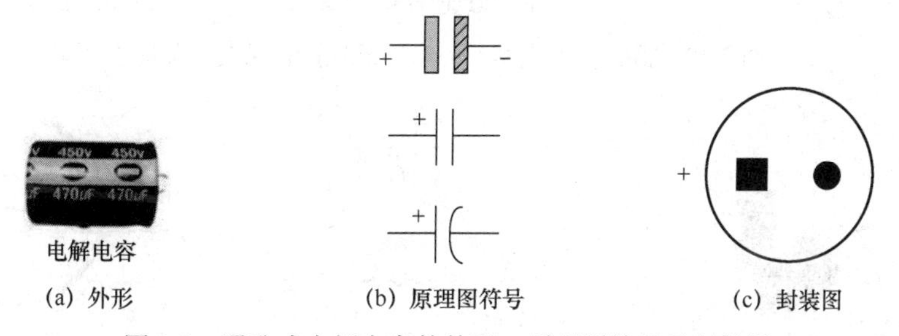


(a) 外形　(b) 原理图符号　(c) 封装图

图 2-9　通孔式电解电容的外形、原理图符号及封装图

可变电容是电容量可在一定范围内调节的电容器，由一组定片和一组动片组成，它的容量随着动片的转动可以连续改变。图 2-10 所示为可变电容的外形、原理图符号，不同的型号有不同的封装。

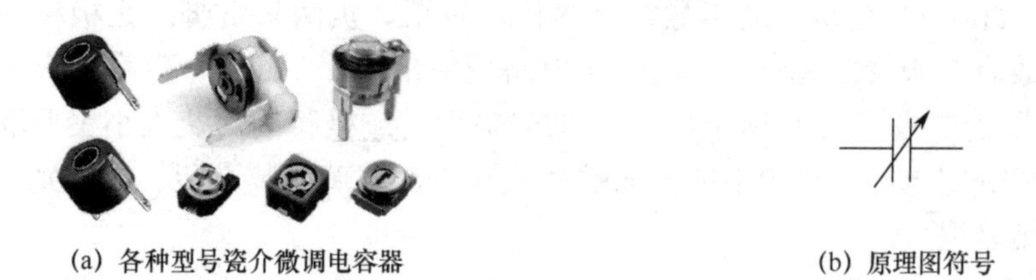

(a) 各种型号瓷介微调电容器　(b) 原理图符号

图 2-10　可变电容的外形、原理图符号

## 2.2.3　电感器的原理图符号及其封装图

电感器（Inductor）是能够把电能转换为磁能而存储起来的元件，简称为电感[1]，在电路图中常用“字母 L+数字”表示，如电路图中名为“L1”的电感表示编号为“1”的电

感。电感的分类有很多，但在绘制电路时，从封装上一般将它们分为 THT 封装和 SMT 封装两大类。图 2-11 所示为贴片电感的外形、原理图符号及封装图，常用 2012、2016、2520 等封装，可以根据各种类别电容的引脚间距离选择不同的封装。图 2-12 所示为卧式固定电感的外形、电路原理图符号及封装图，常用 RES40、RES50、RES60、RES90 等封装，可以根据各种类别电感的引脚间距离选择不同的封装。图 2-13 所示为立式固定电感的外形、原理图符号及封装图，图形中的圆半径及引脚间距离可根据立式固定电感的实际大小选择软件中对应的封装型号。

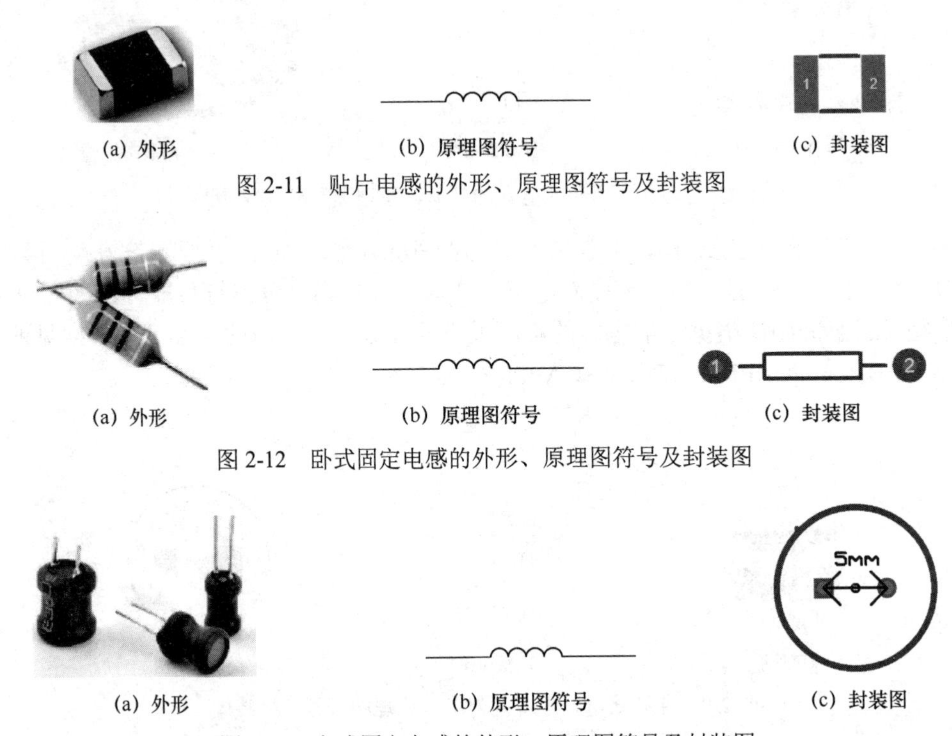


(a) 外形　(b) 原理图符号　(c) 封装图

图 2-11　贴片电感的外形、原理图符号及封装图

(a) 外形　(b) 原理图符号　(c) 封装图

图 2-12　卧式固定电感的外形、原理图符号及封装图

(a) 外形　(b) 原理图符号　(c) 封装图

图 2-13　立式固定电感的外形、原理图符号及封装图

## 2.2.4　二极管的原理图符号及其封装图

二极管（Diode）是常用的半导体元器件，有正、负两只引脚。正极称为阳极，负极称为阴极，故有二极管之称[1]。二极管在电路图中常用“字母 D+数字”表示，如电路图中名为“D1”的二极管表示编号为“1”的二极管。二极管的封装大小主要取决于二极管的额定电流和额定电压，从微小的表面贴片式封装、玻璃封装、塑料封装到大功率的金属封装，尺寸相差很大。

### 1. 贴片二极管

常见的贴片二极管的外形、原理图符号及封装图如图 2-14 所示，常用的封装有 0402、0603、0805、1206、2114 等，可根据各种类别二极管的引脚间距离选择不同的封装。常见的贴片发光二极管的外形、原理图符号及封装图如图 2-15 所示。

(a) 外形 (b) 原理图符号 (c) 封装图

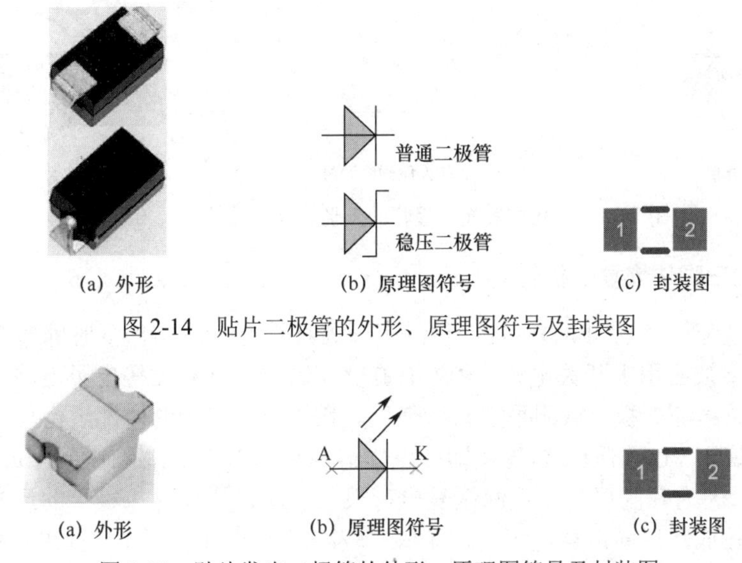

图 2-14 贴片二极管的外形、原理图符号及封装图

(a) 外形 (b) 原理图符号 (c) 封装图

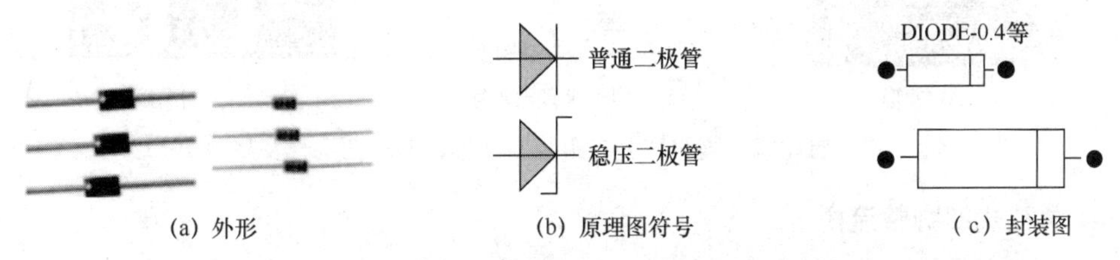

图 2-15 贴片发光二极管的外形、原理图符号及封装图

### 2. 通孔式二极管

通孔式二极管的外形、原理图符号及封装图如图 2-16 所示，常见的封装为 DIODE-0.4～DIODE-0.7，设计者可根据所买的元器件选择合适的封装。

(a) 外形 (b) 原理图符号 (c) 封装图

图 2-16 通孔式二极管的外形、原理图符号及封装图

常见的通孔式光敏二极管的外形、原理图符号及封装图如图 2-17 所示，引脚间距离为 2.54mm，圆的直径约为 5.2mm，设计者可根据所买的元器件自己制作封装，或者从软件中选择与之大小对应的封装型号。

(a) 外形 (b) 原理图符号 (c) 封装图

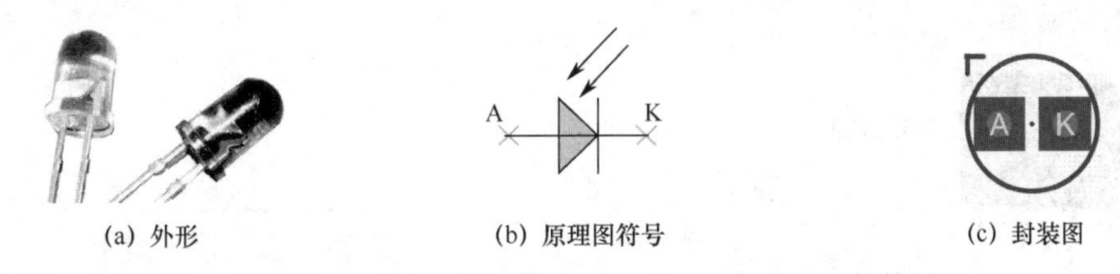

图 2-17 通孔式光敏二极管的外形、原理图符号及封装图

常见的通孔式发光二极管的外形、原理图符号及封装图如图 2-18 所示，引脚间距离为 2.54mm，圆的直径约为 5.2mm，设计者可根据所买的元器件自己制作封装，或者从软件中选择与之大小对应的封装型号（LED-0 或 LED-1）。

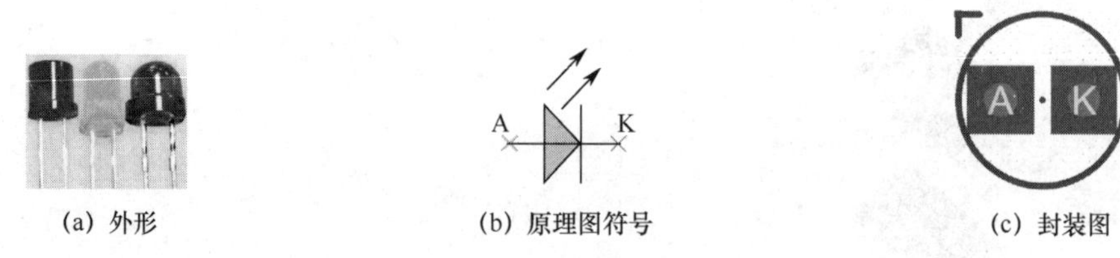


图 2-18 通孔式发光二极管的外形、原理图符号及封装图

### 3. 通孔式三脚快恢复二极管

快恢复二极管（简称 FRD）是一种具有开关特性好、反向恢复时间短等特点的半导体二极管，主要被应用于开关电源、PWM 脉宽调制器、变频器等电子电路中，可作为高频整流二极管、续流二极管或阻尼二极管使用。快恢复二极管的内部结构与普通 PN 结二极管不同，它属于 PIN 结型二极管，即在 P 型硅材料与 N 型硅材料中间增加了基区 I，构成 PIN 硅片。因为基区很薄，反向恢复电荷很小，所以快恢复二极管的反向恢复时间较短，正向压降较低，反向击穿电压（耐压值）较高。常见的通孔式三脚快恢复二极管的外形、原理图符号及封装图如图 2-19 所示，常见的封装有 TO-126、TO-202、TO-220 等封装形式，可根据各种类别快恢复二极管的引脚间距离选择不同的封装。

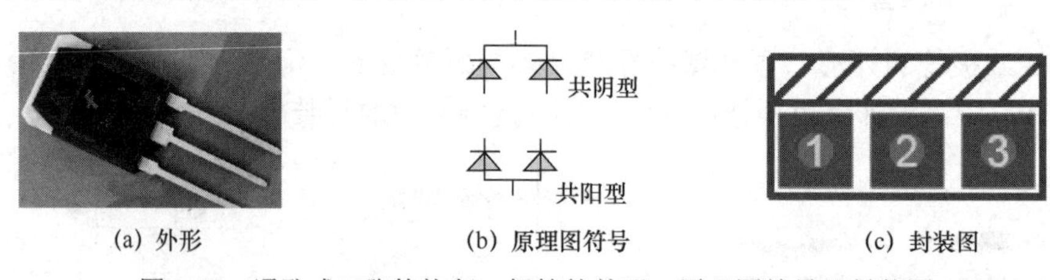


图 2-19 通孔式三脚快恢复二极管的外形、原理图符号及封装图

### 4. 通孔式四脚整流桥

整流桥内部的 4 个整流二极管组成桥式整流电路（整流桥），外部只有 4 只引脚，两只引脚为交流输入端，另两只引脚为正负输出端。整流桥的外形、原理图符号及封装图如图 2-20 所示。图 2-20（a）的上图为条形整流桥的外形，图 2-20（a）的下图为方形整流桥的外形；图 2-20（c）所示为常见的封装图，上图为条形整流桥的封装图，下图为方形整流桥的封装图。

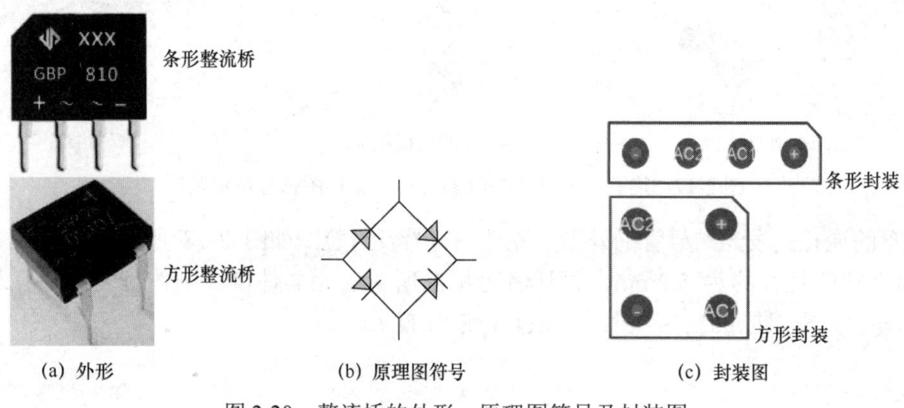


图 2-20 整流桥的外形、原理图符号及封装图

## 2.2.5　三极管的原理图符号及其封装图

三极管（Transistor）的全称为半导体三极管，也称双极型晶体管、晶体三极管，是一种控制电流的半导体器件，在电路图中常用“字母 Q+数字”表示，如电路图中的“Q1”三极管表示编号为“1”的三极管。三极管的作用是把微弱信号放大成幅值较大的电信号，也可用作无触点开关，是电子电路的核心组件[1]。三极管的分类有很多，但在绘制电路时，按封装一般将它们分为 THT 封装三极管和 SMT 封装三极管两大类。常见的贴片三极管的外形、原理图符号及封装图如图 2-21 所示，设计软件库中还有 SOT-23、SOT-89、SOT-223、TO251 等封装，设计时可根据各种类别三极管的引脚间距离选择不同的封装。常见的通孔式三极管的外形、原理图符号及封装图如图 2-22 所示，设计软件库中还有 TO-92、TO-220、TO-3PF 等封装，设计时可根据各种类别三极管的引脚间距离选择不同的封装。

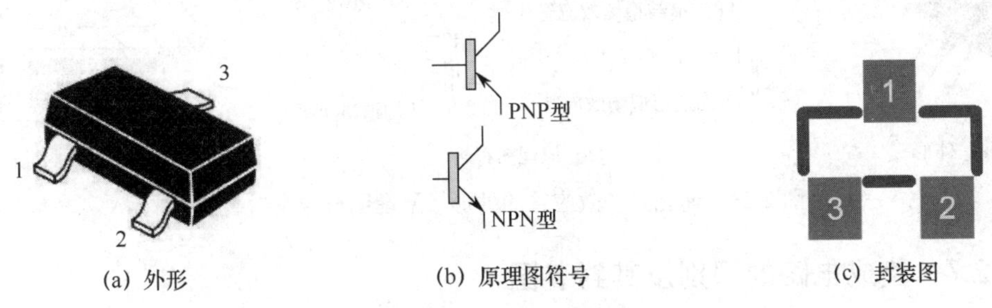


(a) 外形　(b) 原理图符号　(c) 封装图

图 2-21　贴片三极管的外形、原理图符号及封装图

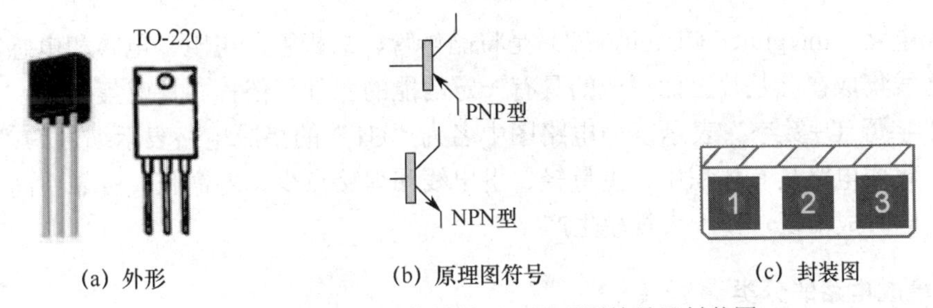


(a) 外形　(b) 原理图符号　(c) 封装图

图 2-22　通孔式三极管的外形、原理图符号及封装图

## 2.2.6　场效应管的原理图符号及其封装图

场效应管是场效应晶体管（Field Effect Transistor，FET）的简称，与三极管一样都能实现信号的控制与放大，但二者的构造和工作原理不同，所以二者的差别很大，在电路图中常用“字母 Q+数字”表示，如电路图中的“Q1”场效应管表示编号为“1”的场效应管。PCB 上的丝印层符号与三极管有所区别，但封装基本一样。场效应管的分类有很多，但在绘制电路时，按封装一般将它们分为 THT 封装场效应管和 SMT 封装场效应管两大类。常见的贴片场效应管的外形、原理图符号及封装图如图 2-23 所示，设计软件库中还有 SOT-23、SOT-89、SOT-223、TO251 等封装，设计时可根据各种类别场效应管的引脚间距离选择不同的封装。常见的通孔式场效应管的外形、原理图符号及封装图如图 2-24

所示，设计软件库中还有 TO-92、TO-220、TO-3PF 等封装，设计时可根据各种类别场效应管的引脚间距离选择不同的封装。

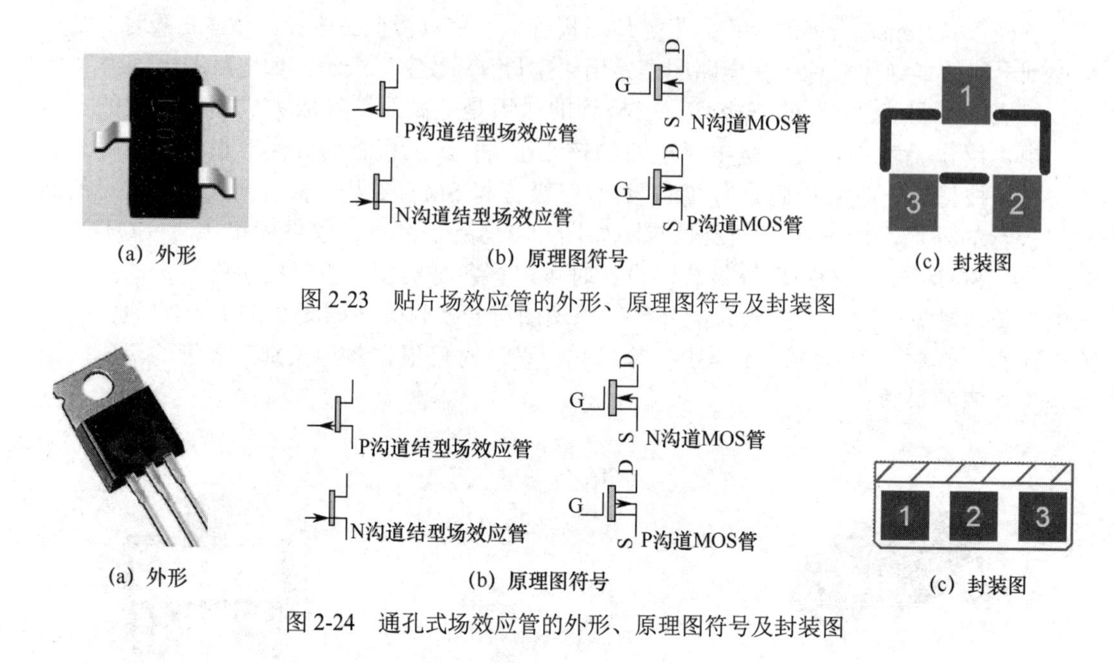


图 2-23　贴片场效应管的外形、原理图符号及封装图



图 2-24　通孔式场效应管的外形、原理图符号及封装图

## 2.2.7　集成电路的识别及其封装图

### 1. 集成电路的定义

集成电路（Integrated Circuit，IC）是将晶体管、二极管、电阻、电容和电感等元器件及之间连线集成在硅基片上而形成的具有一定功能的器件，俗称芯片或集成块，在电路图中常用“字母 U+数字”表示，如电路图中名为“U1”的集成电路表示编号为“1”的集成电路。集成电路具有体积小、重量轻、引出线和焊接点少、寿命长、可靠性高、性能好等优点，同时成本低，便于大规模生产。

### 2. 集成电路的分类

集成电路的分类方式有很多，按照集成电路的内部处理信号功能，可分为模拟集成电路、数字集成电路；按照集成电路的制作工艺，可分为半导体、薄膜、厚膜、混合集成电路等；按照集成电路的集成度，可分为小规模（SSI）、中规模（MSI）、大规模（LSI）、超大规模（VLSI）集成电路等；按照集成电路的封装形式，可分为单列通孔式封装、双列通孔式封装、表面贴片式封装、四方扁平封装、球栅阵列封装等；按照集成电路的导电类型，可分为双极型集成电路和单极型集成电路。

### 3. 集成电路的封装

集成电路的封装除具有传统意义上的含义外，还具有特殊的意义，就是把铸造厂生产的集成电路裸片（Die）放在一块起承载作用的基板上，把引脚引出来，然后固定包装成一个整体。集成电路的封装形式和种类有很多，这里主要介绍以下几种。

1）SIP

SIP（Single-Inline Package，单列通孔式封装）的引脚从封装的一侧引出，排列成一条直线，一般引脚中心距离为 2.54mm（100mil），引脚数为 2～23 只，封装名称一般为 SIP_*或 SIP*。图 2-25 所示为 SIP9 元器件的外形和封装图。

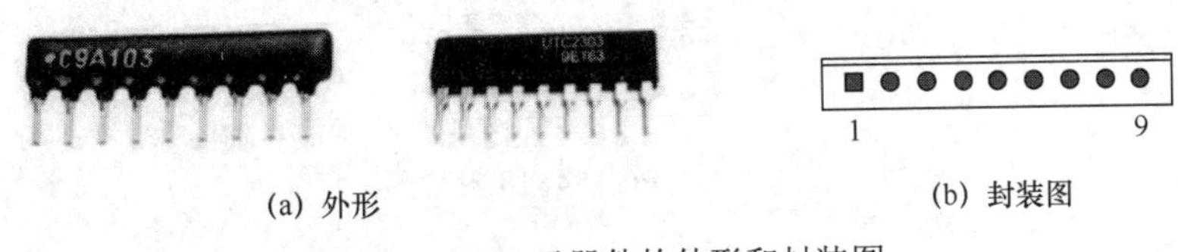

(a) 外形　(b) 封装图

图 2-25　SIP9 元器件的外形和封装图

2）SOP

SOP（Small Outline Package，小外形封装）是两侧具有翼形或 J 形短引线的一种表面组装元器件封装形式。SOP 封装技术于 1968—1969 年由飞利浦公司开发成功，以后逐渐派生出 SOJ（J 形引脚小外形封装）、TSOP（薄小外形封装）、VSOP（甚小外形封装）、SSOP（缩小型 SOP）、TSSOP（薄的缩小型 SOP）及 SOT（小外形晶体管）、SOIC（小外形集成电路）等，封装名称一般为 SOP_*或 SOP*。图 2-26 所示为 SOP14 元器件的外形与封装图。

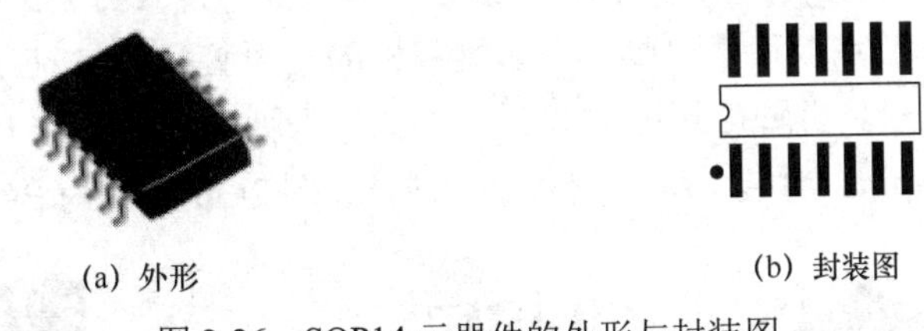
(a) 外形　(b) 封装图

图 2-26　SOP14 元器件的外形与封装图

3）DIP

DIP（Dual In-line Package，双列通孔式封装）的引脚从封装两侧引出，封装材料有塑料和陶瓷两种。DIP 封装是最普及的插装型封装之一，应用范围包括标准逻辑、存储器、微处理器等集成电路。引脚中心距离为 2.54mm（100mil），引脚数为 6～64 只，封装宽度为 10.16mm（400mil），封装宽度有 7.62mm（300mil）、10.16mm（400mil）和 15.2mm（600mil）三种，封装名称一般为 DIP-*或 DIP*。图 2-27 所示为 DIP16 元器件的外形和封装图。

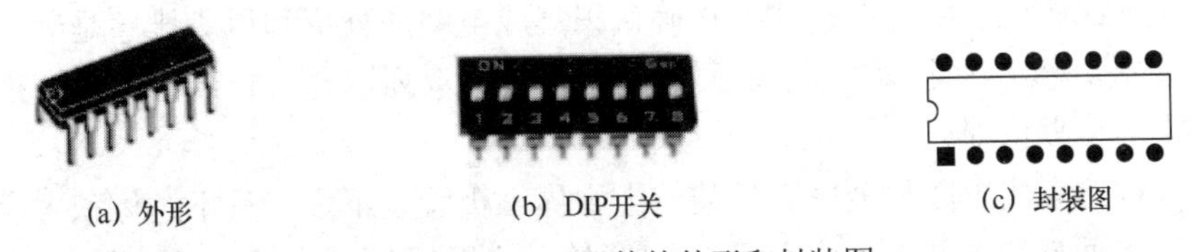
(a) 外形　(b) DIP开关　(c) 封装图

图 2-27　DIP16 元器件的外形和封装图

4）PGA 封装

PGA（Pin Grid Array，针脚栅格阵列）封装是一种传统的封装形式，其引脚从芯片底部垂直引出，且整齐地分布在芯片四周，早期的 X86 CPU 芯片均采用这种封装，封装名称一般为 PGA*×*。图 2-28 所示为 PGA84×10 封装图。

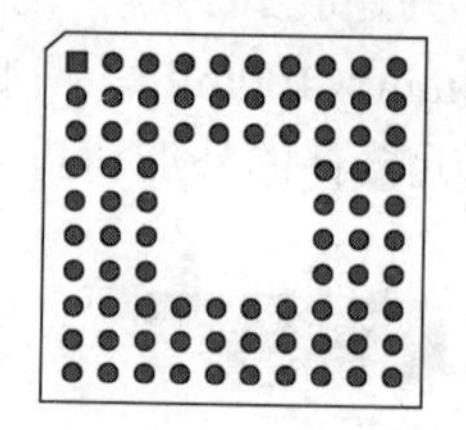

图 2-28　PGA84×10 封装图

5）PLCC 封装

PLCC（Plastic Leaded Chip Carrier，塑料有引线芯片载体）封装是一种表面贴片式封装，外形呈正方形，引脚从封装的 4 个侧面引出，呈丁字形，是塑料制品，外形尺寸比 DIP 封装小得多。PLCC 封装具有外形尺寸小、可靠性高的优点，适用于表面安装技术（SMT），但焊接比较困难，需要采用回流焊工艺。封装名称一般为 PLCC_*或 PLCC*。图 2-29 所示为 PLCC49 封装元器件的外形和封装图。

6）BGA 封装

BGA（Ball Grid Array，球栅阵列）封装是一种表面贴片式封装。在印刷基板的背面按陈列方式制作出球形凸点以代替引脚，在印刷基板的正面装配 LSI 芯片，然后用模压树脂或灌封的方法进行密封。引脚可超过 200 只，例如，引脚中心距离为 1.5mm 的 360 只引脚的 BGA 封装只有 31mm。封装名称一般为 BGA*×*。图 2-30 所示为 BGA144×12 封装图。

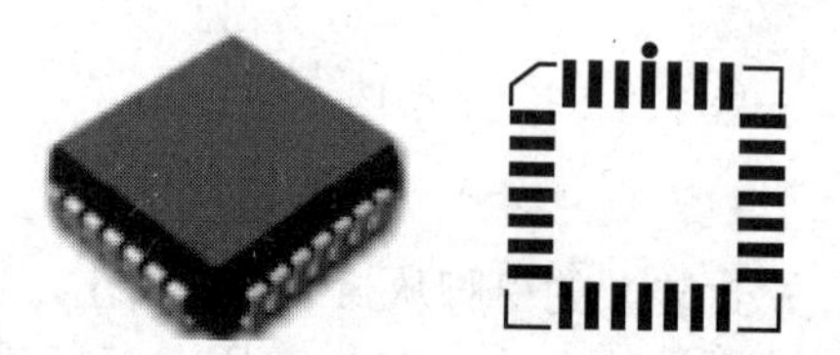

图 2-29　PLCC49 封装元器件的外形和封装图

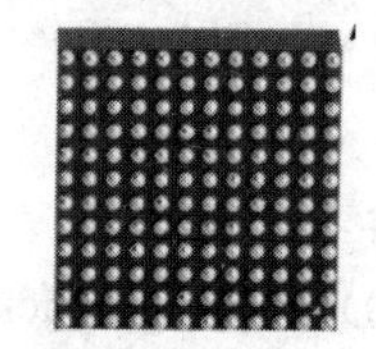

图 2-30　BGA144×12 封装图

### 4．集成电路的识别

使用集成电路前，必须认真查看和识别集成电路的引脚，确认电源、地、输入、输出及控制等相应的引脚号，以免因接错而损坏器件。集成电路的外形结构有一定的规定，电路引脚的排列次序也有一定的规律，正确认识集成电路的外形和引脚排序是装配及使用集成电路的基本功[1]。下面简单介绍单列通孔式封装、双列通孔式封装、扁平矩形和方形封装集成电路的引脚识别。

圆形结构的集成电路和金属壳封装的半导体三极管差不多，只不过体积大、电极引脚多，识别时应面向引脚正视。从识别标记开始，沿顺时针方向其引脚编号依次为 1、2、3、…，如图 2-31（a）所示。单列通孔式封装集成电路的识别标记有的用倒角，有的用凹坑，识别时应将标记正放，由标记开始，从左向右其引脚编号依次为 1，2，3，…，如图 2-31（b）和（c）所示。

双列通孔式封装、扁平矩形和方形封装集成电路的引脚数目一般有 8 只、10 只、12 只、14 只、16 只、18 只、20 只、40 只等多种。对于双列通孔式封装和扁平矩形封装集成电路，识别时将文字标记正放（一般集成电路上有一缺口，将缺口或圆点置于左方），由顶部俯视，从左下角起沿逆时针方向数，依次为 1，2，3，4，…，如图 2-32（a）和（b）所示；对于方形集成电路，识别时将文字标记正放（一般将缺角置于左上角），由顶部俯视，从缺角标记引脚开始沿逆时针方向数，依次为 1，2，3，4，…，如图 2-32（c）所示。

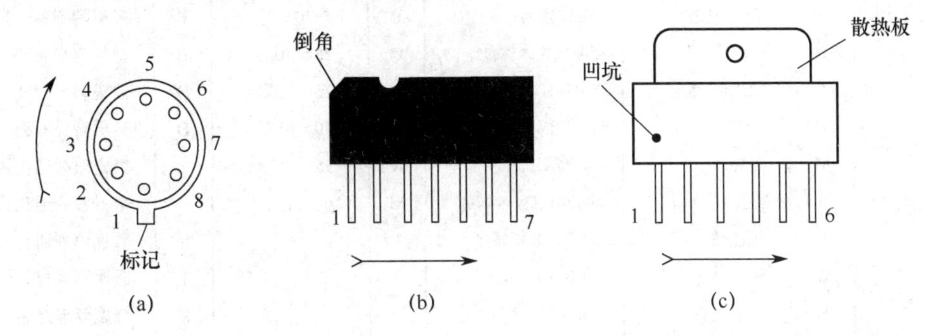


图 2-31　圆形结构、单列通孔式封装集成电路的引脚图

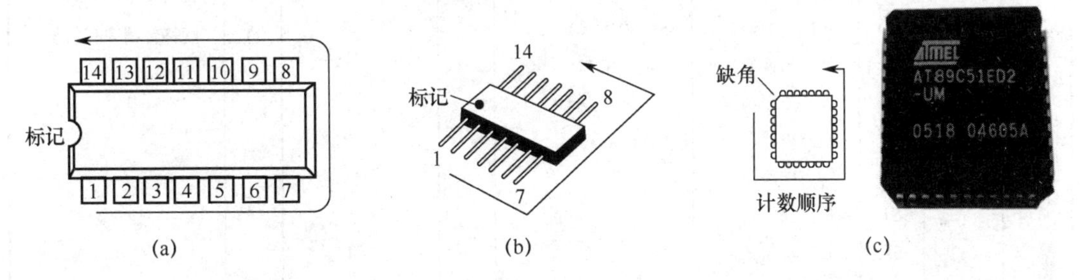


图 2-32　双列通孔式封装、扁平矩形和方形集成电路的引脚图

在电路图中，集成电路都有两个或三个电源接线端，用 VCC、VDD、VSS、+V、−V 或 GND 来表示，但在电路原理图中常将这些引脚隐藏。

### 5. 集成电路的型号命名法

集成电路现行国际规定的型号命名如图 2-33 所示。

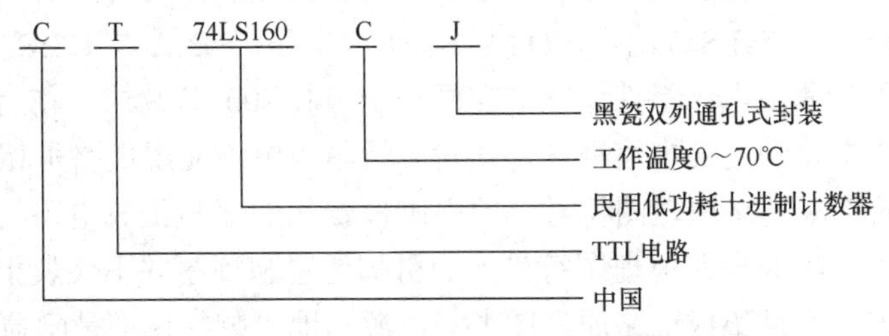


图 2-33　集成电路的型号命名[2]

集成电路的型号由五部分组成，各部分的符号及意义如表 2-1 所示。

表 2-1　集成电路型号的组成

| 第零部分 | | 第一部分 | | 第二部分 | 第三部分 | | 第四部分 | |
|---|---|---|---|---|---|---|---|---|
| 用字母表示器件符合国家标准 | | 用字母表示器件的类型 | | 用阿拉伯数字和字母表示器件系列品种 | 用字母表示器件的工作温度范围 | | 用字母表示器件的封装 | |
| 符号 | 意义 | 符号 | 意义 | | 符号 | 意义 | 符号 | 意义 |
| C | 中国制造 | T | TTL 电路 | TTL 分为： | C | 0～70℃⑤ | F | 多层陶瓷扁平封装 |
| | | H | HTL 电路 | 54/74×××① | G | −25～70℃ | B | 塑料扁平封装 |
| | | E | ECL 电路 | 54/74H×××② | L | −25～85℃ | H | 黑瓷扁平封装 |
| | | C | CMOS 电路 | 54/74L×××③ | E | −40～85℃ | D | 多层陶瓷双列 |
| | | M | 存储器 | 54/74S××× | R | −55～85℃ | J | 黑瓷双列通孔式封装 |
| | | u | 微型机电路 | 54/74LS×××④ | M | −55～125℃⑥ | P | 塑料双列通孔式封装 |
| | | F | 线性放大器 | 54/74AS××× | ⋮ | | S | 黑瓷单列通孔式封装 |
| | | W | 稳压器 | 54/74ALS××× | | | T | 金属圆壳封装 |
| | | D | 音响电视电路 | 54/74F××× | | | K | 金属菱形封装 |
| | | B | 非线性电路 | CMOS 分为： | | | C | 陶瓷芯片载体封装 |
| | | J | 接口电路 | 4000 系列 | | | E | 塑料芯片载体封装 |
| | | AD | A/D 转换器 | 54/74HC××× | | | G | 网格针栅阵列封装 |
| | | DA | D/A 转换器 | 54/74HCT××× | | | | |
| | | SC | 通信专用电路 | ⋮ | | | | |
| | | SS | 敏感电路 | | | | | |
| | | SW | 钟表电路 | | | | | |
| | | SJ | 机电仪电路 | | | | | |
| | | SF | 复印机电路 | | | | | |
| | | ⋮ | | | | | | |

注：① 74—国际通用 74 系列（民用）；54—国际通用 54 系列（军用）；② H—高速；③ L—低速；④ LS—低功耗；⑤ C—只出现在 74 系列；⑥ M—只出现在 54 系列。

### 6．集成电路的原理图符号与封装对应关系

集成电路在原理图中通常用一个图形符号来表示，并在图形符号的对应位置引出一根连接线作为引脚连接端，有些电路原理图中还标明了相应引脚的功能缩写[1]，如图 2-34 所示。图 2-34 中的 U1 为 74LS171 四个 D 触发器集成电路，U3:A 与 U3:B 是同一个 74LS00 芯片内部的二输入与非门电路组件，它们在同一个 74LS00 芯片中。在有些集成电路应用电路中画出了集成电路的内部电路框图，这对分析集成电路应用电路是相当方便的。

图 2-34 中的集成电路原理图符号上的引脚位置和顺序与集成电路封装上的引脚位置和顺序往往不对应，集成电路原理图符号上的引脚位置和顺序并不代表集成电路实物（封装图）的真实位置，而且集成电路原理图上的电源和地引脚往往都是隐藏的。

在集成电路应用电路中，常用的有逻辑门电路、触发器、锁存器、编码器、译码器、运算放大器等。

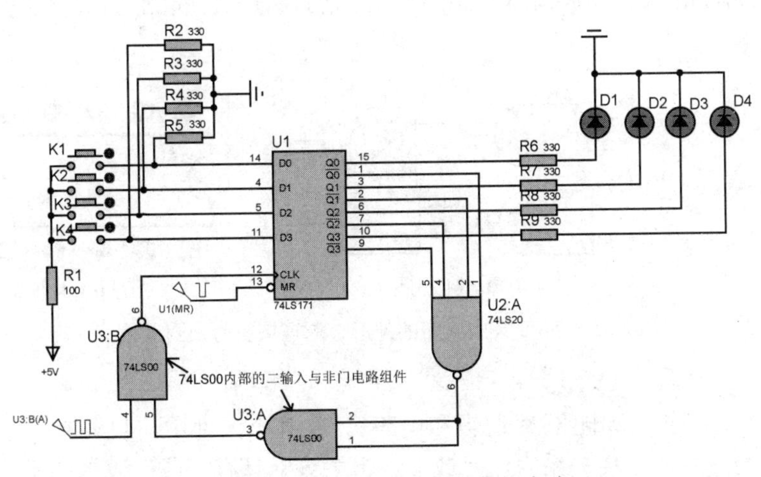


图 2-34　电路原理图中的集成电路

1）逻辑门电路

常用的逻辑门电路是 CMOS 4000 系列和 74 系列集成电路，其中 74 系列主要分为 TTL 门电路和 CMOS 系列门电路。TTL 集成电路大致可分为 6 大类：74×××（标准型）、74LS×××（低功耗肖特基型）、74S×××（肖特基型）、74ALS×××（先进低功耗肖特基型）、74AS×××（先进肖特基型）、74F×××（高速型）；CMOS 集成电路主要有 74HC×××、74HCT×××和 74HCU×××三大类。同一系列 TTL 或 CMOS 电路的引脚完全相同，逻辑功能完全相同，最大的区别就是开关特性和噪声特性随型号的不同有较大的差异，使用时可根据不同的条件和要求选择不同类型的产品。

常用的逻辑门电路主要有以下几种型号。

（1）与门

与门（AND）又称“与电路”、逻辑“积”、逻辑“与”电路，是执行“与”运算的基本逻辑门电路，其有多个输入端和一个输出端。当所有的输入端同时为高电平（逻辑 1）时，输出端才为高电平，否则输出端为低电平（逻辑 0）[8]。常见的二输入与门有 7408、74S08、74LS08、74HC08、7409、7411、7421 等，当然还有其他类型的与门集成电路，也有很多三输入与门和其他多输入与门集成电路。常见的 7408 集成电路的外形、原理图符号及封装图如图 2-35 所示。

图 2-35（a）所示为通孔式 7408 集成电路的外形，还有贴片式的这里就不做说明了，图 2-35（b）所示为原理图符号，其引脚编号无规律，电源和地引脚被隐藏。一个 7408 芯片内部有 4 个二输入与门组件，即“U？:A”“U？:B”“U？:C”“U？:D”，在具体的原理图中“？”用具体的数字（如 1、2、3 等）代替。根据电路功能，一张原理图中可使用其中的一个或几个组件，比如，一张原理图中有 U1:A、U1:B、U1:C、U1:D 这 4 个或者少于 4 个组件，那在 PCB 电路中要有一个 7408 封装元器件，当原理图中需要 4 个以上这样的部件时，那么第 5 个部件就开始用 U2:A 表示了，其对应的 PCB 电路就需要增加一个芯片。 图 2-35（c）所示为通孔式 7408 集成电路的封装图，对于芯片的封装，软件系统在绘制原理图时会自动加载，不同软件的封装名称不完全一样，常见的通孔式 7408 集成电

路的封装名称为 DIP14、DIP-14 和 DIL14，常见的贴片式 7408 集成电路的封装名称为 SOP14、SOP-14。

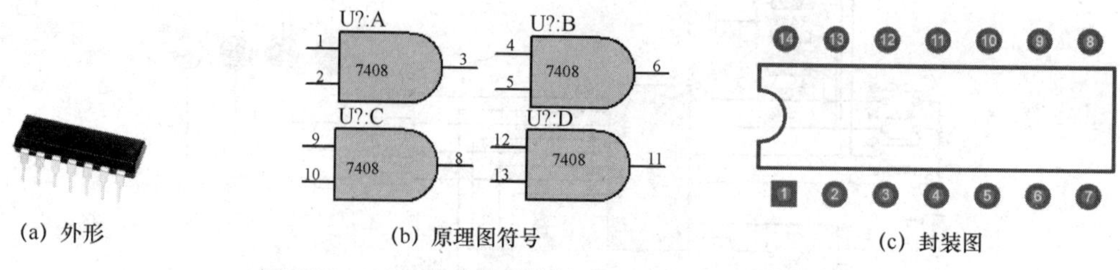


(a) 外形　(b) 原理图符号　(c) 封装图

图 2-35　7408 集成电路的外形、原理图符号及封装图

（2）或门

或门（OR）又称“或电路”“逻辑和电路”。在几个条件中，只要有一个条件得到满足，某事件就会发生，这种关系叫作“或”逻辑关系。具有“或”逻辑关系的电路叫作或门。或门有多个输入端和一个输出端，只要输入端中有一个为高电平（逻辑 1），输出端就为高电平（逻辑 1）；只有当所有的输入端全为低电平（逻辑 0）时，输出端才为低电平（逻辑 0）[8]。常见的二输入或门有 7432、74LS32、74S32 等，当然还有其他类型的或门集成电路，也有很多三输入或门和其他多输入或门集成电路。常见的 7432 集成电路的外形、原理图符号及封装图如图 2-36 所示，图中含义和图 2-35 一致。

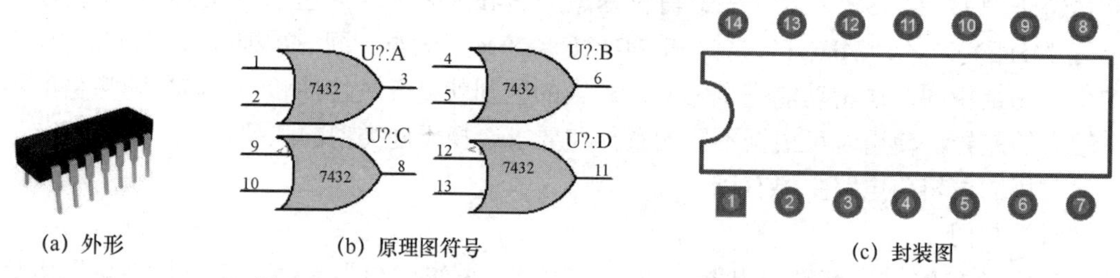


(a) 外形　(b) 原理图符号　(c) 封装图

图 2-36　7432 集成电路的外形、原理图符号及封装图

（3）非门

非门（NOT）又称非电路、反相器、倒相器、逻辑否定电路，是逻辑电路的基本单元。非门有一个输入端和一个输出端。当其输入端为高电平（逻辑 1）时输出端为低电平（逻辑 0），当其输入端为低电平时输出端为高电平。也就是说，输入端和输出端的电平状态总是反相的[8]。常见的非门有 7405、74S05、74LS05、74HC05、7406、7414 等，当然还有其他类型的非门集成电路。常见的 7405 集成电路的外形、原理图符号及封装图如图 2-37 所示。

图 2-37（a）所示为通孔式 7405 集成电路的外形，还有贴片式的这里就不做说明了，图 2-37（b）所示为其原理图符号，其引脚编号无规律，电源和地引脚被隐藏。一个 7405 芯片内部有 6 个非门组件，即 U1:A、U1:B、U1:C、U1:D、U1:E 和 U1:F，根据电路功能，一张原理图中可使用其中的一个或几个组件，比如一张原理图中有 U1:A、U1:B、U1:C、U1:D、U1:E 和 U1:F 这 6 个或者少于 6 个组件，那在 PCB 图中就有一个 7405 封装元器件与之对应，当原理图中需要 6 个以上这样的部件时，那么第 7 个部件就开始用 U2:A 表示了，其对应的 PCB 电路就需增加一个芯片。图 2-37（c）所示为通孔式 7405 集成电路的封装图，对于芯片的封装，软件系统在绘制原理图时会自动加载，不同软件的封装名称

不完全一样，常见的通孔式 7405 集成电路的封装名称有 DIP14、DIP-14 和 DIL14，常见的贴片式 7405 集成电路的封装名称有 SOP14、SOP-14。

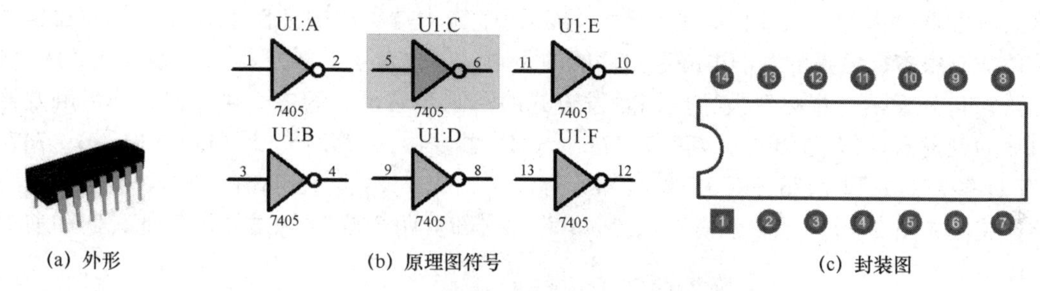


图 2-37　7405 集成电路的外形、原理图符号及封装图

（4）与非门

与非门（NAND）是数字电路的一种基本逻辑电路，与非门可以看作与门和非门的叠加。若输入端均为高电平（逻辑 1），则输出端为低电平（逻辑 0）；若输入端中至少有一个为低电平（逻辑 0），则输出端为高电平（逻辑 1）[8]。常见的二输入与非门有 7400、74S00、74LS00 和 74HC00 等，当然还有其他类型的二输入与非门集成电路，也还有很多三输入与非门和其他多输入与非门集成电路。常见的 7400 集成电路的外形、原理图符号及封装图如图 2-38 所示，图中含义和图 2-35 一致。

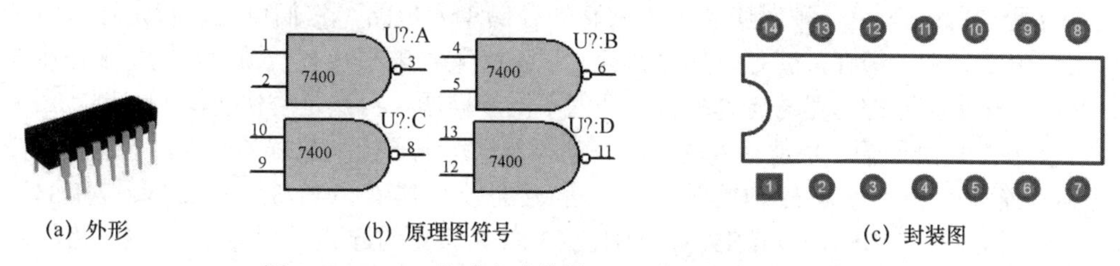


图 2-38　7400 集成电路的外形、原理图符号及封装图

（5）或非门

或非门（NOR）是数字逻辑电路中的基本元器件，用来实现或非逻辑功能，有多个输入端和一个输出端。当任意输入端（或多端）为高电平（逻辑 1）时，输出端就是低电平（逻辑 0）；只有当所有输入端都是低电平（逻辑 0）时，输出端才是高电平（逻辑 1）[8]。常见的二输入或非门有 7402、74S02、74LS02、74HC02 等，当然还有其他类型的二输入或非门集成电路，也还有很多三输入或非门和其他多输入或非门集成电路。常见的 7402 集成电路的外形、原理图符号及封装图如图 2-39 所示，图中含义和图 2-35 一致。

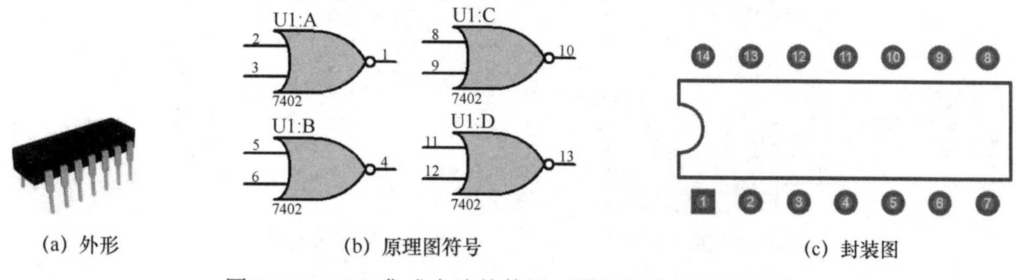


图 2-39　7402 集成电路的外形、原理图符号及封装图

2）触发器

触发器（Flip Flop）是一种可以存储一位二进制信号的基本单元电路的统称，最简单的触发器是由两个或非门、两个输入端和两个输出端组成的 RS 触发器。触发器电路的种类有很多，根据触发器电路逻辑功能的不同，可分为 RS 触发器、D 触发器、JK 触发器、T 触发器，根据触发器电路触发方式的不同，又可分为电平触发器、边沿触发器和脉冲触发器。常见的触发器有 74273（八 D 触发器）、74276（四 JK 触发器）、7474（双 D 触发器）和 7476（双 JK 触发器）等。常见的 7474 集成电路的外形、原理图符号及封装图如图 2-40 所示，注意一个 7474 芯片内部有两个双 D 触发器，其他说明和前面一样。

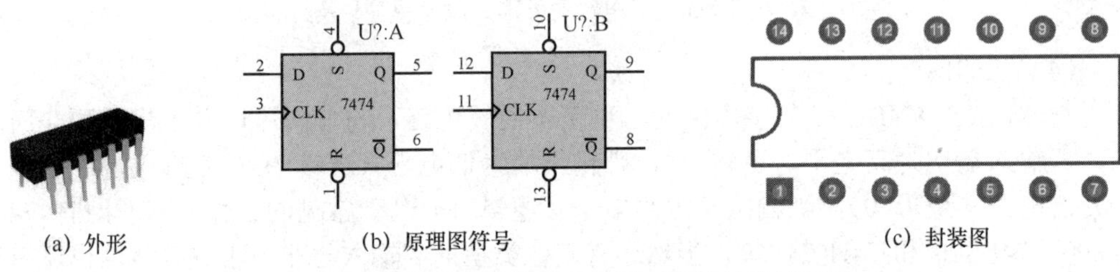


图 2-40　7474 集成电路的外形、原理图符号及封装图

3）锁存器

锁存器（Latch）是一种对脉冲电平敏感的存储单元电路，它们可以在特定输入脉冲电平作用下改变状态。锁存，就是把信号暂存，以维持某种电平状态。锁存器的主要作用是缓存，其次是解决高速控制器与慢速外设之间的不同步问题，再次是解决驱动的问题，最后是解决一个 I/O 口既能输出也能输入的问题。锁存器利用电平控制数据的输入，它包括不带使能控制的锁存器和带使能控制的锁存器。常见的锁存器有 74373、74S373、74LS373、74HC373、74573、74S573、74LS573、74HC573 等。常见的通孔式 74373 集成电路的封装是 20 只引脚，其原理图符号及封装图如图 2-41 所示。

图 2-41（a）所示为 74373 的原理图符号，其引脚位置编号没有规律，可以随意放置，其中电源和地引脚被隐藏，共 20 只引脚，图 2-41（b）左边的 SOP20 是 74373 的贴片式封装，右边的 DIP20 是 74373 的双列通孔式封装，引脚数目都是 20 只，在设计软件库中锁存器芯片的封装是自带的。

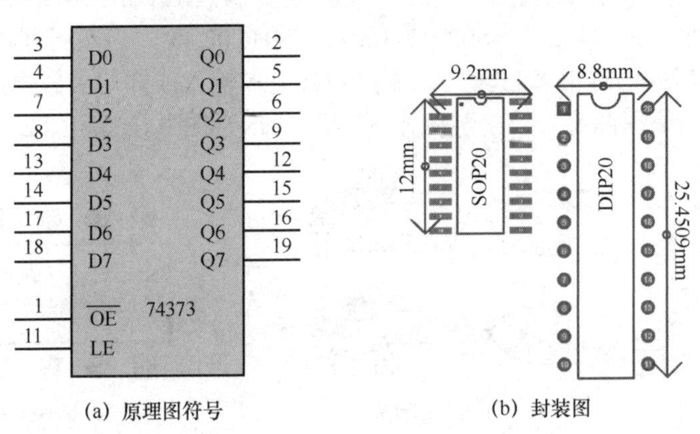


图 2-41　通孔式 74373 集成电路的原理图符号及封装图

4）编码器

编码器（Encoder）是能够实现将输入的每个高/低电平信号编程为一个与之对应的二进制代码的组合逻辑电路。编码器大致有两种分类，一种是普通编码器，另一种是优先编码器。常见的编码器有 74148、74S148、74LS148、74HC148 等。在电路设计软件中输入 74148，会自动找到其原理图符号和封装图。

5）译码器

译码器（Decoder）是一个将 $n$ 个输入变为 $2^n$ 个多输出端的组合逻辑电路，根据其功能可分为二进制译码器、二-十进制译码器和显示译码器这三种。常见的二进制译码器有 74138、74S138、74LS138、74HC138 等，常见的二-十进制译码器有 7442、74S42、74LS42、74HC42 等，常见的七段字符显示译码器有 7448、74LS48、74HC48 等，在进行电路设计时，电路设计软件中自带原理图符号和封装图。

6）运算放大器

运算放大器（Operational Amplifier）是将电阻器、电容器、二极管、晶体三极管及它们的连接线等全部集成在一小块半导体基片上的能实现放大功能的一种集成电路。根据集成电路内部集成运算放大器的个数，运算放大器可以分为单运放、双运放和四运放三种，例如，μA741 是单运放，LM358、LM393 和 TL072 是双运放，LM324 是四运放。LM358、LM393 和 TL072 是双运放，内部有两个完全一样的放大器，虽然它们的引脚功能完全相同，但由于它们之间的特性不同，因此在设计和维修时是不可以直接替换的。LM324 内部有 4 个完全一样的运算放大器，常见的 LM324 放大器的外形、原理图符号及封装图如图 2-42 所示，图中含义和图 2-35 一致。

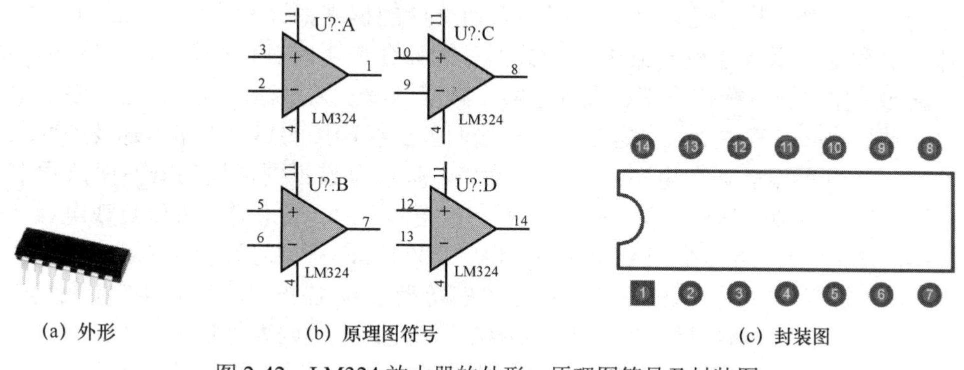


图 2-42　LM324 放大器的外形、原理图符号及封装图

## 2.2.8　三端集成稳压器及其封装图

三端集成稳压器主要有两种：一种的输出电压是固定的，称为固定输出三端集成稳压器；另一种的输出电压是可调的，称为可调输出三端集成稳压器。它们的基本原理相同，均采用串联型稳压电路。在线性集成稳压器中，由于三端集成稳压器只有三个引出端子，具有外接元器件少、使用方便、性能稳定、价格低廉等优点，因此得到广泛应用。

三端集成稳压器的通用产品有 78 系列（正电源）和 79 系列（负电源），具体型号中的后两个数字表示输出电压，有 5V、6V、8V、9V、12V、15V、18V、24V 等。78（或 79）后面的字母表示输出电流：L 表示 0.1A，AM 表示 0.5A，无字母表示 1.5A。例如，

78L05 表示输出电压为 5V，输出电流为 0.1A。

在使用时必须注意 $V_I$ 和 $V_O$ 之间的关系，以 7805 为例，该三端集成稳压器的固定输出电压是 5V，而输入电压至少大于 7V，这样输入和输出之间有 2～3V 及以上的压差，保证调整管工作在放大区。但当压差取得过大时，又会增大功耗，所以，两者应兼顾，既保证在最大负载电流时调整管不进入饱和区，又不至于功耗偏大。

另外，一般在三端集成稳压器的输入端、输出端接一个二极管，用来防止输入端短路时输出端存储的电荷通过三端集成稳压器而损坏器件。常见的 LM7805 三端集成稳压器的外形、原理图符号及封装图如图 2-43 所示。三端集成稳压器在电路中常用字母“Q”“U”“VR”加数字表示，如电路图中的“Q1”表示编号为“1”的三端集成稳压器。

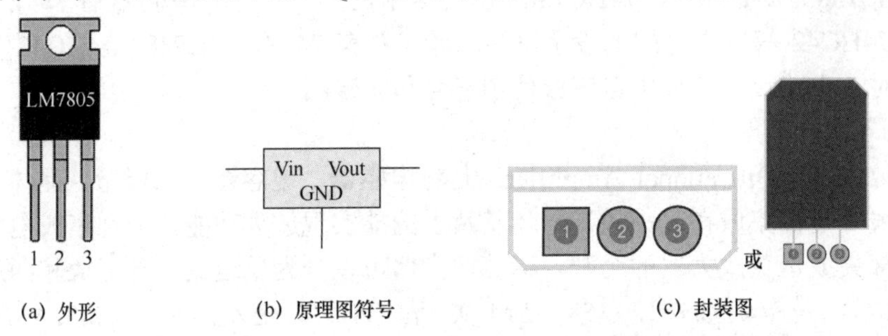


(a) 外形　　(b) 原理图符号　　(c) 封装图

图 2-43　LM7805 三端集成稳压器的外形、原理图符号及封装图

## 2.2.9　晶振及其封装图

晶振是石英晶体振荡器（Quartz Crystal Oscillator）的简称，是一种用于稳定频率和选择频率的电子元器件[1]。晶振是高精度和高稳定度的振荡器，被广泛应用在电视机、手机、计算机和遥控器等主板电路中，为数据处理设备产生时钟信号，为系统提供基准信号。晶振的主要参数有标称频率、负载电容、频率精度、频率稳定度等，这些参数决定了晶振的品质和性能，其中负载电容是指晶振的两条引线连接的集成电路内部及外部所有有效电容之和，可看作晶振在电路中串接的电容。负载电容不同，振荡器的振荡频率也不同，但标称频率相同的晶振，负载电容也不一定相同[3]。一般来说，有低负载电容（串联谐振晶体，常用的有 JA18A、JA18E、JA24A、B0002CE 等型号）和高负载电容（并联谐振晶体，常用的有 JA18B、KSS6CT、B0031CE 等型号）。晶振串一只电容跨接在集成电路的两只引脚上，为串联谐振型，两只引脚直接在集成电路上的则为并联谐振型[1]。

在实际应用中要根据具体要求选择适当的晶振，如通信网络、无线数据传输等系统就需要精度高的晶振。不过，性能越高的晶振，其价格也越贵，所以购买时选择符合要求的晶振即可[3]。

晶振在电路图中通常用字母“X”“Y”“G”“Z”加数字表示，如电路图中的“X1”表示编号为“1”的晶振。常见晶振的外形、原理图符号及封装图如图 2-44 所示。

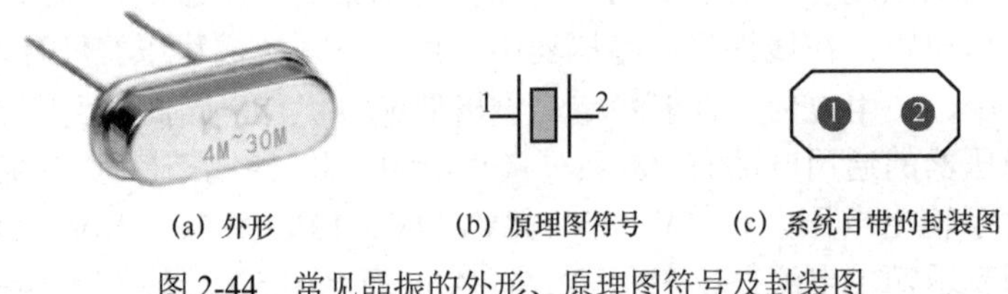


(a) 外形　　(b) 原理图符号　　(c) 系统自带的封装图

图 2-44　常见晶振的外形、原理图符号及封装图

### 2.2.10　光电耦合器及其封装图

光电耦合器（Optical Coupler，OC）也称光电隔离器或光耦合器，简称光耦，在电路图中常用“字母 U+数字”表示。光电耦合器以光为媒介传输电信号，它对输入、输出信号有良好的隔离作用，所以在各种电路中得到广泛的应用。目前它已成为种类最多、用途最广的光电器件之一。光电耦合器一般由三部分组成：光的发射、光的接收及信号放大。输入的电信号驱动发光二极管（LED）使之发出一定波长的光，光被光探测器接收而产生光电流，再经过进一步放大后输出，这就完成了“电—光—电”的转换，从而起到输入、输出、隔离的作用。由于光电耦合器的输入和输出间互相隔离，电信号传输具有单向性等特点，因此具有良好的电绝缘能力和抗干扰能力。

光电耦合器的种类有很多，按照其通孔式封装（当然也有其他封装方式）的引脚来分类，主要有以下 3 种结构。

（1）双列通孔式 4 脚塑封光电耦合器，内部由发光二极管与光电晶体管封装而成，主要用于开关电源电路中，常见的 PC817 光电耦合器的外形、原理图符号及封装图如图 2-45 所示。

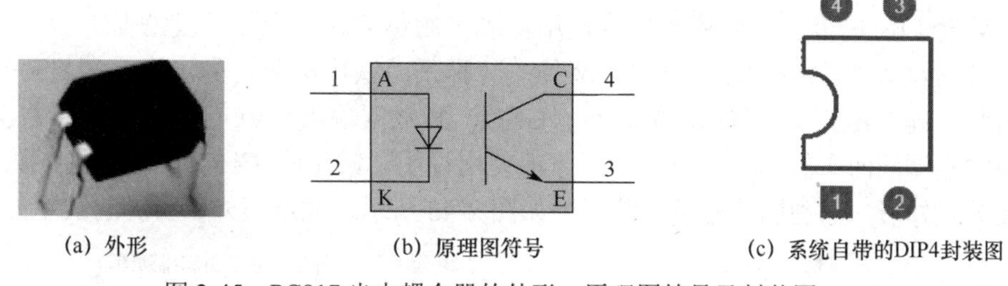


图 2-45　PC817 光电耦合器的外形、原理图符号及封装图

（2）双列通孔式 6 脚塑封光电耦合器，由发光二极管与光电晶体管封装而成，主要用于 AV 转换音频电路中，常见的 4N25 光电耦合器的外形、原理图符号及封装图如图 2-46 所示。

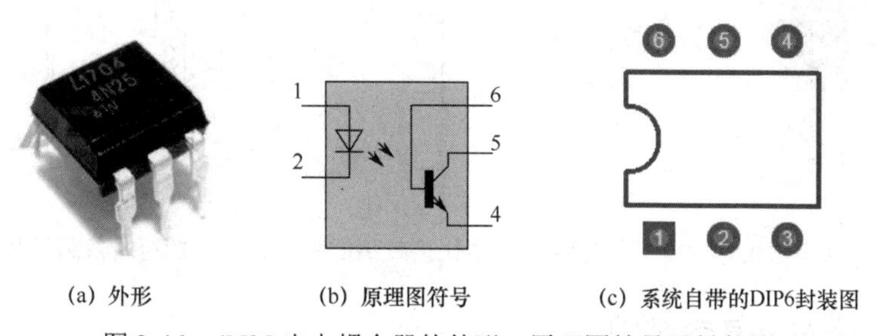


图 2-46　4N25 光电耦合器的外形、原理图符号及封装图

（3）双列通孔式 8 脚塑封光电耦合器，由一个高度红外发光管和光敏三极管封装而成，具有体积小、寿命长、抗干扰性强、隔离电压高、导通速度快、与 TTL 逻辑电平兼容等特点，被广泛用于隔离线路、开关电路、数模转换、逻辑电路、长线传输、过流保护、高压控制、电平匹配、线性放大等方面。常见的 6N136 光电耦合器的外形、原理图符号及封装图如图 2-47 所示。

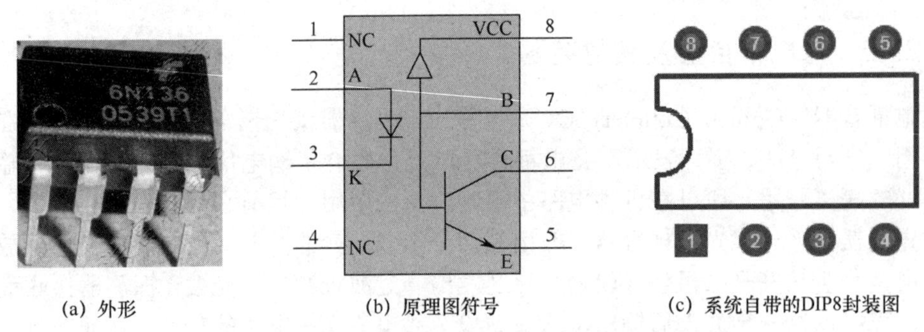

(a) 外形　(b) 原理图符号　(c) 系统自带的DIP8封装图

图 2-47　6N136 光电耦合器的外形、原理图符号及封装图

## 2.2.11　遥控器接收头及其封装图

遥控器接收头是用于接收遥控器所发射信号进而读取按键信息而执行操作的一种光电信号转换器件，是目前使用最广泛的一种红外线通信元器件，在电路图中常用“字母 IRL+数字”表示。由于红外线遥控装置具有体积小、功耗低、功能强、成本低等特点，因此在电视机、音响设备、空调、电动玩具及工业设备上被广泛采用。

遥控器接收头是利用最新的 IC 技术设计和开发出来的小型红外遥控系统接收器，在支架上装着 PIN 二极管和前置放大器，用环氧树脂包装成一个红外过滤器。

遥控器红外接收头的封装形式有两种：一种采用铁皮屏蔽，另一种是塑料封装，均有三只引脚，即电源正（VDD）、电源负（GND）和数据输出（VOUT）。红外接收头的引脚排列因型号不同而不尽相同，可参考厂家的使用说明。常见的 CHQ0038Z 遥控器红外一体化接收头的外形、原理图符号及封装尺寸如图 2-48 所示，注意其外部引脚的实际位置。

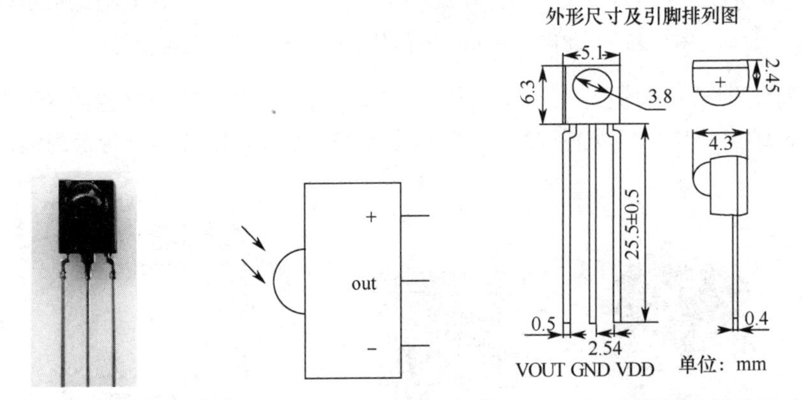

图 2-48　CHQ0038Z 遥控器红外一体化接收头的外形、原理图符号及封装尺寸

## 2.2.12　开关及其封装图

开关的词语解释为开启和关闭，开关就是对用电器（负载）供电，进行通断控制的一种电子元器件。最常见的开关是让人操作的机电设备，其中有一个或数个电子接点。开关的“闭合”（Closed）表示电子接点导通，允许电流流过；开关的“开路”（Open）表示电子接点不导通而形成开路，不允许电流流过。

开关的种类繁多，开关的分类方法也有很多，主要有以下几种。

（1）按照用途分类：拨动开关、波段开关、录放开关、电源开关、预选开关、限位开关、控制开关、转换开关、隔离开关、行程开关、墙壁开关、智能防火开关等。

（2）按照结构分类：微动开关、船型开关、钮子开关、拨动开关、按钮开关、按键开关、薄膜开关、点开关。

（3）按照接触类型分类：a 型触点、b 型触点和 c 型触点。接触开关是指操作（按下）开关后触点闭合，松开后触点断开。

（4）按照开关数分类：单控开关、双控开关、多控开关。

在电路设计中，电路图中常用字母“S”“SW”“U”加数字来表示。开关的形状不规则，其封装多种多样，下面对电路设计中常见开关的形状、原理图符号及封装图进行介绍。

### 1．拨码开关

拨码开关（也叫 DIP 开关、地址开关或数码开关）采用 0/1 的二进制编码原理，通过控制编码地址来实现不同路的通断。

（1）拨码开关的分类：根据其引脚封装不同，主要有 2.54mm 间距通孔式（DIP）、2.54mm 间距贴片式和 1.27mm 间距贴片式三种封装。拨码开关控制的电路数量有 2 路、3 路、4 路、5 路、6 路、7 路和 8 路等多种，其中常用 4 路和 8 路两种。图 2-49 所示为 4 路拨码开关的三种封装及原理图符号。

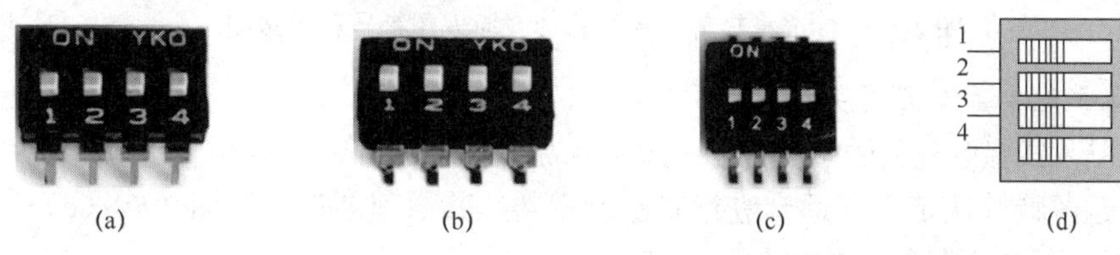


图 2-49　4 路拨码开关的三种封装及原理图符号

图 2-49（a）所示为引脚间距离为 2.54mm 的顶拨通孔式（DIP）封装；图 2-49（b）所示为引脚间距离为 2.54mm 的顶拨 SMT 封装；图 2-49（c）所示为引脚间距离为 1.27mm 的顶拨 SMT 封装；图 2-49（d）所示为 4 路拨码开关的原理图符号，在不同的设计软件中其原理图符号也不一样。在绘制电路时，电路设计软件的原理图库都有原理图符号和对应的封装图。

（2）拨码开关的工作原理：拨码开关每个键对应的背面上下各有两只引脚，拨至 ON 一侧，对应的两只引脚接通，反之则断开。4 路拨码开关的 4 个键是独立的，相互之间没有关联，如果设开关接通为 1、断开为 0，则 4 路拨码开关有 0000，0001，0010，…，1110，1111 共 16 种组合，产品和设计不同，拨码开关使用的方式也各不相同，此类元器件多用于二进制编码。

### 2．轻触开关

轻触开关是由嵌件、基座、弹片、按钮、盖板组成的，其中，按钮指的是外力施加构件，弹片是轻触开关的关键部件，开关的通断就是由弹片的受力变化引起的，使用时轻轻点按开关按钮就可使开关接通，当松开手时开关断开；引脚是轻触开关与电路连接的构件，根据不同的性能要求，轻触开关有 2 脚、4 脚和 5 脚三种类型。5 脚轻触开关的引脚两两一组，还有一只引脚用于接地，当开关被正确受力时，4 只引脚相导通使得电路导通，而当开关没有正确外力对其施压时，4 只引脚两两一组并不相通，使得电路处于断开状态。

轻触开关的分类有很多，根据其结构原理的不同，可以分为标准型轻触开关、超薄型贴片式轻触开关、密封型通孔式轻触开关、超长寿命平行轻触开关等几种。

1）标准型轻触开关

标准型轻触开关分为等边标准型轻触开关和非等边标准型轻触开关，等边标准型轻触开关的表面形状为正方形，常见的尺寸有 4.6mm×4.6mm、5.2mm×5.2mm、6.0mm×6.0mm、6.2mm×6.2mm、7.2mm×7.2mm、12.0mm×12.0mm 等，其封装通常采用 4 只引脚封装［有贴片式和通孔式两种］，其中有两只引脚是相通的，非等边标准型轻触开关常采用 2 脚封装。图 2-50 所示为标准型轻触开关的外形、原理图符号和封装图。

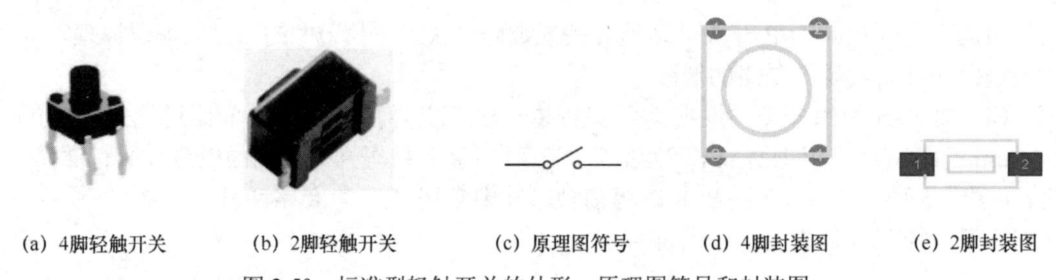


(a) 4脚轻触开关　(b) 2脚轻触开关　(c) 原理图符号　(d) 4脚封装图　(e) 2脚封装图

图 2-50　标准型轻触开关的外形、原理图符号和封装图

2）超薄型贴片式轻触开关

超薄型贴片式轻触开关的引脚为贴片式，且高度仅为 0.8mm，故称为超薄型贴片式轻触开关。它的超薄特性决定了它适合进行高密度安装，其原理图符号与图 2-50（c）一致。

3）密封型通孔式轻触开关

密封型通孔式轻触开关采用密封结构，引脚为通孔式，故称为密封型通孔式轻触开关。其防尘、防水能力很强，在空调、洗衣机等家电设备中应用广泛，其原理图符号与图 2-50（c）一致。

4）超长寿命平行轻触开关

超长寿命平行轻触开关的寿命高至 100 万次，执行机构为标准平行，故称为超长寿命平行轻触开关。它的触点采用不锈钢镀银材质，减小了导通电阻，极大地提高了导通可靠性。其适合在产业机械的加工机床操作盘、家电设备中应用，其原理图符号与图 2-50（c）一致。

### 3. 自锁开关

自锁开关（The Self-locking Button Switch）是一种常见的开关，第一次按下开关的按钮时，开关接通并保持，即自锁，第二次按开关的按钮时，开关断开，同时按钮弹出来。实际上自锁开关与轻触开关是从不同方面来描述开关性能的：“自锁”是指开关能通过锁定机构保持某种状态（通或断），“轻触”说明操作开关使用的力量大小。图 2-51 所示为 SKAN-W5.8 6 脚自锁开关的外形、参数、引脚连接状态及原理图符号，电路设计软件一般没有自带的封装，需要设计者自己制作封装。

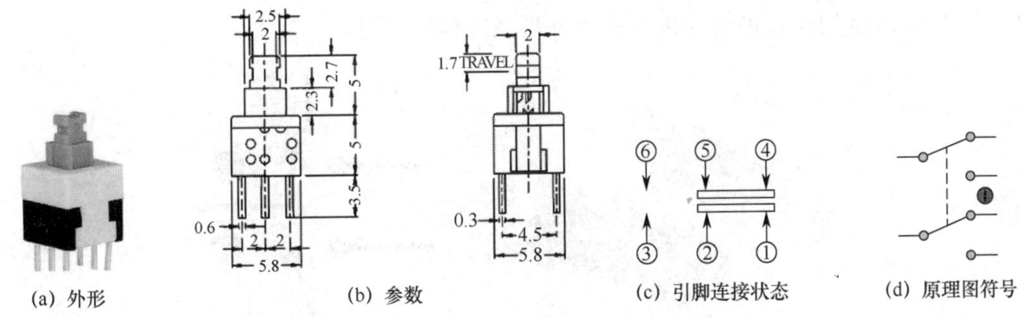

(a) 外形　(b) 参数　(c) 引脚连接状态　(d) 原理图符号

图 2-51　SKAN-W5.8 6 脚自锁开关的外形、参数、引脚连接状态及原理图符号［图（b）中单位为 mm］

#### 4. 单刀单掷开关

单刀单掷开关（SPST）属于同轴开关的一种，其按照接口数量定义，由动端和不动端组成，动端就是所谓的“刀”，连接信号的进线（如果用作电源开关，该端引脚接电源的正极），是与开关的手柄相连的一端；不动端与负载连接。图 2-52 所示为两种单刀单掷开关的外形及原理图符号。

(a) 外形　(b) 外形　(c) 原理图符号

图 2-52　两种单刀单掷开关的外形及原理图符号

#### 5. 单刀双掷开关

单刀双掷开关（SPDT）属于同轴开关的一种，其按照接口数量定义，由一个动端和两个不动端组成，动端就是所谓的“刀”，连接信号的进线（如果用作电源开关，该端引脚接电源的正极），是与开关的手柄相连的一端；不动端与两路信号连接。图 2-53 所示为 SS-12D10 单刀双掷开关的外形、原理图符号及封装图，其中 1 引脚接输入，2 引脚和 3 引脚分别接输出，引脚间距离为 4.7mm。

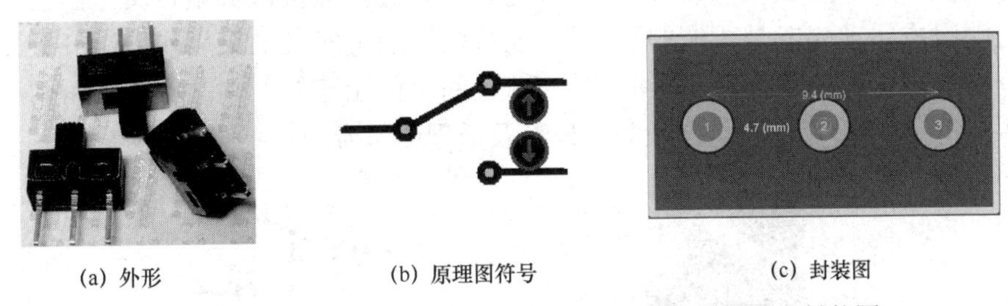

(a) 外形　(b) 原理图符号　(c) 封装图

图 2-53　SS-12D10 单刀双掷开关的外形、原理图符号及封装图

#### 6. 单刀多掷开关

单刀多掷开关（SPROT）属于同轴开关的一种，其按照接口数量定义，由一个动端和多个不动端组成，动端就是所谓的“刀”，连接信号的进线，是与开关的手柄相连的一端；多个不动端与不同电路连接。单刀多掷开关可以连接不同的支路，常用在并联电路

中。图 2-54 所示为立式单刀四掷开关的外形及原理图符号。

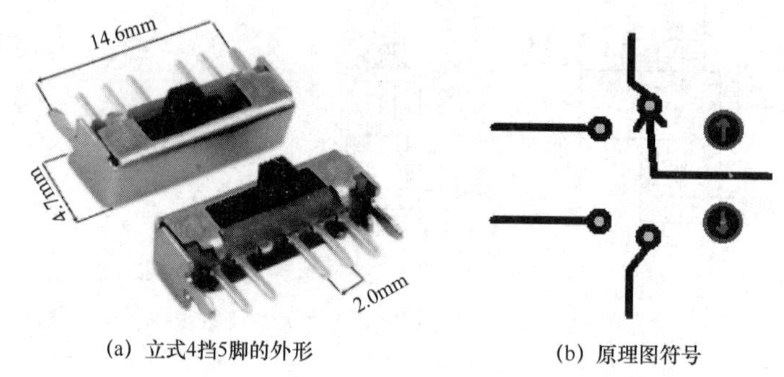


(a) 立式4挡5脚的外形　(b) 原理图符号

图 2-54　立式单刀四掷开关的外形及原理图符号

## 7. 双刀单掷开关

双刀单掷开关（DPST）属于同轴开关的一种，其按照接口数量定义，由两个动端和一个不动端组成，动端就是所谓的“刀”，连接信号的进线（如果用作电源开关，该端两只引脚分别连接电源的正极和负极），是与开关的手柄相连的一端；不动端与两路信号线连接。图 2-55 所示为船型双刀单掷开关的外形及原理图符号。

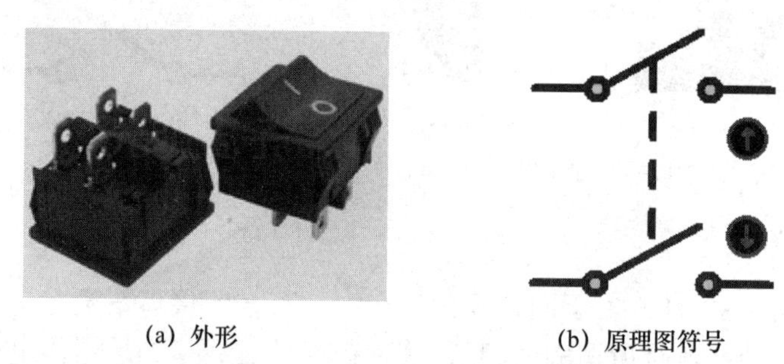

(a) 外形　(b) 原理图符号

图 2-55　船型双刀单掷开关的外形及原理图符号

## 8. 双刀双掷开关

双刀双掷开关（DPDT）属于同轴开关的一种，其按照接口数量定义，由两个动端和两个不动端组成，动端就是所谓的“刀”，连接信号的进线（如果用作电源开关，该端两只引脚分别连接电源的正极和负极），是与开关的手柄相连的一端；不动端与两路信号连接。图 2-56 所示为船型双刀双掷开关的外形及原理图符号。

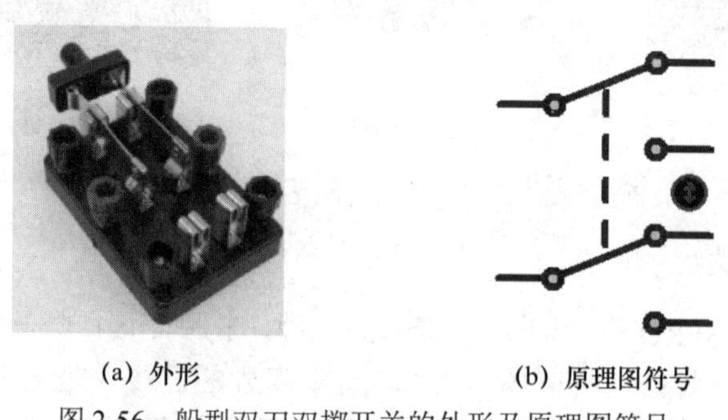

(a) 外形　(b) 原理图符号

图 2-56　船型双刀双掷开关的外形及原理图符号

## 2.2.13　继电器及其封装图

继电器（Relay）是一种电控制器件，是当输入量（激励量）的变化达到规定要求时，在电气输出电路中使被控量发生预定的阶跃变化的一种电器。继电器通常被应用于自动化的控制电路中，它实际上是用小电流去控制大电流运作的一种“自动开关”，故在电路中起着自动调节、安全保护、转换电路等作用[4]。

继电器的分类方式有很多，按输入量可分为电压继电器、电流继电器、时间继电器、速度继电器、压力继电器等；按工作原理可分为电磁继电器、感应式继电器、电动式继电器、电子式继电器等[5]。

电磁继电器是一种常见的继电器，图 2-57 所示为 5V 继电器的外形、原理图符号及封装图。

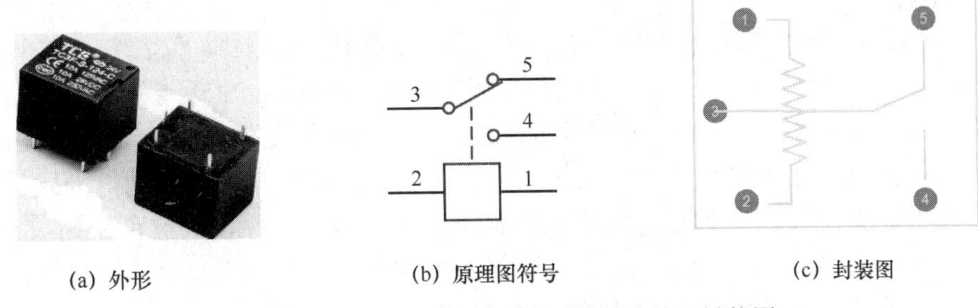


(a) 外形　(b) 原理图符号　(c) 封装图

图 2-57　5V 继电器的外形、原理图符号及封装图

5V 继电器的工作原理是，1 引脚和 2 引脚接通电源后，线圈中的铁芯产生强大的电磁力，吸动衔铁带动簧片，使触点 3、5 断开，3、4 接通。在线圈断电后，弹簧使簧片复位，使触点 3、5 接通，3、4 断开。设计中只要把需要控制的电路接在触点 4、5 间，利用继电器即可达到某种控制目的，其中 5 引脚称为常闭触点，4 引脚称为常开触点。

由于电磁继电器的线圈需要一定的电流才能驱动，其驱动电流一般需要 20～40mA 或更大，继电器的线圈电阻为 100～200Ω，因此要加驱动电路。常用晶体三极管或者 2003 型集成电路驱动器来驱动。在运用电路设计软件绘制电路原理图时，原理图中常用“字母 RL+数字”表示，如“RL1”表示序号为“1”的继电器。软件系统一般自带原理图符号及封装图。

## 2.2.14　插接件及其封装图

插接件（Plug Connector）是为了方便两个电路之间连接而设计的一种特殊电子元器件。插接件由插件和接件两部分构成，一般状态下二者是可以完全分离的。常说的接头和插座，就是指电器插接件，即连接两个有源元器件的元器件，用来传输电流或信号，其公端与母端经接触能够传输信号或电流。通常又将插接件叫作连接器，但二者之间还是有区别的，连接器是线与线的连接，插接件是线与板和箱之间的连接，但是在电工、电气领域里它们是一类的。

插接件的产品类别非常多，分类标准也各不相同。按照插接件的外形结构，可以分为圆形插接件、矩形插接件、印制板插接件和带状扁平排线插接件等几种。按照插接件的工作频率，可以分为低频插接件和高频插接件，低频插接件通常是指工作频率在 100MHz 以下的连接器；高频插接器是指工作频率在 100MHz 以上的连接器，由于高频插接器在结构上要考虑高频电场的泄漏和反射等问题，因此高频插接件一般都采用同轴结构与同轴电缆相连接，所以也常称为同轴连接器。按照插接件的通用性和相关的技术标准，插接件又可以分为射频插接件、光纤插接件和电源插接件等。下面介绍印制电路板设计中常用的插接件。

一块 PCB 作为整机的一个组成部分，一般不能构成一个电子产品，必然存在对外连接的问题，如 PCB 之间、PCB 与板外元器件之间、PCB 与设备面板之间，都需要电气连接。选用可靠性、工艺性与经济性最佳配合的连接，是 PCB 设计的重要内容。印制电路板的插接件主要有标准插针连接（排针与排母）和插座两种。

### 1. 排针与排母

1）排针

排针（Pin Header）是连接器的一种，被广泛应用于电子、电器、仪表中的 PCB 中，其作用是在电路内被阻断处或孤立不通的电路之间发挥桥梁的功能，担负起电流或信号传输的任务。排针通常与排母配套使用，构成板对板连接；或与电子线束端子配套使用，构成板对线连接；亦可独立用于板与板连接。由于不同产品所需要的规格并不相同，因此排针也有多种型号规格，按电子行业的排针连接器的标准分类：根据间距，大致可分为 2.54mm、2.00mm、1.27mm、1.00mm、0.8mm 这 5 类；根据排数，可分为单排针、双排针、三排针等；根据封装用法，可分为 SMT（卧贴/立贴）、DIP（直插/弯插）等。

2）排母

排母（Female Header）是连接器的一种，是被广泛应用于电子、电器、仪表中的通用连接器件，主要起到电流或信号传输的作用。排母通常与排针配套使用，构成板对板连接。

常见的排针与排母的外形、原理图符号及封装图如图 2-58 所示。在绘制原理图及封装图时，相同型号、相同引脚的排针与排母的原理图符号是一样的，其对应的 PCB 封装也是一样的。

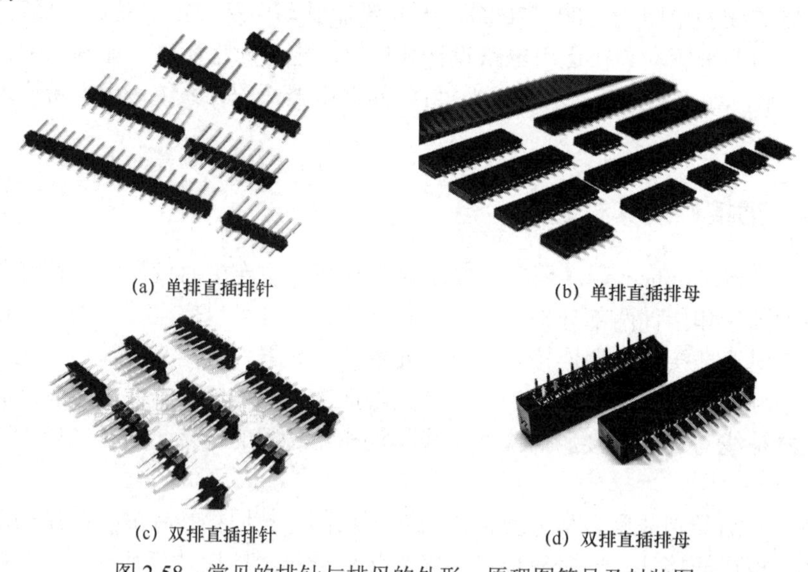

(a) 单排直插排针　(b) 单排直插排母

(c) 双排直插排针　(d) 双排直插排母

图 2-58　常见的排针与排母的外形、原理图符号及封装图

（e）5脚单排直插排针、排母原理图符号　　（f）5脚单排直插排针、排母封装图

（g）20脚双排直插排针、排母原理图符号　　（h）20脚双排直插排针、排母封装图

图 2-58　常见的排针与排母的外形、原理图符号及封装图（续）

## 2．插座

插座就是焊接在 PCB 上的接口座，可用于与其他插接件和外部器件连接。从 PCB 边缘做出印制插头，插头部分按照插座的尺寸、接点数、接点距离、定位孔的位置等进行设计，使其与专用 PCB 插座相配。用这种方式装配简单，互换性、维修性能良好，适用于标准化大批量生产。电路板设计中常会遇到以下几种插座。

1）USB 插座

USB（Universal Serial Bus）是一种串口总线标准，也是一种输入/输出接口的技术规范，被广泛地应用于个人计算机和移动设备等信息通信产品，并扩展至摄影器材、数字电视（机顶盒）、游戏机等其他相关产品。USB 接口的发展经历了 USB1.0、USB2.0、USB3.0 和 USB4.0 这几个阶段，其中 USB4.0 的传输速度达 40Gbps，有 5V、12V、20V 三种电压，最大供电功率可达 100W。新型 USB Type C 接口允许正反盲插。根据 USB 接口形状和大小来分，常用的 USB 主要有 Type A、Type B、Mini-A、Mini-B、Micro-A 和 Micro-B 等几种，USB 插接方式分为公型和母型两种。图 2-59 所示为常见的 USB 接口的外形。

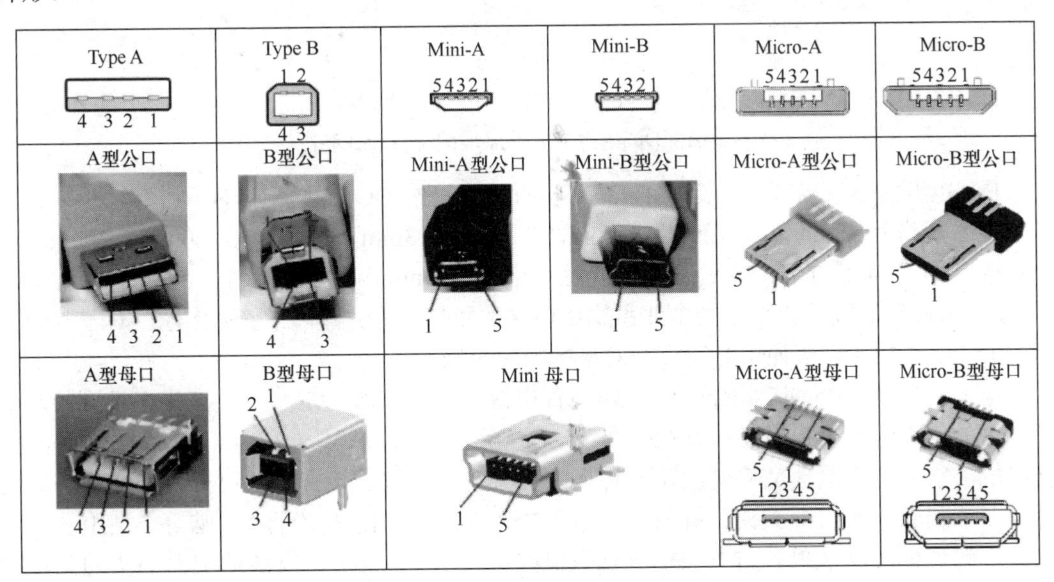


图 2-59　常见的 USB 接口的外形

USB2.0 的传输速度可以达到 480Mbps，输出电压和电流分别是+5V、500mA，USB2.0 接口的 4 根线一般是这样分配的：4 引脚黑线接 GND，1 引脚红线接 VCC，3 引脚绿线接 data+，2 引脚白线接 data−，需要注意的是千万不要把正、负极弄反了，否则会烧毁 USB 设备或者计算机的南桥芯片[9]。图 2-60 所示为 USB2.0 Type A 母型插座的外形、原理图符号、封装图和引脚对应关系。至于其他 USB 插座的原理图符号和封装图，请设计者在使用时查找相关资料。

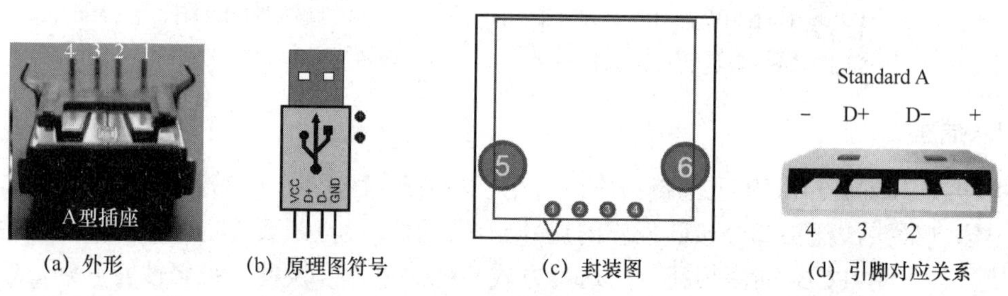

(a) 外形　(b) 原理图符号　(c) 封装图　(d) 引脚对应关系

图 2-60　USB2.0 Type A 母型插座的外形、原理图符号、封装图

2）DC 电源插座

DC 电源插座是由插口、绝缘基座、叉型接触弹片、定向键槽组成的，两只叉型接触弹片定位在绝缘基座的中心部位，呈纵向排列或横向排列，且互不相连，DC 电源插座常用于笔记本电脑产品、数码产品、音响产品和玩具等电子产品中。DC 电源插座的原理图符号及封装图如图 2-61 所示，其中 1 引脚接正极，2 引脚和 3 引脚接负极。在绘制原理图时也可以用端口符号来表示电路中的直流电源的正极和负极。

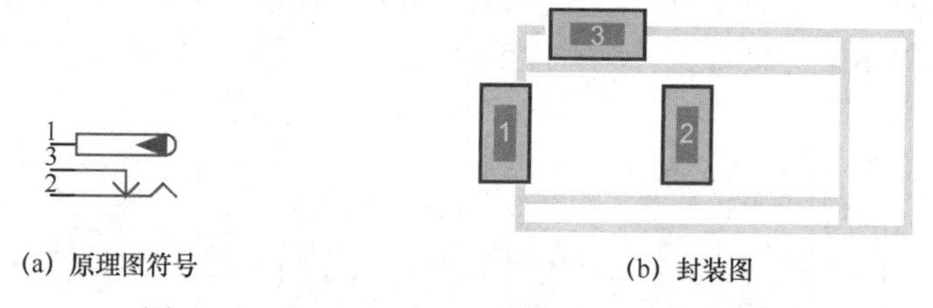

(a) 原理图符号　(b) 封装图

图 2-61　DC 电源插座的原理图符号及封装图

DC 电源插座有 SMT 封装和 THT 封装两种。根据 DC 电源插座的中心针大小来分，插座型号规格有 0.5mm、0.7mm、1.0mm、1.1mm、1.3mm、1.65mm、2.0mm、2.5mm 和 3.0mm 几种，常用的 DC 电源插座的孔径规格是 2.5mm 和 3.5mm。图 2-62 所示为 DC-002A 电源插座的技术参数，图中 4 引脚接电源的正极，3 引脚和 5 引脚接地。对于其他类型的 DC 电源插座，在使用时请查找对应的技术资料。

电源适配器（Power Adapter）又叫外置电源，简称电源，是小型便携式电子设备及电子电器的供电电源变换设备，一般由外壳、变压器、电感、电容、控制 IC、PCB 等元器件组成，它的工作原理是将交流输入转换为直流输出。按连接方式，可分为插墙式和桌面式，广泛配套于安防摄像头、机顶盒、路由器、液晶显示器和笔记本电脑等小型电子产品上。电源适配器插头的外部与 DC 电源插座的接地引脚连接，电源适配器插头的阳极与 DC 电源插座的金属插针连接，电源适配器插头可以按照外径与内径加以划分，如图 2-63 所示。

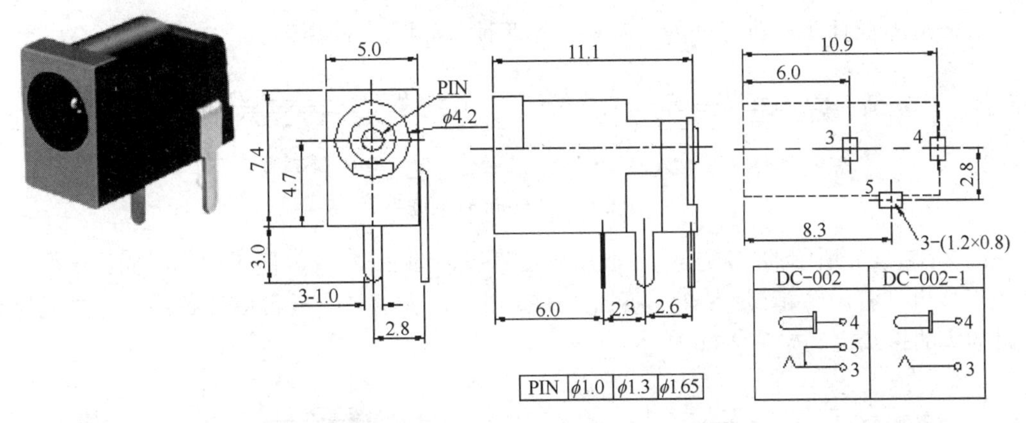


图 2-62 DC-002A 电源插座的技术参数（图中单位为 mm）

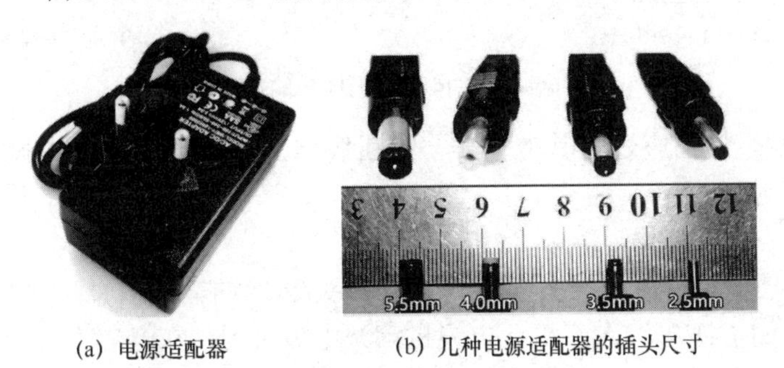


(a) 电源适配器 (b) 几种电源适配器的插头尺寸

图 2-63 电源适配器及电源适配器插头

3）音频插头/插座

音频插头/插座常用于连接音响设备，用以传输音频信号的连接器，常见的有话筒所接的插头与功放设备插座、音响设备插头/插座和耳机与手机上的音频插座等。音频插头/插座的标准分为国家标准（OMTP 标准）和国际标准（CTIA 标准）两种，两者的区别在于插头最后两节的 GND 和 MIC 顺序相反。在 2009 年之前各类数码产品的音频插头大多不相同，使用起来非常不方便，2009 年 9 月 1 日我国统一标准，规定 2.5mm 与 3.5mm 两种音频插头为国内标准插头，2.5mm 耳机和 3.5mm 耳机插头的区别是耳机插头的插针的直径不同，现在我国使用的基本都是 3.5mm 的音频插头。

根据英特尔关于 AC97 前置音频接口的规范，机箱的前置音频面板采用两种 3.5mm 音频插座——开关型和无开关型两种，如图 2-64 所示。

图 2-64（a）所示的原理图符号中的 2 端和 3 端、4 端和 5 端是两个开关，当没有插头插入时，2 端和 3 端、4 端和 5 端是连通的，当插头插入时，2 端和 3 端、4 端和 5 端断开。图 2-64（b）所示的无开关型音频插座没有图（a）中的 3 端、4 端这两个开关端。

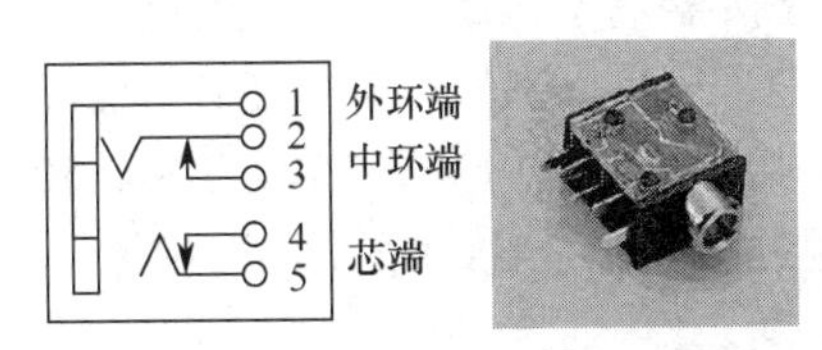


(a) 开关型音频插座的原理图符号及外形

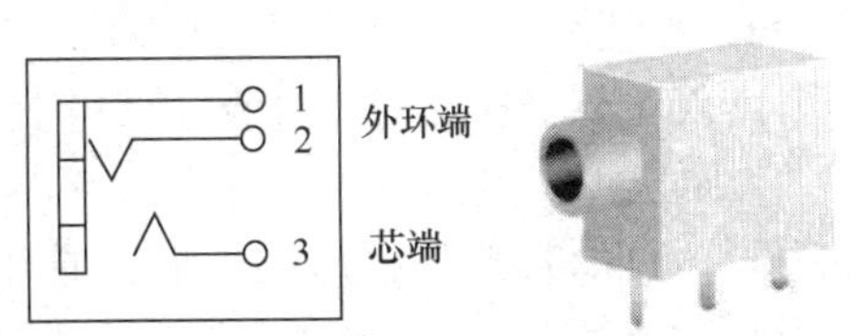


(b) 无开关型音频插座的原理图符号及外形

图 2-64 开关型和无开关型音频插座

3.5mm 音频插头一般可分为二芯和三芯两种，如图 2-65 所示。

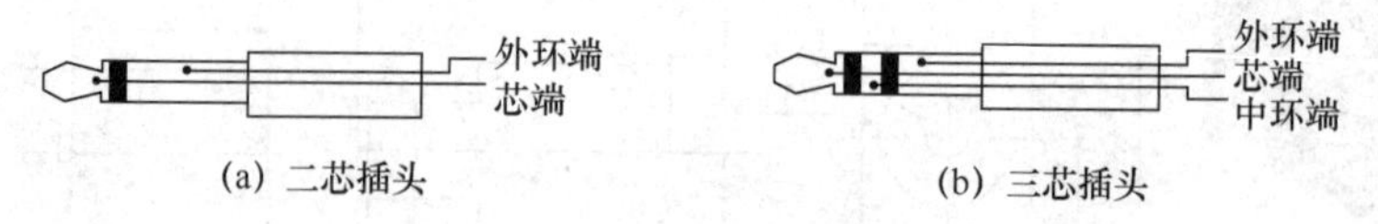


(a) 二芯插头　(b) 三芯插头

图 2-65　3.5mm 音频插头

图 2-65（a）所示的二芯插头一般用于麦克风，图 2-65（b）所示的三芯插头一般用于立体声耳机（有源音箱）。现在二芯插头用得很少，麦克风一般也用三芯插头。麦克风和耳机插头的接线定义如图 2-66 所示。

(a) 麦克风插头接线　(b) 立体声耳机（有源音箱）插头接线

图 2-66　麦克风和耳机插头的接线定义

当然，音频插头/插座还有其他型号，其引脚定义也不尽相同，在设计时可根据其实际参数来绘制其封装。

4）RAC 插头/插座

RAC 插头/插座又称莲花插头/插座，这种插头/插座的输出信号电平约为−10dB，多在民用音响设备（如 CD 机、录音机、电视机等）中被采用。在音频设备中，通常会选用不同颜色的 RAC 插头/插座来标识传输的两个声道音频信号（即左声道用白色，右声道用红色），有时也采用 RAC 插头/插座来传输模拟视频信号（如 VCD、DVD 视频信号），此时 RAC 插头/插座的颜色是黄色。常见的 RAC 插头/插座如图 2-67 所示。

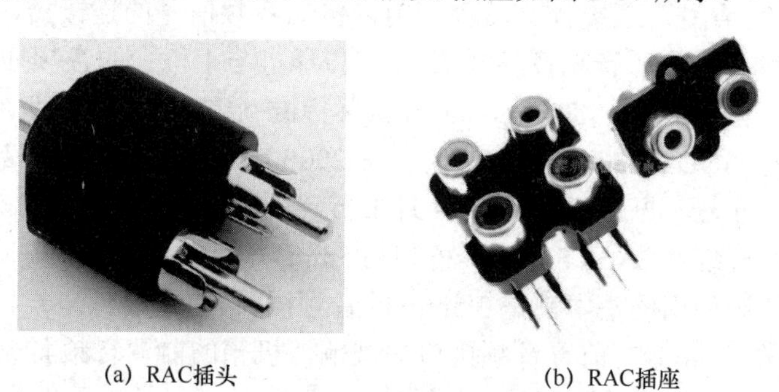

(a) RAC插头　(b) RAC插座

图 2-67　常见的 RAC 插头/插座

5）D 插头/插座

D 插头/插座的接口外观像大写的英文字母 D，在工程上也称 D 型连接器或 D 型插头/插座。D 型连接器主要包括 D-Sub 连接器、D-Sub 连接器端子、D-Sub 附件、微型和纳米微型 D 连接器及微型和纳米微型 D 附件等几类。比如，DB9 型号，其中 DB 表示 Data Bus，即数据总线，9 代表 9 根引线（9 芯），D-Sub 连接器有 9P、15P、25P、37P、50P、62P 等规格，DB9 插头/插座的外形、原理图符号及封装图如图 2-68 所示，电路设计软件的元器件库包含各种 D 插头/插座的原理图符号和封装图。

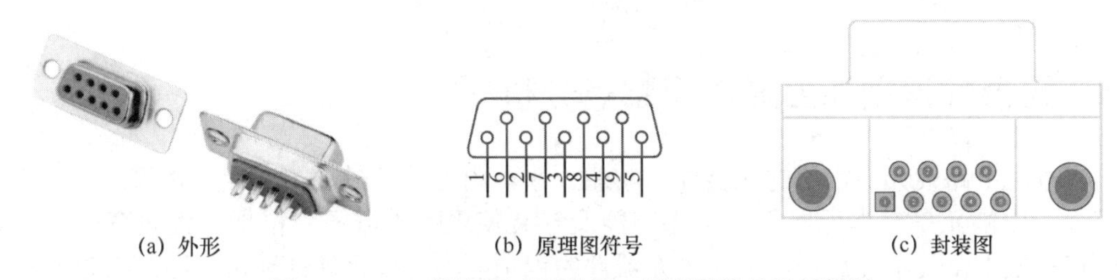


(a) 外形　(b) 原理图符号　(c) 封装图

图 2-68　DB9 插头/插座的外形、原理图符号及封装图

6）RJ45 插座

RJ45 插座是布线系统中信息插座（即通信引出端）连接器的一种。RJ45 插座的外形及原理图符号如图 2-69 所示。对于 RJ45 插座的封装图，需要根据具体的实物参数进行设计。

(a) 外形　(b) 原理图符号

图 2-69　RJ45 插座的外形及原理图符号

## 2.2.15　跳线

印制电路板（PCB）上的跳线就是连接 PCB 上两个点的金属连接线，跳线也被称为飞线或短路线。跳线在电路原理图中的标注通常为“JUMP”，在印制电路板上，跳线通常用字母“J”“JW”加数字表示，在实际连接时可以用金属导线或插针加跳帽连接，在分析电路时，把跳线相连的两个电路直接视为通路。在单面板设计中，常使用跳线来提高整个板的布通率。对于设计复杂的印制电路板，有时会因为疏忽或其他原因导致某一两根关键信号线没有被连接或未接地，而发现此问题时电路板大多已经投产，为节省时间或降低再生产的成本，常使用跳线方式，将导线焊接在需要连接的两点之间作为变通措施，如图 2-70（a）所示。图 2-70（b）所示为使用插针加跳帽的方式实现 PCB 的跳线。

(a) 直接使用导线作为跳线

(b) 用插针加跳帽实现跳线

图 2-70　PCB 实物的跳线图

## 2.3　元器件识别能力形成观察点分析

本章对电路设计中常用的元器件的功能、原理图符号及封装图进行了介绍，为后续在电路设计中能正确掌握元器件的引脚功能及封装使用提供服务。根据工程教育认证的要求，在完成本章的学习后，需对学生元器件的识别能力进行合理性评价，因此在教学实施过程中设计了以下观察点。

（1）询问电阻、电容、电感、二极管、三极管等分立元器件的引脚、原理图符号、封装图等基本知识，对其具备的分立元器件的属性知识进行合理性评价。

（2）询问各种集成电路元器件的引脚、原理图符号、封装图等基本知识，对其具备的集成电路元器件的属性知识进行合理性评价。

（3）询问各种接口元器件的引脚、原理图符号、封装图等基本知识，对其具备的接口元器件的属性知识进行合理性评价。

## 本章小结

在电路设计中学生最困惑的是对电子元器件不了解，不知道电子元器件是什么样子，更不知道如何设计电路，为了解决学生的困惑，本章详细介绍电路设计中常用的电阻、电容、电感、二极管、三极管、场效应管、常见的集成电路、三端集成稳压器、晶振、光电耦合器、遥控器接收头、开关、插接件及跳线等电子元器件的基本概念，通过图形的方式介绍电子元器件的外形、原理图符号及其与软件库的封装图之间的关系，为后续设计电路原理图和印制电路板图提供帮助。

## 思考与练习

1．简述元器件的封装的含义，THT 封装与 SMT 封装有什么区别？
2．简述集成电路中封装与其组件之间的关系。
3．如何识别集成电路的封装引脚与原理图元器件引脚之间的关系？
4．常见的开关有哪些？它们的封装是什么样的？
5．常见的插接件有哪些？它们的封装是什么样的？
6．电路中跳线的作用是什么？在什么情况下可使用跳线？

# 第 3 章　基于 Multisim 的典型单元电路仿真分析

内容导航

| | |
|---|---|
| 目标设置 | 能够运用 Multisim 软件对专业基础课中典型单元电路的功能进行仿真，能够根据仿真结果分析各单元电路的工作原理及参数设置，能够运用 Multisim 中的虚拟仪器分析电路中的各项功能指标 |
| 内容设置 | 直流稳压源、混联直流电路、串联谐振电路、单管共射放大电路、测量放大电路、电压−频率转换电路、有源滤波器电路、集成选频放大器、译码器构成的跑马灯、二十四进制计数器和基于 51 单片机的跑马灯控制等典型单元电路的原理图设计及仿真 |
| 能力培养 | 问题分析能力（工程教育认证 12 条标准的第 2 条），使用现代工具能力（工程教育认证 12 条标准的第 5 条） |
| 本章特色 | 通过典型的单元电路设计案例分析，学习电路设计的分析方法和 Multisim 软件的使用方法，提高学生的电路设计能力和软件操作能力 |

单元电路也可以称为模块电路，一个单元即一个模块，是指能够完成某一电路功能的较小的电路单位，可以是电源电路、控制器电路、放大器电路、滤波电路、振荡器电路或变频器电路等。从广义角度上讲，一个集成电路的应用电路也是一个单元电路，任何复杂电路都是由基本的单元电路构成的。

电路设计需要对电路中的各种技术参数进行分析，以判别电路的性能指标是否符合要求。现代电路设计离不开各种软件的帮助，电路设计与仿真软件的类型有很多，根据需要可以选择合适的软件，其中 Multisim 电路设计仿真软件就具有非常丰富的电路所需的仿真与分析功能。Multisim 是美国国家仪器有限公司（NI）推出的以 Windows 为基础的仿真工具，适用于板级的模拟/数字电路板的设计工作。Multisim 提供了世界主流元器件提供商的超过 17000 多种元器件，提供了 22 种功能强大的虚拟仪器用于电路动作的测量，能提供静态工作点分析、交流分析、单一频率交流分析、瞬态分析、傅里叶分析、噪声分析、噪声系数分析、失真分析、直流扫描分析、灵敏度分析、参数扫描分析、温度扫描分析、零/极点分析、传递函数分析、最坏情况分析、蒙特卡罗分析、布线宽度分析、批处理分析和用户自定义分析这 19 种电路分析功能[12]。

Multisim 的整个操作界面就像一个电子实验工作台，绘制电路所需的元器件和仿真所需的测试仪器均可直接拖放到屏幕上，轻点鼠标即可用导线将它们连接起来，虚拟仪器的控制面板和操作方式都与真实仪器相似，测量数据、波形和特性曲线如同是在真实仪器上看到的。工程师们可以使用 Multisim 交互式地搭建电路原理图，并对电路进行仿真。通过 Multisim 和虚拟仪器技术，电子设计工程师和电子学教育工作者可以完成从理论到原理图设计与仿真，再到原型设计和测试这样一个完整的综合设计流程。本章将就电路设计中的典型单元电路，运用 Multisim 14.0 进行仿真分析。

## 3.1　基于 Multisim 的直流稳压源电路的仿真分析

直流稳压源是指能为负载提供稳定直流电源的电子装置。直流稳压源的供电电源大多是交流电源，当交流电源的电压或负载电阻变化时，直流稳压源的直流输出电压都会保持稳定。直流稳压源是电子产品中的常用电路，电源的稳定性直接关系到产品的性能，直流稳压源是电子设计工程师必须掌握的基本单元电路。

### 3.1.1　直流稳压源设计要求

能将 220V 市电转换为±15V 的两路直流稳压源，最大输出电流为 1A，电压调整率小于或等于 0.5%，负载调整率小于或等于 2%，纹波电压（峰峰值）小于或等于 5mV，具有过流（短路）保护功能。

### 3.1.2　基于 Multisim 的直流稳压源电路仿真原理图设计

#### 1. 直流稳压源电路设计方案

设计目标是能将 220V 市电转换为±15V 的直流稳压源，由此可知电路需要变压电路、整流电路、滤波电路和稳压电路。下面分别进行具体介绍。

（1）由于输出的是±15V，由此需要降压变压器，通过计算设置变压器的一级线圈与两个二级线圈之比为 15∶1∶1。

（2）整流电路采用 4 只整流二极管构成全桥整流器，全桥整流电路的输出效率高，输出电压为输入电压的 0.9 倍[14]。

（3）由于要输出±15V 两路电压，由此选用三端集成稳压器 7815（输出+15V）和 7915（输出−15V），而且这两个三端集成稳压器内部已有限流电路，最大输出电流为 1A，符合技术要求。

（4）在三端集成稳压器的输入端接电解电容，可以实现对电源的滤波，同时在三端集成稳压器的输出端接电解电容，用于实现进一步滤波，以满足设计需要。

（5）在输出端同时接入二极管用于保护三端集成稳压器，避免有过流（短路）。

#### 2. 在 Multisim 软件中绘制直流稳压源电路原理图

在本案例中将详细介绍用 Multisim 绘制电路原理图的设计步骤，后面的项目参考本案例步骤即可。

1）新建电路文档

双击计算机桌面上的图标，打开 Multisim 软件，弹出图 3-1 所示的用户设计界面，建立一个新的文档，并将其另存为“直流稳压源设计.ms14”。对于初学者来说，一定要记住文件存放的位置。

通过本案例需要读者熟悉 Multisim 14.0 用户设计界面，方便后续的设计，所以这里对 Multisim 14.0 用户设计界面做较详细的介绍。图 3-1 所示为 Multisim 14.0 用户设计界面，共有 8 个区域，为了便于说明图 3-1 中各对应区域的功能，对其进行了编号。区域①为 Multisim 14.0 的菜单栏，包含电路仿真的各种命令；区域②和区域③为 Multisim 14.0 的快捷工具栏，主要包含绘制电路仿真原理图常用的快捷命令；区域④为 Multisim 14.0 的设计工具箱；区域⑤为 Multisim 14.0 的电路设计工作区；区域⑥为 Multisim 14.0 的电子表格视窗，当电路存在错误时，该视窗用于显示检验结果及作为当前电路文件中所有元器件的属性统计窗口；区域⑦为 Multisim 14.0 的电子表格视窗的选项卡，主要包括电路 Results

（检查结果）、Nets、Components、Copper layers、Simulation；区域⑧为 Multisim 14.0 的仪表栏，显示了 Multisim 14.0 能提供的各种仪表。

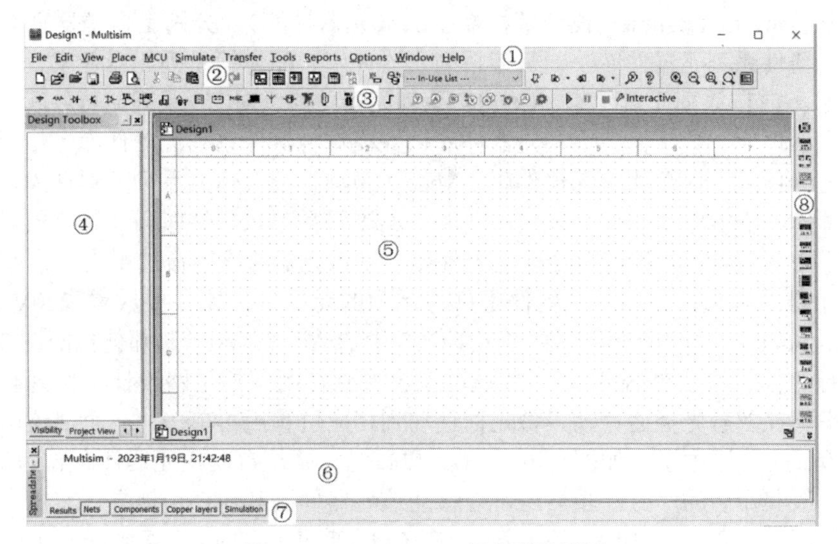


图 3-1　Multisim 14.0 用户设计界面

2）放置元器件

在图 3-1 所示的电路设计工作区⑤放置元器件，在电路设计工作区右击，弹出图 3-2 所示的菜单，选择“Place component”，或者单击“Place”→“Component”命令，或者使用快捷键“Ctrl+W”，弹出图 3-3 所示的放置元器件对话框。

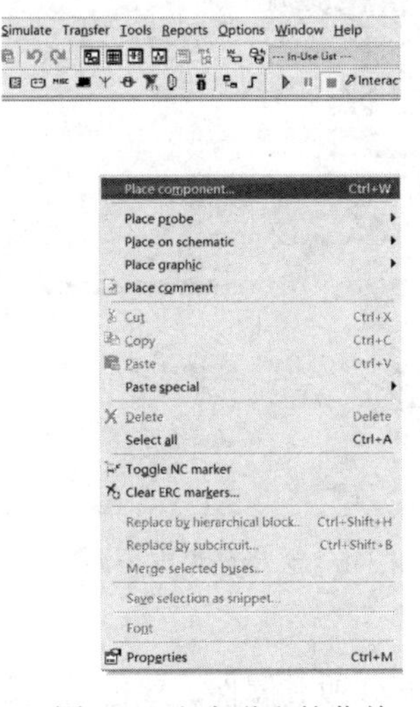


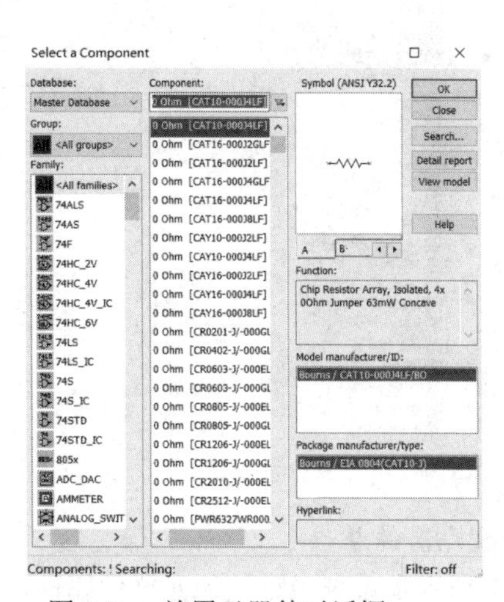


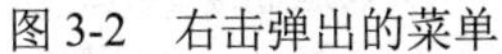

图 3-2　右击弹出的菜单　　　　图 3-3　放置元器件对话框

放置元器件对话框包含以下几部分。

（1）Database 下拉列表框。单击该下拉列表框，可以看到 3 个选项：Master Database（主元器件库）、Corporate Database（公司元器件库）、User Database（用户元器件库）。其中 Master Database 包含大量常用的仿真元器件，在设计中基本上选用 Master Database 即可，其他两个是为用户的特殊需要而设计的。

（2）Group 下拉列表框。单击 All <All groups> ，弹出图 3-4 所示的 18 种系列的元器件库列表，这个列表列出了所有原理图元器件库（相对于 Altium Designer 软件来说比较方便，不用像 Altium Designer 设计那样需要加载元器件库），分别是电源器件系列元器件库、基本元器件系列元器件库、二极管系列元器件库、晶体管系列元器件库、模拟器件系列元器件库、TTL 系列元器件库、COMS 系列元器件库、MCU 系列元器件库、高级外设模块系列元器件库、数字器件系列元器件库、数模混合器件系列元器件库、指示仿真结果器件系列元器件库、电源相关元器件库、Misc（杂项、混合体）系列元器件库、射频器件系列元器件库、机械电子器件系列元器件库、连接器系列元器件库和 NI 公司系列元器件库。设计中用户需要哪个库就单击该元器件库，则该元器件库就被选中为工作库。

选择元器件时，首先确定元器件是哪种系列的元器件，比如要放置 220V 交流电压源，它属于 Sources 系列的 POWER_SOURCES 中的 AC_POWER，那就按照图 3-5 中对应的选项进行选择，然后单击“OK”按钮，就会看到在用户的电路设计工作区有一个交流电压源的虚影在随着光标而移动，将光标移动到相应位置后再单击，一个交流电压源就放置在电路设计工作区中了，如图 3-6 所示。放置时，系统自动将元器件命名为 V1，一般可以不用修改其命名的序号。当然还可以移动该元器件到其他任何地方，右击该元器件后弹出图 3-7 所示的窗口，弹出的窗口菜单上有 Cut（剪贴）、Copy（复制）、Delete（删除）、Flip horizontally（水平翻转）、Flip vertically（垂直翻转）、Rotate 90° clockwise（顺时针翻转 90°）等操作。只要单击对应的操作，即可对该元器件进行相应的操作。比如元器件放错了，右击该元器件，选择 Delete 即可删除该元器件。

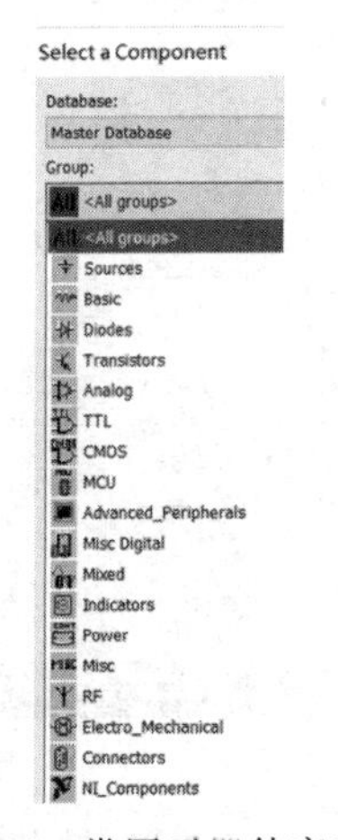


图 3-4　常用元器件库列表

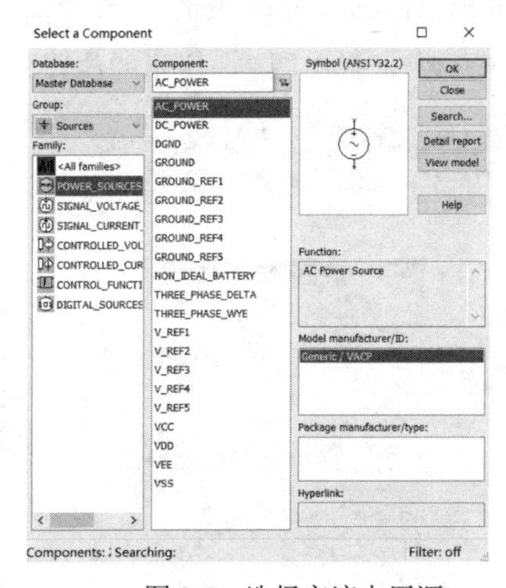


图 3-5　选择交流电压源

3）修改元器件属性

图 3-6 所示是系统中默认的元器件属性，往往需要修改其属性，双击该元器件即会弹出图 3-8 所示的 AC_POWER 属性对话框，根据用户需要修改其属性，这里按照表 3-1 中的元器件标称值将 AC_POWER 的属性修改为 220V/50Hz。图 3-8 所示的 AC_POWER 属性对话框有 6 个选项卡，系统默认的是“Value”选项卡，在该对话框中可以根据需要输入电源的幅度有效值、电压偏移量、频率、延时等信息，这里需要将系统默认的 Voltage（RMS）的 120 改成 220，将 Frequency（频率）的 60 改成 50，再单击“OK”按钮，即可完成对交流电压源的修改。按照这样的方法，根据表 3-1 中的元器件清单，在图 3-1 的电路设计工作区

放置其他元器件，如图 3-9 所示。

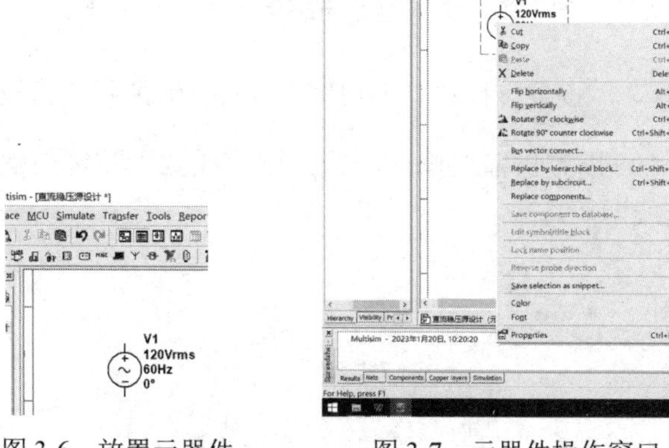


图 3-6　放置元器件　　　　图 3-7　元器件操作窗口

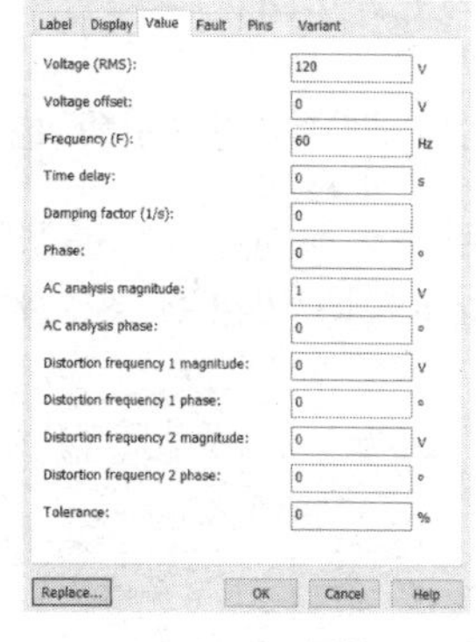


图 3-8　AC_POWER 属性对话框

**表 3-1　直流稳压源的元器件信息**

| 元器件（Component） | 元 器 件 库 | 子　　库 | 元器件编号 | 标　称　值 |
|---|---|---|---|---|
| AC_POWER | Sources | POWER_SOURCES | V1（电压源） | 220V/50Hz |
| SPST | Basic | SWITCH | S1（单刀单掷开关） | — |
| GROUND | Sources | POWER_SOURCES | 地 | — |
| 1P1S_TAPPED | Basic | TRANSFORMER | T2（变压器） | 15∶1∶1 |
| 1B4B42 | Diodes | FWB | BR1（整流桥） | — |
| 100nF | Basic | CAPACITOR | C7～C8（无极性电容） | 见图 3-9 |
| 1000μF/4.7μF | Basic | CAP_ELECTROLIT | C1～C6（电解电容） | 见图 3-9 |
| 1N4001 | Diodes | DIODE | D1～D2（普通二极管） | 见图 3-9 |
| LM7815CT | Power | VOLTAGE_REGULATOR | U1（7815 稳压管） | — |
| LM7915CT | Power | VOLTAGE_REGULATOR | U2（7915 稳压管） | — |
| 100Ω | Basic | RESISTOR | R1～R2（可变电阻） | 见图 3-11 |

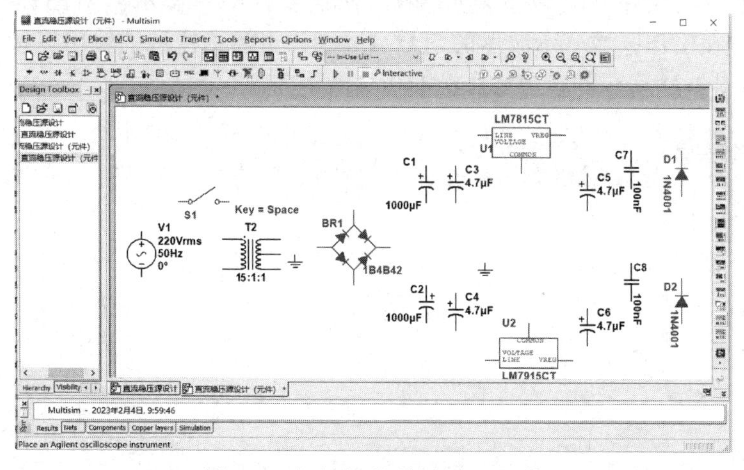


图 3-9　直流稳压源的所有元器件

4）原理图连线

在图 3-9 中选择要连接的元器件的引脚并单击，将光标移动到要连接的另一只元器件的引脚再单击，即可完成一次连线操作。例如，将光标放在图 3-9 中的 V1 元器件的“+”引脚上并单击，再移动光标，此时从“+”引出一条连线，将该连线移到 S1 的左引脚并单击，即将这两只引脚连接上了，重复该操作，即可完成图 3-10 所示的直流稳压源的电路原理图。如果需要修改连线，可以单击需要修改的线，则该线处于被选中状态，按 Delete 键即可删除该线，然后重新连线即可。

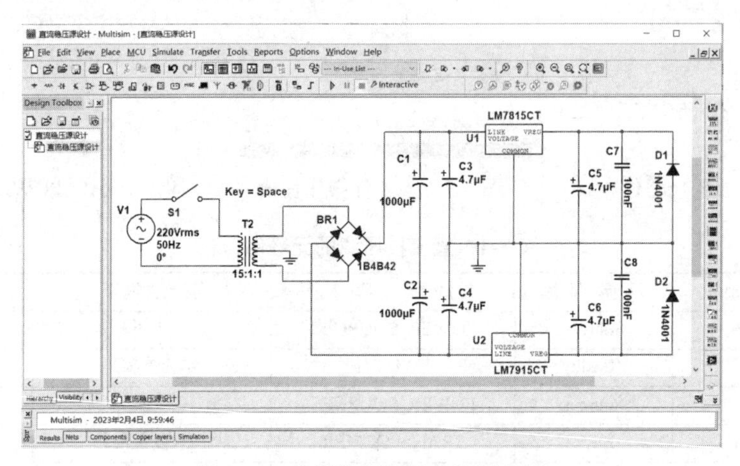


图 3-10　直流稳压源的电路原理图

### 3.1.3　基于 Multisim 的直流稳压源电路仿真分析

为便于测量输出端的电流、电压及电压调整率，在图 3-10 中电路输出的正端和负端分别接上一个可变负载 R1 和 R2（属性见表 3-1）。单击快捷工具栏中的电压探针，并将它放置在要测电压的端口（可以重复放置），单击快捷工具栏中的电流探针，并将它放置在要测电流的回路（可以重复放置），在仪表栏中单击示波器图标（双踪示波器 XSC1）并放置在工作区域，示波器的信号端分别与直流稳压源的输出连接，示波器的负端接地，绘制图 3-11 所示的直流稳压源的仿真电路图。

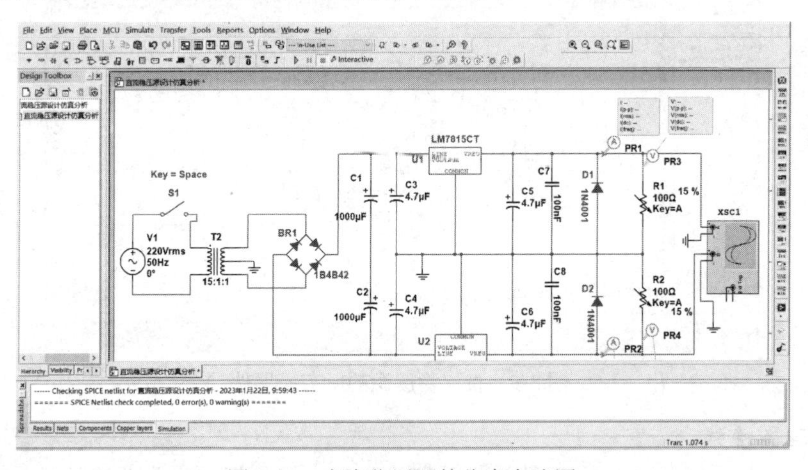


图 3-11　直流稳压源的仿真电路图

按照以下步骤设置直流稳压源输出波形的仿真分析。

1．首先将电源开关 S1 闭合，方法是按空格键或者单击开关，则开关由断开状态 S1 变成闭合状态 S1。

2．调节可变电阻 R1 和 R2 分别为 30%，注意 R1 和 R2 的阻值要对称调节，否则输出的波形不平滑。

3．在图 3-11 中选择“Simulate → Analyses and Simulation”命令，在弹出的图 3-12 所示的对话框中选择“Interactive Simulation（交互式模拟仿真）”，再单击“Run”按钮进行仿真。图 3-11 所示的电路处于仿真状态，仿真结果如图 3-13 所示。

4．直流稳压源电路处于仿真状态时，双击 XSC1 示波器，按图 3-13 修改示波器的参数（双击其图标，将时间扫描参数 Timebase 的量程 Scale 设置为 10ms/Div，将 Channel A 的量程 Scale 设置为 10V/Div，将 Channel B 的量程 Scale 设置为 10V/Div），就可以观察到直流稳压源的输出电压值。

5．仿真分析，调节可变电阻 R1 和 R2 的阻值，使其阻值按照相同的比例变小，观察到直流稳压源的输出电流增大，当 R1 和 R2 的阻值变为 15Ω 时，直流稳压源就可以达到技术指标所要求的 1A。

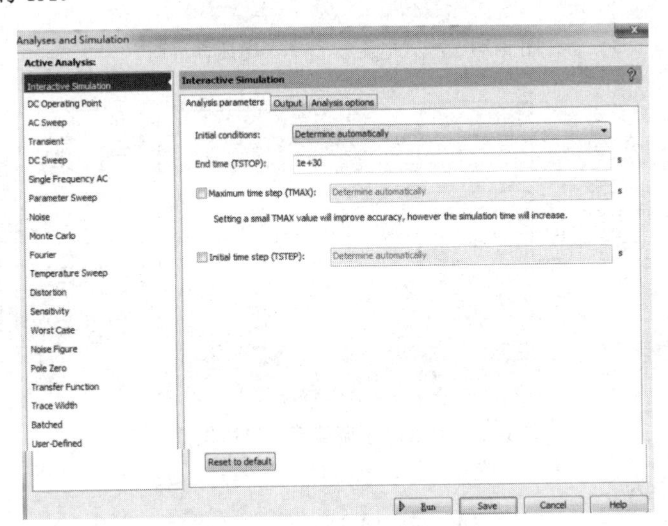


图 3-12　仿真模式选择对话框

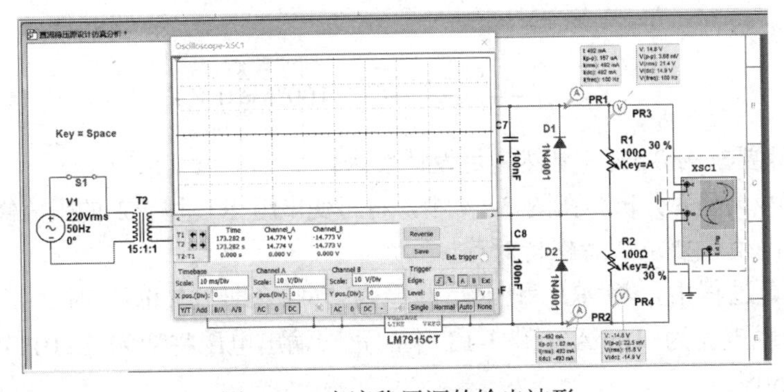


图 3-13　直流稳压源的输出波形

6．电压调整率测试。按照电网电压的波动范围为±10%来计算电压调整率。当电网电压偏高，即 220×1.1=242V（有效值）时，修改电压源 V1 的有效值为 242V，再选择“Interactive Simulation”命令，仿真的输出电压波形如图 3-14 所示，此时正端输出电压为 14.777V，负端输出电压为−14.787V。也可以模拟仿真电网电压偏低（220×0.9=198V）时电路的输出情况，方法是修改电压源 V1 的有效值为 198V，修改完成后再选择“Interactive Simulation”命令，仿真的输出电压波形如图 3-15 所示，正端输出电压为 14.767V，负端输出电压为−14.727V。

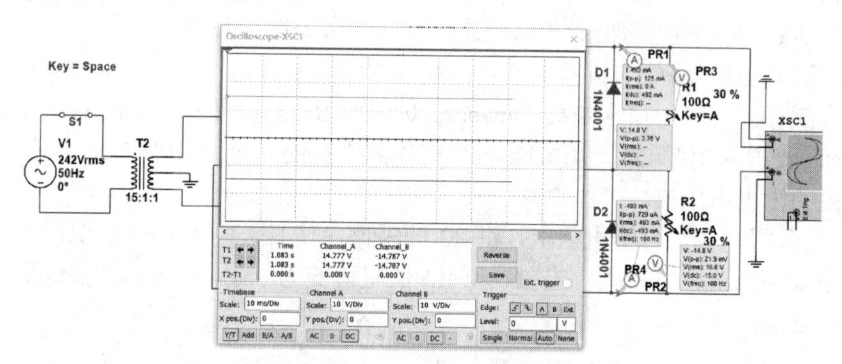


图 3-14　测试电压调整率（电压偏高时）

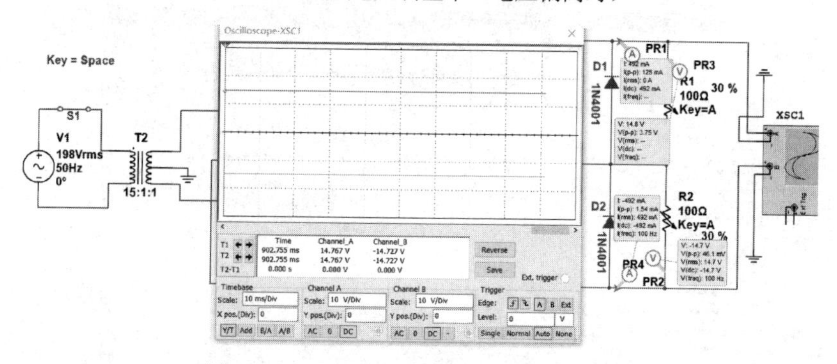


图 3-15　测试电压调整率（电压偏低时）

故正向电压调整率为

$$S_{U+}=\frac{14.777-14.767}{15}\times 100\%\approx 0.07\% \tag{3-1}$$

负向电压调整率为

$$S_{U-}=\frac{14.787-14.727}{15}\times 100\%\approx 0.4\% \tag{3-2}$$

它们都低于设计要求的 0.5%，显然满足设计要求。

7．电压负载调整率分析。在图 3-13 中，将可变电阻 R1 和 R2 的阻值修改为 2000Ω，调整 R1 和 R2 的值，要求二者保持对称。

（1）在仿真过程中，将 R1 和 R2 调整为 75%（即 1500Ω）时，正端负载电流为 10mA，负端负载电流为−10mA，图 3-13 中的正端输出电压将变为 15.011V，负端输出电压将变为−15.050V。

（2）在仿真过程中，将 R1 和 R2 调整为 5%（即 100Ω）时，正端负载电流为 148mA，负端负载电流为−148mA，图 3-13 中的正端输出电压将变为 14.824V，负端输出电压将变为−14.871V。

故正向电压负载调整率为

$$S_{I+}=\frac{15.011-14.824}{15}\times 100\%\approx 1.25\% \tag{3-3}$$

负向电压负载调整率为

$$S_{I-}=\frac{15.050-14.871}{15}\times 100\%\approx 1.19\% \tag{3-4}$$

它们都低于设计要求的 1.5%，显然满足设计要求。不同计算机在仿真时读出的仿真值略有不同，但相差不大，不影响设计结果。

### 3.1.4　基于 Multisim 的直流稳压源电路仿真分析教学设计

教学目的：考核学生的软件操作能力和电路分析能力，重点检查学生的电路分析能力。

教学方式：提前布置任务要求，教师分析设计原理，实验室现场指导并检查学生的设计结果。

成绩构成：学生能熟练运用仿真软件绘制原理图占本次实验成绩的 45%，能正确分析电路的技术指标占本次实验成绩的 35%，实验报告成绩占本次实验成绩的 20%。

检查要点：

（1）检查学生设计的直流稳压源仿真原理图能否输出稳定的±15V 直流电压。对标工程教育认证标准的第 5 条，学生具备使用现代工具设计±15V 直流稳压源原理图的能力。

（2）检查学生设计的直流稳压源的电压调整率是否不大于 0.5%。对标工程教育认证标准的第 2 条和第 5 条，学生具备使用现代工具分析电路的能力。

（3）检查学生设计的直流稳压源的电压负载调整率是否不大于 2%。对标工程教育认证标准的第 2 条和第 5 条，学生具备使用现代工具分析电路的能力。

在后续的单元电路教学设计中按照此设计方法进行，此部分教学设计内容就不重复论述了。

## 3.2　基于 Multisim 的混联直流电路的仿真分析

在直流电路中，当出现多个电压源、电流源及多个电阻的混联时，直流电路的分析将变得相对复杂，通常采用电路定理列写电压、电流方程并依据其求解的方式实现对电路的分析，当电路复杂到一定程度时，就需借助计算机进行辅助运算。利用 Multisim 的直流/交流工作点分析功能，可以快速地解决这一问题。

本节通过 Multisim 的原理图编辑器绘制了 4 网孔的混联直流电路的原理图，运用 Multisim 的仿真工具分析混联直流电路的静态工作点的电流和电压，提高学生对复杂电路的静态工作点的分析能力，从而提高学生使用现代工具的能力和电路分析能力。

#### 1．复杂混联直流电路的仿真原理图设计

参照直流稳压源原理图的设计步骤，在 Multisim 的原理图编辑器中绘制图 3-16 所示的仿真原理图，图中的元器件信息如表 3-2 所示。

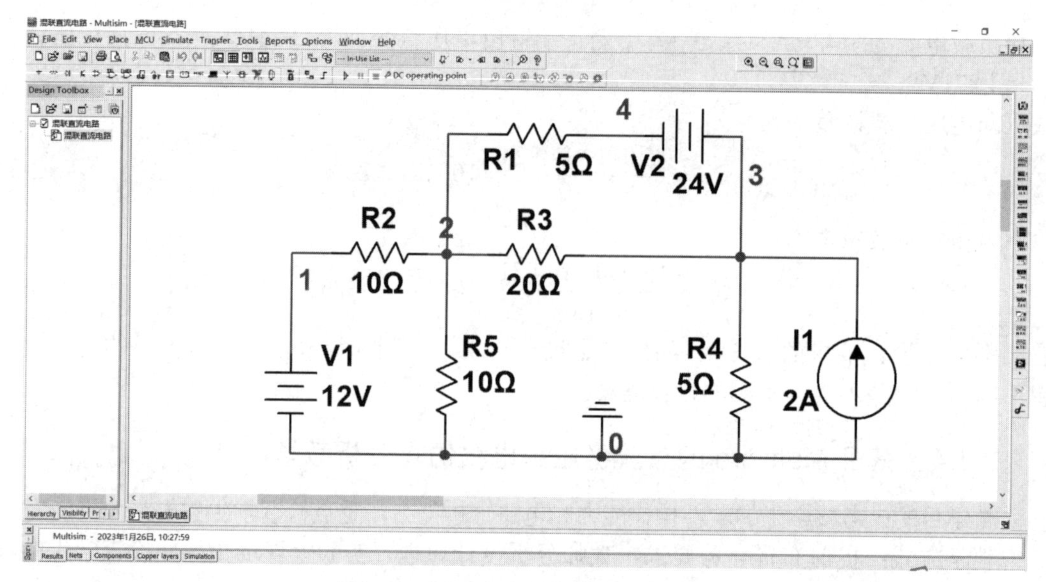


图 3-16　混联直流电路的仿真原理图

表 3-2　混联直流电路的元器件信息

| 元器件（Component） | 元器件库 | 子　库 | 元器件编号 | 标称值 |
|---|---|---|---|---|
| DC_POWER | Sources | POWER_SOURCES | V1（电压源） | 12V |
| DC_POWER | Sources | POWER_SOURCES | V2（电压源） | 24V |
| DC_CURRENT | Sources | SIGNAL_CURRENT_SOURCES | I1（电流源） | 2A |
| GROUND | Sources | POWER_SOURCES | — | — |
| 5Ω | Basic | RESISTOR | R1、R4（电阻） | 5Ω |
| 10Ω | Basic | RESISTOR | R2、R5（电阻） | 10Ω |
| 20Ω | Basic | RESISTOR | R3（电阻） | 20Ω |

## 2. 复杂混联直流电路静态工作点状态分析

1）仿真环境设置

为了方便区分图 3-16 中的电路网络节点，在图 3-16 所示的混联直流电路的仿真原理图中依次选择“Options → Sheet Properties”命令，弹出图 3-17 所示的对话框，在对话框中选择“Sheet visibility”选项卡，在该选项卡的“Net names”选项中选中“Show all”，此时系统会自动为原理图电路分配网络节点编号。

2）静态工作点分析

在图 3-16 所示的混联直流电路的仿真原理图中，选择“Simulate → Analyses and Simulation”命令，弹出图 3-18 所示的对话框，选择“DC Operating Point”，单击“Output”选项卡，在“Variables in circuit”下拉列表中选择“All variables”，此时将希望求得的电流、电压和功率通过图中的“Add”按钮添加到右侧的输出列表中，然后单击“Run”按钮进行仿真分析，本次仿真对混联直流电路中的所有节点电压和回路电流均进行分析，结果如图 3-19 所示。

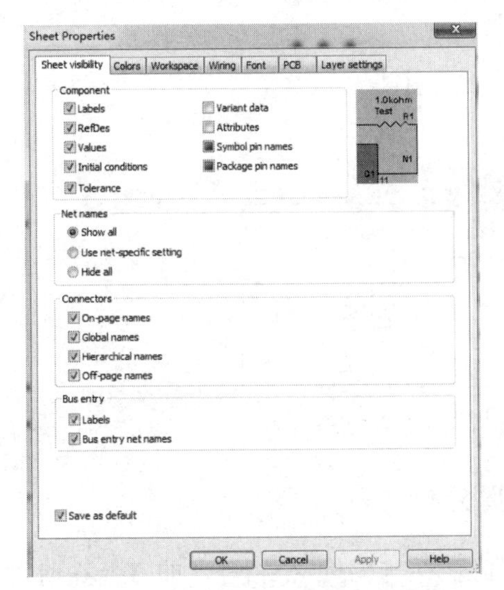


图 3-17　Multisim 电路图属性对话框

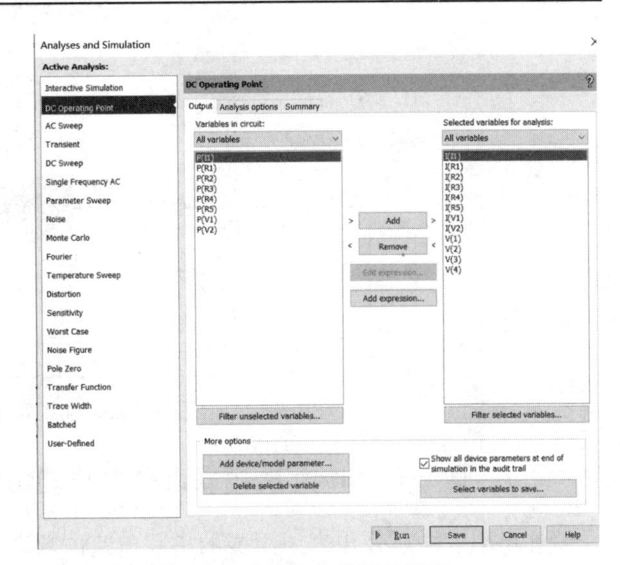


图 3-18　功能仿真分析选择窗口

Grapher View

File　Edit　View　Graph　Trace　Cursor　Legend　Tools　Help

DC Operating Point | DC Operating Point | DC Operating Point | DC Operating Point

静态工作点测试

DC Operating Point Analysis

| | Variable | Operating point value |
|---|---|---|
| 1 | V(1) | 12.00000 |
| 2 | V(2) | 571.42857 m |
| 3 | V(3) | 15.42857 |
| 4 | V(4) | -8.57143 |
| 5 | I(I1) | 2.00000 |
| 6 | I(R1) | 1.82857 |
| 7 | I(R2) | 1.14286 |
| 8 | I(R3) | -742.85714 m |
| 9 | I(R4) | 3.08571 |
| 10 | I(R5) | 57.14286 m |
| 11 | I(V1) | -1.14286 |
| 12 | I(V2) | -1.82857 |

图 3-19　静态工作点仿真分析结果

图 3-19 中的数据就是图 3-16 中的节点电压值和流过电路中各电阻的电流值，当然也可以使用 Multisim 提供的电压表和电流表直接测试。在图 3-16 中右击并在弹出的菜单中选择“Place component”，在弹出的放置元器件对话框中选择“Indicators”（指示元器件库），在弹出的对话框中从该库中选择“AMMETER”（电流表），将“AMMETER”放入图 3-20 所示的电路，可以测量 R3 的电流，这里只测其中的一条回路，当然可以在每条回路都放置一个“AMMETER”，但这样电路比较难看，就不重复了；右击并在弹出的菜单中选择“Place probe”（放置探针），在弹出的对话框中选择“Voltage”（电压探针），将电压探针移动到对应的节点（不用连线）。在图 3-20 所在的原理图编辑器界面选择“Simulate→Analyses and Simulation”命令，在弹出的图 3-12 所示的对话框中选择“Interactive Simulation”，再单击“Run”按钮，仿真结果如图 3-20 所示。对比图 3-20 与图 3-19，二者的值基本一致，只是显示的位数不一致。一般来说，对于复杂的直流电路采用静态工作点分析方法比较合适，运用电流表、电压表测量比较适用于简单直流电路的分析。

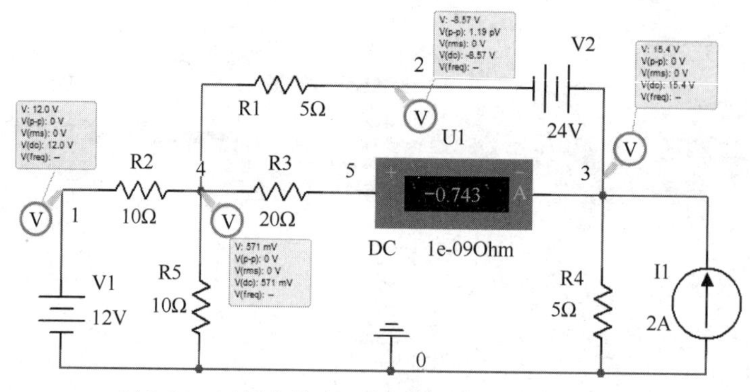


图 3-20　运用电流表、电压表分析简单直流电路

## 3.3　基于 Multisim 的串联谐振电路的仿真分析

在电阻、电感及电容所组成的串联电路内，当容抗 $X_C$ 与感抗 $X_L$ 相等，即 $X_C=X_L$ 时，电路中的电压 $u$ 与电流 $i$ 的相位相同，电路呈现电阻性，这种现象叫作串联谐振。

本节通过 Multisim 的原理图编辑器绘制基于电阻、电感及电容的串联谐振电路原理图，并运用 Multisim 中的虚拟波特分析仪工具分析串联谐振电路的谐振现象。读者通过分析串联谐振电路的幅频特性和相频特性，可掌握相关分析方法，从而提高使用现代工具的能力和电路分析能力。

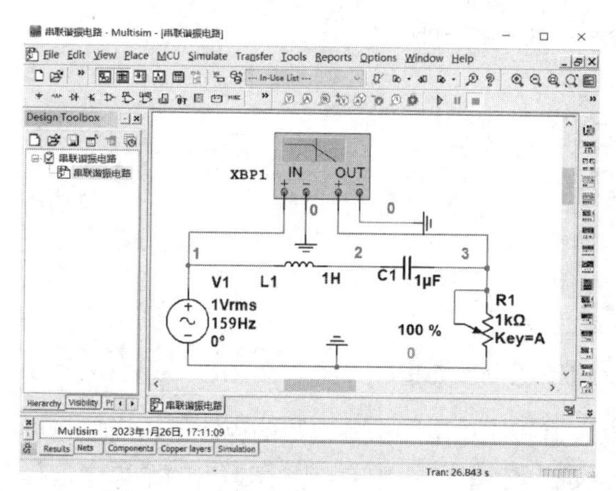


图 3-21　串联谐振电路的仿真原理图

### 1．串联谐振电路设计要求

设计一个由电阻、电感及电容所组成的串联谐振电路，分析其串联谐振特性。

### 2．串联谐振电路的仿真原理图设计

根据设计要求，在 Multisim 的电路设计工作区中放置串联谐振电路所需的电阻、电容、电感及相关的信号源和测量仪器，连线完成图 3-21 所示的仿真原理图，图中的元器件信息如表 3-3 所示。

表 3-3　串联谐振电路的元器件信息

| 名称（Component） | 元器件库 | 子库 | 元器件编号 | 标称值 |
|---|---|---|---|---|
| AC_POWER | Sources | POWER_SOURCES | V1（交流电压源） | 有效值（RMS）=1V，频率为159Hz，相位为 0° |
| GROUND | Sources | POWER_SOURCES | — | — |
| 1H | Basic | INDUCTOR | L1（电感） | 1H |
| 1μF | Basic | CAPACITOR | C1（电容） | 1μF |
| 1kΩ | Basic | POTENTIOMETER | R1（可变电阻） | 1kΩ |
| Bode Plotter | 虚拟波特分析仪位于仪器栏中，编号为 XBP1 | | | |

### 3. 串联谐振电路的原理分析

图 3-21 所示的串联谐振电路由电阻、电容和电感串联而成，其中 V1 为激励信号源，电路的阻抗为

$$Z(\omega) = R + \mathrm{j}\left(\omega L - \frac{1}{\omega C}\right) \tag{3-5}$$

电路的阻抗随着信号频率的变化而变化，当阻抗的虚部为 0 时，电路中的电压 $u$ 与电流 $i$ 的相位相同，电路呈现电阻性，这种现象叫作串联谐振，其谐振回路的频率为

$$f = \frac{1}{2\pi\sqrt{LC}} \tag{3-6}$$

将图 3-21 中的电感和电容的值代入式（3-6），可以求得图 3-21 所示串联谐振电路的振荡频率约为 159Hz。当然，修改图 3-21 所示电路中元器件的参数，可以得到不同的振荡频率。

### 4. 串联谐振电路仿真分析

1）串联谐振电路的幅频和相频特性曲线分析

在图 3-21 中选择“Simulate → Analyses and Simulation”命令，在弹出的对话框中选择“Interactive Simulation”，再单击“Run”按钮进行仿真。在仿真状态下双击图 3-21 中的虚拟波特分析仪 XBP1，弹出 XBP1 虚拟波特分析仪对话框，XBP1 虚拟波特分析仪对话框的右边是模式（Mode）选择项，单击 Magnitude （幅度）按钮，则弹出图 3-22（a）所示的幅频特性曲线；单击 Phase （相位）按钮，则弹出图 3-22（b）所示的相频特性曲线。

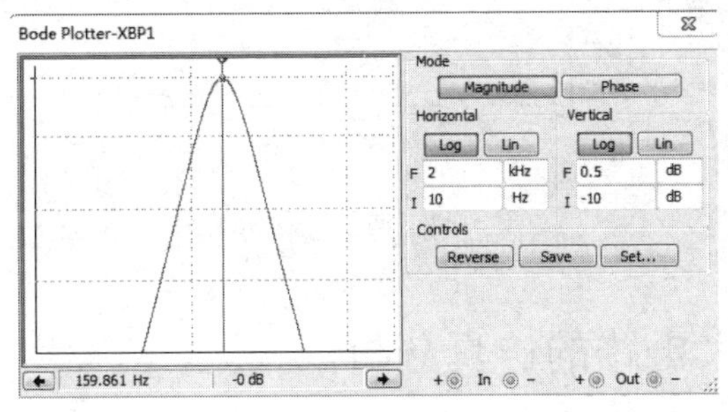


(a) 幅频特性曲线

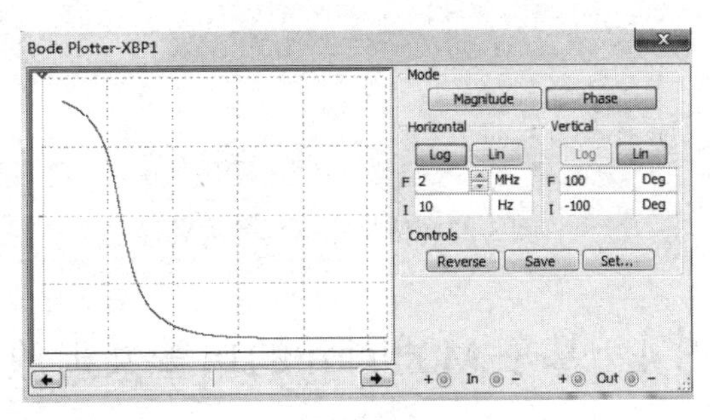


(b) 相频特性曲线

图 3-22　串联谐振电路的特性曲线

图 3-22 中虚拟波特分析仪（Bode Plotter）的面板参数的含义如下。

① Magnitude：设定虚拟波特分析仪显示幅频特性曲线。

② Phase：设定虚拟波特分析仪显示相频特性曲线。

③ Save：存储测量的特性曲线。

④ Set：设置扫描的分辨率，分辨率越高，扫描时间越长，曲线越平滑。

⑤ Horizontal：设置水平频率轴参数。其中“Log”按钮用来设置 $X$ 轴采用对数刻度，“Line”按钮用来设置 $X$ 轴采用线性刻度，$X$ 轴一般采用对数刻度。“F”用来设置 $X$ 轴的最大刻度值，“I”用来设置 $X$ 轴的最小刻度值。

⑥ Vertical：设置垂直轴参数。其中“Log”按钮用来设置 $Y$ 轴采用对数刻度，“Line”按钮用来设置 $Y$ 轴采用线性刻度，$Y$ 轴一般采用线性刻度。“F”用来设置 $Y$ 轴的最高刻度

值，“I”用来设置 $Y$ 轴的最低刻度值。

当串联谐振电路发生谐振时，该电路呈现纯电阻性，如果改变图 3-21 中 R1 电阻的值，观察图 3-22（a），可以发现串联振荡电路的选频作用更加明显，这与串联谐振电路的品质因数 $Q=1/(\omega CR)$ 公式是一致的。

2）串联谐振电路的傅里叶分析

在图 3-21 中选择“Simulate → Analyses and Simulation”命令，在弹出的图 3-23 所示的对话框中选择“Fourier”选项，将“Analysis parameters”选项卡中的“Frequency resolution”设置为 159Hz，这样仿真输出的傅里叶图形的横坐标按 159 的倍数输出波形；将“Output”选项卡的输出节点选择 V(3)号节点，单击“Run”按钮，仿真结果如图 3-24 所示，结果表明串联谐振电路在谐振频率处的幅度最大。

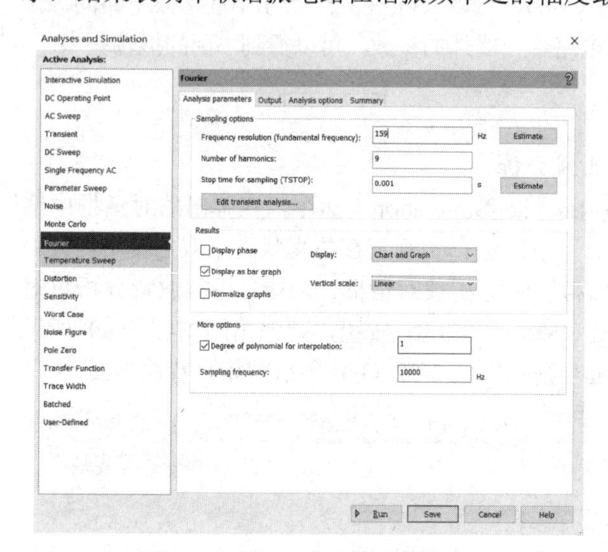


图 3-23　傅里叶仿真参数设置

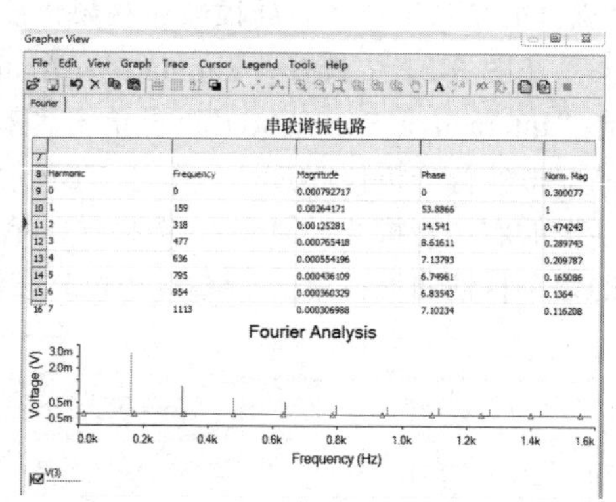


图 3-24　傅里叶分析结果

## 3.4　基于 Multisim 的单管共射放大电路的仿真分析

单管共射放大电路是放大电路的基本形式，要在放大电路中对微弱信号进行不失真的放大，必须设置合适的静态工作点，并对电路的电压增益、输入电阻及输出电阻进行分析。

本节运用 Multisim 的原理图编辑器绘制基于 2N2222 晶体管共射放大电路的原理图，并通过 Multisim 的虚拟示波器、虚拟函数信号发生器、虚拟电流表和虚拟电压表等仿真工具分析单管共射放大电路的静态工作点与放大倍数，使学生掌握单管共射放大电路的静态工作点的集电极电流、电流放大倍数、电压放大倍数、输入电阻及输出电阻的计算方法，从而提高学生使用现代工具的能力和电路分析能力。

### 1．单管共射放大电路原理图设计

在 Multisim 的电路设计工作区中绘制图 3-25 所示的单管共射放大电路的仿真原理图，图中的元器件如表 3-4 所示。

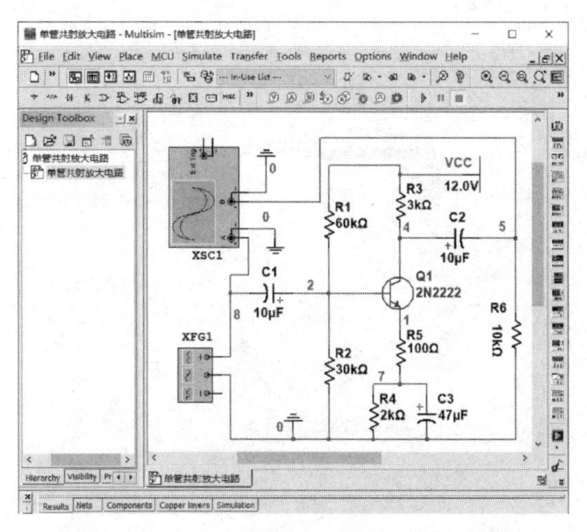

图 3-25　单管共射放大电路的仿真原理图

表 3-4　单管共射放大电路的元器件信息

| 元器件（Component） | 元 器 件 库 | 子　　库 | 元器件编号 | 标　称　值 |
|---|---|---|---|---|
| VCC | Sources | POWER_SOURCES | VCC | 12V |
| GROUND | Sources | POWER_SOURCES | — | — |
| 2N2222 | Transistors | BJT_NPN | Q1（晶体管） | NPN |
| 10μF | Basic | CAP_ELECTROLIT | C1～C2（电解电容） | 10μF |
| 47μF | Basic | CAP_ELECTROLIT | C3（电解电容） | 47μF |
| 60kΩ/30kΩ/3kΩ/2kΩ/100Ω/10kΩ | Basic | RESISTOR | R1/R2/R3/R4/R5/R6（电阻） | 60kΩ/30kΩ/3kΩ/2kΩ/100Ω/10kΩ |
| Function generator | 虚拟函数信号发生器位于仪器栏中，编号为 XFG1，双击其图标，设置为 1kHz、5mV 的正弦波 | | | |
| Oscilloscope | 虚拟示波器位于仪器栏中，编号为 XSC1，双击其图标，将时间扫描参数 Timebase 的量程 Scale 设为 500μs/Div，将 Channel A 的量程 Scale 设置为 10mV/Div，将 Channel B 的量程 Scale 设置为 200mV/Div | | | |

### 2. 单管共射放大电路静态工作点仿真分析

在图 3-25 中选择“Option → Sheet Properties”命令，在弹出的对话框中选择“Sheet visibility”，在“Net names”选项卡中选择“Show all”，此时系统会自动为原理图电路分配网络节点编号。

选择“Simulate → Analyses and Simulation”命令，在弹出的图 3-26 所示的对话框中选择“DC Operating Point”（静态工作点分析），单击“Output”选项卡，在“Variables in circuit”下拉列表中选择“All variables”，此时系统中的所有分析项都出现在列表中，将希望分析的电流 I(R3)、节点电压 V(1)、V(2)和 V(4)等参数通过“Add”按钮添加到右侧的输出列表，然后单击“Run”按钮进行仿真分析，得到静态工作点的分析结果，如图 3-27 所示。

从图 3-27 可以看出，流过 Q1 集电极的电流 $I_{CQ}$(@qq1[ic])=I(R3)≈1.4mA，$I_{BQ}$(@qq1[ib])≈19.7μA，电流放大倍数 $\beta=I_{CE}/I_{BE}=(I_{CQ}-I_{CBO})/(I_{BE}-I_{CBO})\approx I_C/I_B$=1.4mA/19.7μA≈ 71.1，放大电路 $U_{CE}$=V(4)−V(1)≈7.81−2.97=4.84V，电源电压为 12V，该电路的静态工作点合适。

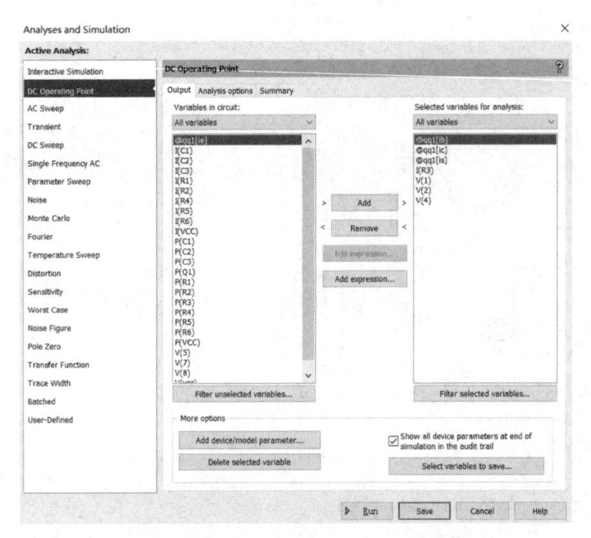


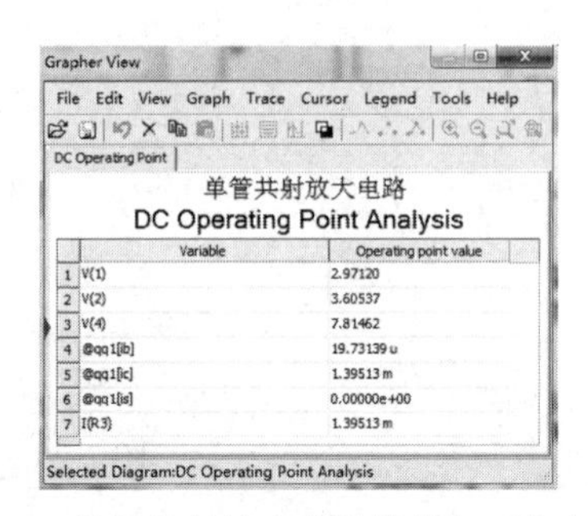


图 3-26　静态工作点分析参数设置对话框　　　　图 3-27　单管共射放大电路的静态工作点值

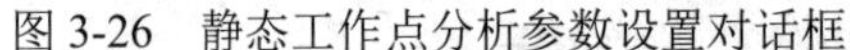

## 3．单管共射放大电路动态仿真分析

1）单管共射放大电路的电压放大倍数测量

在图 3-25 中选择“Simulate → Analyses and Simulation”命令，在弹出的图 3-26 所示的对话框中选择“Interactive Simulation”，再单击“Run”按钮进行仿真，图 3-25 所示的原理图处于仿真状态。双击虚拟示波器 XSC1，弹出图 3-28 所示的虚拟示波器 XSC1，设置好虚拟示波器 XSC1 的参数，就可以观察到图 3-28 所示的单管共射放大电路的输入/输出波形。

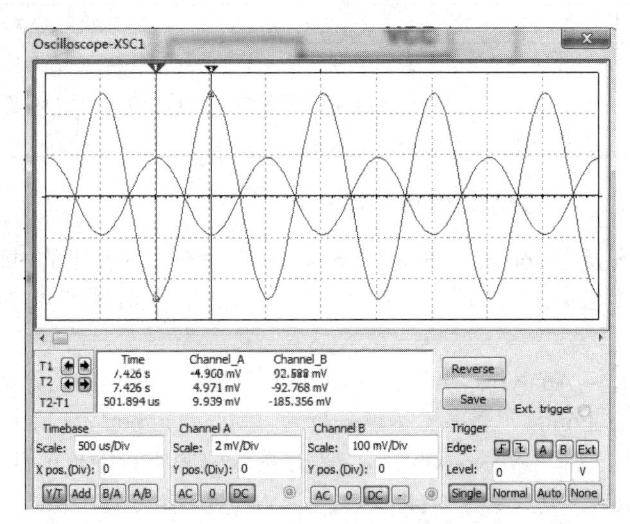


图 3-28　单管共射放大电路的输入/输出波形

在图 3-28 中，将两条测试线移动到虚拟示波器面板上的合适位置，在右端测试线处，读取输入信号（Channel_A）和输出信号（Channel_B）的电压幅度，其中当输入信号的电压幅度为−4.968mV 时，输出信号的电压幅度为 92.588mV，由此可以得出输出信号与输入信号的相位相差 180°，而且可以求出电压的放大倍数 $A_u=U_o/U_i=92.588/-4.968\approx-18.64$。

2）单管共射放大电路的输入电阻测量

修改图 3-25 所示的单管共射放大电路的仿真原理图，删除图 3-25 中的虚拟示波器 XSC1，在虚拟函数信号发生器 XFG1 旁边串接一个 R7 电阻（阻值为 1kΩ）作为信号源的内阻，在输入回路再串接一个虚拟电流表 XMM1，并接一个虚拟电压表 XMM2，绘制图 3-29（a）所示的电路原理图。

在 Multisim 中选择“Simulate → Analyses and Simulation”命令，在弹出的图 3-26 所示的对话框中选择“Interactive Simulation”，再单击“Run”按钮进行仿真，图 3-29（a）所示的原理图处于仿真状态。双击虚拟电流表 XMM1，在弹出的电流表测量界面单击 ～（交流挡），然后单击 A（电流挡），输入端电流的测量结果如图 3-29（b）所示；在图 3-29（a）所示的原理图处于仿真状态时，双击虚拟电压表 XMM2，在弹出的电压表测量界面单击 ～（交流挡），然后单击 V（电压挡），输入端电压的测量结果如图 3-29（c）所示。根据测得的电流和电压可求出输入电阻值，$R_i=U_i/I_i=3.008\text{mV}/528.132\text{nA}\approx5.70\text{k}\Omega$。理论上，首先画出单管共射放大电路的等效电路，然后列出等效电路的计算公式 $R_i=R_1//R_2//[r_{be}+(1+\beta)R_5]$，再求出输入电阻的值。在实际的测量电路中，由于虚拟电压表和虚拟电流表都不是理想的仪表，因此通常采用间接测量。

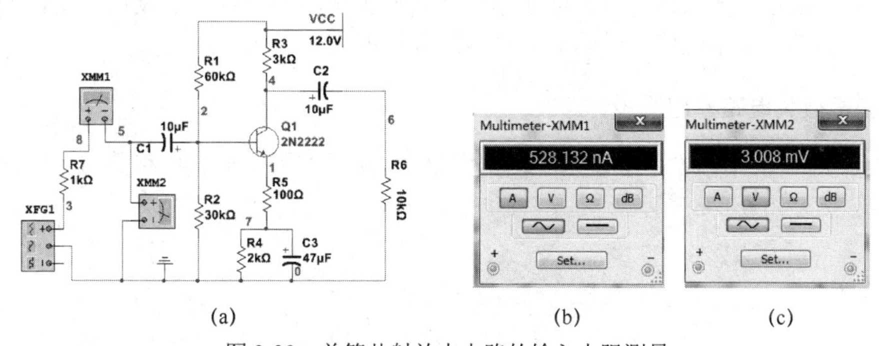


图 3-29　单管共射放大电路的输入电阻测量

3）单管共射放大电路的输出电阻测量

输出电阻的测量采用外加激励方法，将图 3-29（a）电路中的虚拟函数信号发生器短路，去掉输入端的虚拟电压表和虚拟电流表。在输入端外加虚拟交流激励信号源 V1，负载 R6 开路，同时在输出端接入虚拟电流表 XMM1 和虚拟电压表 XMM2，绘制图 3-30（a）所示的电路原理图。

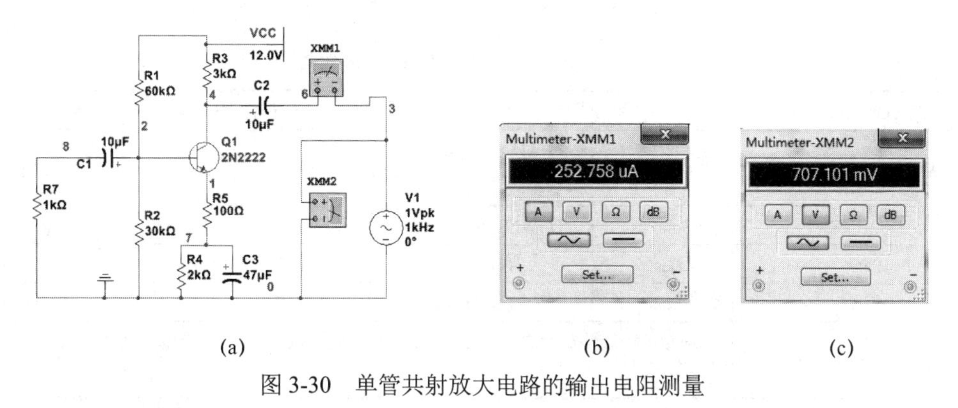


图 3-30　单管共射放大电路的输出电阻测量

在 Multisim 中选择“Simulate → Analyses and Simulation”命令，在弹出的图 3-26 所示的对话框中选择“Interactive Simulation”，再单击“Run”按钮进行仿真，图 3-30（a）所示的原理图处于仿真状态。双击虚拟电流表 XMM1，在弹出的电流表测量界面单击 ～ （交流挡），然后单击 A （电流挡），输出端的电流测量结果如图 3-30（b）所示；在图 3-30（a）所示的原理图处于仿真状态时，双击虚拟电压表 XMM2，在弹出的电压表测量界面单击 ～ （交流挡），然后单击 V （电压挡），输出端的电压测量结果如图 3-30（c）所示。根据测得的电流值和电压值，可求出输出电阻的值 $R_o=U_o/I_o=$ 707.101mV/ 252.758μA≈2.8kΩ。

## 3.5　基于 Multisim 的测量放大电路的仿真分析

测量放大器又称为数据放大器或仪表放大器，常用于热电偶、应变电桥流量计、生物电测量及其他有较大共模干扰的缓慢变化微弱信号的测量[13]。

本节运用 Multisim 的原理图编辑器绘制基于运算放大器的测量放大电路的原理图，并对其工作原理进行理论分析，然后通过 Multisim 的虚拟示波器和虚拟函数信号发生器验证测量放大电路的放大倍数，使学生掌握测量放大电路的设计方法及放大倍数的计算方法，从而提高学生使用现代工具的能力和电路分析能力。

### 1. 测量放大电路原理图设计

在 Multisim 的电路设计工作区中绘制图 3-31 所示的测量放大电路的仿真原理图，图中的元器件信息如表 3-5 所示。

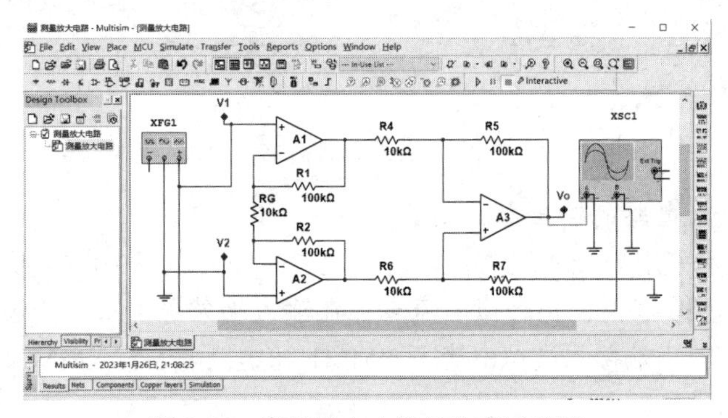


图 3-31　测量放大电路的仿真原理图

表 3-5　测量放大电路的元器件信息

| 元器件（Component） | 元 器 件 库 | 子　　库 | 元器件编号 | 标　称　值 |
|---|---|---|---|---|
| OPAMP_3T_VIRTUAL | Analog | ANALOG_VIRTUAL（虚拟模拟元器件库） | A1～A3（运算放大器） | 理想放大器 |
| GROUND | Sources | POWER_SOURCES | — | — |
| 10kΩ | Basic | RESISTOR | RG、R4、R6 | 10kΩ |
| 100kΩ | Basic | RESISTOR | R1、R2、R5、R7 | 100kΩ |
| Function generator | 虚拟函数信号发生器位于仪器栏中，编号为 XFG1，双击其图标，设置为 1kHz、5mV 的正弦波 | | | |

（续表）

| 元器件（Component） | 元 器 件 库 | 子　　库 | 元器件编号 | 标　称　值 |
|---|---|---|---|---|
| Oscilloscope | 虚拟示波器位于仪器栏中，编号为 XSC1，双击其图标，将时间扫描参数 Timebase 的量程 Scale 设为 500μs/Div，将 Channel A 的量程 Scale 设置为 500mV/Div，将 Channel B 的量程 Scale 设置为 2mV/Div | | | |

### 2．测量放大电路原理分析

图 3-31 所示的测量放大电路采用对称结构，由三个通用运算放大器构成，第一级为两个对称同相放大器，第二级为一个差动放大器，这种结构可以同时满足差分输入、直流耦合、单端输出、高输入阻抗和抗共模干扰等不同性能要求。

测量放大电路上下对称，即图中 $R_1$=$R_2$、$R_4$=$R_6$、$R_5$=$R_7$，则放大电路的闭环增益为

$$A_f = V_O / (V_1 - V_2) = -(1 + 2R_1 / R_G)R_5 / R_4 \tag{3-7}$$

由式（3-7）可知，通过调节电阻 RG，可以很方便地改变测量放大电路的闭环增益。当采用集成测量放大电路时，RG 一般为外接电阻。将图 3-31 中电阻的值代入式（3-7），求得电路的电压增益 $A_f$ =−210。

### 3．测量放大电路仿真分析

在图 3-31 中选择“Simulate → Analyses and Simulation”命令，在弹出的对话框中选择“Interactive Simulation”，再单击“Run”按钮进行仿真，图 3-31 所示的原理图处于仿真状态。双击虚拟函数信号发生器 XFG1，在弹出的 XFG1 参数设置对话框中选择输入波形类型、信号的频率及幅度，单击（选择输入信号为正弦波），将输入信号的频率（Frequency）设置为 1kHz，将输入信号的幅度（Amplitude）设置为 5mVp。当图 3-31 所示原理图处于仿真状态时，双击虚拟示波器 XSC1，按照图 3-32（b）设置虚拟示波器 XSC1 的参数，即可得到图 3-31 所示原理图的输出波形与输入波形，如图 3-32（b）所示。通过比较，可以发现输入信号与输出信号在相位上相差 180°。将虚拟示波器上的测试线移到合适的位置，读取 322.49ms 时刻输入波形和输出波形的电压幅度，其中输入信号（Channel_B）的电压幅度为 5.00mV，输出信号（Channel_A）的电压幅度为−1.050V，可求出电压增益为−210，与用式（3-7）的计算结果是一样的。

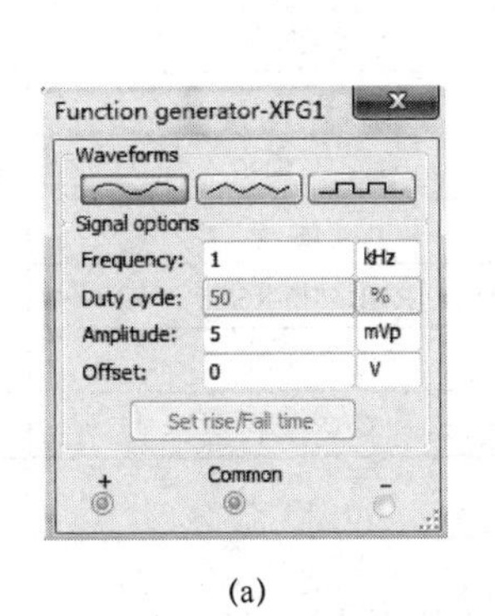


(a)

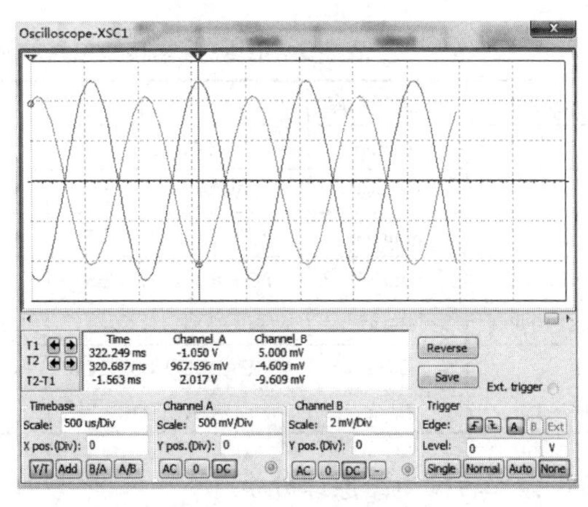


(b)

图 3-32　测量放大电路原理仿真图的输入/输出波形

## 3.6　基于 Multisim 的电压–频率转换电路的仿真分析

电压–频率转换电路用来将模拟电压转换为脉冲信号，该输出脉冲信号的频率与输入电压的大小成正比。把电压信号转换为脉冲信号后，可以明显地增强信号的抗干扰能力，有利于远距离传输。电压–频率转换电路被广泛地用于模拟–数字信号的转换、调频、遥测、遥感等各种设备中。

本节运用 Multisim 的原理图编辑器绘制基于 741 的电压–频率转换电路原理图，并对电压–频率转换电路的工作原理进行分析，然后通过 Multisim 的虚拟示波器仿真工具验证电路设计的正确性，使学生掌握电压–频率转换电路的设计方法，从而提高学生使用现代工具的能力和电路分析能力。

### 1．电压–频率转换电路原理图设计

在 Multisim 的电路设计工作区中绘制图 3-33 所示的电压–频率转换电路的仿真原理图，电路的元器件信息如表 3-6 所示，电路通过 10kΩ 电位器来调节输入电压，实现电路的频率输出。

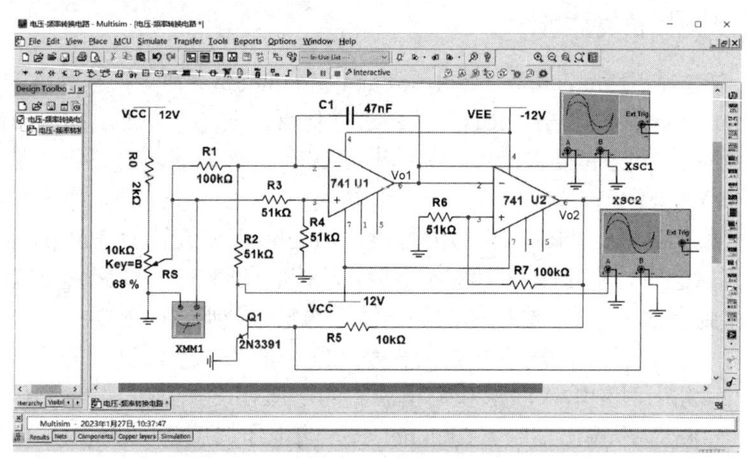


图 3-33　电压–频率转换电路的仿真原理图

**表 3-6　电压–频率转换电路的元器件信息**

| 元器件（Component） | 元 器 件 库 | 子　　库 | 元器件编号 | 标　称　值 |
| --- | --- | --- | --- | --- |
| 741 | Analog | OPAMP | U1～U2（运算放大器） | — |
| VCC | Sources | POWER_SOURCES | VCC | 12V |
| VEE | Sources | POWER_SOURCES | VEE | −12V |
| GROUND | Sources | POWER_SOURCES | 地 | — |
| 2kΩ/10kΩ/51kΩ/100kΩ | Basic | RESISTOR | R0/R1/R2/R3/R4/R5/R6/R7（电阻） | 见图 3-33 |
| 10kΩ | Basic | VARIABLE_RESISTOR | 电位器 RS | 10kΩ |
| 47nF | Basic | CAPACITOR | 电容 C1 | 47nF |

### 2．电压–频率转换电路原理分析

图 3-33 中的 U1 为积分器，其同相端与反相端电压相同，即 $V_+=V_-=R_4/(R_3+R_4)=$

$V_i/2$；U2 与 R6 和 R7 构成滞回比较器，当 U2 输出为低电平时，晶体管 Q1 截止，此时积分电路的电容 C1 的充电电流 $I_C=(V_i-V_-)/R_1=V_i/2R_1$，随着电容 C1 的充电，U1 的输出电压逐渐减小，当下降到 $V_{o1}=-R_6/(R_6+R_7)$ 时，比较器输出翻转，输出高电平，使晶体管 Q1 导通，电容开始放电，U1 的输出电压逐渐增大，当 $V_{o1}=|R_6/(R_6+R_7)|$ 时，比较器发生翻转，电容 C1 又开始充电。$V_{o1}$ 的表达式如下

$$V_{o1}=|V_{o2}|\frac{R_6}{R_6+R_7}=\frac{1}{C}\int_0^{T/4}\frac{1}{2}R_1\mathrm{d}t=\frac{V_i\cdot T}{8R_1\cdot C} \tag{3-8}$$

在电阻、电容不变的情况下，振荡周期与控制电压成反比，振荡频率与控制电压成正比。

### 3．电压−频率转换电路仿真

在图 3-33 中选择“Simulate → Analyses and Simulation”命令，在弹出的对话框中选择“Interactive Simulation”，再单击“Run”按钮进行仿真，图 3-33 所示的原理图处于仿真运行状态。双击图 3-33 中的虚拟示波器 XSC1，弹出图 3-34 所示的示波器界面，按照图中的显示值设置虚拟示波器的数，即可得到 $V_{o1}$（Channel_A）与 $V_{o2}$（Channel_B）波形。在图 3-33 所示的原理图处于仿真运行状态时，双击图 3-33 中的虚拟示波器 XSC2，按照图 3-35 中的显示值设置虚拟示波器的参数，即可得到晶体管 Q1 的基极电压（Channel_B）与集电极电压（Channel_A）和振荡周期 $T$ 之间的关系。在图 3-33 所示的原理图处于仿真运行状态时，调节电位器 RS，改变输入电压的值，则在图 3-34 和图 3-35 中可以得到不同的电压与振荡周期的值。

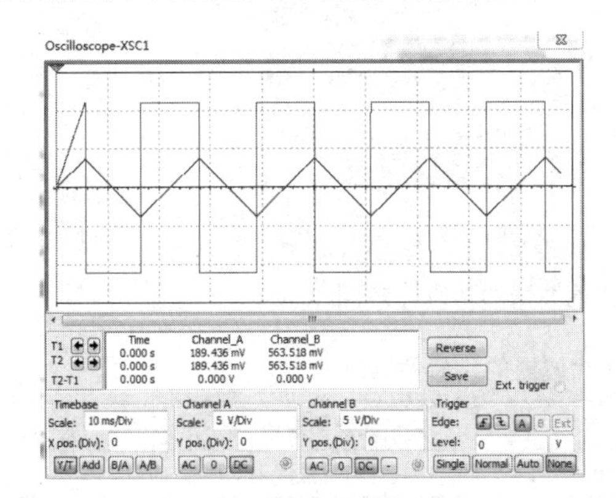


图 3-34　电压−频率转换电路的 $V_{o1}$ 和 $V_{o2}$ 波形

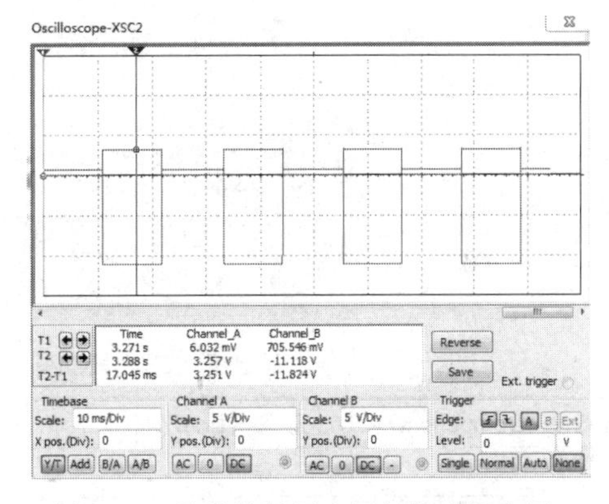


图 3-35　晶体管基极电压与集电极电压和振荡周期之间的关系

## 3.7　基于 Multisim 的二阶 RC 有源滤波器电路的仿真分析

滤波器是一种能使有用频率信号通过而同时抑制（或衰减）无用频率信号的电子电路或装置。以往的滤波器主要采用无源元器件 $R$、$L$ 和 $C$ 组成，目前一般用集成运算放大器、$R$ 和 $C$ 组成，常称为有源滤波器，又称 RC 有源滤波器，可用在信息处理、数据传输、抑制干扰等方面。但因受运算放大器频带的限制，这类滤波器主要用于低频范围。根据对频率范围的选择不同，可分为低通滤波器（LPF）、高通滤波器（HPF）、带通滤波器

（BPF）与带阻滤波器（BSF）这 4 种滤波器。滤波器的理想幅频特性是很难实现的，只能用实际的幅频特性去逼近。一般来说，滤波器的幅频特性越好，其相频特性越差，反之亦然。滤波器的阶数越高，幅频特性衰减得越快，但 RC 网络的节数越多，元器件参数计算越烦琐，电路调试越困难。任何高阶滤波器均可以用较低的二阶 RC 有源滤波器级联实现。

本节运用 Multisim 的原理图编辑器绘制基于 741 集成运放的二阶 RC 有源高通滤波器的电路原理图，并对二阶 RC 有源高通滤波器的工作原理进行分析，然后通过 Multisim 的模拟仿真及虚拟示波器、虚拟函数信号发生器和虚拟波特图仪验证电路设计的正确性，使学生掌握二阶 RC 有源高通滤波器电路的设计方法，从而提高学生使用现代工具的能力和电路分析能力。

### 1. 二阶 RC 有源高通滤波器原理图设计

在 Multisim 的电路设计工作区中绘制图 3-36 所示的二阶 RC 有源高通滤波器的仿真原理图，元器件信息如表 3-7 所示。

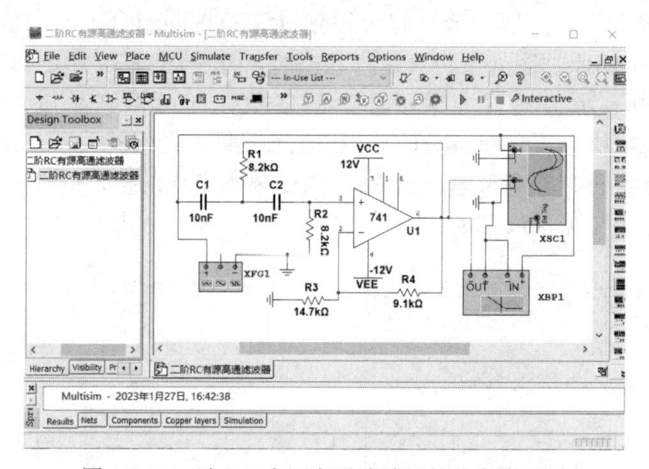


图 3-36　二阶 RC 有源高通滤波器的仿真原理图

表 3-7　二阶 RC 有源高通滤波器的元器件信息

| 元器件（Component） | 元 器 件 库 | 子　　库 | 元器件编号 | 标　称　值 |
|---|---|---|---|---|
| 741 | Analog | OPAMP | U1（运算放大器） | — |
| VCC | Sources | POWER_SOURCES | VCC | 12V |
| VEE | Sources | POWER_SOURCES | VEE | −12V |
| GROUND | Sources | POWER_SOURCES | — | — |
| 8.2kΩ/14.7kΩ/9.1kΩ | Basic | RESISTOR | R1～R4（电阻） | 见图 3-36 |
| 10nF | Basic | CAPACITOR | C1～C2（电容） | 10nF |

### 2. 二阶 RC 有源高通滤波器原理分析

图 3-36 所示的二阶 RC 有源高通滤波器主要由 RC 滤波网络和同相比例运算电路组成，可实现滤除低频信号、让高频信号通过的功能。

在电路中，低频条件下工作的电容 C1 和 C2 处于开路状态，其通带增益 $A=1+R_4/R_3\approx 1.62$，通带的截止频率 $f_0=1/(2\pi R_1C_1)\approx 1942\text{Hz}$。

### 3. 二阶 RC 有源高通滤波器仿真分析

在图 3-36 中，将虚拟函数信号发生器 XFG1 的输入信号设为幅度为 10V、频率为 500Hz 的正弦信号，选择“Simulate → Analyses and Simulation”命令，在弹出的对话框中选择“Interactive Simulation”，再单击“Run”按钮进行仿真，图 3-36 所示的二阶 RC 有源高通滤波器处于仿真状态。双击图中的虚拟示波器 XSC1，按照图 3-37 设置虚拟示波器的参数，XSC1 的通道 A 接二阶 RC 有源高通滤波器的输入信号，XSC1 的通道 B 接二阶 RC 有源高通滤波器的输出信号。

在仿真状态，双击图 3-36 中的虚拟函数信号发生器 XFG1，修改 XFG1 的频率分别为 800Hz、1kHz、1.5kHz、2kHz、2.5kHz、2.8kHz、3kHz，同时修改输入信号的幅度，观察输出信号的变化。仿真结果如下。

当输入信号的频率小于二阶 RC 有源高通滤波器的截止频率 $f_0$ 时，输出信号的幅度明显比输入信号的幅度小，这说明输入信号通过电路后被衰减了。

当输入信号的频率大于二阶 RC 有源高通滤波器的截止频率 $f_0$ 时，输出信号的幅度大于输入信号的幅度，电路具有放大作用。

由此可见，二阶 RC 有源高通滤波器具有高通特性，即当电路工作在高于截止频率时，电路具有理想的放大作用。

图 3-36 所示的二阶 RC 有源高通滤波器处于仿真状态时，双击图 3-36 中的虚拟波特图仪 XBP1，按照图 3-38 设置好 XBP1 的参数，观察图 3-38 中的二阶 RC 有源高通滤波器的幅频特性曲线。可以看出二阶 RC 有源高通滤波器的滤波特性非常理想，其通频带的频率响应表现稳定，从图 3-38 还可以看出电路的截止频率为 1.998kHz，与理论值一样。

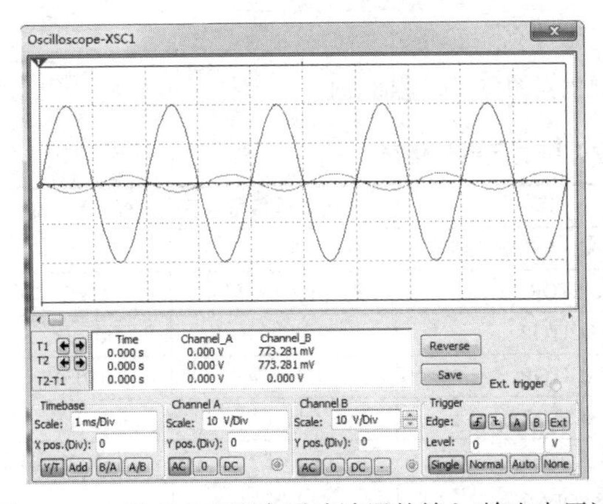


图 3-37　二阶 RC 有源高通滤波器的输入/输出电压波形

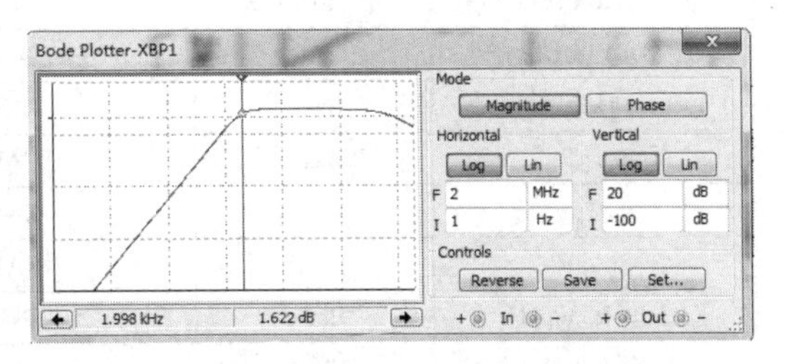


图 3-38　二阶 RC 有源高通滤波器的幅频特性

## 3.8　基于 Multisim 的集成选频放大器的仿真分析

选频放大器（Frequency Selective Amplifier）是对某一段频率或单一频率的信号具有突出的放大作用，而对其他频率的信号具有较强抑制作用的放大电路。选频放大器被广泛应用于发射机的射频放大、接收机的中频放大及通信系统中的单频信号放大。集成选频放大器将集成放大器与选频网络回路结合在一起，使电路性能，特别是电路的选频特性得到了很大改善。

本节运用 Multisim 的原理图编辑器绘制基于 AD8138 集成选频放大器的原理图，并对集成选频放大器的工作原理进行分析，然后利用 Multisim 的模拟仿真及虚拟示波器和虚拟波特图仪验证电路设计的正确性，使学生掌握集成选频放大器电路的设计方法，从而提高学生使用现代工具的能力和电路分析能力。

### 1．集成选频放大器原理图设计

在 Multisim 的电路设计工作区中绘制图 3-39 所示的集成选频放大器的仿真原理图，图中的元器件信息如表 3-8 所示。

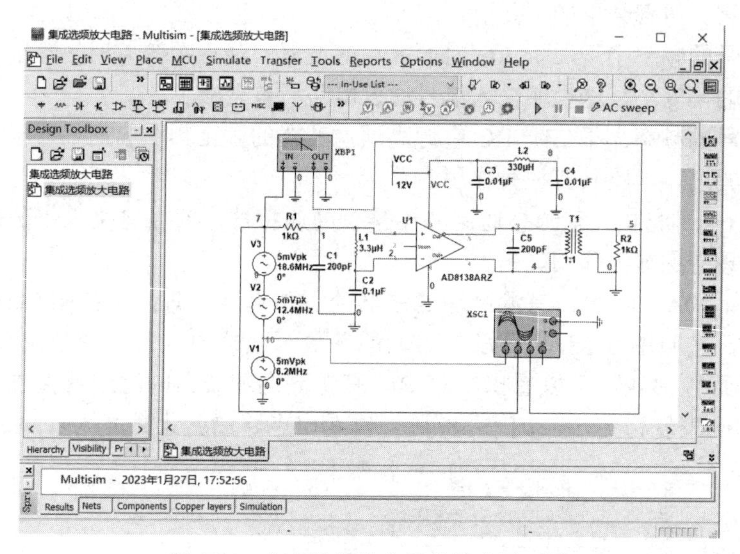


图 3-39 集成选频放大器的仿真原理图

**表 3-8 集成选频放大器的元器件信息**

| 元器件（Component） | 元 器 件 库 | 子 库 | 元器件编号 | 标 称 值 |
|---|---|---|---|---|
| AD8138ARZ | Analog | DIFFERENTIAL_AMPLIFIERS | U1（放大器） | — |
| 1kΩ | Basic | RESISTOR | R1～R2（电阻） | 1kΩ |
| 0.1μF | Basic | CAPACITOR | C2 | 0.1μF |
| 0.01μF | Basic | CAPACITOR | C3～C4 | 0.01μF |
| 200pF | Basic | CAPACITOR | C1、C5 | 200pF |
| 3.3μH/330μH | Basic | INDUCTOR | L1、L2 | 3.3μH/330μH |
| 1P1S | Basic | TRANSFORMER | 变压器 T1 | — |
| VCC | Sources | POWER_SOURCES | VCC | 12V |
| GROUND | Sources | POWER_SOURCES | 地 | — |
| AC-VOLTAGE | Sources | SIGNAL-VOLTAGE-SOURCES | V1～V3 | 见图 3-39 |

### 2．集成选频放大器电路原理分析

图 3-39 所示的集成选频放大器是由 AD8138ARZ 和前后两个调谐回路构成的。AD8138ARZ 是一个双端输入、双端输出的差分放大器，其−3dB 带宽是 320MHz。电路的输

入为 V1、V2 和 V3 三个信号的叠加，设 V1、V2 和 V3 的信号幅度均为 5mV，V1 的信号频率为 6.2MHz，V2 为二次谐波（频率为 12.4MHz），V3 为三次谐波（频率为 18.6MHz）。R1 为输入电阻，L1 和 C1 构成输入调谐回路，其调谐频率 $f=\frac{1}{2\pi\sqrt{L_1C_1}}\approx 6.2\text{MHz}$；C2 为隔直耦合电容，实现信号单端输入；C3、L2 和 C4 构成 π 形电源去耦滤波器，滤除公用电源产生的寄生干扰；C5 和变压器 T1 构成输出调谐回路；R2 为负载电阻。

### 3．集成选频放大器电路仿真分析

在图 3-39 中选择“Simulate → Analyses and Simulation”命令，在弹出的对话框中选择“Interactive Simulation”，再单击“Run”按钮进行仿真，图 3-39 所示的集成选频放大器电路处于仿真状态。双击图 3-39 中的虚拟示波器 XSC1，按照图 3-40 调整虚拟示波器 XSC1 的设置，虚拟示波器 XSC1 的 A 通道接基波信号 V1，对应图 3-40 中最上面的波形；虚拟示波器 XSC1 的 B 通道接 V2 和 V3 谐波信号的叠加，对应图 3-40 的中间波形；虚拟示波器 XSC1 的 C 通道接集成选频放大器的输出端，对应图 3-40 中最下面的波形。从图 3-40 所示的波形可知，基波信号 V1 得到了放大，V2 和 V3 谐波信号得到了有效抑制。

在图 3-39 所示的集成选频放大器电路处于仿真状态时，双击图 3-39 中的虚拟波特图仪 XBP1，按图 3-41 所示单击 Magnitude 按钮，并按照图所示的参数设置 XBP1 的参数，可以得到 XBP1 左边显示的集成选频放大器的幅频特性。图 3-41 中的图形显示 6.211MHz 信号（由于调节的步进过大，很难调整到最佳值 6.2MHz）的幅度最大。图 3-40 和图 3-41 有效地证明了图 3-39 所示的集成选频放大器具有选频和放大功能。

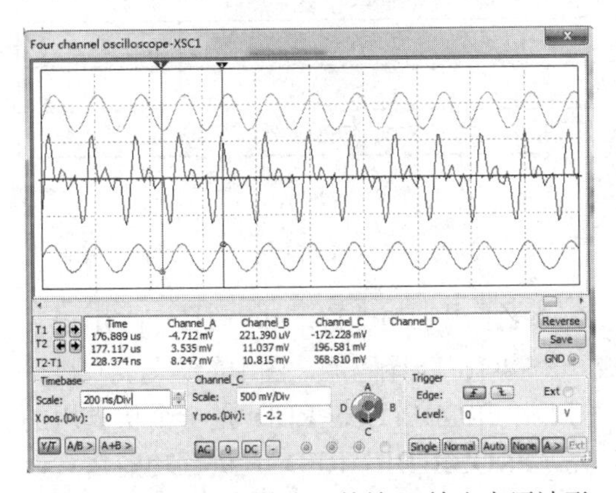

图 3-40　集成选频放大器的输入/输出电压波形

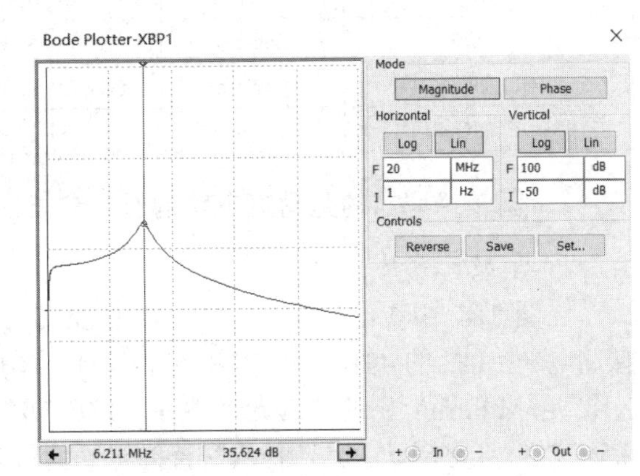

图 3-41　集成选频放大器的幅频特性

## 3.9　基于 Multisim 的译码器构成的跑马灯电路的仿真分析

跑马灯就是逐个、分时、通电点亮的指示灯群。能实现跑马灯功能的电路就是跑马灯电路，跑马灯电路有多种方式，本节采用译码器来设计跑马灯电路。

本节运用 Multisim 的原理图编辑器绘制基于译码器的跑马灯电路的原理图，然后通过 Multisim 的模拟仿真和虚拟字发生器验证电路设计的正确性，使学生掌握译码器的工作原理和跑马灯的设计方法，从而提高学生使用现代工具的能力和电路分析能力。

### 1．基于译码器的跑马灯电路的原理图设计

在 Multisim 的电路设计工作区中绘制图 3-42 所示的基于译码器的跑马灯电路的仿真原理图，图中的元器件信息如表 3-9 所示。

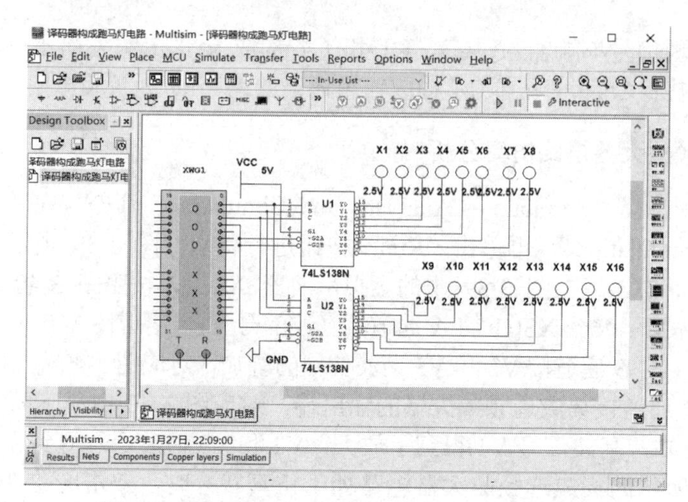


图 3-42　基于译码器的跑马灯电路的仿真原理图

**表 3-9　基于译码器的跑马灯电路的元器件信息**

| 元器件（Component） | 元 器 件 库 | 子　　库 | 元器件编号 | 标　称　值 |
|---|---|---|---|---|
| 74LS138 | TTL | 74LS | U1～U2（74LS138N 译码器） | — |
| VCC | Sources | POWER_SOURCES | VCC | 5V |
| GROUND | Sources | POWER_SOURCES | — | — |
| PROBE_DIG_RED | Indicators | PROBE | X1～X16（红色信号灯） | 见图 3-42 |

### 2．基于译码器的跑马灯电路的原理分析

1）电路元器件说明

在图 3-42 中将 U1 的~G2A 和~G2B 引脚与 U2 的 G1 引脚相连接，其中 U1 的 G1 引脚接高电平，U2 的~G2A 和~G2B 引脚接地，构成一个 4-16 线译码器。图中的信号灯 X1～X16 是 Multisim 中的仿真元器件 PROBE_DIG_RED，PROBE_DIG_RED 是一个仿真用的 2.5V 虚拟红色探针工具，仿真时接高电平信号时亮，PROBE_DIG_RED 只进行功能仿真，不是实际元器件，在实际电路设计中等效于用一个 300Ω 电阻接发光二极管并接电源。

2）虚拟字发生器功能介绍

图 3-42 中的 XWG1 是 Multisim 中的虚拟字发生器，最多可以输出 32 路数字信号，常用作并行多路数字信号发生器的理想仿真工具，在数字电路仿真中应用得非常广泛。双击图 3-42 中的 XWG1 图标，打开 XWG1 对话框，如图 3-43 所示，左侧区域有 Controls（控制设置栏）、Trigger（触发设置栏）、Frequency（输出频率设置栏）和 Display（显示设置栏）。Controls 中有 Cycle（循环输出）、Burst（一次性从初始地址到最大地址的字符信号输出）、Step（一次输出一个地址的字符信号）等选项；“Set…”用来设置字符信号的类型和数量，单击“Set…”按钮，弹出图 3-44 所示的设置对话框，该对话框主要用于设置字符信号的变化规律，图 3-44 中各参数的含义如下。

① No change：不改变字符信号编辑区中的字符信号。

② Load：载入字符信号文件*.dp。

③ Save：存储字符信号。

④ Clear buffer：将字符信号编辑区中的字符信号全部清零。

⑤ Up counter：字符信号从初始地址到终止地址输出。

⑥ Down counter：字符信号从终止地址到初始地址输出。

⑦ Shift right：字符信号的初始值默认为 80000000，按字符信号右移方式输出。

⑧ Shift left：字符信号的初始值默认为 00000001，按字符信号左移方式输出。

⑨ Display type：用于设置字符信号的输出方式是十六进制（Hex）还是十进制（Dec）。

⑩ Buffer size：用于设置字符信号的数量。

图 3-43 中的 Trigger 用来设置 Internal（内触发）、External（外触发），以及是上升沿触发还是下降沿触发；Frequency 用来设置输出频率，是指虚拟字发生器输出字符信号频率；Display 有 4 个条目：Hex（十六进制）、Dec（十进制）、Binary（二进制）、ASCII 码；如果 Display 选择 Hex，则右侧区域显示的是 8 个十六进制的字符信号，代表 32 位输出的状态。单击图 3-43 中右边的数字显示的第二行最后一列，输入 1，下面每一行最后一列依次输入 2、3、4、5、6、7、8、9、A、B、C、D、E、F，且在 F 所在的行右击，在弹出的菜单中选择“Set Final Position（设置末尾位置）”，则设置为 0～F 共 16 个数字。

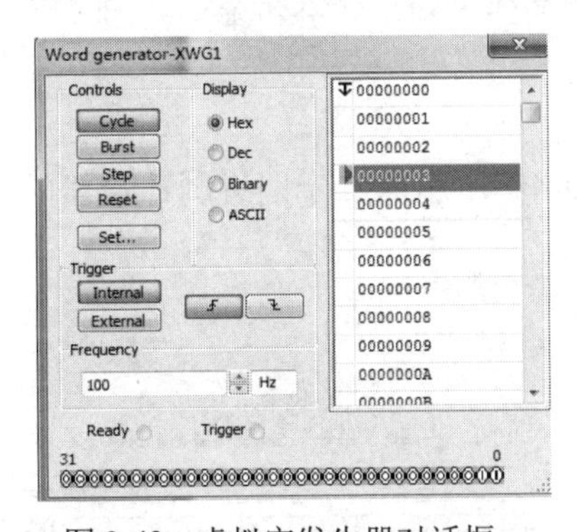


图 3-43　虚拟字发生器对话框

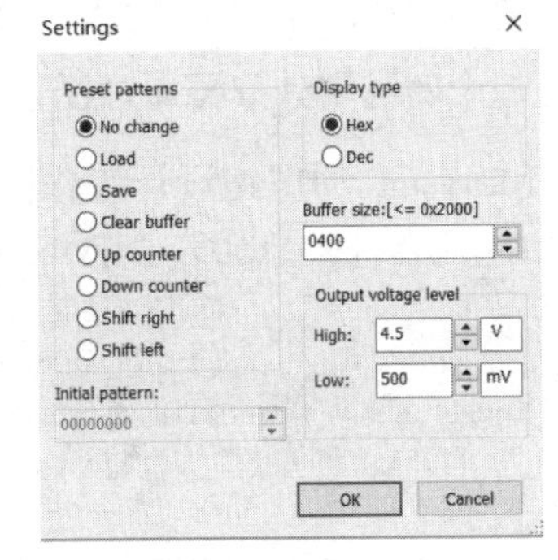


图 3-44　设置对话框

3）字符输入与译码之间的关系

根据 74LS138 的译码原理，可以得到字符输入与译码之间的关系，如表 3-10 所示。

表 3-10　字符输入与译码之间的关系

| 字 符 输 入 | 译码器输入 | 译 码 输 出 | 字 符 输 入 | 译码器输入 | 译 码 输 出 |
|---|---|---|---|---|---|
| 0 | 0000 | 1111111111111110 | 8 | 1000 | 1111111011111111 |
| 1 | 0001 | 1111111111111101 | 9 | 1001 | 1111110111111111 |
| 2 | 0010 | 1111111111111011 | A | 1010 | 1111101111111111 |
| 3 | 0011 | 1111111111110111 | B | 1011 | 1111011111111111 |
| 4 | 0100 | 1111111111101111 | C | 1100 | 1110111111111111 |
| 5 | 0101 | 1111111111011111 | D | 1101 | 1101111111111111 |
| 6 | 0110 | 1111111110111111 | E | 1110 | 1011111111111111 |
| 7 | 0111 | 1111111101111111 | F | 1111 | 0111111111111111 |

3．基于译码器的跑马灯电路的仿真

在图 3-42 中选择“Simulate → Analyses and Simulation”命令，在弹出的对话框中选择“Interactive Simulation”，再单击“Run”按钮进行仿真，可观察到探针 X1（灭）、X2～X16（亮）；X1（亮）、X2（灭）、X3～X16（亮）；X1～X2（亮）、X3（灭）、X4～X16（亮）；X1～X3（亮）、X4（灭）、X5～X15（亮）；以此规律每次只亮一个灯，类似于跑马灯。

## 3.10　基于 Multisim 的二十四进制计数器电路的仿真分析

计数是一种最基本的运算，计数器就是实现这种运算的逻辑电路，计数器在数字系统中主要用来对脉冲进行计数，以实现测量、计数和控制的功能，同时兼有分频功能。计数器在数字系统中应用广泛，如在电子计算机的控制器中对指令地址进行计数，以便顺序取出下一条指令，如在运算器中做乘法、除法运算时记下加法、减法次数，又如在数字仪器中对脉冲的计数等。

本节运用 Multisim 的原理图编辑器绘制二十四进制计数器的电路原理图，然后通过 Multisim 的虚拟数码管和虚拟逻辑分析仪验证电路设计的正确性，使学生掌握计数器的工作原理和设计方法，从而提高学生使用现代工具的能力和电路分析能力。

1．二十四进制计数器原理图设计

在 Multisim 的电路设计工作区中绘制图 3-45 所示的二十四进制计数器的仿真原理图，图中的元器件信息如表 3-11 所示。

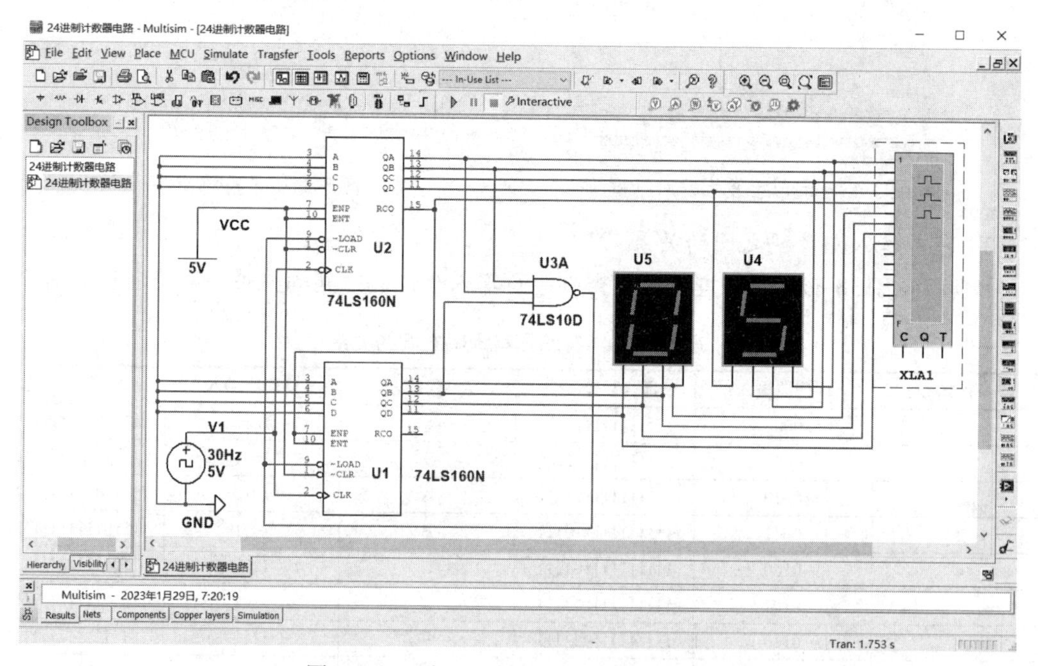


图 3-45　二十四进制计数器的仿真原理图

表 3-11　二十四进制计数器的元器件信息

| 名称（Component） | 元器件库 | 子　库 | 元器件编号 | 标　称　值 |
|---|---|---|---|---|
| 74LS160N | TTL | 74LS | U1～U2（74LS160N 计数器） | — |
| 74LS10D | TTL | 74LS | U3A（四输入与非门） | — |
| DCD-HEX-DIG-BLUE | Indicators | HEX_DISPLAY | U4～U5（数码管显示器） | — |
| VCC | Sources | POWER_SOURCES | VCC | 5V |
| GROUND | Sources | POWER_SOURCES | — | — |
| CLOCK-VOLTAGE | Sources | SIGNAL-VOLTAGE-SOURCES | V1（数字信号源） | 30Hz、5V |

## 2. 二十四进制计数器电路分析

图 3-45 中的 DCD-HEX-DIG-BLUE（U4 和 U5）是 Multisim 中的虚拟蓝光 BCD 码显示器，将仿真时输入的 BCD 显示为对应的十进制数，DCD-HEX-DIG-BLUE 只进行功能仿真，而不是实际的元器件。74LS160N 是 4 位同步计数器，其功能表如表 3-12 所示。

表 3-12　4 位同步十进制计数器 74LS160N 的功能表

| CLK | $\overline{CLR}$ | $\overline{LOAD}$ | ENP | ENT | 工 作 状 态 |
|---|---|---|---|---|---|
| × | 0 | × | × | × | 输出清零 |
| ↓ | 1 | 0 | × | × | 预置数，将输入送给输出 |
| × | 1 | 1 | 0 | 1 | 输出保持 |
| × | 1 | 1 | × | 0 | 输出保持，但 RCO=0 |
| ↓ | 1 | 1 | 1 | 1 | 计数，当计到 9 时 RCO=1，在下一脉冲到来时变为 0 |

根据 74LS160N 的功能表，图 3-45 中的 U1 和 U2 的 A、B、C、D 引脚都接地，即输入为 0；U1 和 U2 的同步脉冲 CLK 引脚接同一个脉冲信号；U1 和 U2 的~CLR 引脚都接高电平；U2 的 ENP 和 ENT 引脚接高电平，U2 的进位输出引脚 RCO 接 U1 的 ENP 和 ENT；U1 是二十四进制计数器的高位，U2 是二十四进制计数器的低位。电路从 00000000 开始计数，当电路的输出 QDQCQBQAQDQCQBQA=00010111 且在计数脉冲的下降沿到来时，计数器重新置初值 00000000，在脉冲的下降沿又从 00000000 开始计数，实现二十四进制计数。二十四进制计数器电路的状态转换图如图 3-46 所示。

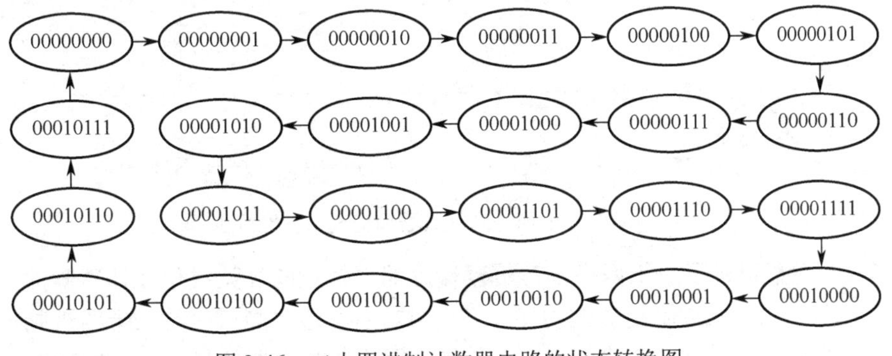


图 3-46　二十四进制计数器电路的状态转换图

### 3. 二十四进制计数器电路仿真分析

在图 3-45 中选择“Simulate → Analyses and Simulation”命令，在弹出的对话框中选择“Interactive Simulation”，再单击“Run”按钮进行仿真，数码管显示器 U5 和 U4 在计数脉冲的作用下依次显示 0, 1, 2, …, 23 共 24 个状态，实现了二十四进制计数。为了更好地观察计数过程的输出波形，在图 3-45 中接入虚拟逻辑分析仪（Logic Analyzer）XLA1 进行同步观察，二十四进制计数器的输出波形如图 3-47 所示（系统在仿真状态下的图形）。

虚拟逻辑分析仪 XLA1 可以同步显示和记录 16 路数字逻辑信号，用于对数字逻辑信号进行高速采集和时序分析。虚拟逻辑分析仪的图标左侧有 1～F 共 16 个输入端口，使用时接到被测电路的相关节点上，XLA1 图标的下侧也有 3 个端子，C 是外时钟输入端，Q 是时钟控制输入端，T 是触发控制输入端，双击图 3-45 中的 XLA1 图标，打开其对话框，如图 3-47 所示，面板分上、下两部分，上半部分是显示部分，下半部分是虚拟逻辑分析仪的控制部分，控制信号有：Stop（停止）、Reset（复位）、Reverse（反相显示）、Clock（时钟）设置和 Trigger（触发）设置。

单击图 3-47 中的时钟设置“Set...”按钮，如图 3-48（a）所示，Clock source（时钟源）可选择 External（外触发）或 Internal（内触发），此处选择 Internal；Clock rate（时钟频率）可在 1Hz～100MHz 范围内选择，此处选择 30Hz；Sampling setting（取样点设置）中的 Pre-trigger samples（触发前取样点）设为 100，Post-trigger samples（触发后取样点）设为 1000，Threshold voltage（开启电压）设为 2.5V。单击图 3-47 中的触发设置“Set…”按钮，如图 3-48（b）所示，Trigger clock edge（触发边沿）可选择 Positive（上升沿触发）、Negative（下降沿触发）或 Both（双向触发），此处选择 Negative；Trigger patterns（触发模式）可由 A、B、C 自定义触发模式。

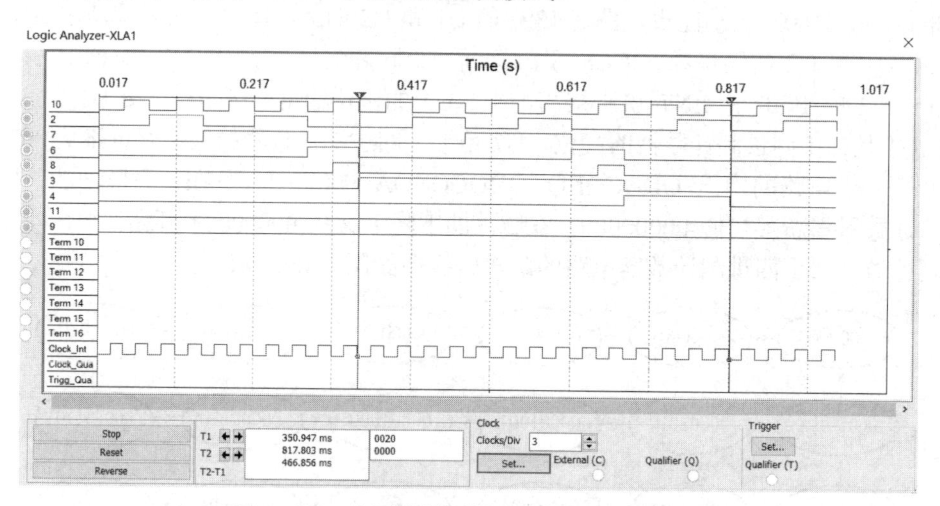


图 3-47　二十四进制计数器输出逻辑功能测试

图 3-47 完整记录了二十四进制计数器输出端、低位向高位进位及计数脉冲的波形，证明电路实现了二十四进制计数的功能，图 3-47 中左边的测试线是二十四进制计数器的低位向高位的第一次进位，右边的测试线是二十四进制计数器的最后一位的状态。

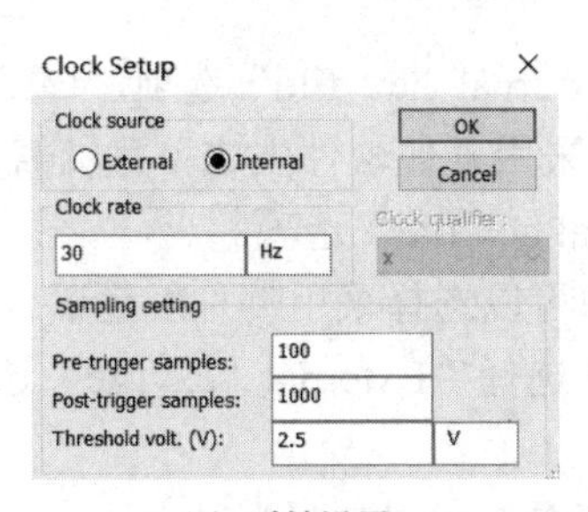


(a) 时钟设置

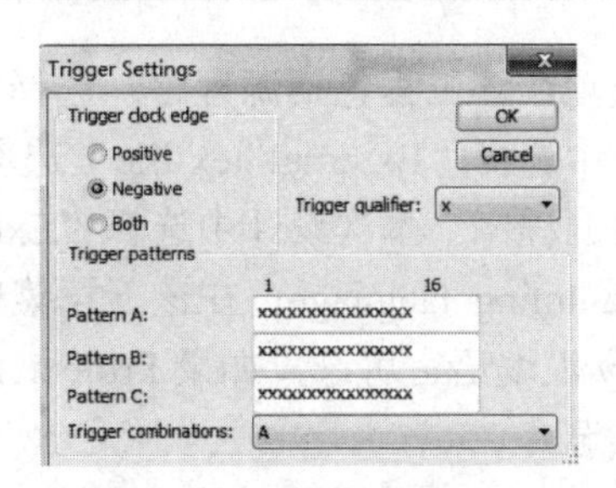


(b) 触发方式设置

图 3-48　虚拟逻辑分析仪设置对话框

## 3.11　基于 Multisim 的 51 单片机控制的跑马灯电路的仿真分析

前面的 3.9 节介绍了基于译码器的跑马灯的功能电路，本节将分析基于 Multisim 的 51 单片机来实现跑马灯的原理，然后在 Multisim 的原理图编辑器中绘制 51 单片机控制电路、加载单片机控制程序，并通过 Multisim 的虚拟蓝色发光二极管模拟跑马灯的功能，验证电路设计的正确性，使学生掌握 51 单片机的工作原理和设计方法，从而提高学生使用现代工具的能力和电路分析能力。

### 1. 51 单片机控制的跑马灯电路仿真原理图设计

在 Multisim 的电路设计工作区中绘制单片机仿真原理图与普通电路原理图的绘制步骤有所不同，下面将对 51 单片机控制的跑马灯仿真原理图的设计进行较为详细的介绍。

（1）打开 Multisim 的原理图编辑器，在新建的电路图设计界面中右击，在弹出的菜单中选择“Place Component”，在弹出的对话框中选择“Master Database”→“MCU”→“805X”→“8051”，查找 8051 单片机，再单击“OK”按钮放置“8051”单片机，这时系统弹出图 3-49 所示的“MCU Wizard-Step 1 of 3”对话框。在对话框中，Workspace path 用于修改存放文件的路径，单击“Browse...”按钮可修改文档的路径，Workspace name 用于创建存放文件的文件夹名，单击“Next”按钮弹出图 3-50 所示的对话框。

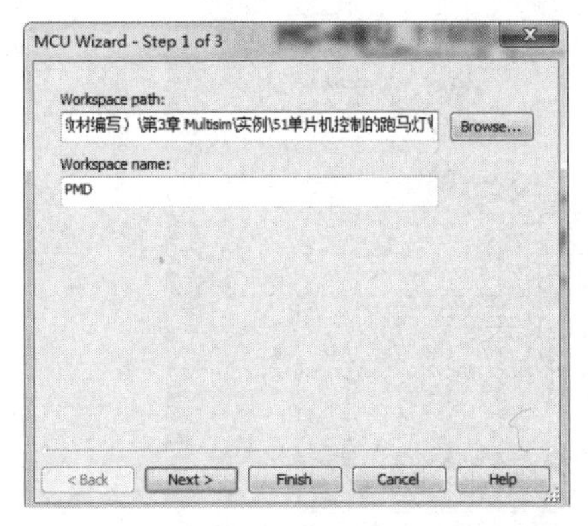


图 3-49 “MCU Wizard-Step 1 of 3”对话框

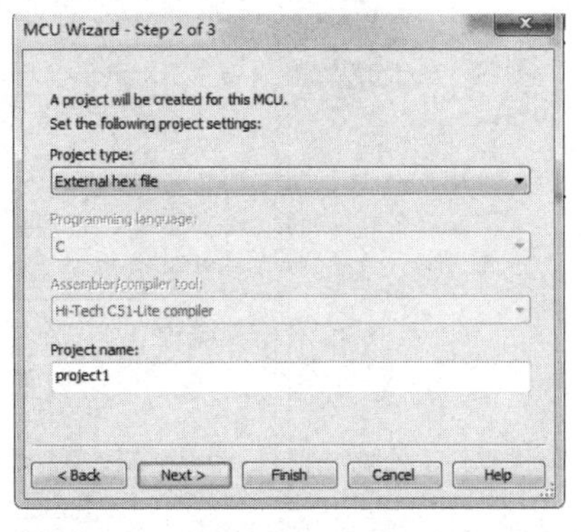


图 3-50 “MCU Wizard-Step 2 of 3”对话框

（2）图 3-50 所示对话框中的各个选项功能说明如下。

① Project type：在该下拉菜单中有 Standard 和 External hex file 两个选项，选择

“Standard”选项，该工程包括源程序；选择“External hex file”选项，该工程不包括源程序，一般设计中选择“External hex file”选项，采用其他软件生成单片机需要的“*.Hex”文件，不需要源程序。本次设计中选择“External hex file”选项。

② Programming language：在该下拉菜单中可以选择采用哪种编程语言，这里有 C 语言和 Assembly 汇编语言可选，如果 Project type 选择“External hex file”选项，则该项变成灰色，不可选。

③ Assembler/compiler tool：用于选择编译工具，可以选择默认。

④ Project name：在这里可修改工程名称。

（3）在图 3-50 中单击“Next”按钮，在弹出的对话框中单击“Finish”按钮，则将 8051 单片机放置在了原理图编辑器。

按照表 3-13 所示的元器件信息将其他元器件放好并连线，完成图 3-51 所示的跑马灯电路仿真原理图。

**表 3-13　51 单片机控制的跑马灯电路的元器件信息**

| 元器件（Component） | 元器件库 | 子　库 | 元器件编号 | 标　称　值 |
|---|---|---|---|---|
| 8051 | MCU | 805X | U1（单片机） | — |
| 220Ω | Basic | RESISTOR | R1～R8 | 220Ω |
| 10kΩ | Basic | RESISTOR | R9 | 10kΩ |
| 20pF | Basic | CAPACITOR | C1～C2（电容） | 20pF |
| 10μF | Basic | CAP_ELECTROLIT | C3（电容） | 10μF |
| HC-49/U_11MHz | Misc | CRYSTAL | X1（晶振） | 11MHz |
| PB_DPST | Basic | SWITCH | S1（按钮） | — |
| LED_blue | Basic | LED | LED1～LED8（虚拟蓝色发光二极管） | — |
| VCC | Sources | POWER_SOURCES | VCC | 12V |
| GROUND | Sources | POWER_SOURCES | — | — |

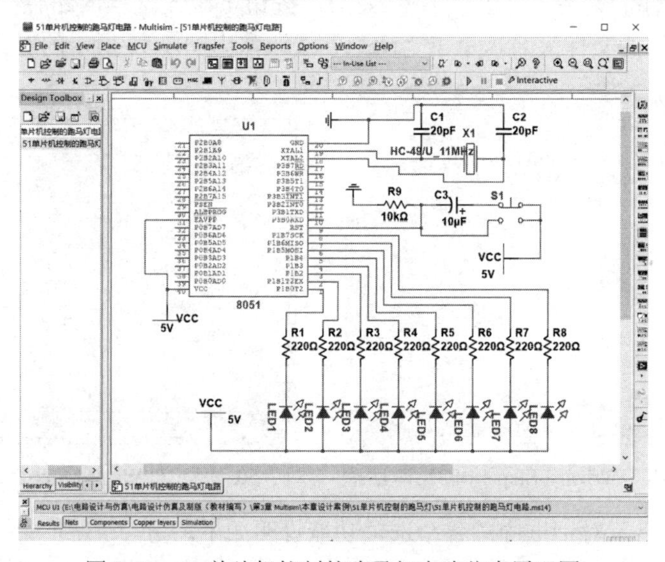


图 3-51　51 单片机控制的跑马灯电路仿真原理图

图 3-51 所示的 51 单片机控制的跑马灯电路仿真原理图由 51 单片机最小系统和 P1 口所接的 8 个 LED 电路构成，电路比较简单，图中的 LED1～LED8 是虚拟蓝色发光二极管，能模拟发光二极管的功能，在图 3-51 中，当与 LED 所连接的单片机引脚输出低电平时，该发光二极管就点亮。

### 2. 跑马灯的程序设计

编写如下的 C 语言程序。

```
#include "reg51.h"
#define uchar unsigned char
#define uint  unsigned int
void delay (uint count)
{
    while (--count) ;
}
void main (void)
{
    P1=0XFE;
    while (1)
    {
        delay (300) ;
        P1<<=1;
        P1|=0X01;
        if (P1==0x7f)
        { delay (300) ;
          P1=0xfe;
          }
    }
}
```

### 3. 基于 Keil C51 的跑马灯的程序设计过程[18]

1）启动 Keil μVision 5

双击 Keil μVision 5 的桌面快捷方式，启动 Keil 集成开发软件（可以是 Keil 软件的其他版本，其操作都是一样的）。软件启动后的界面如图 3-52 所示，每次打开 Keil μVision 5 时会保留前一次的工程，暂时不用管它。

2）启动新建文本编辑窗口

单击工具栏中的新建文件快捷按钮（或者选择“File → New”命令），即可在工程窗口的右侧打开一个新的文本编辑窗口，如图 3-53 所示。

3）输入源程序代码

在新的文本编辑窗口中输入源程序代码，可以输入汇编语言程序代码，也可以输入 C 语言程序代码。将前面编写的 C 语言程序输入图 3-53 所示的文本编辑器，如图 3-54 所示。

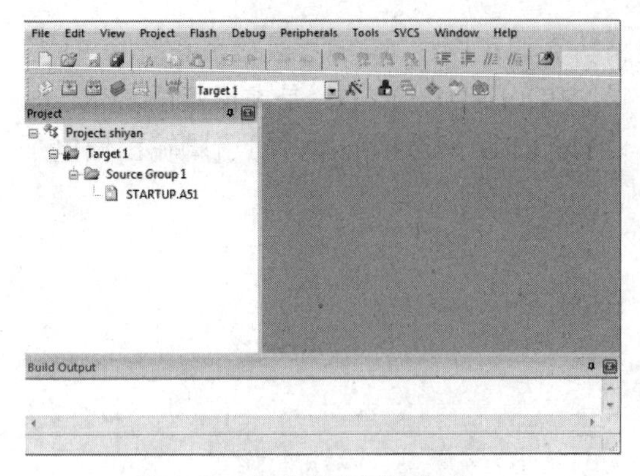


图 3-52　软件启动后的界面

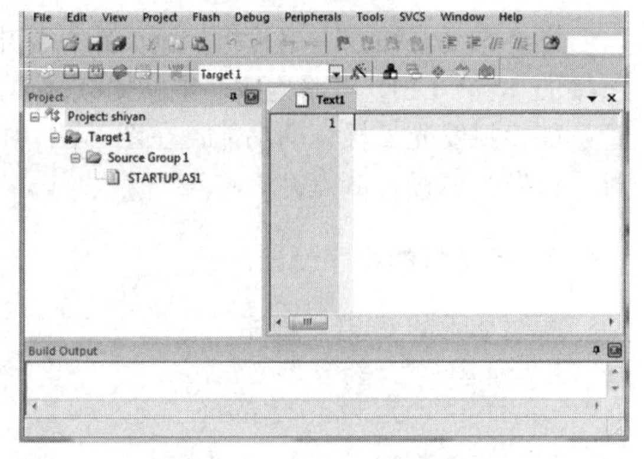


图 3-53　新建文本编辑窗口

4）保存源程序

保存文件时必须加上文件的扩展名，如果使用的是汇编语言，那么保存文件的扩展名为“.asm”，如果使用的是 C 语言，那么保存文件的扩展名为“.c”。在这里保存文件的名称为“PMD.c”，如图 3-55 所示。记住保存文件的位置和名称，需要用时可以找到。

Text1*

```
#include "reg51.h"
#define uchar unsigned char
#define uint  unsigned int
void delay(uint count)
{
    while(--count);
}
void main(void)
{
    P1=0XFE;
    while(1)
    {
        delay(300);
         P1<<=1;
        P1|=0X01;
        if(P1==0x7f)
        { delay(300);
            P1=0xfe;
            }
    }
}
```

图 3-54　输入源程序代码

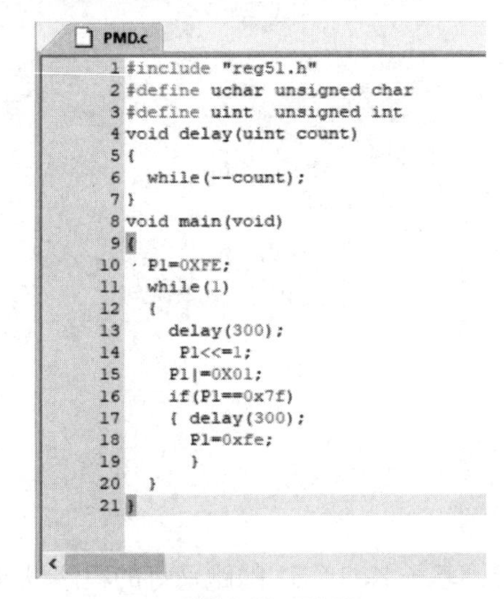


图 3-55　PMD.c

第（3）步和第（4）步的顺序可以互换，也就是说，可以先将文件名保存为“PMD.c”，再输入源程序代码。

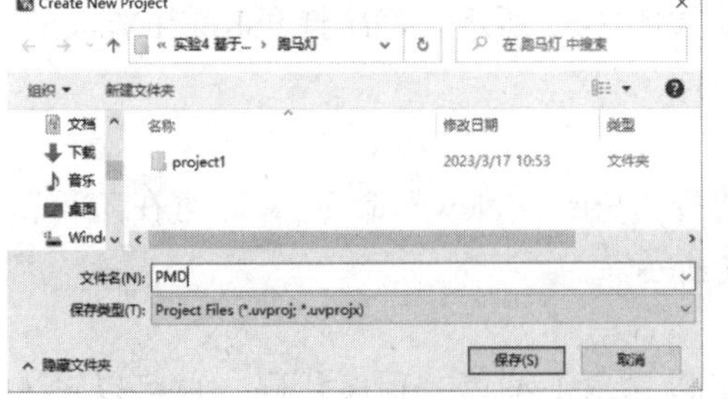


图 3-56　“Create New Project”对话框

5）新建立 Keil 工程

在图 3-55 所在的编辑界面选择“Project → New μVision Project”命令，在弹出的“Create New Project”对话框的“文件名”文本框中输入新建工程的文件名，这里输入“PMD”，如图 3-56 所示。工程文件名称不用输入扩展名，系统会自动添加后缀名，一般情况下使工程文件名称和源程序文件名称相同即可，当然也可以使用不同的名称，输入名称后单击“保存”按钮，工程文件会自动和前面的源程序文件保存在同一个路径的文件夹中。

6）选择 Device（CPU 型号）

保存好工程文件后，系统会弹出图 3-57 所示的“Select Device for Target 'Target 1'”对话框，选择适合本次设计的 CPU 型号。在图 3-57 中选择 Atmel 公司的 AT89C51 单片机，这里选择的单片机型号与图 3-51 电路中的单片机型号 8051 不一致，但没关系，二者是通用的。单击“OK”按钮，系统弹出 µVision Copy 'STARTUP.A51' to Project Folder and Add File to Project? 是(Y) 否(N) 面板，再单击“是”按钮，返回工程界面，如图 3-58 所示。

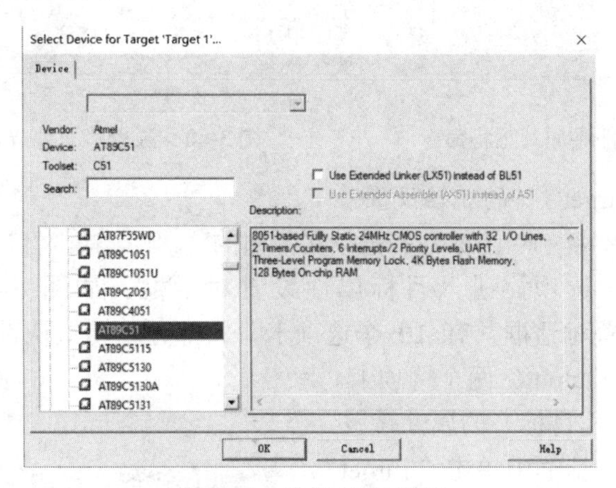


图 3-57　选择 CPU 型号

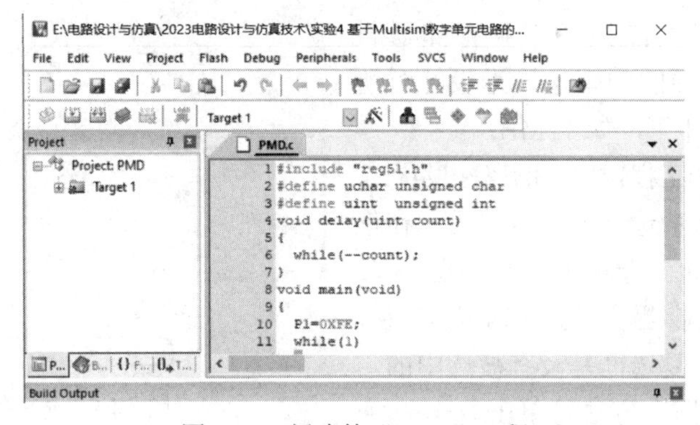


图 3-58　新建的“PMD”工程

7）加入源程序

可以看到在图 3-58 中的左边“Project”新建了一个 PMD 工程，单击“Target 1”前面的“+”展开下一层的 Target 1 Source Group 1，就会看到“Source Group 1”文件夹中还没有已编写的“PMD.c”源程序，因此必须把前面保存的“PMD.c”源程序加入工程。方法是选择 Source Group 1 图标并右击，在弹出的菜单中选择 Add Existing Files to Group 'Source Group 1'...（添加已经存在的源程序文件，注意要记得已编写的源程序的路径及名称）选项，弹出“Add Files to Group 'Source Group 1'”对话框，如图 3-59 所示。在图 3-59 所示的文件夹中找到要添加到工程中的源程序文件“PMD.c”，双击“PMD.c”图标，“PMD.c”即添加到文件名(N): PMD.c ，再单击“Add”按钮，“PMD.c”已加入工程，如图 3-60 所示。

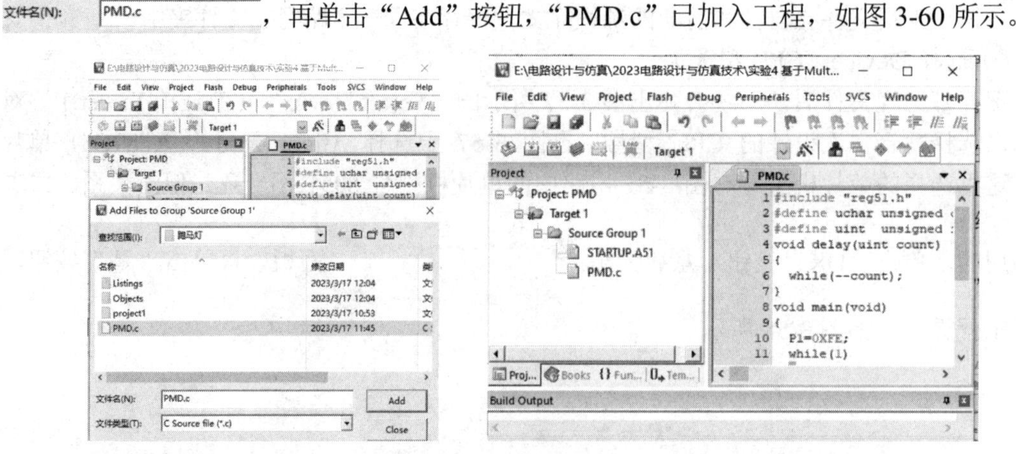


图 3-59　将源程序文件添加到工程命令　　　　图 3-60　源程序文件成功加入工程

8）工程目标“Target 1”的属性设置

在图 3-60 中选择 Target 1 图标并右击，在弹出的 Options for Target 'Target 1'... Alt+F7 下拉菜单中单击 Options for Target 'Target 1'... Alt+F7 选项，进入目标属性设置对话框，如图 3-61 所示。工程目标“Target 1”的属性设置对话框共有 10 个选项卡，大部分使用默认设置即可，这次只设置其中的“Target”和“Output”两个选项卡。

（1）“Target”（工程目标）的属性设置。

在目标属性设置对话框中单击“Target”选项卡，弹出图 3-61 所示的界面，在该界面中可以设置单片机的晶振频率和存储器类型，这里只要把晶振的频率值设为设计时所用晶振的实际频率即可，如 12MHz。

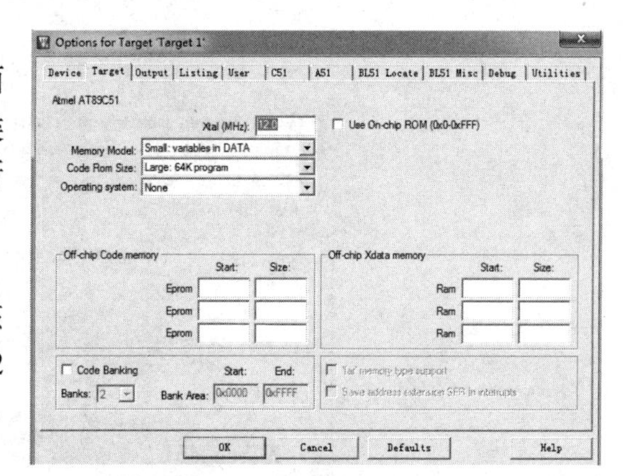


图 3-61　晶振频率设置

（2）“Output”（工程输出）的属性设置。

完成图 3-61 所示选项卡的设置后，在该页面中单击“Output”选项卡，弹出图 3-62 所示的界面，在该界面的初始状态中，“Create HEX File”复选框是没有被选中的，一定要勾选此复选框，方法是单击 Create HEX File 前面的□，系统就会变成 ☑ Create HEX File 。设置完成后，程序编译后才能生成 HEX 格式的文件。注意“*.hex”文件格式是可以烧写到单片机中被单片机执行的一种文件格式。这个“*.hex”文件可以用特殊的程序来查看（一般用记事本就可查看，也可用 Keil 软件查看），打开后可以发现，整个文件以行为单位开头，每行以冒号开头，内容全部为十六进制码（以 ASCII 码形式显示）。

9）源程序的编译

前面已经完成了源程序输入、工程建立、属性设置等工作，接下来进行程序的编译。在图 3-63 中单击“ ”按钮进行源程序的编译，与源程序编译相关的信息会出现在图 3-63 所示的“Build Output”窗格中，显示编译结果为 0 错误、0 警告，同时生成“PMD.hex”

文件。若源程序中有错误，则不能通过编译，错误会在“Build Output”窗格中报告出来，双击该错误就可以定位到源程序的出错行，可对源程序进行反复修改、再编译，直到没有错误为止。编译通过后，打开工程文件夹就可以看到文件夹中有了“PMD.hex”文件，这就是最终的单片机可执行文件，用编程器将该文件写入单片机，单片机就可以实现程序的功能了。

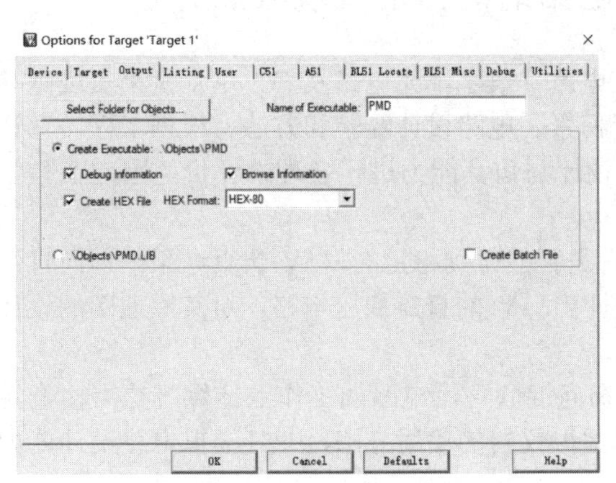


图 3-62　工程输出设置

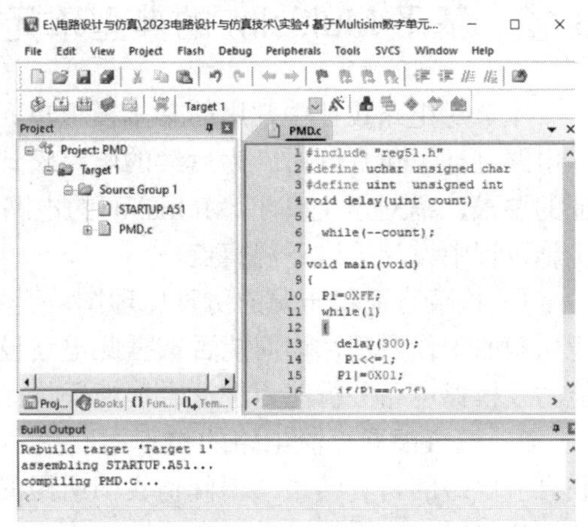


图 3-63　源程序的编译

## 4．51 单片机控制的跑马灯仿真调试

在图 3-51 中双击 U1，或者单击 U1 使 U1 处于选中状态再右击，在弹出的菜单中选择“Properties”，弹出图 3-64 所示的单片机属性对话框。

在图 3-64 中选择“Code”选项卡，再单击图中的“Properties…”按钮，弹出图 3-65 所示的对话框。

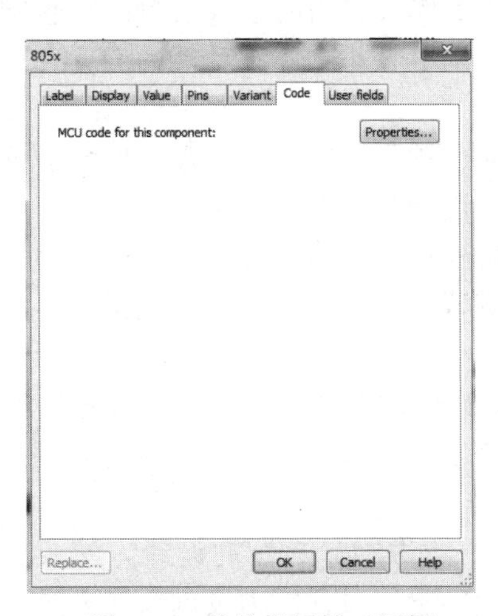


图 3-64　单片机属性对话框

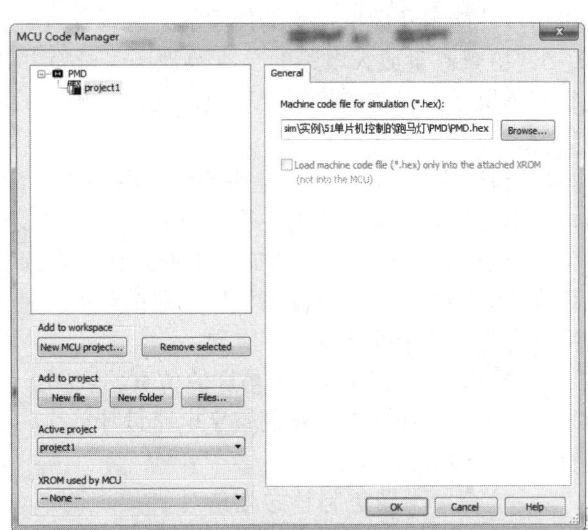


图 3-65　单片机控制程序代码选择对话框

首先单击图 3-65 左上方的“project1”，再单击右边的“Browse...”按钮，加载用 Keil 编程生成的 PMD.hex 文件，如图 3-65 所示。设置完成后单击“OK”按钮，返回图 3-51

所示的界面，单击仿真运行按钮▶，图 3-51 中的电路开始仿真，仿真结果是 LED1（亮）、LED2～LED8（灭），LED1（灭）、LED2（亮）、LED3（灭）～LED8（灭），LED1～LED2（灭）、LED3（亮）、LED4（灭）～LED8（灭），……LED1～LED7（灭）、LED8（亮），再循环，类似跑马灯。

## 3.12　基于 Multisim 的典型单元电路的能力形成观察点分析

本章对电路设计中常用的基本模拟单元电路、数字单元电路及 51 单片机来实现跑马灯电路进行了仿真分析，为后续的电路设计积累了电路设计经验和方法。根据工程教育认证的要求，需对学生基于 Multisim 的电路设计与仿真能力进行合理性评价，因此在教学实施过程中设计了以下观察点。

1．检查直流稳压源的仿真原理图，查看是否能得到稳定的±15V 仿真结果；询问直流稳压源的工作原理，询问能否依据此电路设计出±5V 的直流稳压电路，对其原理图的设计能力及模拟电路分析能力进行合理性评价。

2．检查混联直流电路的仿真原理图，询问混联直流电路的工作点计算方法；检查混联直流电路的仿真结果，询问仿真中所用的虚拟仪器的使用方法，对其模拟电路设计能力及虚拟仪器的使用能力进行合理性评价。

3．检查串联谐振电路的仿真原理图，询问串联谐振电路的基本概念；检查串联谐振电路的谐振频率的计算结果，询问仿真分析中使用的虚拟波特图仪的功能及使用方法，对其模拟电路设计能力及虚拟仪器的使用能力进行合理性评价。

4．检查单管共射放大电路的仿真原理图，询问单管共射放大电路的基本概念；检查单管共射放大电路的放大倍数、输入电阻、输出电阻的计算结果，询问仿真分析中使用的虚拟函数信号发生器、虚拟示波器、虚拟电流表和虚拟电压表的功能及使用方法，对其模拟电路设计能力及虚拟仪器的使用能力进行合理性评价。

5．检查测量放大电路的仿真原理图，分析并计算测量放大电路的放大倍数；检查学生根据虚拟示波器的测量值计算电路的放大倍数的结果，对其模拟电路设计能力进行合理性评价。

6．检查电压-频率转换电路的仿真原理图，询问电压-频率转换电路的基本概念，分析电路中电压与频率之间的关系，对其模拟电路设计能力进行合理性评价。

7．检查有源滤波器电路的仿真原理图，询问有源滤波器电路的基本概念；检查学生利用虚拟波特图仪分析有源滤波器电路的频谱特性，对其模拟电路设计能力及虚拟仪器的使用能力进行合理性评价。

8．检查基于译码器的跑马灯的仿真原理图，询问译码器的工作原理，以及虚拟字发生器的使用方法和功能，对其数字电路设计能力、虚拟字发生器及逻辑分析仪的使用能力进行合理性评价。

9．检查二十四进制计数器的仿真原理图，询问二十四进制计数器的设计方法及原理，以及能否依据此方法设计出六十进制计数器，对其数字电路设计能力及创新能力进行合理性评价。

10．检查基于 51 单片机的跑马灯的仿真原理图，询问基于 51 单片机的跑马灯的工作原理图，以及能否根据此电路设计出多种功能的跑马灯，对其单片机电路设计能力及创新能力进行合理性评价。

## 本章小结

本章详细地介绍基于 Multisim 的直流稳压源电路设计仿真过程和基于 Multisim 的原理图设计步骤，并以此为基础完成了混联直流电路、串联谐振电路、单管共射放大电路、测量放大电路、电压-频率转换电路、有源滤波器电路、集成选频放大器、译码器构成的跑马灯、二十四进制计数器和基于 51 单片机的跑马灯的控制等典型单元电路的原理图设计及仿真。这些电路都是数电、模电、高频及单片机设计的典型案例，通过这些电路，读者完全可以开展类似电路的设计与仿真工作。本章通过这些电路的原理图设计及仿真，详细地介绍了 Multisim 软件的原理图设计方法、Multisim 的仿真设计及 Multisim 中常用的仿真工具使用方法，为后续进行电路设计与仿真提供帮助。

## 思考与练习

### 一、思考题

1．Multisim 软件中常用的虚拟仪器有哪些？

2．图 3-21 所示的串联谐振电路产生谐振的条件是什么？

3．图 3-45 所示的二十四进制计数器是采用清零法还是采用置数法实现的？

4．图 3-42 所示的由译码器构成的跑马灯与图 3-51 所示的 51 单片机控制的跑马灯之间的区别是什么？

### 二、练习题

1．分析图 3-66 所示的全加器电路的功能，写出全加器的逻辑表达式。

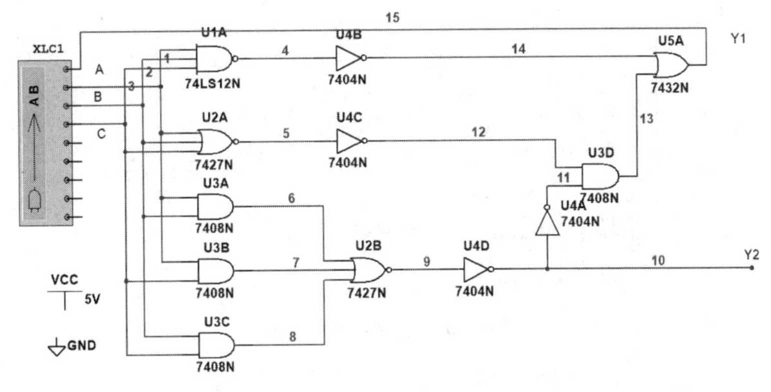


图 3-66　全加器电路

2．绘制图 3-67 所示的 555 构成的报警电路，试仿真分析电路的功能及报警信号的频率。

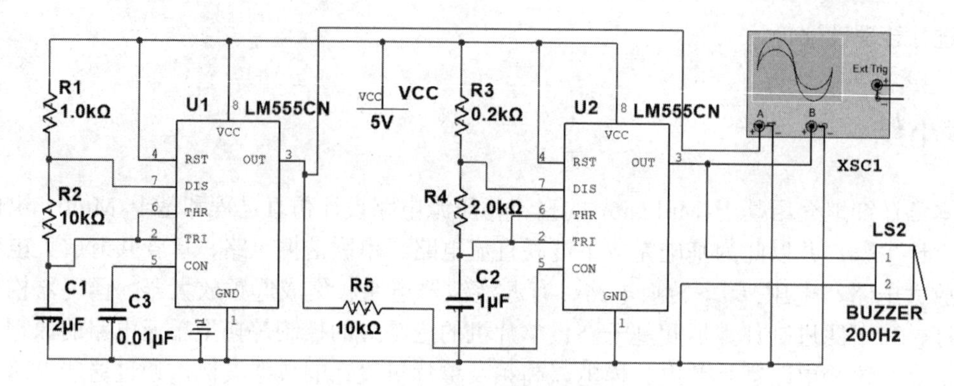


图 3-67　555 构成的报警电路

3．绘制图 3-68 所示的电容三点式振荡电路，并分析其振荡频率。

4．绘制图 3-69 所示的基极调幅电路，并分析其工作原理。

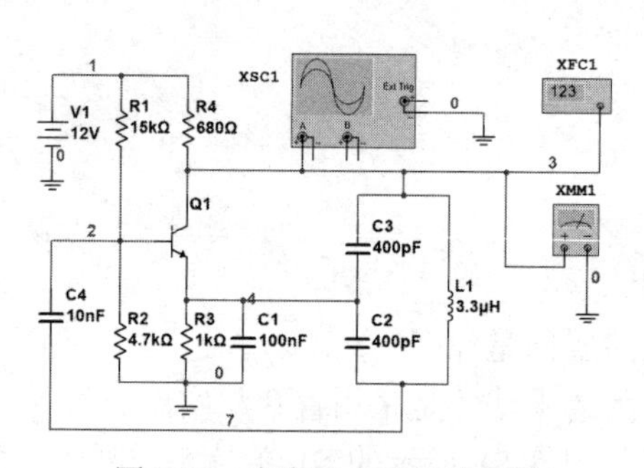


图 3-68　电容三点式振荡电路

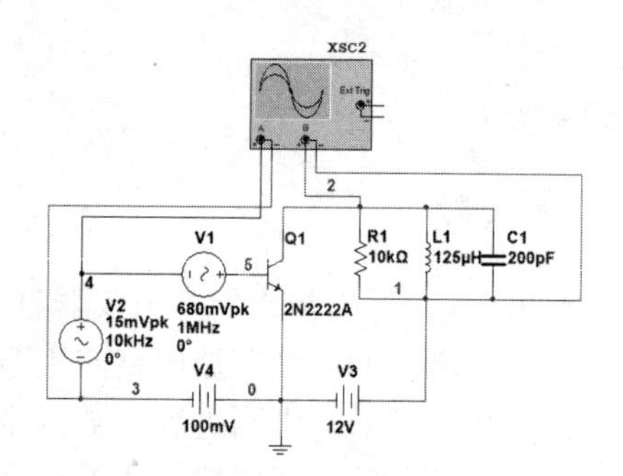


图 3-69　基极调幅电路

5．绘制图 3-70 所示的锁相环调频电路，并分析其工作原理。

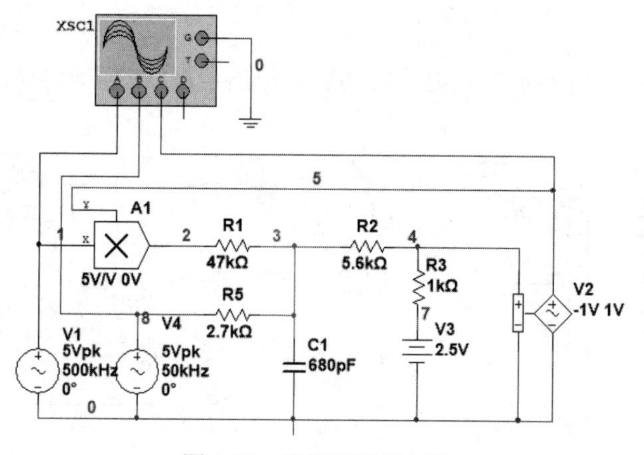


图 3-70　锁相环调频电路

# 第4章 基于Proteus的音频功率放大器设计与仿真分析

**内容导航**

| | |
|---|---|
| 目标设置 | 能根据给定的技术指标设计音频功率放大器电路，并运用电路仿真软件对设计的电路技术指标进行仿真分析，以此验证音频功率放大器设计方案的正确性和合理性。要求学生具备电路分析能力、电路设计能力和电路软件操作能力 |
| 内容设置 | 直流稳压源、音调控制电路、前级放大电路、工频陷波器电路等单元电路的原理图设计及仿真分析，音频功率放大器的PCB图设计 |
| 能力培养 | 问题分析能力（工程教育认证12条标准的第2条），使用现代工具能力（工程教育认证12条标准的第5条） |
| 本章特色 | 首先运用Proteus的仿真功能分析音频功率放大器的工作原理并进行电路参数设计，然后运用Proteus完成音频功率放大器的PCB图设计。通过设计音频功率放大器来提高学生的电路设计能力、问题分析能力和软件操作能力。通过音频功率放大器电路的设计过程介绍Proteus软件的使用方法 |

音频功率放大器简称功放，是对较小的音频信号进行放大，使其功率增大，推动扬声器发声，从而重现声音的装置，主要由直流稳压源、音调控制电路、前级放大电路、工频陷波器电路和功率放大电路等组成。音频功率放大器的作用是放大调音台或周边设备（DVD机、CD机、TAPE机、话筒等）送来的低电平音频信号，使它的输出功率足以驱动扬声器发声，凡是发声的电子产品中都要用到它。音频信号的频率范围为20Hz～20kHz，因此音频功率放大器必须具有良好的频率响应。

## 4.1 音频功率放大器的主要技术指标

音频功率放大器的主要技术指标有输出功率、频率响应、失真度、信噪比、输出阻抗和阻尼系数等，其中以输出功率、频率响应、失真度三项指标为主。

### 1. 输出功率

功率放大器的输出功率是指功放输送给负载的功率，以瓦（W）为基本单位。功放在放大量和负载一定的情况下，输出功率的大小由输入信号的大小决定。以前，人们用额定输出功率来衡量输出功率，现在由于对高保真度的追求和对音质的评价不一样，采用的测量方法也不同，所以出现了一些不同的叫法，例如，额定输出功率、最大输出功率、音乐输出功率、峰值音乐输出功率。

（1）额定输出功率（Rated Output Power）：指的是用电器正常工作时的功率，它的值等于用电器的额定电压乘以额定电流。功放的额定输出功率是指在一定的谐波失真指标内，功放输出的最大功率。由于额定输出功率的大小与输入信号有关，为了测量方便，通常测量时给功放输入频率为 1000Hz 的正弦信号，测出等效负载电阻上的电压有效值，此时功放的输出功率 $P$ 可表示为 $P=V^2/R_L$ ，其中 $R_L$ 为扬声器的阻抗，这样得到的输出功率实际上为平均功率。当音量逐渐增大时，功放开始过载，波形削顶，谐波失真加大。通常在谐波失真度为 10%时求得的平均功率，称为额定输出功率，又称最大有用功率或不失真功率。

（2）最大输出功率（Maximum Power Output，MPO）：最大输出功率也叫瞬间功率或者峰值功率。对功放来说，最大输出功率是指在不考虑信号失真的条件下输入足够大的信号，并将音量和音调电位器调到最大时功放所能输出的最大功率，称为最大输出功率。额定输出功率和最大输出功率是我国早期音响产品说明书上常用的两种功率，一般来说，最大输出功率是额定输出功率的 5～8 倍，需要说明的是，音响设备是不能长时间工作在最大输出功率状态下的，否则会损坏设备。

（3）音乐输出功率（Music Power Output，MPO）：是音响设备模拟播放音乐状态下的使用功率，即播放 1min 休息 1min，连续工作 8h 而不产生设备损坏的功率，它通常是额定输出功率的 3～5 倍。

（4）峰值音乐输出功率（Peak Music Power Output，PMPO）：是指在(1/100)s（即 10ms）时间以内，音响设备在不被烧毁情况下所能承受的最大的强脉冲。国际上还没有统一的音乐输出功率（MPO）和峰值音乐输出功率（PMPO）的测量标准，国外各厂家一般都有各自的测量方法。一般来说，某一功放的上述几个输出功率有如下关系：峰值音乐输出功率>音乐输出功率>最大输出功率>额定输出功率。通常，峰值音乐输出功率是额定输出功率的 8～10 倍，但无统一定论。

### 2．频率响应

频率响应是指功放对音频信号各频率分量的均匀放大能力。频率响应一般可分为幅度频率响应和相位频率响应。幅度频率响应表征了功放的工作频率范围，以及在工作频率范围内的幅度均匀或不均匀的程度。所谓工作频率范围，是指幅度频率响应的输出信号电平相对于 1000Hz 信号电平下降 3dB 处的上限频率与下限频率之间的频率范围。在工作频率范围内，衡量频率响应曲线是否平坦，或者称不均匀度，一般用 dB 表示，例如，某一功放的工作频率范围及其不均匀度表示为 20Hz～20kHz，±1dB。相位频率响应是指功放输出信号与原有信号中各频率之间相互的相位关系，也就是说是否产生相位畸变。通常，相位畸变对功放来说并不十分重要，这是因为人耳对相位失真反应不灵敏。所以，一般功放所说的频率响应就是指幅度频率响应。一般地，功放的工作频率范围为 20Hz～20kHz，这个范围越宽越好，一些极品功放的工作频率范围已经做到 0～100kHz。

### 3．失真度

理想的功放应该是把输入的信号放大后，毫无变化地还原出来。但是各种原因经功放放大后的信号与输入信号相比较往往产生了不同程度的畸变，这一畸变就是失真。失真度用百分比表示，其数值越小越好。HI-FI 功放的总失真度为 0.03%～0.05%。失真有谐波失真、互调失真、交叉失真和削波失真、瞬态失真和瞬态互调失真等。

（1）谐波失真：由于功放中的非线性元器件会使音频信号产生许多新的谐波成分，这些新的谐波成分会使原音频信号产生失真，这种失真就称为谐波失真。其失真大小是以输出信号中所有谐波的有效值与基波电压的有效值之比的百分数来表示的，谐波失真越小越好。谐波失真与频率有关，通常在 1000Hz 附近，谐波失真较小，在频响的高、低端，谐波失真较大。谐波失真还与功放的输出功率有关，当接近额定/最大输出功率时，谐波失真急剧增大。目前，优质功放在整个音频范围内的总谐波失真一般小于 0.1%；优秀功放的谐波失真大多为 0.03%～0.05%。

（2）互调失真：当功放同时输入两种或两种以上频率的信号时，由于放大器具有非线性，在放大器的输出端会产生各频率及谐频之间的和频、差频信号，这两种信号就会产生互调失真。例如，200Hz 信号和 600Hz 的信号合在一起，就产生 400Hz（差信号）和 800Hz（和信号）两个微弱的互调失真信号。由于互调失真信号与自然信号没有相似之处，因此容易使人察觉，在比较小的互调失真度时就可以听出来，令人生厌。因此，降低互调失真是提高音响音质的关键之一。

（3）交叉失真和削波失真：交叉失真又称交越失真，是由乙类推挽放大器的功放管在起始导通时所产生的非线性造成的，它也是造成互调失真的原因之一。削波失真是功放管饱和时，信号被削波，输出信号幅度不能进一步增大而引起的一种非线性失真。削波失真会使声音变得模糊且抖动，是无法消除的，所以在聆听音乐时，注意不要使功放达到满功率极限。

（4）瞬态失真和瞬态互调失真：瞬态失真又称瞬态响应，它是功放瞬态信号的跟随能力的重要指标，是现代音频领域中的一个重要技术指标。由于功放加入了大环路深度负反馈，而且在其中一般都加入相位滞后补偿电容，因此在输入瞬态信号时，造成输出端不能立即达到最大值，使输入级得不到应有的负反馈电压而出现瞬态过载，进而产生很多新的互调失真量，这些失真量是在瞬态产生的，所以叫作瞬态互调失真。功放的瞬态响应主要取决于功放的频率范围，这就是高保真功放将频率范围做得很宽的主要原因之一。瞬态互调失真是晶体管功放电路和集成功放电路产生所谓的“晶体管声”，使其音质不如电子管功放音质的重要原因。

### 4．信噪比

额定输出电压与无信号输入时实测噪声电压之比称为信号噪声比，简称信噪比，常用分贝（dB）数来表示。信噪比等于 20lg(额定输出电压/噪声电压)，信噪比的分贝值越大，说明功放的噪声越小，性能越好。一般要求信噪比在 50dB 以上，优质功放的信噪比大于 72dB，专业功放的信噪比大于 100dB。

### 5．输出阻抗和阻尼系数

功放输出端对负载（扬声器）所呈现的等效内阻抗称为输出阻抗，阻尼系数是指负载的阻抗与功放实际阻抗的比值。由于功放的输出阻抗与扬声器是并联的，相当于在扬声器音圈两端并联一个很小的电阻，它会使扬声器纸盘的惯性振荡受到阻尼。功放的输出阻抗越小，对扬声器的阻尼越大，因此常用阻尼系数来描述功放对扬声器的阻尼程度。阻尼系数定义为扬声器阻抗与功放输出阻抗（含音箱线电阻）之比，可见功放的输出阻抗越小，阻尼系数越大，表示功放使扬声器不能做自由振荡的制动能力（即阻尼能力）越强。但是阻尼系数也并非越大越好，从听感上说，阻尼系数太大（称为过阻尼），会使声音发干；而阻尼系数太小（称为欠阻尼或阻尼不足），因振荡拖尾较长，会使低音变得混浊不清，失真增大。一般来说，对于民用功放来说，阻尼系数取 15～100 为宜。对于专业功放，阻尼系数宜取 200～400 或更高。

## 4.2　音频功率放大器设计要求

设计一个可以供多媒体音箱使用的音频功率放大器，要求该音频功率放大器在输入正弦信号的幅度为 5～10mV、等效负载电阻 $R_L$=8Ω 的条件下，应满足以下设计指标[14]：

1．输出功率 $P_{out}$≥8W；

2．带宽 BW 为 20Hz～20kHz；

3．输出功率 $P_{out}$ 的效率不小于 55%；

4．在 $P_{out}$ 和带宽 BW 范围内的非线性失真度小于 3%；

5．电源为±15V。

电路设计包括直流稳压源、音调控制电路、前级放大电路、工频陷波器电路、功率放大电路这五部分，如图 4-1 所示。

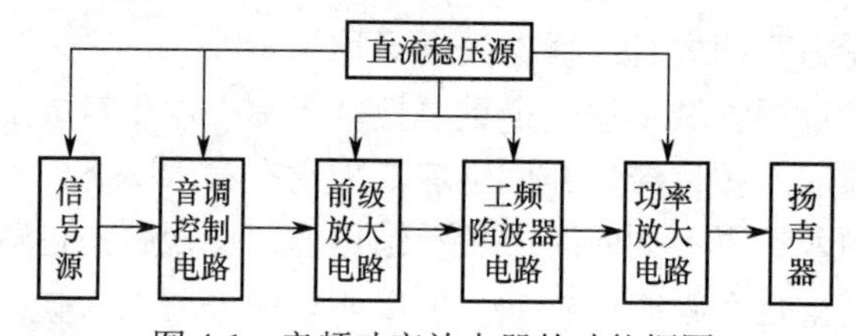


图 4-1　音频功率放大器的功能框图

图 4-1 所示的各组成部分的功能说明如下：

1．直流稳压源输出稳定的±15V 直流电压，为整个电路提供稳定的电源电压；

2．音调控制电路实现对高、低音的调控功能；

3．前级放大电路实现对音频信号的放大，同时充当带通滤波器的作用，保证输入信号是带宽 BW 为 20Hz～20kHz 的音频信号；

4．工频陷波器电路消除来自直流稳压源的 50Hz 的工频干扰，提升音频功率放大器的性能；

5．功率放大电路输出足够大的功率从而驱动扬声器。

## 4.3　±15V 直流稳压源仿真设计

直流稳压源的设计首要考虑的是整体电路的功率，如果电源输出的功率达不到整体电路所要求的功率，则整个电路就不能正常工作；其次还要考虑电路的安全、电磁兼容、过流、短路、电压稳定度、负载稳定度、效率和功率因数等各方面的因素。在直流稳压源设计中，如果是小功率（电流小于 1A）设备，则可以采用线性电源，电路简单，纹波系数小；如果功率比较大，就要采用开关电源，电路复杂些。

由于音频功率放大器属于小功率设备，在设计中采用线性稳压电路的设计方法，结合本次设计中后续的前级放大电路和功率放大电路采用的是±15V 电源，可采用三端稳压器 7915 和 7815 来设计直流稳压电源。在第 3 章的 3.1 节中已详细地介绍±15V 直流稳压源的仿真设计过程，也仿真证明了第 3 章的 3.1 节的±15V 直流稳压源的可行性，因此这里就不做设计上的分析，直接使用，只不过这里使用 Proteus 软件来绘制一个±15V 直流稳压源电路原理图，下面将通过±15V 直流稳压源原理图的设置来介绍 Proteus 的原理图设计步骤。

### 1. 创建原理图设计文件

双击桌面上的 Proteus 8 Professional 图标，打开 Proteus 电路设计软件，如图 4-2 所示。在图 4-2 所示的启动界面中单击“File”菜单，在其下拉菜单中选择“New Project”选项，弹出图 4-3 所示的对话框，该对话框用于指导设计者为该项目命名和选择文件放置的位置，这里的文件名设为“直流稳压电源.pdsprj”，后缀是软件自动添加的，设计者一定要记住路径和文件名，便于以后查找。然后按照软件的向导指引一步一步地完成，这里先不做 PCB 设计，一直单击“Next”按钮，最后会得到图 4-4 所示的 Proteus ISIS 原理图编辑器界面。

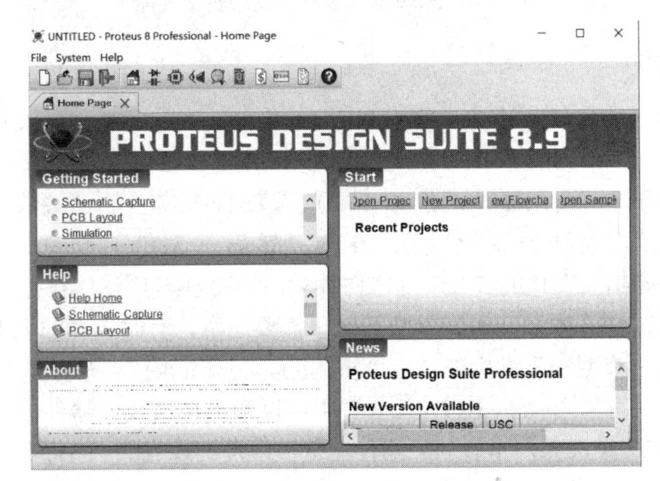


图 4-2　Proteus 8.9 的启动界面

图 4-3　创建新的项目文件

在图 4-4 所示的原理图编辑器界面中，区域①为主菜单和主工具栏，区域②为元器件预览区，区域③为对象选择区，区域④为编辑区，区域⑤为工具条，区域⑥为元器件方向调整工具栏，区域⑦为仿真工具条。各区域的具体操作请查看 Proteus ISIS 软件的使用说明。

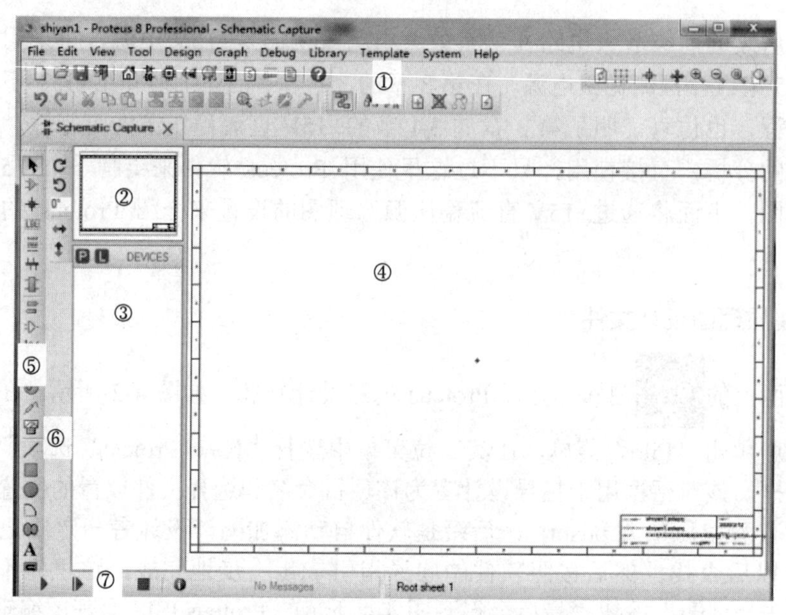


图 4-4　Proteus ISIS 原理图编辑器界面

## 2. 添加元器件

首先单击图 4-4 中区域③上方的P（Pick Devices，查找元器件）按钮，打开图 4-5 所示的“Pick Devices”对话框，在“Keywords”下的文本框中输入要查找的元器件的关键词，系统就会自动查找该元器件。例如，要放置项目中需要的三端稳压管 7815，就在“Keywords”下的文本框中直接输入 7815，然后软件就会自动在“Showing local results”结果栏中弹出要查找的 7815 元器件种类，如图 4-5 所示。在“Preview”栏可以看到被选择的元器件的仿真模型、引脚参数，这里需要注意，有时选择的元器件并没有仿真模型，对话框将在仿真模型和引脚栏中显示“No Simulator Model”（无仿真模型），此时就不能用该元器件进行仿真了；在“PCB Preview”栏可以看到被查找元器件的封装类型，有的元器件的 PCB 封装有多种选择，也有的元器件在软件中没有现成的 PCB 封装。

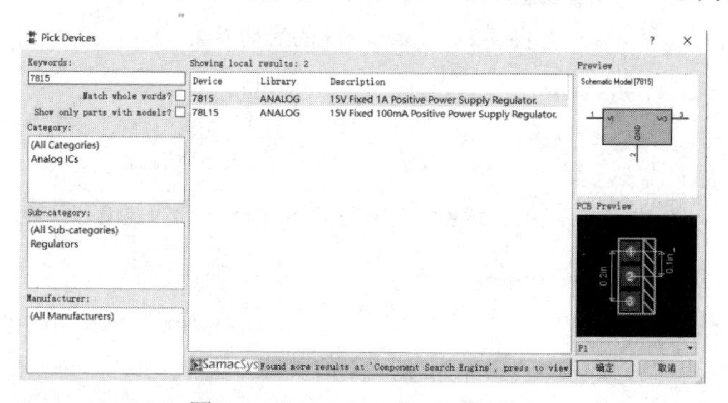


图 4-5　“Pick Devices”对话框

在图 4-5 中找到所需的元器件以后，从“Showing local results”结果栏中选中所需的元器件，单击对话框中的“确定”按钮，即完成 7815 的添加。接着用相同的方法将表 4-1 中第 1 列的其他元器件加入原理图编辑器，在元器件预览区可以看到被加载的元器件，如

图 4-6 所示。当然，多添加的元器件也可以删除或忽略。一般来说，在绘制原理图时不用将所有的元器件都先加进来，而是边加元器件边在原理图编辑器中放置元器件。

表 4-1　直流稳压源电路原理图元器件及端口清单

| 元器件名称 | 元器件编号 | 元器件标称值 | 所属元器件库或端口 | 说　明 |
|---|---|---|---|---|
| Alternator | AC | 220V，50Hz | Simulator Primitives（仿真源元器件库） | 交流电源 |
| FUSE | FUSE | 2A | Miscellaneous（混杂元器件库） | 熔断器 |
| SW-SPST | S1 | — | Switches& Relays（开关和继电器元器件库） | 单刀单掷开关 |
| TRAN-2P3S | TR1 | — | Inductors（电感器元器件库） | 变压器 |
| BRIDGE | BR1 | — | Diodes（二极管元器件库） | 整流桥 |
| CAP-ELEC | C1～C6 | 见图 4-7 | Capacitors（电容元器件库） | 电解电容 |
| CAP | C7～C8 | 见图 4-7 | Capacitors | 无极性电容 |
| 1N4001 | D1～D2 | 见图 4-7 | Diodes | 普通二极管 |
| 7815 | V1 | — | Analog ICs（模拟芯片元器件库） | 78 系列三端稳压管 |
| 7915 | V2 | — | Analog ICs | 79 系列三端稳压管 |
| GROUND | — | — | （工具条上的端口符号） | （接地端口） |
| OUTPUT | — | +15V、−15V | （工具条上的端口符号） | （输出端口，修改属性为+15V、−15V） |
| VOLTAGE | — | +、− | （工具条上的探针符号） | （电压探针） |

图 4-6　添加元器件

## 3．放置元器件

在图 4-6 中的编辑区放置元器件，方法有多种，常用的方法是单击图 4-6 中的元器件预览区中需要的元器件，比如单击 7815，则 7815 就被选中，然后在图 4-6 的编辑区的任何地方单击，则光标就变成 7815 的图形，移动图形到编辑区的合适地方再单击，则 7815 元器件的图形就固定在该位置，用同样的方法在图 4-6 的编辑区放置表 4-1 中的所有元器件，如图 4-7 所示。同一元器件可以重复放置，系统会自动给元器件进行编号。

当然在放置元器件时，所放置的元器件方向与图 4-7 所示的元器件方向可能不一致，要想改变放置好的元器件方向，将光标放在需要修改的元器件上右击，弹出图 4-8 所示的元器件操作菜单，在弹出的菜单中有（移动元器件）、（删除元器件）、（右转 90°）、（左转 90°）、（旋转 180°）、（左右镜像）和（上下镜像）等多种操作指令，可以对被选中的元器件进行对应的移动、删除、旋转和镜像等操作，经过这些操作就能放置与图 4-7 一样的图形，当然放置的位置不一样也没有关系。

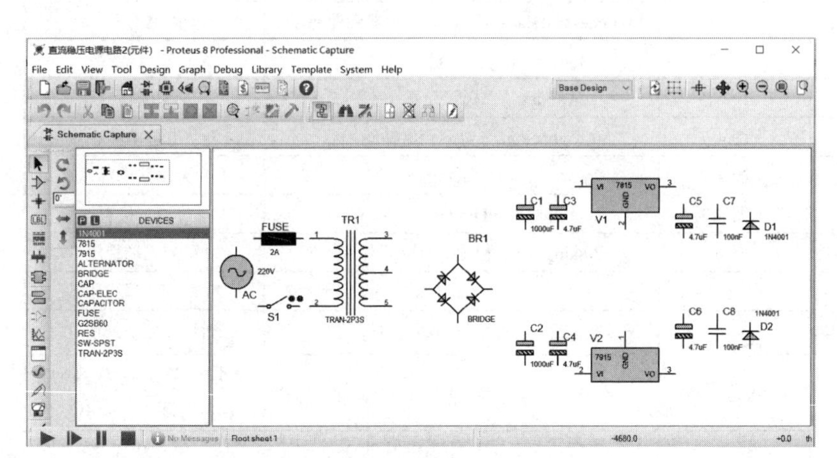


图 4-7　放置直流稳压源元器件（端口和地除外）

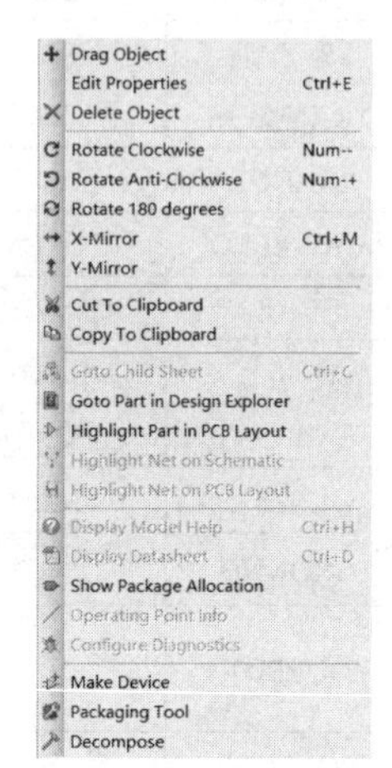


图 4-8　元器件操作菜单

在放置元器件时，有的元器件属性无须修改，但有的元器件属性是需要修改的，修改的方法是双击该元器件，在弹出的属性对话框中修改即可。本次仿真中需要注意修改 AC 和 TR1 的属性，否则在仿真时得不到正确的结果。双击图 4-7 中的 AC 元器件，弹出图 4-9（a）所示的元器件属性对话框，将 AC 电源的 Amplitude（一般用最大幅度）项填入 311V（交流电的峰值），Frequency 项填入 50Hz。双击图 4-7 中的 TR1 元器件，在弹出的对话框中按照图 4-9（b）所示修改 TR1 属性，在此只需设置变压器的初级线圈的电感量和次级线圈的电感量。根据变压器的电感量与变压器的匝数的平方成正比的关系来计算。整流桥的输出接有滤波电容，整流桥的输出电压是输入电压的 1.1 倍，而 7815 的输入电压为 20～25V，这里设 7815 的输入电压为 25V，可以反推整流桥的输入电压就是 25V÷1.1≈22.7V，也就是变压器的次级线圈输出为 22.7V，从而求得变压器的初级与次级线圈匝数比为 $N_1/N_2=V_1/V_2=220/22.7\approx 9.7$。设初级线圈的电感量为 $L_1$=100H，则次级线圈的电感量 $L_2=100/(9.7^2)\approx 1.07$H，即在图 4-9（b）的 Primary Inductance 项填入 100H，Total Secondary Inductance 填入 1.07H。

元器件属性对话框中的 Part Reference:（元器件编号项）是用于给元器件命名的，可以按照元器件的命名标准（如电阻一般用 R 开头，电容一般用 C 开头，二极管一般用 D 开头）填写，也可以采用默认命名（这里系统默认为 AC），但要注意在同一文档中不能有两个组件标签（名字）相同的情况。Part Value: 是元器件标称值项，用于设置元器件的标称值，这里的 AC 是交流电源，因此输入 220V。Other Properties: 是其他属性项，对应文本框用于以指令方式描述元器件的属性。Exclude from Simulation 用于描述元器件是否参与仿真，前面有一个“□”，单击“□”则该框就变成了勾选状态“☑”，如果处于“□”状态，则该元器件参与仿真分析，如果处于“☑”状态，则该元器件不参与仿真分析。

Exclude from PCB Layout 用于描述元器件是否用于 PCB 设计，勾选表示不参与 PCB 设计，反之表示参与 PCB 设计。Edit all properties as text 用于是否显示文本编辑的所有属性，勾选表示在 Other Properties 的文本框中显示元器件的所有属性，每行只能显示一个属性，属性写在一对“{}”内，用户可以添加属性，还可以对原来的属性进行修改，不勾选则不显示。Attach hierarchy module 用于设置是否捆绑模块电路，勾选表示捆绑模块电路，反之不捆绑，主要用于元器件制作。然后单击“OK”按钮完成 AC 元器件的属性编辑。不同元器件的属性对话框大部分相同，但也有所区别。用同样的方法对照表 4-1 的第 1 列完成图 4-7 中元器件属性的修改。

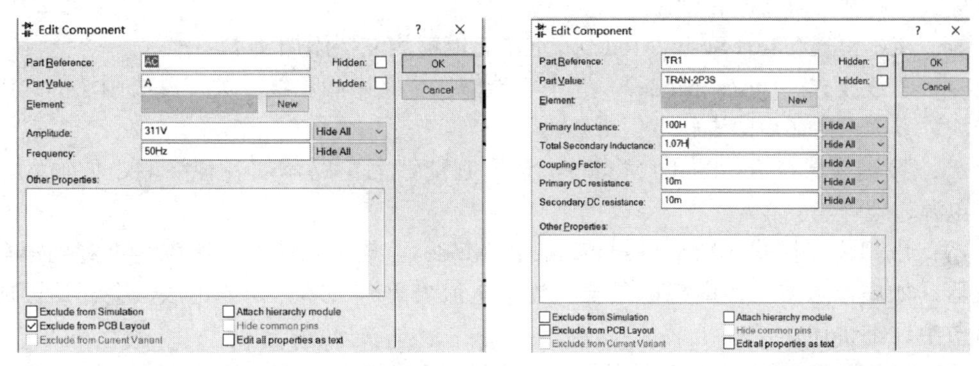


（a）交流电源元器件属性对话框　　（b）TR1变压器元器件属性对话框

图 4-9　元器件属性修改

### 4．电路连线

电路中的元器件引脚之间的连线方法比较简单，将光标放到要连线的引脚上，这时的元器件引脚处于高亮度状态，单击并移动光标，光标与元器件引脚之间就会处于连线状态，将光标移到另一个要连线的引脚（该引脚就会处于高亮度状态）上再单击，这两个元器件之间就用线连接起来了。例如，将光标放在图 4-7 中 7815 的 3 引脚上，处于高亮度状态，移动光标将变成，继续将光标移到图 4-7 中 C5 的上方引脚，C5 的上方引脚处于高亮度状态，再单击即可将图 4-7 中 7815 的 3 引脚与 C5 的上方引脚连接，注意连线时若需要转弯，则在转弯的地方单击，再继续往前移动光标，直到连线的终点，最后单击完成两点之间的连线。按照此法完成图 4-7 中所有元器件之间的连线，所有元器件之间的连线效果如图 4-10 所示。若连线错了，则只要右击该线，在弹出的菜单中单击 Delete Wire，即可删除该条连线。

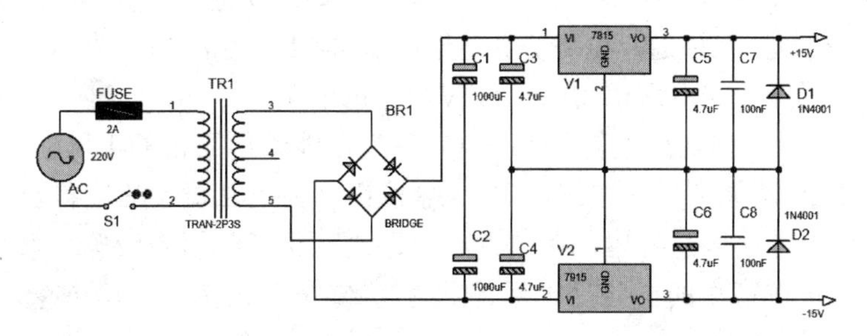


图 4-10　直流稳压源的部分连线图

### 5．放置地和端口

在添加电源和地之前，先来看一下图 4-4 中区域⑤工具条，在这里只说明本节中可能会用到的比较重要的工具。

：选择模式（Selection Mode），通常需要选中它，如布局和布线时。

：组件模式（Component Mode），单击该按钮能够显示区域③中的元器件，以便选择。

：线路标签模式（Wire Label Mode），选中它并单击编辑区电路连线，能够为连线添加标签，经常与总线配合使用。

：文本模式（Text Script Mode），选中它能够为文档添加文本。

：总线模式（Buses Mode），选中它能够在电路中画总线。关于总线画法的详细步骤与注意事项，会在后面进行专门讲解。

：终端模式（Terminals Mode），选中它能够为电路添加各种终端，如输入、输出、电源、地等。

：虚拟仪器模式（Virtual Instruments Mode），选中它能够在区域③中看到很多虚拟仪器，如虚拟示波器、虚拟电压表、虚拟电流表等。关于它们的用法，会在后面的相应章节中详细讲述。

下面准备在图 4-10 中添加地的符号。方法是单击图标，在图 4-4 的对象选择区③就会出现 9 种终端选择模式，如图 4-11（a）所示，在对象选择区中选择“GROUND”选项，选中⏚符号，通过调整工具对⏚符号的方向进行适当的调整，在图 4-10 中的合适位置单击，放置两个⏚符号，放置完成后再与对应的元器件引脚连线，如图 4-11（b）所示。同理在图 4-11（a）中的对象选择区中选择“OUTPUT”选项，选中 LABEL 符号，通过调整工具对 LABEL 符号的方向进行适当的调整，在图 4-10 中的合适位置单击，放置两个 LABEL 符号，放置完成后将对应的元器件引脚连线，将正端位置的 LABEL 属性修改为“+15V”，将负端位置的 LABEL 修改为“−15V”，如图 4-11（b）所示。

### 6．放置电压探针并单击仿真按钮，分析直流稳压源的电压输出值

单击图 4-11（a）所示工具栏中的探针，则对象选择区的内容将变成探针的列表 PROBES VOLTAGE CURRENT TAPE，在列表中选择 VOLTAGE（电压探针），则在编辑区单击，光标即变成电压探针图形，将电压探针放到图 4-12 所示的位置，可以重复放置，修改两个探针的属性，将其命名为“+”和“−”。然后单击图 4-12 中的（仿真）按钮，单击 S1 开关的（闭合端），S1 闭合，交流回路接通，电路仿真结果如图 4-12 所示，“+”电压探针的电压值为 15.01V，“−”电压探针的电压值为−15.052V。单击电源开关 S1 的（断开端），S1 断开，交流回路断开，图 4-12 电路的“+”和“−”不能输出正常的电压值。图 4-12 中的仿真工具栏按钮是单步仿真按钮，单击按钮，则正在仿真的电路暂停转入单步调试状态，这个按钮在这里没有用，在单片机电路进行仿真时用得较多。是暂停按钮，单击按钮，则正在仿真的电路处于暂停状态。是停止按钮，单击按钮，则正在仿真的电路处于停止状态。

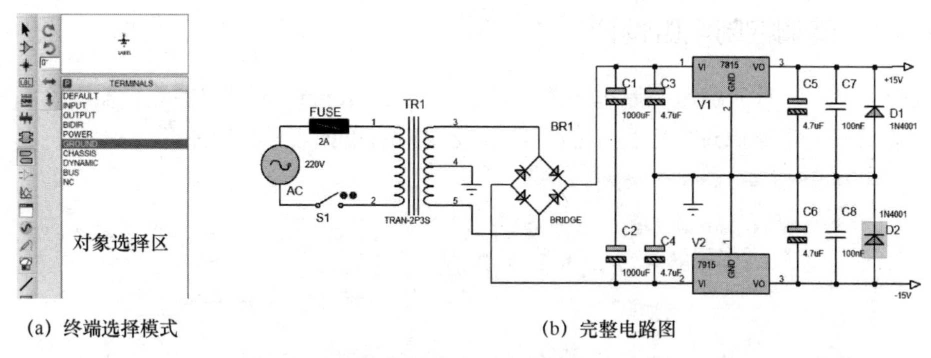


（a）终端选择模式　　　　（b）完整电路图

图 4-11　终端选择模式及完整的电路原理图

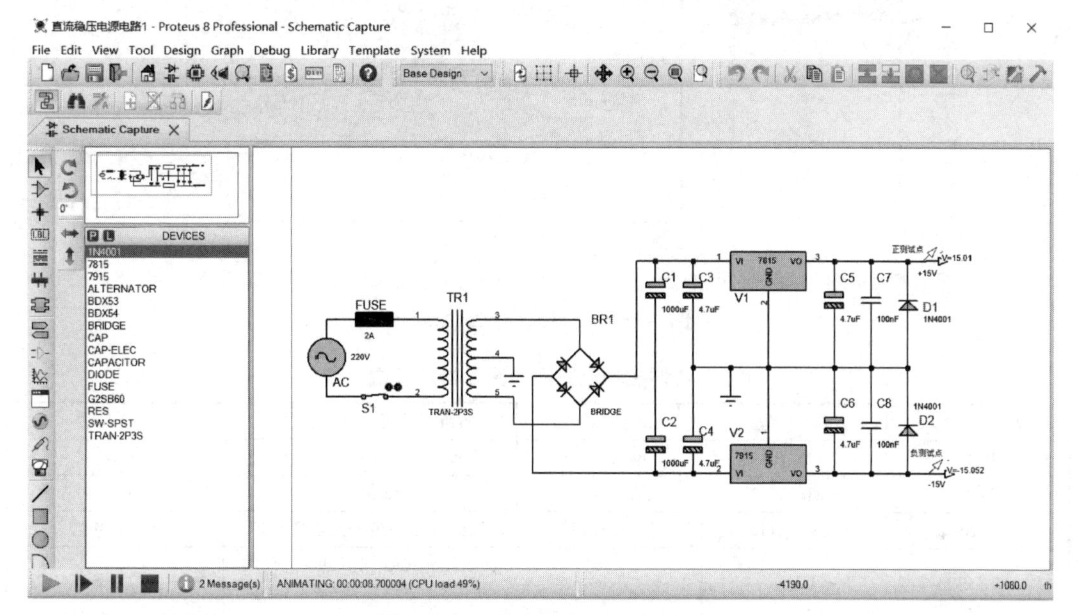


图 4-12　直流稳压源的仿真输出

## 4.4　音调控制电路设计与仿真分析

所谓的音调控制，就是人为地改变信号中高频、低频成分的比重，以满足听者的爱好，渲染某种气氛、达到某种效果，或者补偿扬声器系统及放音场所的音响不足。一般音响系统中通常设有高音、低音两个调节按钮，用以对音频信号中的高频成分和低频成分进行提升或衰减，一个良好的音调控制电路要求有足够的高音、低音调节范围，同时要求在高音、低音从最强调到最弱的整个过程中，中音信号（一般频率为 1kHz）不发生明显的幅值变化，以保证音量在音调控制过程中不致有太大的变化。音调控制电路大多由 R、C 组成，利用 RC 电路的传输特性来提升或衰减某一频段的音频信号，音调控制电路一般可分为衰减式和负反馈式两大类：衰减式音调控制电路的调节范围可以做得较宽，但由于中音电平要做很大的衰减，并且在调节过程中整个电路的阻抗也在变化，因此噪声和失真较大；负反馈式音调控制电路的噪声和失真较小，并且在调节音调时，其转折频率保持固定不变，而特性曲线的斜率却随之改变。下面分析基于负反馈式音调控制电路的设计过程。

### 4.4.1　音调控制电路设计

按照 4.3 节的直流稳压源原理图的设计步骤，在 Proteus 的原理图编辑器中绘制图 4-13 所示的音调控制电路原理图，图中的元器件及端口清单如表 4-2 所示。

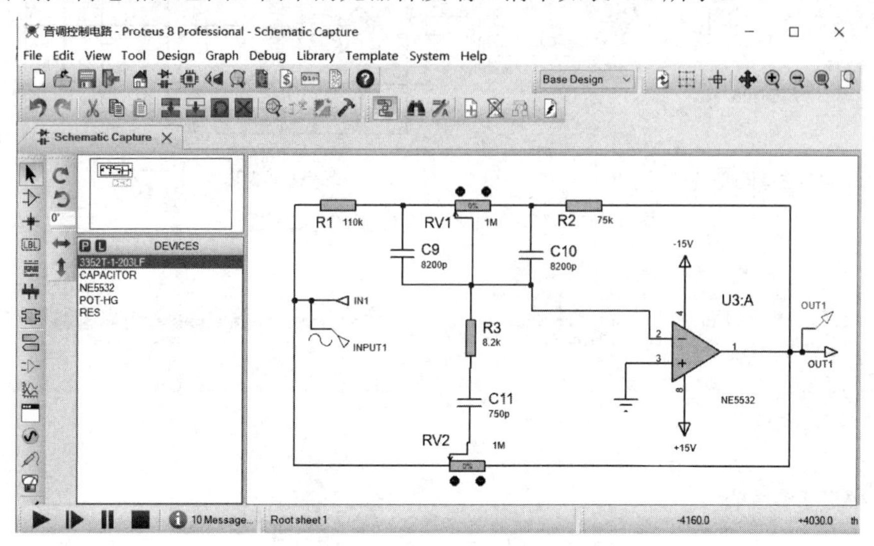


图 4-13　音调控制电路原理图

**表 4-2　音调控制电路原理图元器件及端口清单**

| 元器件名称 | 编　号 | 元器件标称值 | 所属元器件库或端口 | 说　明 |
|---|---|---|---|---|
| RES | R1～R3 | 见图 4-13 | Resistors（电阻元器件库） | 电阻 |
| POT-HG | RV1～RV2 | 见图 4-13 | Resistors | 电位器 |
| CAP | C9～C11 | 见图 4-13 | Capacitors（电容元器件库） | 无极性电容 |
| NE5532 | U3:A | — | Operational Amplifiers（运算放大器元器件库） | 放大器 |
| GND | — | — | （工具条上的端口符号） | （接地端口） |
| POWER | — | +15V、−15V | （工具条上的端口符号） | （电源端口） |
| INPUT | IN1 | — | （工具条上的端口符号） | （输入端口） |
| OUTPUT | OUT1 | — | （工具条上的端口符号） | （输出端口） |
| SIN | INPUT1 | 50Hz、1V | （工具条上的激励符号） | （正弦信号源） |
| VOLTAGE | OUT1 | — | （工具条上的探针符号） | （电压探针） |

下面将具体介绍电路中元器件的作用和高音、低音的调节过程。

图 4-13 中的音频信号由 IN1 输入，由 OUT1 输出，OUT1 作为输出的仿真观测点，RV1 电位器控制低音调节，RV2 电位器控制高音调节，分别调节图 4-13 中的两个电位器，可以实现高、低频信号的增益调节，C9、C10、C11、R1、R2 与 U3 构成高、低频两条反馈通道滤波器，其中 $C_9=C_{10}$，是低音提升和衰减电容，电容 C11 起高音提升和衰减作用，要求 C11 的值远小于 C9 的值。U3 为运算放大器 NE5532，NE5532 是高性能低噪声双运算放大器集成电路，与很多标准运放相似，它具有噪声性能较好、输出驱动能力优良、小信号带宽较大和电源电压范围大等特点，因此很适合应用在高品质和专业音响设备、仪器、控制电路及电话通道放大器，用作音频放大时的音色温暖，保真度高，在 20 世

纪 90 年代初的音响界被发烧友们誉为“运放之皇”，至今仍是很多音响发烧友手中必备的运放之一。NE5532 正电源的标准值为+15V，极限电压的最大值为+20V，负电源的标准值为−15V，极限电压的最大值为−20V。

### 4.4.2　音调控制电路原理分析

#### 1．低音调节

C9 和 C10 对于高音信号而言可视为短路，不论 RV1 如何滑动，对高音是没有影响的。对于低音信号来说，由于 C11 的容抗很大，因此相当于开路，当 RV1 滑动到最左端时，C9 被短路，此时图 4-13 所示的电路可简化为图 4-14（a），低音信号经过 R1 直接被送入运放 U3:A，此时 RV1 相对输入信号被短路，输入量最大，而低音信号放大后则经过 R2 和 RV1 负反馈送入运放，负反馈量最小，因而低音提升最大，通过式（4-1）也可以得到证明。

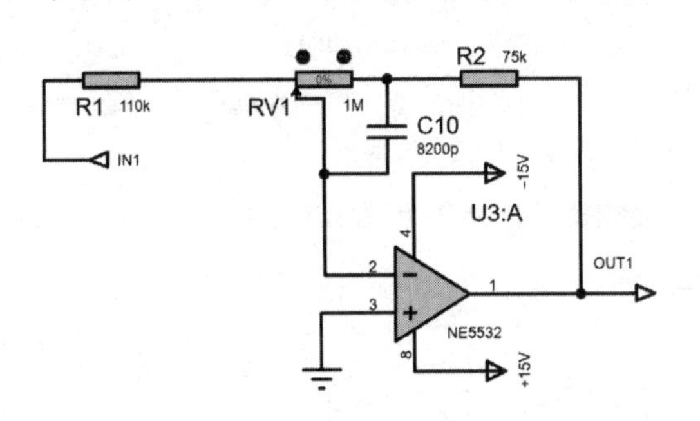

(a) 低音提升等效电路

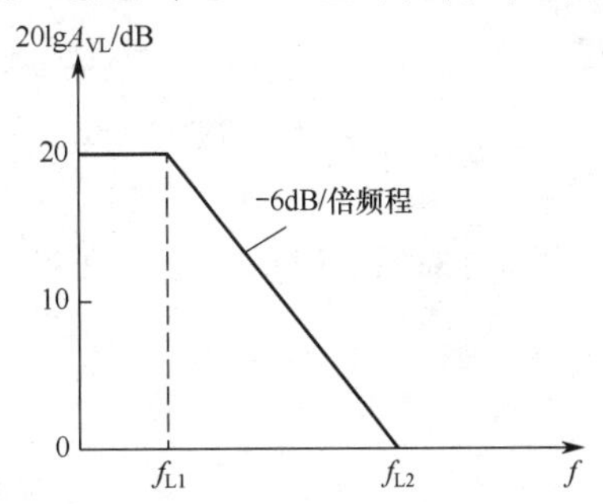

(b) 低音提升等效电路的幅频响应的波特图

图 4-14　低音提升等效电路及其幅频响应的波特图

图 4-14（a）的电压放大倍数的表达式为

$$A_{VL}=-\frac{Z_2}{Z_1}=-\left(\frac{R_{RV1}\big/\mathrm{j}\omega C_{10}}{R_{RV1}+1\big/\mathrm{j}\omega C_{10}}+R_2\right)\Bigg/R_1=-\frac{R_{RV1}+R_2}{R_1}\times\frac{1+\mathrm{j}\omega C_{10}\dfrac{R_{RV1}\times R_2}{R_{RV1}+R_2}}{1+\mathrm{j}\omega C_{10}\cdot R_{RV1}} \tag{4-1}$$

图 4-14（a）所示的低音提升等效电路的幅频特性曲线的转折频率为

$$\begin{cases} f_{L1}=\dfrac{1}{2\pi R_{RV1}\cdot C_{10}} \\ f_{L2}=\dfrac{1}{(2\pi R_{RV1}//R_2)\cdot C_{10}}\approx\dfrac{1}{2\pi R_2\cdot C_{10}} \end{cases} \tag{4-2}$$

式（4-1）中，当 $f\to 0$（$\omega\to 0$）时，$|A_{VL}|\to\left|\dfrac{R_{RV1}+R_2}{R_1}\right|$；当 $f\to\infty$（$\omega\to\infty$）时，$|A_{VL}|\to\left|\dfrac{R_2}{R_1}\right|$。从定性的角度来说，就是在中、高音域，增益仅取决于 $R_2$ 与 $R_1$ 的比值；在低音域，增益可以得到提升，最大增益为$(R_{RV1}+R_2)/R_1$。低音提升等效电路的幅频响应的波特图如图 4-14（b）所示。

将图 4-13 中的 RV1 滑动到最右端，则 C10 被短路，其等效电路如图 4-15（a）所示，低音信号经过 R1 和 RV1 送入 U3:A 运放，此时与图 4-14（a）相比，图 4-15 的低音信号输入量变小，而低音信号放大输出则经过 R2 负反馈送入运放，导致图 4-15（a）负反馈量变大，因此，图 4-15（a）的低音衰减也是最大的，通过式（4-3）也可以得到证明。该电路的电压放大倍数的表达式为

$$A'_{\mathrm{VL}}=-\frac{R_2}{R_1+\left(1/\mathrm{j}\omega C_9\right)//R_{\mathrm{RV1}}}=-\frac{R_2}{R_1+R_{\mathrm{RV1}}}\times\frac{1+\mathrm{j}\omega R_{\mathrm{RV1}}\cdot C_9}{1+\mathrm{j}\omega C_9\times\left(\dfrac{R_{\mathrm{RV1}}\times R_1}{R_{\mathrm{RV1}}+R_1}\right)} \tag{4-3}$$

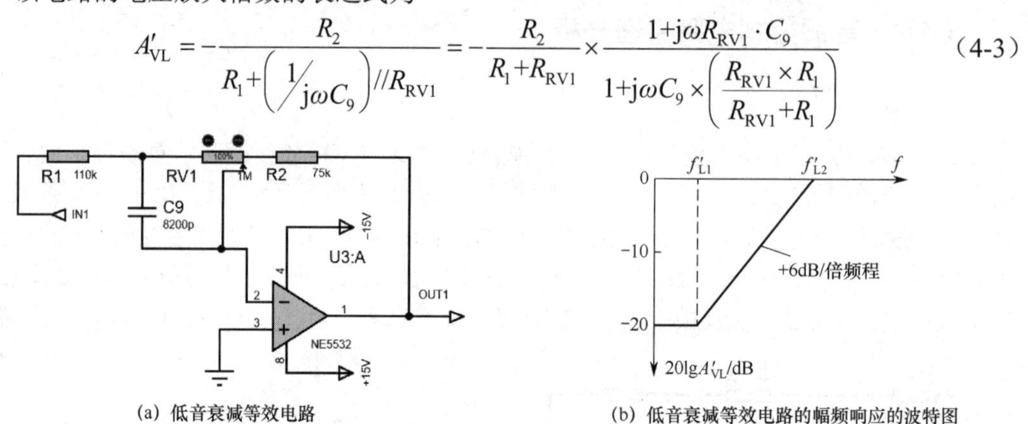


（a）低音衰减等效电路　　（b）低音衰减等效电路的幅频响应的波特图

图 4-15　低音衰减等效电路及其幅频响应的波特图

图 4-15（a）所示的低音衰减等效电路的幅频特性曲线的转折频率为

$$\begin{cases} f'_{\mathrm{L1}}=\dfrac{1}{2\pi R_{\mathrm{RV1}}\cdot C_9} \\ f'_{\mathrm{L2}}=\dfrac{1}{\left(2\pi R_{\mathrm{RV1}}//R_1\right)\cdot C_9}\approx\dfrac{1}{2\pi R_2\times C_9} \end{cases} \tag{4-4}$$

由式（4-3）可见，当频率 $f\to 0$ 时，$|A'_{\mathrm{VL}}|\to\dfrac{R_2}{R_1+R_{\mathrm{RV1}}}$；当频率 $f\to\infty$ 时，$|A'_{\mathrm{VL}}|\to\dfrac{R_2}{R_1}$。从定性的角度来说，就是在中、高音域，增益仅取决于 $R_2$ 与 $R_1$ 的比值；在低音域，增益可以得到衰减，最小增益为 $\dfrac{R_2}{R_1+R_{\mathrm{RV1}}}$。低音衰减等效电路的幅频响应的波特图如图 4-15（b）所示。

### 2. 高音调节

高音信号通过时，图 4-13 中的电容 C9、C10 的容抗很小，可以认为 C9 和 C10 对高音信号短路，从而使 RV1 近似短路，无论 RV1 如何调节，对高音信号都无效。当 RV2 电位器滑动到最左端时，图 4-13 简化后的等效电路如图 4-16（a）所示，高音信号有两条路输入 U3:A，一条路是经过 C11（C11 对高音信号可视为短路）和 R3 送入 U3:A 运放，另一条路是经过 R1 直接送入 U3:A 运放，而高音信号经过放大输出后再经过两条路负反馈到运放 U3:A 的输入端，一条是 RV2、C11 和 R3，另一条是 R2。当电位器 RV2 滑动到最右端时，图 4-13 简化后的等效电路如图 4-16（b）所示，高音信号依然有两条路输入 U3:A，一条路是经过 RV2、C11（C11 对高音信号可视为短路）和 R3 送入 U3:A 运放，另一条路是经过 R1 直接送入 U3:A 运算放大器，而高音信号经过放大输出后，也有两条路负反馈到运放 U3:A 的输入端，一条是 C11 和 R3，另一条是 R2。对比这两种情况，RV2 滑动到最左端时高音信号输入量大，反馈输入量小，对高音信号起到提升作用；而

RV2 滑动到最右端时高音信号输入量小，反馈输入量大，对高音信号起到衰减作用。

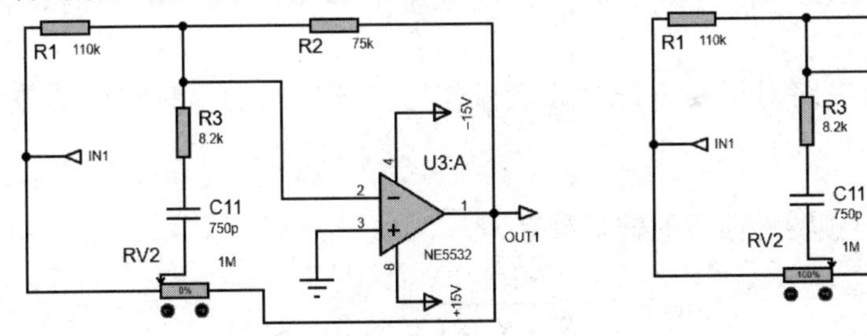


(a) 高音提升等效电路

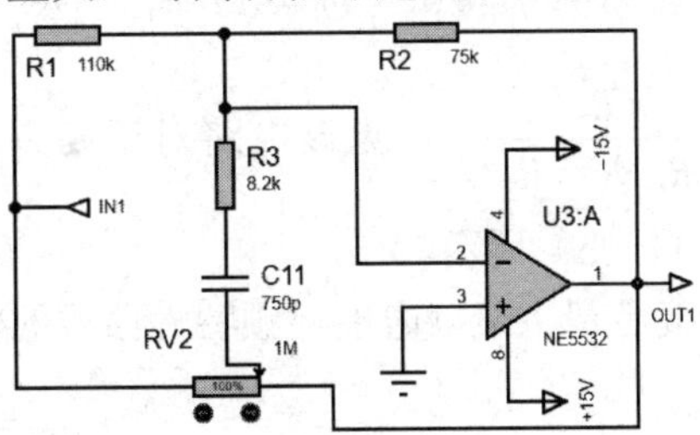


(b) 高音衰减等效电路

图 4-16　高音调节等效电路

高音最大提升时的增益为

$$A_{\mathrm{VH}}=-\frac{R_2//\left(R_{\mathrm{RV2}}+R_3+1\Big/\mathrm{j}\omega C_{11}\right)}{R_1//\left(R_3+1\Big/\mathrm{j}\omega C_{11}\right)}\approx-\frac{R_2[1+\mathrm{j}\omega C_{11}\times(R_3+R_1)]}{R_1(1+\mathrm{j}\omega C_{11}\times R_3)} \tag{4-5}$$

当频率 $f\to 0$（$\omega\to 0$）时，$|A_{\mathrm{VH}}|\to\frac{R_2}{R_1}$；当频率 $f\to\infty$（$\omega\to\infty$）时，$|A_{\mathrm{VH}}|\to\frac{R_2\times R_3+R_2\times R_1}{R_1\times R_3}$。从定性的角度来看，对于中、低音信号，放大器的增益等于 1；对于高音信号，放大器的增益可以提升，最大增益为 $\frac{R_3+R_1}{R_3}$。高音提升等效电路的幅频响应的波特图如图 4-17（a）所示。

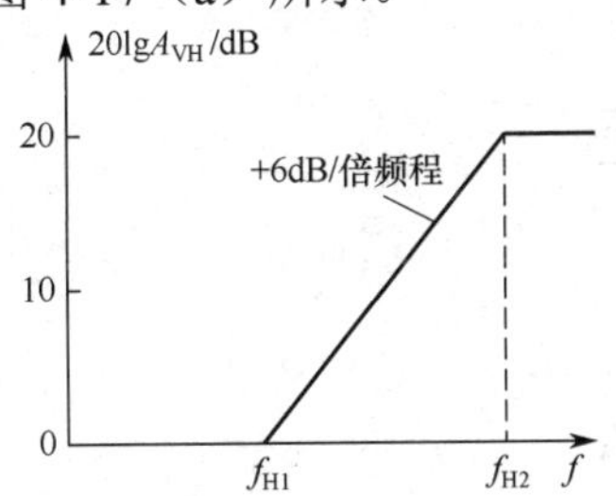


(a) 高音提升等效电路的幅频响应的波特图

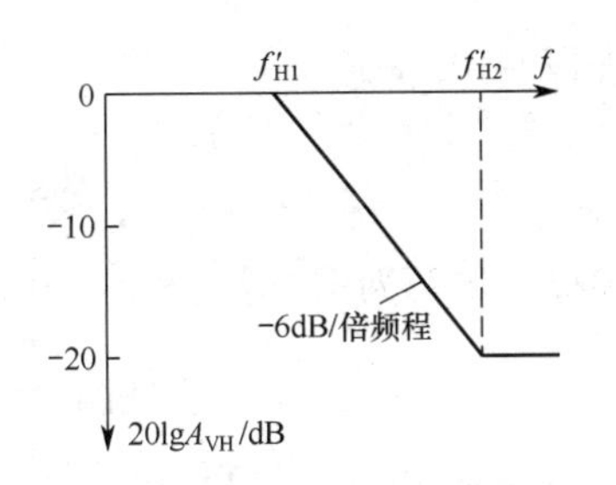


(b) 高音衰减等效电路的幅频响应的波特图

图 4-17　高音调节等效电路的幅频响应的波特图

高音最大提升时的幅频特性曲线的转折频率为

$$\begin{cases}f_{\mathrm{H1}}=\dfrac{1}{2\pi(R_1+R_3)\times C_{11}}\\[2ex] f_{\mathrm{H2}}=\dfrac{1}{2\pi R_3\times C_{11}}\end{cases} \tag{4-6}$$

高音最大衰减时的增益为

$$A'_{\mathrm{VH}}=-\frac{R_2//\left(1\Big/\mathrm{j}\omega C_{11}+R_3\right)}{R_1//\left(R_{\mathrm{RV2}}+R_3+1\Big/\mathrm{j}\omega C_{11}\right)}\approx-\frac{R_2}{R_1}\times\frac{1+\mathrm{j}\omega C_{11}\times R_3}{1+\mathrm{j}\omega(R_3+R_2)} \tag{4-7}$$

当频率 $f \to 0$（$\omega \to 0$）时，$|A'_{\rm VH}| \to \dfrac{R_2}{R_1}$；当频率 $f \to \infty$（$\omega \to \infty$）时，$|A'_{\rm VH}| \to \dfrac{R_2 \times R_3}{R_1 \times R_3 + R_1 \times R_2}$，可见该电路对于高音信号起衰减作用。该电路的幅频响应的波特图如图 4-17（b）所示。

高音最大衰减时的幅频特性曲线的转折频率为

$$\begin{cases} f'_{\rm H1} = \dfrac{1}{2\pi(R_1 + R_3) \times C_{11}} \\ f'_{\rm H2} = \dfrac{1}{2\pi R_3 \times C_{11}} \end{cases} \tag{4-8}$$

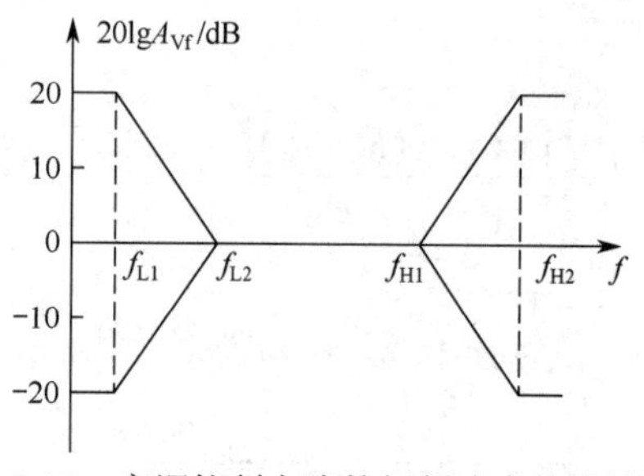

图 4-18　音调控制电路的幅频响应的波特图

综上所述，音调控制电路的幅频响应的波特图如图 4-18 所示。根据设计要求的放大倍数和各点的转折频率的大小，即可确定音调控制电路的电阻、电容大小。

由图 4-18 可知，相应的 $f_{\rm L1}$、$f_{\rm H2}$ 是控制电路最大衰减曲线两端的转折频率，$f_{\rm L2}$、$f_{\rm H1}$ 是中间的两个转折频率。

中音增益为

$$A_{\rm VM} = \frac{R_2}{R_1} \tag{4-9}$$

低音最大提升增益为

$$A_{\rm LS} = \frac{R_{\rm RV1} + R_2}{R_1} \tag{4-10}$$

高音最大提升增益为

$$A_{\rm HS} = \frac{R_1 \times R_3 + R_2 \times R_1}{R_2 \times R_3} \tag{4-11}$$

低音最大衰减增益为

$$A_{\rm LD} = \frac{R_2}{R_{\rm RV1} + R_1} \tag{4-12}$$

高音最大衰减增益为

$$A_{\rm HD} = \frac{R_2 \times R_3}{R_1 \times R_2 + R_1 \times R_3} \tag{4-13}$$

令中音增益 $A_{\rm VM}$=0.7，低音最大提升增益 $A_{\rm LS}$=10，$R_{\rm RV1}$=$R_{\rm RV2}$=1MΩ，分别代入式（4-9）、式（4-10），求得 $R_1$=108kΩ，$R_2$=76.09kΩ，取电阻的系列值，则 $R_1$=110kΩ，$R_2$=77kΩ。

若高、低音最大提升增益相等，即 $A_{\rm LS}$=$A_{\rm HS}$=10，则将 $R_1$ 和 $R_2$ 代入式（4-11），求得 $R_3$=8.2kΩ。

由于设计技术要求带宽 BW 为 20Hz～20kHz，则 $f_{\rm L1}$=20Hz，$f_{\rm H2}$=20kHz，分别代入

式（4-2）和式（4-6），求得 $C_{10}$=8200pF，$C_{11}$=1000pF。

到此，音调控制电路设计基本完成，下面开始进行电路的仿真分析。

### 4.4.3　音调控制电路高、低音的幅频特性分析

幅频特性分析需采用 FREQUENCY（频率分析图表）分析，FREQUENCY 用于分析电路在不同频率工作状态下的运行情况，但不像频谱分析仪那样考虑所有频率，而每次只分析一个频率[14]。频率分析图表用于绘制小信号电压增益或电流增益随频率变化的曲线，即绘制波特图，可以分析电路的幅频特性和相频特性，两个纵轴可分别表示幅值和相位，其设置步骤如下。

（1）放置频率分析图表：在图 4-13 所示的原理图编辑器中单击工具条上的（Graph Mode）图标，弹出图 4-19 左边所示的电路分析图标列表，在对象选择区的列表中列出了 Proteus 的所有仿真分析工具，这里选择 FREQUENCY（频率分析图表）。方法是选中 FREQUENCY，然后在 Proteus 的原理图编辑器的空白处单击，则光标处于工作状态，移动光标，光标便处于绘制一个长方形的图表轮廓的状态，在合适位置再单击，即放置了一个频率分析图表，如原理图编辑器中的 FREQUENCY RESPONSE。频率分析图表与其他元器件在移动、删除和编辑等方面的操作相同。频率分析图表的大小可以调整，方法是单击频率分析图表，其处于选中状态，四边出现小黑框，用鼠标拖动小黑框即可调整频率分析图表的大小。

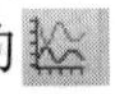

（2）放置探针：放置探针的方法有多种，这里采用拖动的方式，单击图 4-19 中原理图上的电压探针 OUT1，再按住鼠标左键，移动到 FREQUENCY RESPONSE 中，然后松开左键，则电压探针 OUT1 就会出现在 FREQUENCY RESPONSE 中，如图 4-21 的左上方所示。

（3）修改 FREQUENCY RESPONSE 属性：方法是双击图 4-19 中的 FREQUENCY RESPONSE 的编辑区的任意一个地方，弹出图 4-20 所示的频率分析图表的属性编辑对话框。根据需要对图 4-20 中的各项参数进行修改，其中 Reference 选项是一个参考信号，比如此次仿真用的是 INPUT1 信号  Reference: INPUT1，否则得不到仿真结果；Start frequency（起始频率）设为 1Hz，Stop frequency（终止频率）设为 1MHz；单击 Set Y-Axis Scales 按钮，弹出对话框，此时的面板是灰色的，不能更改，因此需要先运行仿真，即单击“OK”按钮退出设置，一直退回到原理图状态，按下 “空格”键，运行仿真。再进行一次属性设置，进入图 4-20，单击 Set Y-Axis Scales 按钮，弹出对话框，其中的 □Lock values? 变成白色就可以设置了，单击“□”，则变成 ☑Lock values?，此时可以对 Left Axis 的范围进行设置，如图 4-20 中的 Set Y-Axis Scaling，然后单击“OK”按钮完成 Set Y-Axis Scales 纵坐标设置，再单击“OK”按钮完成频率分析图表的设置。将本次仿真用的输入信号 INPUT1 设为正弦信号，其幅度设为 1V，频率设为 50Hz。

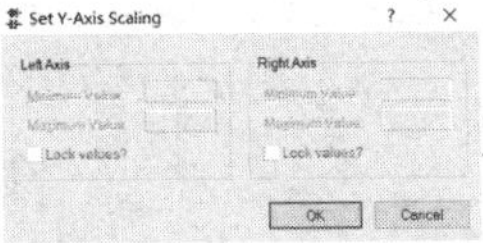

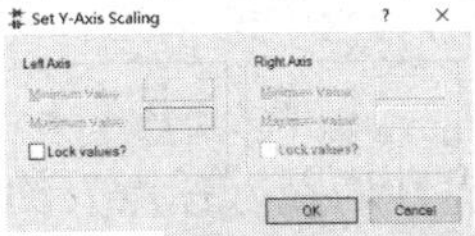

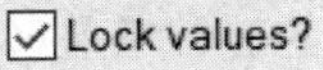

（4）仿真分析：选择“Graph → Simulate”命令或使用快捷键“空格”键，系统开始仿真，频率分析图表会随仿真的结果进行更新。

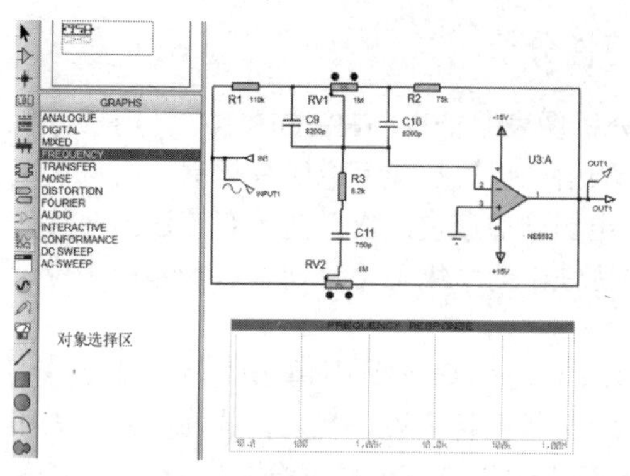


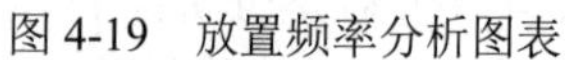
图 4-19 放置频率分析图表

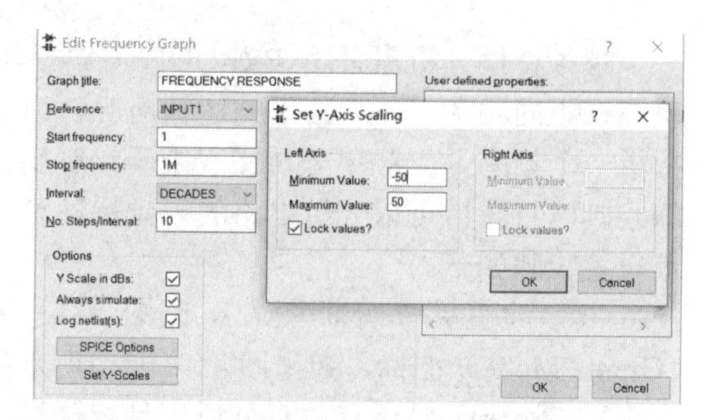


图 4-20 频率分析图表的属性编辑对话框

① 单击图 4-19 中的 RV1 和 RV2 上的●按钮，将电位器的中间触头置于最左端位置，这时高音和低音都处于提升状态。按“空格”键执行仿真命令，系统开始仿真，双击 FREQUENCY RESPONSE 的标题栏，FREQUENCY RESPONSE 会独立出现在编辑器界面，如图 4-21 所示。

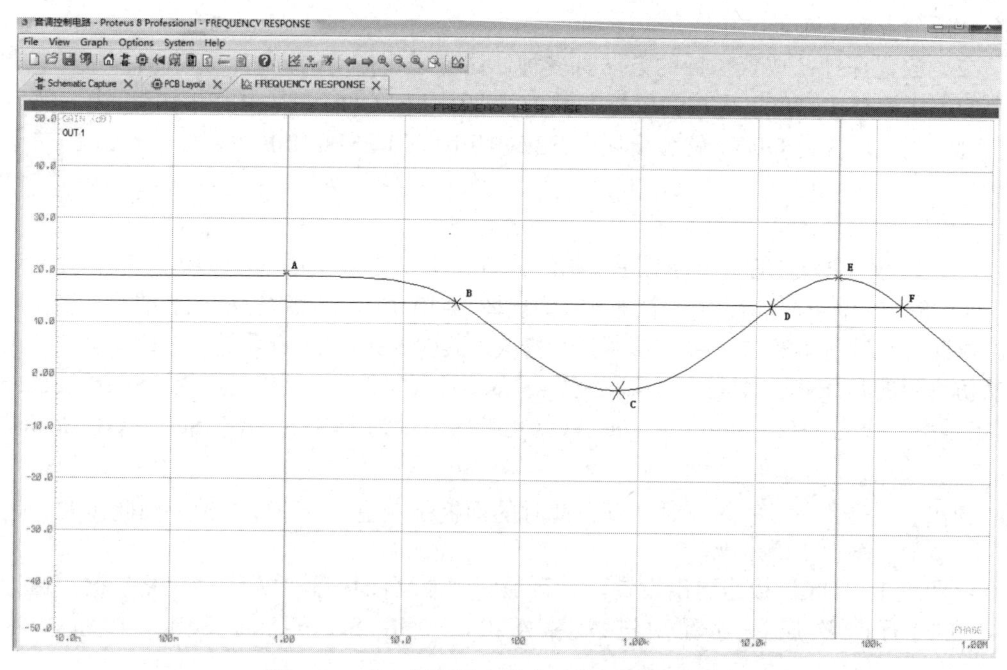


图 4-21 高、低音最大提升时的幅频特性曲线

由图 4-21 可知，低音的提升增益（A 点）约为 19.8dB，高音的提升增益（E 点）约为 19.9dB，这与式（4-10）和式（4-11）的计算结果基本一致，中音的提升增益（C 点）为−2.07dB，与式（4-9）的计算结果比较接近；但图 4-21 中的高频段出现大幅衰减，这主要是运放内的晶体管呈现低通特性所导致的[13]。上限截止频率（B 点）$f_{L1}$=16.5Hz，下限截止频率（D 点）$f_{H2}$=20kHz，满足设计要求。

② 单击图 4-19 中的 RV1 和 RV2 上的●，将电位器的中间触头滑到最右端位置，当高、低音处于最大衰减状态时，在仿真分析之前需修改频率分析图表的纵坐标的显示范围，在图 4-20 所示的对话框中将本次仿真的纵坐标设置为[−30, 10]。完成设置后，按“空格”键执行仿真命令，系统开始仿真，双击 FREQUENCY RESPONSE 的标题栏，FREQUENCY RESPONSE 会独立出现在图 4-22 所示的窗口中。通过图 4-22 所示的仿真结果可以发现高、低音的衰减增益为−24.4dB，中音的衰减增益为−4.98dB，电路的下限截止频率 $f_{L1}$=19.4Hz，上限截止频率 $f_{H2}$=24.2kHz，与计算结果基本相符。

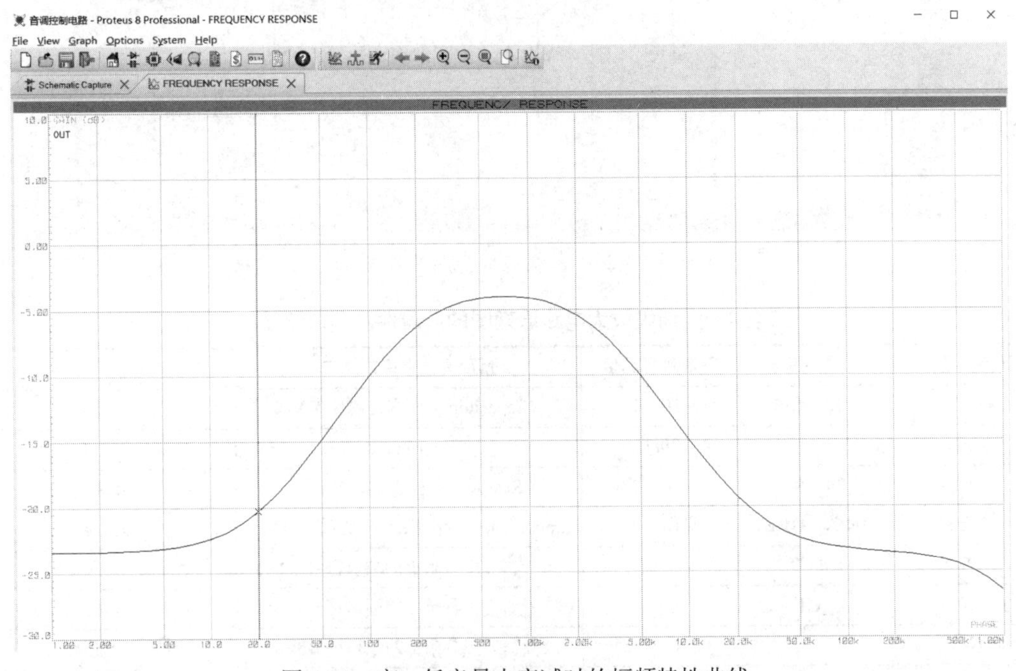


图 4-22　高、低音最大衰减时的幅频特性曲线

同理，改变 RV1 和 RV2 的位置，可以分析低音最大提升而高音最大衰减和低音最大衰减而高音最大提升时的幅频特性曲线。

## 4.5　前级放大电路设计与仿真分析

由于信号源输出的电压幅度比较弱，不足以驱动功率放大器，因此需要加入放大器将信号源输出的信号放大。习惯上将位于信号源与功率放大器之间的放大电路称为前级放大电路，前级放大电路是专为接收来自信号源的微弱电压信号而设计的，通常前级放大电路具有较高的电压增益，可以将小信号放大为标准电平。前级放大电路除能对信号进行放大外，还能对输入的信号进行滤波处理。

### 4.5.1　前级放大电路设计

在 Proteus 的原理图编辑器中完成图 4-23 所示的前级放大电路原理图，图中所用的元器件及端口清单如表 4-3 所示。

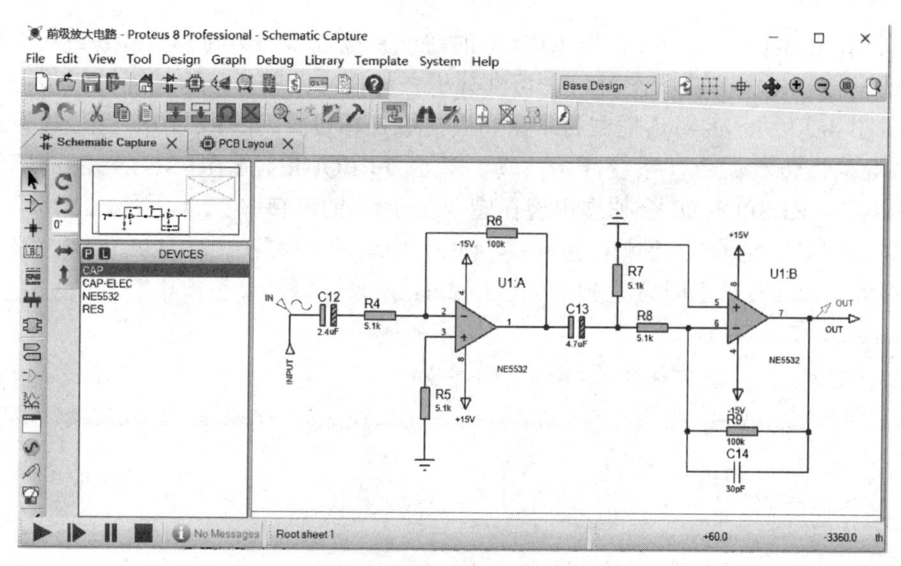


图4-23　前级放大电路原理图

**表4-3　前级放大电路原理图的元器件及端口清单**

| 元器件名称 | 元器件编号 | 元器件标称值 | 所属元器件库或端口 | 说　明 |
|---|---|---|---|---|
| CAP-ELEC | C12、C13 | 见图4-23 | Capacitors（电容元器件库） | 电解电容 |
| CAP | C14 | 30pF | Capacitors | 无极性电容 |
| RES | R4～R9 | 见图4-23 | Resistors（电阻元器件库） | 电阻 |
| NE5532 | U1:A，U1:B | 见图4-23 | Operational Amplifiers（运算放大器） | 放大器 |
| INPUT | INPUT | — | （工具条上的端口符号） | （输入端口） |
| OUTPUT | OUT | — | （工具条上的端口符号） | （输出端口） |
| POWER | — | +15V、−15V | （工具条上的端口符号） | （电源端口） |
| GROUND | — | — | （工具条上的端口符号） | （接地端口） |
| SIN | IN | 50Hz、5mV | （工具条上的激励源符号） | （正弦信号源） |
| VOLTAGE | OUT | — | （工具条上的探针符号） | （电压探针） |

### 1．前级放大电路的放大倍数设计

图4-23所示的前级放大电路是由两个反相比例运算放大器级联组成的，其放大倍数为

$$A=A_1\cdot A_2=\frac{R_6}{R_4}\times\frac{R_9}{R_8} \tag{4-14}$$

根据设计要求，输入信号为5～10mV，功率放大器的额定功率大于或等于2W，等效负载电阻为8Ω，再根据公式$P=\frac{U^2}{R}$求出功率放大器的信号电压$U\geqslant 4\text{V}$，则功率放大器输出端的峰值电压为$\sqrt{2}U\geqslant 5.65\text{V}$。当功率放大器的放大倍数为3倍时，可以求出前级放大电路的输出电压峰值为$\frac{5.65}{3}\approx 1.88\text{V}$，输入信号的电压幅度为5mV，则求出前级放大电路的放大倍数为$\frac{1.88}{0.005}=376$。当图4-23中的电阻$R_4$=$R_8$=5.1kΩ，$R_6$=$R_9$=100kΩ时，求得

前级放大电路的放大倍数

$$A=\left(\frac{R_6}{R_4}\right)^2=\left(\frac{100}{5.1}\right)^2=384.5\approx 51.7\text{dB} \tag{4-15}$$

**2．前级放大电路的滤波功能设计**

图 4-23 中的电容 C12、C13 和 C14 起滤波作用。

C12 和 C13 与 R4、R7 和 R8 构成高通网络，决定了图 4-23 所示前级放大电路的下限截止频率 $f_L$

$$f_L=1.1\sqrt{f_{L1}^{\ 2}+f_{L2}^{\ 2}} \tag{4-16}$$

其中，$f_{L1}=\dfrac{1}{2\pi R_4\times C_{12}}$，$f_{L2}=\dfrac{1}{2\pi(R_7//R_8)\times C_{13}}$。

根据设计要求，令 $f_L$=20Hz，$f_{L1}=f_{L2}$，可以求得 $C_{12}$=2.43μF，$C_{13}$=4.85μF。

根据标准电容值规则，分别取系列值 $C_{12}$=2.4μF，$C_{13}$=4.7μF，再将它们代入式（4-16），得

$$f_L=1.1\sqrt{f_{L1}^{\ 2}+f_{L2}^{\ 2}}=20.44\text{Hz} \tag{4-17}$$

R9、C14 和运放 U1:B 构成低通网络，决定电路的上限截止频率 $f_H$

$$\frac{1}{f_H}=1.1\sqrt{\frac{1}{f_{H1}^{\ 2}}+\frac{1}{f_{H2}^{\ 2}}} \tag{4-18}$$

其中，$f_{H1}=\dfrac{1}{2\pi R_9\times C_{14}}$ 为 R9 和 C14 构成的上限截止频率，$f_{H2}$ 为由运放 U1:B 决定的上限截止频率，在设计中很难确定。

在前面设计中 $R_9$=100kΩ 的前提下，令 $f_{H1}=f_{H2}$=20kHz，可以得到

$$\text{C14}=\frac{1}{2\pi R_9\cdot f_{H1}}=79.58\text{pF} \tag{4-19}$$

如果将 $C_{14}$=79.58pF 代入图 4-23 中，必然会导致整个电路的上限截止频率小于 20kHz，为了获得准确的 $C_{14}$，下面通过 Proteus 模拟仿真分析来求取。

## 4.5.2　前级放大电路仿真分析

**1．C14 的计算机辅助设计**

在图 4-23 所示的 C12 的输入引脚处放上正弦测试信号 IN，设其幅度为 5mV，频率为 1kHz（周期为 1ms），初始相位为 0。在 U1:B 运放的 7 引脚输出端放置探针信号 OUT，运用 Proteus 的 FREQUENCY ANALYSIS 分析前级放大电路的幅频特性曲线（其设计步骤同前），注意在仿真设置时要添加激励信号 IN，用式（4-19）计算的 C14 值进行仿真分析，得到图 4-24 所示的幅频特性曲线。由图 4-24 可知，电路的增益是 51.6dB，与式（4-15）相吻合，20Hz 信号通过电路的增益约为 50dB，该频率的增益与计算值基本一致，但 20kHz 信号通过电路的增益约为 40dB，比式（4-15）计算的值小得多。逐渐减小 C14，观察电路的幅频特性曲线在 20kHz 处的增益。结合后续实验和实际

电路的调试，当 $C_{14}$=30pF（系列值）时，整个电路的音质效果较好，其仿真的幅频特性曲线如图 4-25 所示。

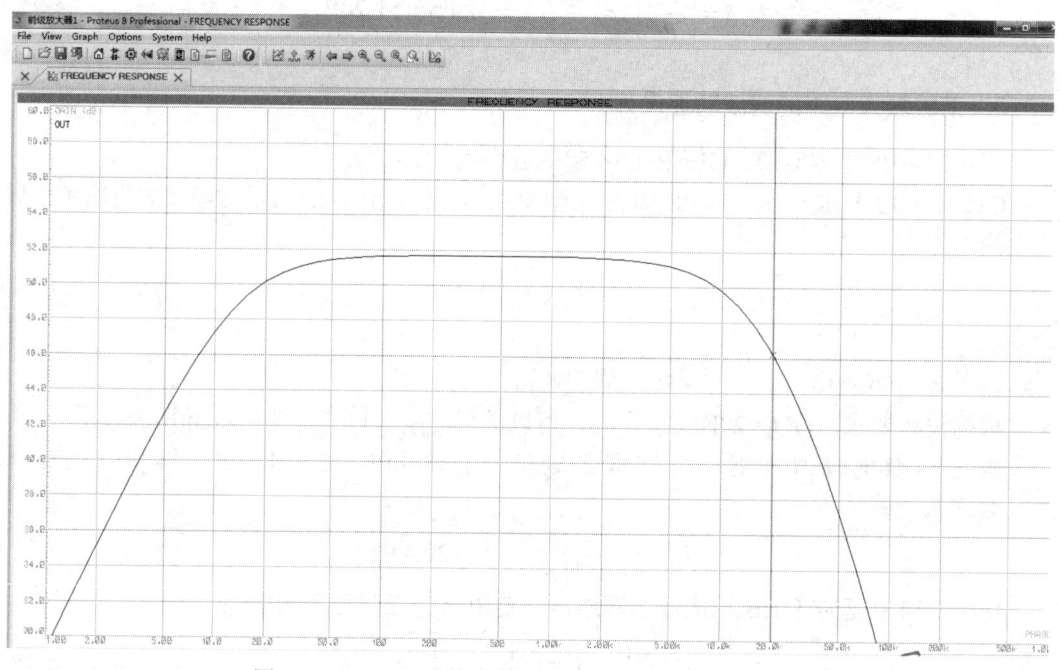


图 4-24　$C_{14}$=79.58pF 时前级放大电路的幅频特性曲线

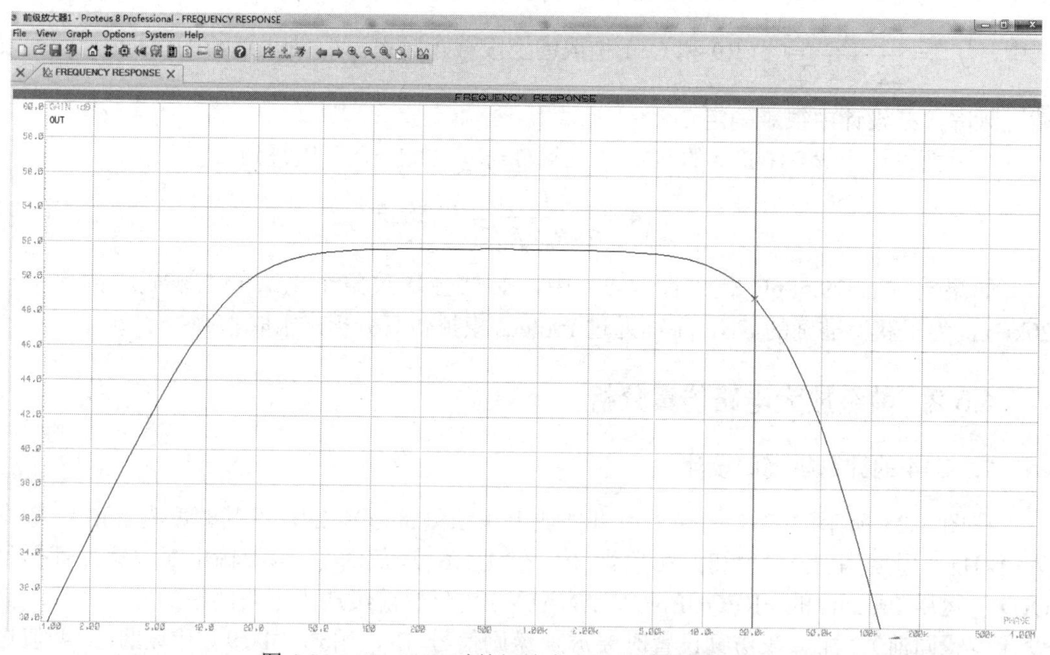


图 4-25　$C_{14}$=30pF 时前级放大电路的幅频特性曲线

### 2. 放大倍数仿真分析

放大倍数仿真需要分析输入信号与输出信号的幅度，在 Proteus 软件中可以采用

ANALOGUE（模拟分析图表）分析或采用虚拟示波器测量。

1）ANALOGUE 模拟分析图表法

ANALOGUE 用于绘制一条或多条电压（或电流）随时间变化的曲线，其设置步骤如下。

（1）放置 ANALOGUE：单击图 4-23 的工具条中的 （Graph Mode），在 Graph Mode 所对应的对象选择器中单击 ANALOGUE，再在图 4-23 的编辑区域单击并移动鼠标，此时出现一个矩形图表轮廓，再单击，完成 ANALOGUE 的放置，如图 4-26 所示。一个 ANALOGUE 可以分析一条或多条电压（或电流）随时间变化的曲线，如果两条曲线数值的数量级相差较大，就不能同时显示较好的波形，因此需要放置两个 ANALOGUE 分别分析两个信号。根据式（4-15）可知，图 4-23 所示前级放大电路的放大倍数达到 380 以上，因此一个 ANALOGUE 就不能很好地显示输入和输出的图形，所以需在图 4-26 中放置两个 ANALOGUE。

（2）加载分析对象：单击图 4-26 中的输入信号 IN，IN 信号处于选中状态，再用鼠标将 IN 信号拖入图 4-26 中左边的 ANALOGUE，在左边 ANALOGUE 的右上方就会出现 IN 字符 ANALOGUE ANALYSIS 6.00m IN 。用同样的方法可将电压信号 OUT 拖入图 4-26 中右边的 ANALOGUE，在右边的 ANALOGUE 出现 OUT 字符 ANALOGUE ANALYSIS 2.00 OUT 。

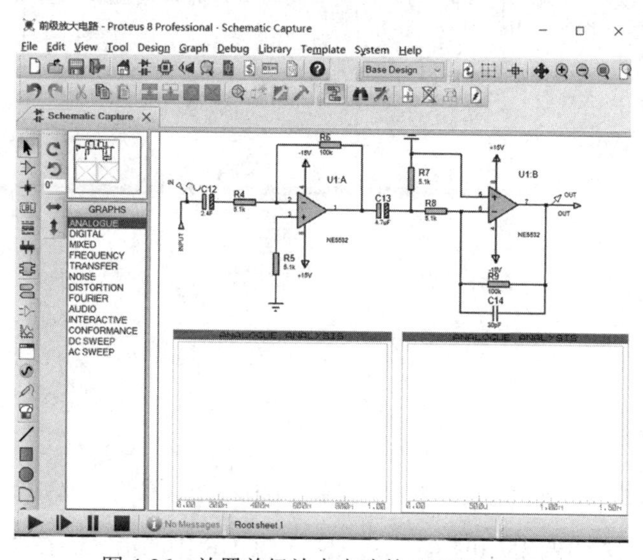


图 4-26 放置前级放大电路的 ANALOGUE

（3）设置仿真图表的属性：双击图 4-26 左下方的 ANALOGUE ANALYSIS 图标，弹出图 4-27 所示的对话框，根据需要修改图 4-27 中的 Start time（起始时间）（本次设置为 0）、Stop time（终止时间）（本次设置为 1.5ms）、Left Axis Label（左边坐标轴标签）、Right Axis Label（右边坐标轴标签）。单击 Set Y-Scales 按钮，弹出图 4-27 所示的 Set Y-Axis Scaling 对话框，本次设置纵轴以 mV 为单位，范围为[−6mV, 6mV]，然后单击“OK”按钮，完成 Set Y-Axis Scales 设置，再单击“OK”按钮，完成模拟分析图表的设置。用同样的方法可完成输出信号（OUT）的 ANALOGUE 属性设置，其纵轴以 V 为单位，范围为[−2V, 2V]。

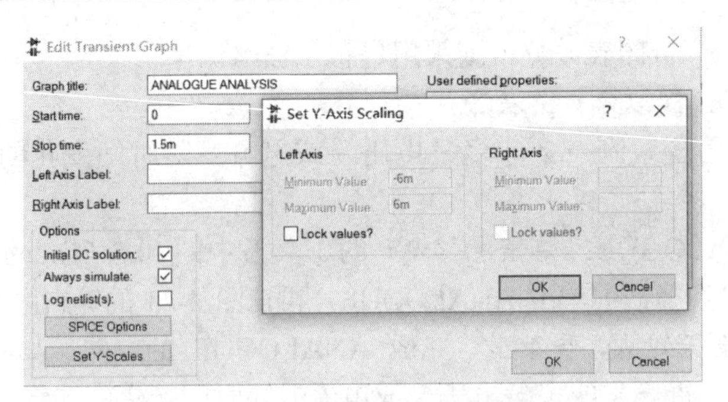


图 4-27　ANALOGUE 属性设置对话框

（4）进行仿真：选择“Graph → Simulate”命令或使用快捷键“空格”键，系统开始仿真，得到图 4-28 所示的仿真结果。

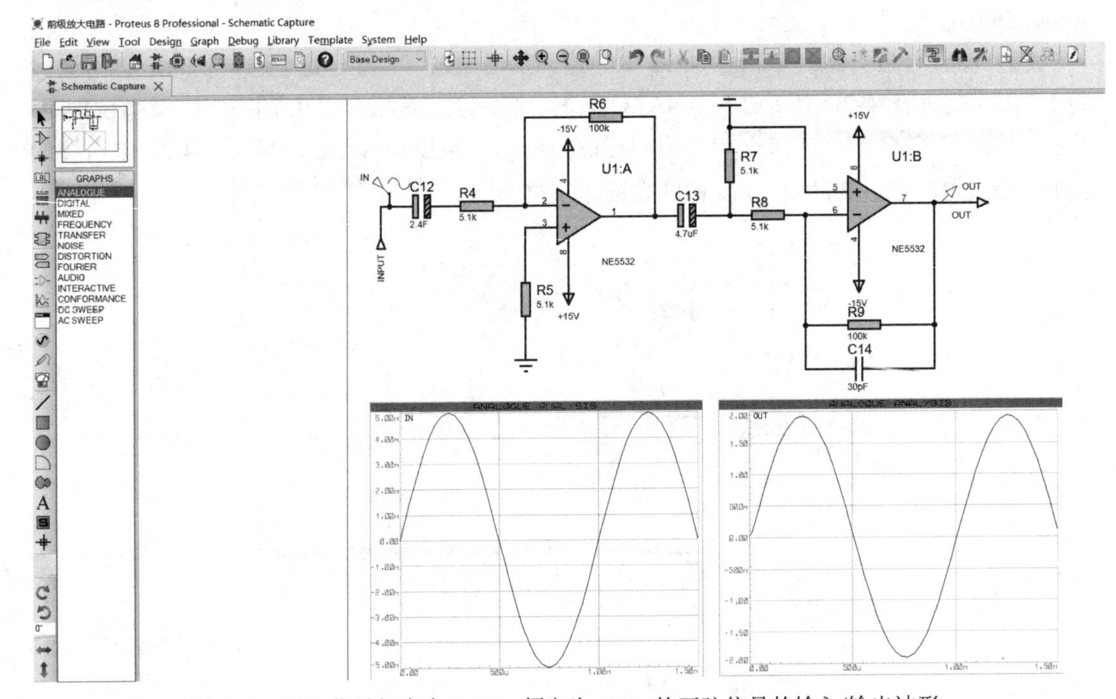


图 4-28　输入信号幅度为 5mV、频率为 1kHz 的正弦信号的输入/输出波形

分别放大图 4-28 中的 IN 和 OUT 的 ANALOGUE 中的信号，在 250μs 处输入信号的幅值为 5mV，输出信号的幅值为 1.94V，图 4-23 所示的前级放大电路的 1kHz 输入信号的放大倍数为

$$A = \frac{1.94}{0.005} = 388 \tag{4-20}$$

式（4-20）的结果与式（4-15）的理论计算结果基本一致。

2）*虚拟示波器分析法*

在图 4-28 中，单击工具箱中的虚拟仪器图表，即得到图 4-29 所示的虚拟仪器列表，列出了 Proteus 的所有虚拟仪器的名称，本次仿真需要使用虚拟示波器，单击列表中的“OSCILLOSCOPE”，在图 4-29 的预览窗口出现虚拟示波器的符号，再在原理图编辑器界面单击，出现虚拟示波器的拖动图形，将光标移到合适的位置再单击，虚拟示波器就放置到原理图编辑器界面，如图 4-29 所示。虚拟示波器有 4 个接线端 A、B、C、D，分别接 4 路输入信号，可以同时查看 4 路信号的波形。按图 4-29 所示的连接方式连线，虚拟示波器的 A 端接前级放大电路的输入信号 IN，虚拟示波器的 B 端接前级放大电路的输出信号 OUT。再单击图 4-29 上的仿真按钮，即可实现图 4-29 所示的虚拟示波器的仿真运行界面，要想得到稳定清晰的信号曲线，需要调节虚拟示波器的时基旋钮和幅度旋钮。图 4-29 中的时基旋钮的刻度为 0.2ms，A 端的幅度旋钮的刻度为 5mV，B 端的幅度旋钮的刻度为 1V。然后读出图 4-29 中 A 端和 B 端信号的幅度（最大值）分别约为 4mV 和 2V，可以求得放大倍数约为 500，这个值与式（4-15）和式（4-20）的计算结果的区别比较大。一般来说不主张使用 Proteus 中的虚拟仪器，因为测量结果不是很准确，没有 Multisim 软件中的虚拟仪器好用。

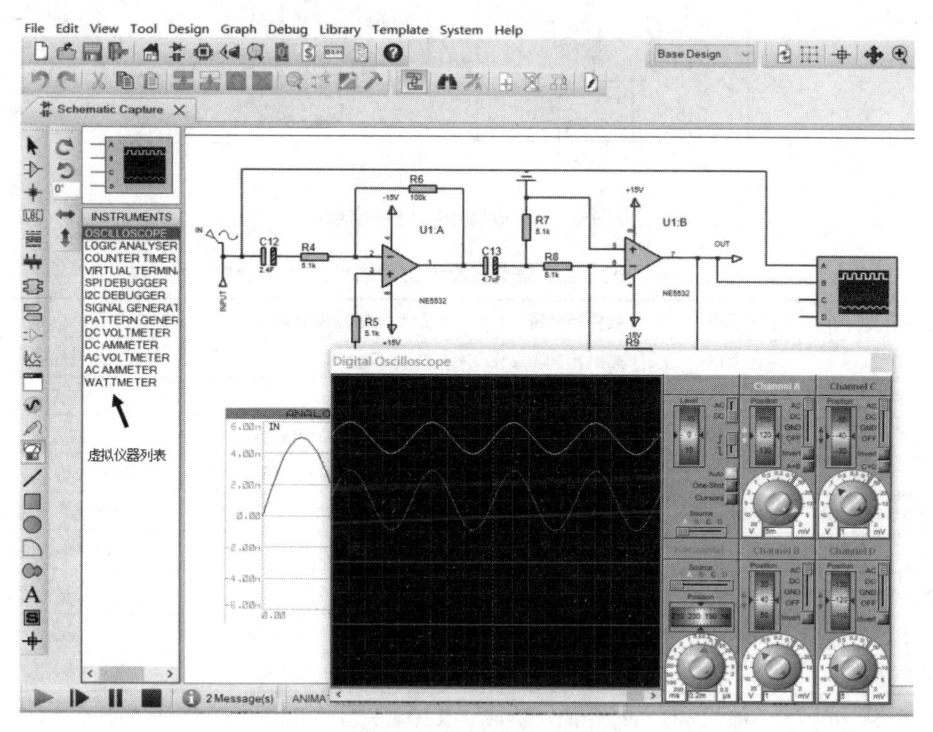


图 4-29　使用虚拟示波器测量前级放大电路的输入/输出波形

## 4.6　工频陷波器电路设计与仿真分析

陷波器是指能对某一个频率点信号进行迅速衰减，以达到阻碍此频率信号通过的滤波器。陷波器属于带阻滤波器（窄带滤波器）的一种，其作用是滤掉某一频率，有效地抑制输入信号中某一频率的信息，实现这一功能的电路称为陷波器电路。我国电网的电力信号是 50Hz 的正弦信号，对于从电网获得工作电源的电子设备存在 50Hz 工频干扰。为了抑制或减小 50Hz 交流电噪声，需要在音频功率放大器的输入电路中加入陷波器电路，滤除 50Hz 工频信号的陷波器就称为工频陷波器[14]。

## 4.6.1　工频陷波器电路设计

在 Proteus 的原理图编辑器中绘制图 4-30 所示的工频陷波器电路，电路的元器件及端口清单如表 4-4 所示。

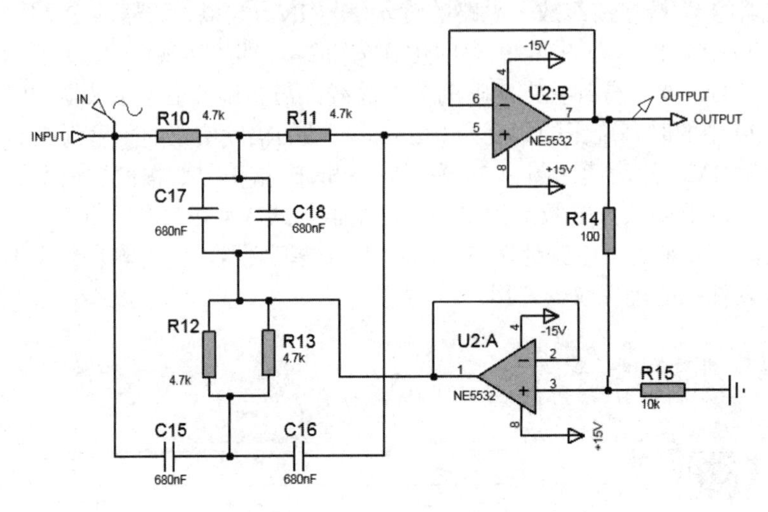


图 4-30　工频陷波器电路原理图

表 4-4　工频陷波器电路原理图元器件及端口清单

| 元器件名称 | 元器件编号 | 元器件标称值 | 所属元器件库或端口 | 说　明 |
| --- | --- | --- | --- | --- |
| CAP | C15～C18 | 见图 4-30 | Capacitors | 无极性电容 |
| RES | R10～R15 | 见图 4-30 | Resistors | 电阻 |
| NE5532 | U2:A，U2:B | — | Operational Amplifiers | 放大器 |
| INPUT | INPUT | — | （工具条上的端口符号） | （输入端口） |
| OUTPUT | OUTPUT | — | （工具条上的端口符号） | （输出端口） |
| POWER | — | +15V、-15V | （工具条上的端口符号） | （电源端口） |
| GROUND | — | — | （工具条上的端口符号） | （接地端口） |
| SIN | IN | 50Hz、1V | （工具条上的激励信号符号） | （正弦信号源） |
| VOLTAGE | OUTPUT | — | （工具条上的探针符号） | （电压探针） |

该电路由选频、放大和反馈三部分组成。R10、R11、R12、R13、C15、C16、C17 和 C18 构成一个 T 形谐振回路，其谐振的频率就是要滤除的频率，起到选频的作用；U2:B 用作放大器，其输出端作为电路的输出；U2:A 接成电压跟随器的形式，构成电路中的反馈回路。

电路中，$R_{10}=R_{11}=R_{12}=R_{13}$，$C_{15}=C_{16}=C_{17}=C_{18}$，其传递函数为

$$H(\mathrm{j}\omega)=\frac{\omega^2-\omega_0^2}{\omega^2-\mathrm{j}4\omega_0(1-k)\omega-\omega_0^2} \tag{4-21}$$

其中，放大倍数

$$k=\frac{R_{15}}{R_{14}+R_{15}} \tag{4-22}$$

T 形谐振回路的中心角频率

$$\omega_0 = 2\pi f_0 = 2\pi \cdot \frac{1}{2\pi R_{10} \times C_{15}} = \frac{1}{R_{10} \times C_{15}} \tag{4-23}$$

电路的品质因数

$$Q = \frac{1}{4(1-k)} \tag{4-24}$$

由于要利用电阻、电容的系列值来组成电路，因此使中心频率严格等于 50Hz 将会变得十分困难，同时电阻、电容的实际值和标称值总是存在偏差的。通过对 30 多组电阻、电容对应的中心频率进行比较与分析，最后选定 $R_{10}$=4.7kΩ，$C_{15}$=680nF。此时的中心频率为[14]

$$f_0 = \frac{1}{2\pi \times R_{10} \times C_{15}} = \frac{1}{2\pi \times 4700 \times 680 \times 10^{-9}} \approx 49.798\text{Hz} \tag{4-25}$$

如果品质因数 $Q \geqslant 25$，取 $R_{15}$=10kΩ，$R_{14}$=100Ω，则 $k \approx 0.99$。

### 4.6.2　工频陷波器电路仿真分析

将图 4-30 中的测试信号 IN 的幅度设为 1V，频率设为 50Hz，初始相位设为 0；运用 Proteus 的 FREQUENCY（频率分析）方法进行分析，得到图 4-31 所示的仿真结果，设计步骤参考前面的操作。由图 4-31 可以看出电路的通带增益几乎为零，电路的中心频率非常接近 50Hz，在 50Hz 处的增益为 0，50Hz 工频信号被有效地抑制了，设计符合要求。

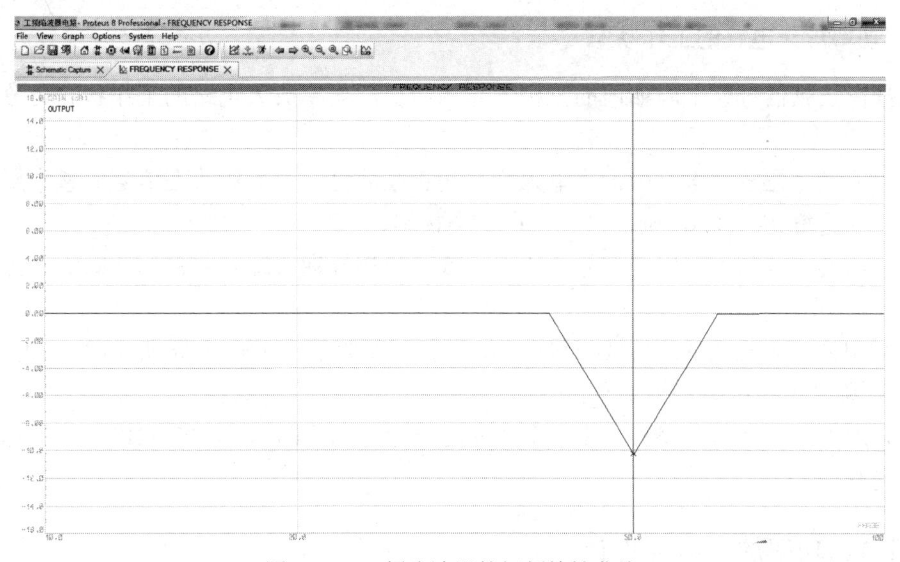


图 4-31　工频陷波器的幅频特性曲线

## 4.7　功率放大电路设计与仿真分析

功率放大电路是一种带载能力强、能输出较大功率的放大电路，它一般直接驱动负载。一个电子设备通常包含多级放大电路，除了可对小信号进行电压放大的前级放大电路，其输出级一般还要带动一定的负载，如扬声器、继电器、电动机、仪表、偏转线圈等，驱动这些负载（执行机构）都需要一定的功率，因此需要能对大信号放大的功率放大电路，以高效地把直流电能转换为按输入信号变化的交流电能。

电压放大电路以放大电压信号为主，主要考虑的问题是电压放大倍数和频率响应等。功率放大电路以获得最大输出功率为目标，即不仅要求足够大的电压变化量，而且要求足够大的电流变化量。与电压放大电路相比，功率放大电路具有 4 个方面的特点和要求。

#### 1. 最大输出功率尽可能高

在输入为正弦信号且输出基本不失真的条件下，最大输出功率 $P_{om}=I_o\times U_o$，$I_o$ 和 $U_o$ 均为交流有效值，功率放大电路不仅放大电压，还放大电流，输出阻抗小，带负载不会使输出电压下降。

#### 2. 转换效率 $\eta$ 要高

功率放大电路的转换效率等于功率放大电路的最大输出功率与电源所提供的功率之比。

#### 3. 非线性失真要小

晶体管在接近极限状态下工作时，不可避免地会产生非线性失真，应采取措施尽量避免过大的失真。

#### 4. 功率放大电路的工作状态

根据在正弦信号整个周期内的三极管导通情况，功率放大电路的工作状态可分为以下几种。

（1）甲类：在放大电路中，当输入信号为正弦波时，若晶体管在信号的整个周期内均导通（即导通角 $\theta$=360°），则称之工作在甲类状态。

（2）乙类：若晶体管仅在信号的正半周或负半周导通（即 $\theta$=180°），则称之工作在乙类状态。

（3）甲乙类：若晶体管的导通时间大于半个周期且小于一个周期（即 $\theta$ 为 180°～360°），则称之工作在甲乙类状态。

（4）丙类：若晶体管仅有小于半个周期的导通时间（即 $\theta$ 为 0°～180°），则称之工作在丙类状态。

### 4.7.1　功率放大电路设计

根据设计要求，功率放大电路的最大输出功率 $P_{om}\geqslant$2W，转换效率 $\eta\geqslant$55%，本次采用集成电路作为驱动级的 OCL（Output Capacitor Less，输出电容耦合）功率放大电路，在 Proteus 的原理图编辑器中绘制图 4-32 所示的功率放大电路原理图，图中电路元器件及端口清单如表 4-5 所示。

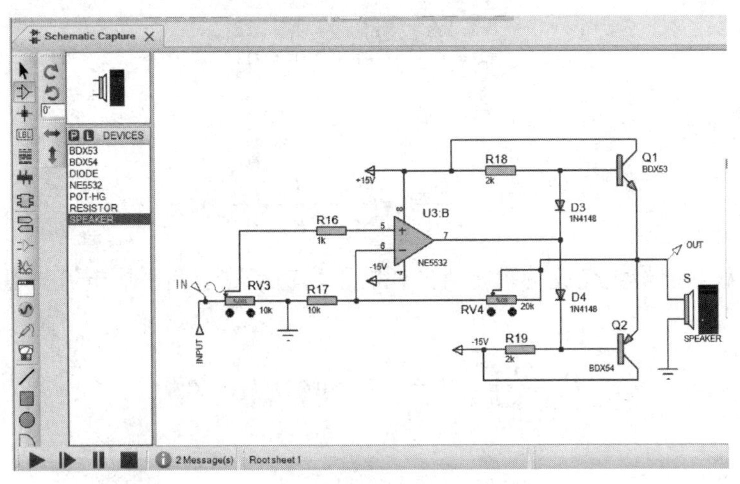


图 4-32　功率放大电路原理图

**表 4-5　功率放大电路原理图元器件及端口清单**

| 元器件名称 | 元器件编号 | 元器件标称值 | 所属元器件库 | 说　明 |
|---|---|---|---|---|
| RES | R16～R19 | 见图 4-32 | Resistors | 电阻 |
| POT-HG | RV3、RV4 | 见图 4-32 | Resistors | 电位器 |
| NE5532 | U3:B | — | Operational Amplifiers | 放大器 |
| 1N4001 | D3～D4 | — | Diodes | 普通二极管 |
| BDX53 | Q1 | BDX53 | Transistors | 三极管 |
| BDX54 | Q2 | BDX54 | Transistors | 三极管 |
| INPUT | IN | — | （工具条上的端口符号） | （输入端口） |
| SIN | INPUT | 100Hz、1V | （工具条上的激励信号符号） | （正弦信号源） |
| VOLTAGE | OUT | — | （工具条上的探针符号） | （电压探针） |
| GND | — | — | （工具条上的端口符号） | （接地端口） |
| POWER | — | +15V、−15V | （工具条上的端口符号） | （电源端口） |

图 4-32 所示的功率放大电路主要由输入级、驱动级、偏置电路及驱动电路组成，功率放大电路的输入级由 RV3 和 R16 组成；运放 U3:B 构成驱动级；二极管 D3、D4 和电阻 R19 构成输出级的偏置电路，使 Q1 和 Q2 工作于甲乙类状态；OCL 电路构成输出级的驱动电路。电位器 RV3 用于调节输出电压的幅度，RV4 用于调节输出信号的带宽。

图 4-32 所示的电路在静态时，正、负电源的作用是使三极管 Q1 和 Q2 处于微导通状态。图 4-32 所示的电路接入正弦信号时，在输入信号的正半周主要是 Q1 的发射极驱动负载扬声器，而负半周主要是 Q2 的发射极驱动负载扬声器，而且两管的导通时间都比半个周期长，所以即使输入电压很小，也能保证至少有一只三极管导通，从而有效地消除了交越失真。电路最大不失真输出电压的有效值为

$$U_{\mathrm{om}}=\frac{V_{\mathrm{CC}}-U_{\mathrm{CES1}}}{\sqrt{2}} \tag{4-26}$$

设三极管的饱和压降 $U_{\mathrm{CES1}}=-U_{\mathrm{CES2}}=U_{\mathrm{CES}}$，在忽略基极回路电流的情况下，电源 $V_{\mathrm{CC}}$ 提供的电流为

$$i_C = \frac{V_{CC} - U_{CES}}{R_L} \sin(\omega t) \tag{4-27}$$

最大输出功率

$$P_{om} = \frac{U_{om}^2}{R_L} = \frac{(V_{CC} - U_{CES})^2}{2R_L} \tag{4-28}$$

电源在负载获得最大交流功率时所消耗的平均功率等于其平均电流与电源电压之积，其表达式为

$$P_V = \frac{1}{\pi}\int_0^{\infty} \frac{V_{CC} - U_{CE}}{R_L} \sin(\omega t) \cdot V_{CC} \mathrm{d}(\omega t) \tag{4-29}$$

因此，转换效率

$$\eta = \frac{P_{om}}{P_V} = \frac{1}{4}\pi \cdot \frac{V_{CC} - U_{CES}}{V_{CC}} \tag{4-30}$$

在仿真中所使用的三极管的饱和压降 $U_{CES}$=3.1V，电路的电源电压 $V_{CC}$=15V，扬声器的电阻 $R_L$=8Ω，分别代入式（4-28）和式（4-30），可以求出 $P_{om}$=8.85W，$\eta$=62.3%，满足设计要求。

## 4.7.2　功率放大电路仿真分析

调整图 4-32 中的 RV3 和 RV4 电位器上的●，使电位器的中间触头滑到最左端位置，这时高音和低音都处于提升状态。固定输入信号的频率为 1kHz，改变 IN 的输入幅度，观察电路的输出，进而确定功放的最大不失真电压。

输出幅度失真需采用 ANALOGUE 分析，其放置步骤在 4.5.2 节已进行详细介绍，这里不再重复。

在图 4-32 所示电路中放置 ANALOGUE（模拟分析图表），修改 ANALOGUE 的属性，将其仿真时间设置为 3ms。将电压探针信号 OUT 拖入 ANALOGUE，如图 4-33 所示。

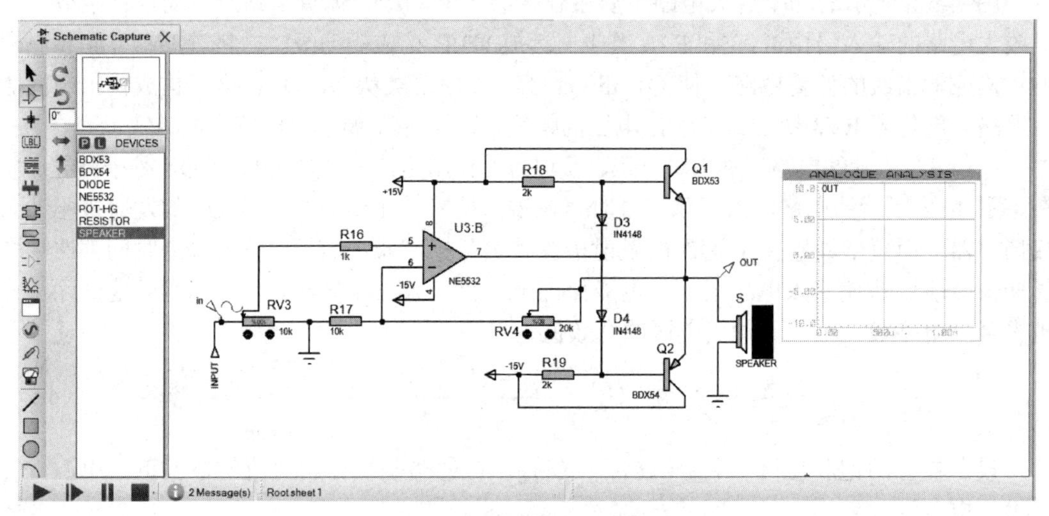


图 4-33　添加功率放大电路的 ANALOGUE

选择“Graph → Simulate”命令或使用快捷键“空格”键，系统开始仿真，图表会随仿真的结果进行更新。

经过多次修改输入 IN 的值，观察图 4-33 中 ANALOGUE ANALYSIS 中的 OUT 波形，发现当输入 IN 的幅度大于 6.02V 时，OUT 波形出现失真。当 IN 的幅度为 6.02V 时，ANALOGUE ANALYSIS 中的 OUT 波形如图 4-34 所示，OUT 的最大值约为 8.4V，这个最大值与式（4-28）计算的最大输出功率所对应的最大输出电压基本一致。

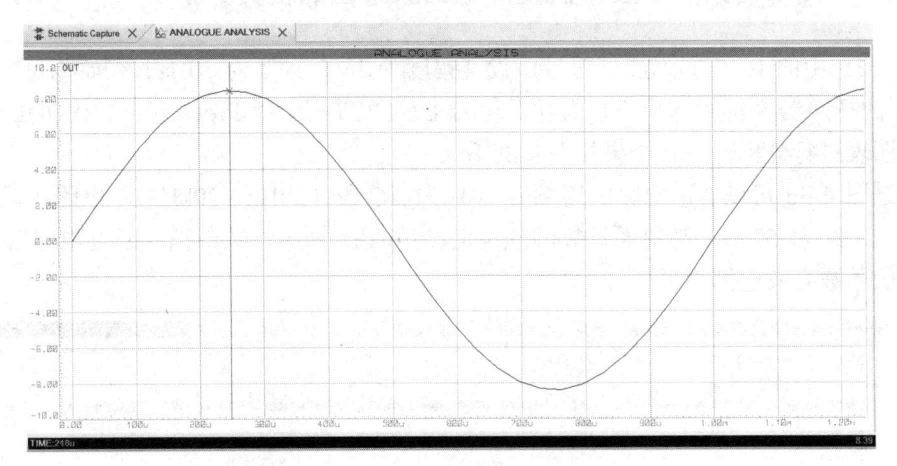


图 4-34　功率放大器的最大输出电压

## 4.8　简易音频功率放大器总电路设计

简易音频功率放大器的各部分的功能模块设计完成后，根据图 4-1 完成图 4-35 所示

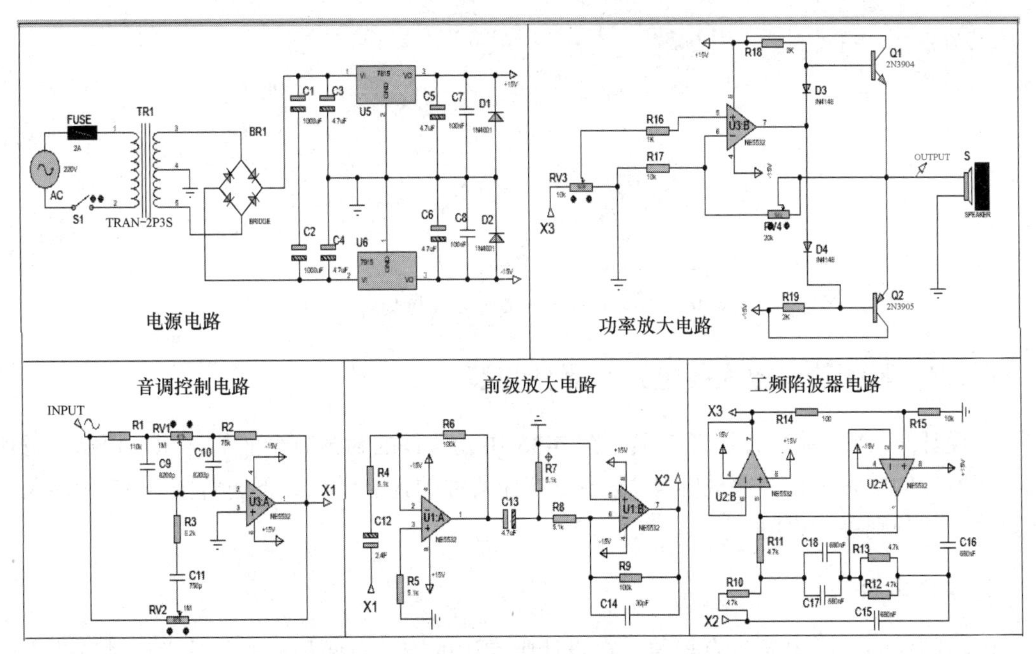


图 4-35　简易音频功率放大器的总电路原理图

的总电路原理图的设计，图 4-35 中的电源电路为各功能模块提供±15V 电源，音调控制电路通过 INPUT 接入音频信号，其输出通过网络标号 X1 与前级放大电路连接，前级放大电路通过网络标号 X2 与工频陷波器电路连接，工频陷波器电路通过网络标号 X3 与功率放大电路连接。

## 4.8.1　简易音频功率放大器整体电路原理图的仿真分析

图 4-35 中的 INPUT 为测试信号，设其幅度为 1V、频率为 50Hz、初始相位为 0；在图 4-35 的扬声器 S 的输入引脚放置探针信号 OUTPUT，运用 Proteus 的 FREQUENCY 频率分析图表进行分析，仿真结果如图 4-36 所示。

通过图 4-36 可以看出电路的通频带 BW 为 *AC* 段（20Hz～20kHz），电路在通频带范围内的增益约为 50dB，与前面计算的理论值 51.69dB 基本一致，信号通过电路后，50Hz 的工频信号被有效地抑制了。

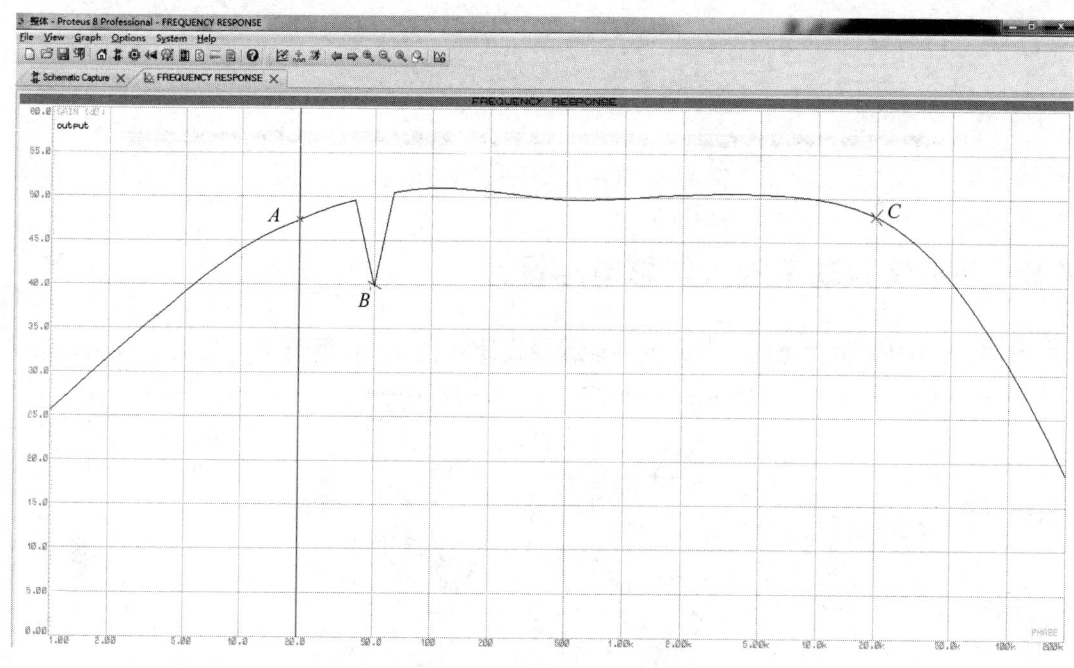


图 4-36　简易音频功率放大器的幅频特性分析

## 4.8.2　音频功率放大器电路元器件封装

在设计 PCB 之前，设计者必须对图 4-35 中元器件的封装有全面的认识，根据市场所购买元器件的实际参数，完成图 4-35 中所有元器件的封装设计。下面对图 4-35 所涉及的元器件封装分别进行说明。

### 1. AC 电源

电路图中的 AC 电源没有封装，在设计中常用的方法有两种：一种是设计时 AC 电源不封装，等 PCB 设计好了，在 PCB 上放置两个焊盘并标示为交流电源的 AC+和 AC−，在装配时将电源线直接焊接在这两个焊盘；另一种比较流行的方法是用公、母插接件插拔连接，如图 4-37 所示，在电路板上用两针的插接件母头来封装 AC 电源，通过插接件公头与之连接。图 4-35 中的 AC 电源采用 Proteus 设计库中的 PWR-02-M 两针插接件进行封装。

图 4-37　两针电源公、母插接件

### 2．保险丝

保险丝（FUSE）也被称为电流保险丝，IEC127 标准将它定义为“熔断体（Fuse-link)”。其主要起过载保护作用，保险丝在电流异常升高到一定的电流值和热度时，自身熔断切断电流，保护电路安全运行。保险丝按保护形式，可分为过电流保护与过热保护：用于过电流保护的保险丝就是平常所说的保险丝（也叫“限流保险丝”)；用于过热保护的保险丝一般被称为“温度保险丝”。温度保险丝又分为低熔点合金型、感温触发型、记忆合金型，是温度感应回路切断装置。温度保险丝能感应电器产品非正常运作中产生的过热，从而切断回路以避免火灾的发生，常用于电吹风、电熨斗、电饭锅、电炉、变压器、电动机等，温度保险丝运作后无法再次使用，只能在熔断温度下动作一次。保险丝按尺寸，可分为贴片型和非贴片型。贴片型保险丝的封装有 0603、0805、1206、1210、1812、2016 和 2920 等多种；非贴片型保险丝的封装有 $\phi$2.4mm×7mm、$\phi$3mm×7mm、$\phi$4.6mm×10mm、$\phi$4.5mm×15mm、$\phi$5.0mm×20mm 等多种，用户根据所购买器件的尺寸进行设计。图 4-35 所示的保险丝采用 Proteus 库自带的封装 FUSM7243X305。

### 3．开关

开关的作用是控制整个电路的接通和断开。图 4-35 中的 S1 是单刀单掷开关，其原理图符号、封装图如图 4-38 所示。单刀单掷开关在 Proteus 的原理图库中的名称是 SW-SPST，其 PCB 库的名称是 SW-PUSH1。当然，在制作实物时，需要将开关引到电路板外面，这时在进行 PCB 设计时，开关可以考虑使用插接件来封装。有些设计者用自锁开关来实现单刀单掷开关的功能。

(a) 原理图符号　　(b) 封装图

图 4-38　单刀单掷开关的原理图符号及封装图

### 4．变压器

变压器（Transformer）是利用电磁感应的原理来改变交流电压的装置，主要由初级线圈、次级线圈和铁芯（磁芯）构成，初级线圈和次级线圈是公用一个铁芯的两个线圈。当初级线圈通上交流电时，变压器铁芯产生交变磁场，次级线圈就产生感应电动势，变压器线圈的匝数比等于电压比（$N_1$:$N_2$=$V_1$:$V_2$），变压器能降压也能升压。带两个次级线圈的变压器能输出两种电压，带多个次级线圈的变压器能输出多种电压。变压器可以实现电压变换、电流变换、阻抗变换、隔离、稳压（磁饱和变压器）等功能。在电路符号中常用 T 当作编号的开头。由于音频功率放大器电路需要双电源，因此要求电源电路输出±15V 电压，所以这里采用带两个次级线圈的降压变压器，通过计算设置变压器一级线圈与二级线圈之比为 1:15。变压器没有固定的封装，在制作 PCB 时需根据所购买实物的实际大小自行设计封装。

图 4-35 所示电路中的 TRAN-2P3S 变压器在 Proteus 设计库中只有原理图符号 TRAN-2P3S，没有具体的 PCB 封装，需要用户根据所购买变压器的尺寸进行设计。本次设计中所用±15V 变压器的外形尺寸如图 4-39（a）所示，根据其尺寸在 Proteus PCB 设计界面绘制图 4-39（b）所示的 TRAN-2P3S 变压器的封装图，该变压器是一个左右对称的图形，图 4-39（b）中 *AB*=32mm，*BC*=7mm，*CD*=12mm，*DE*=*HI*=16mm，*EF*=*GH*=12mm，变压器的定位孔的直径为 6mm。考虑到变压器上的连线与原理图上的引脚关系，还需要在封装图的外面放 5 个焊盘作为与外面的连接点，需要注意的是，变压器次级的中心抽头的第 4 脚就是所有电路中的公共地线。

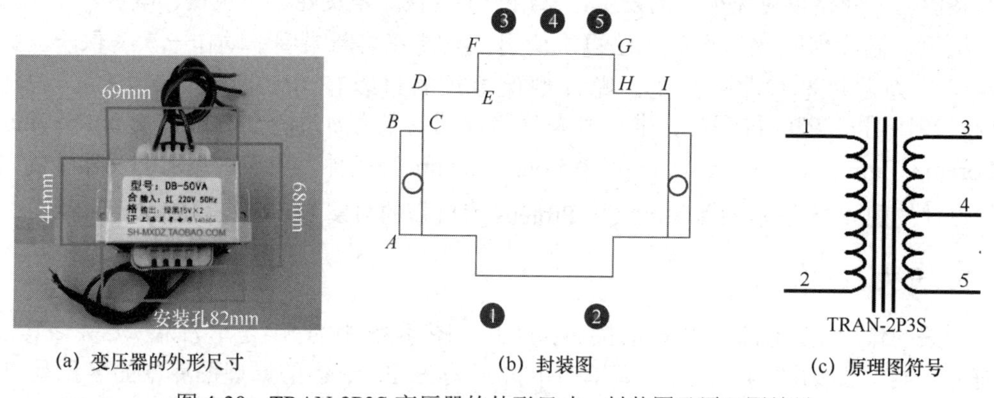


(a) 变压器的外形尺寸　　(b) 封装图　　(c) 原理图符号

图 4-39　TRAN-2P3S 变压器的外形尺寸、封装图及原理图符号

### 5. 整流桥

整流桥就是将桥式整流的 4 个二极管封装在一起，从而构成全桥整流电路（简称全桥）。全桥整流电路的利用率高，输出电压是整流桥输入电压的 90%。整流桥有 4 只引脚，两个直流输出端标有“+”或“−”，两个交流输入端标有“～”标记。整流桥的正向电流有 0.5A、1A、1.5A、2A、2.5A、3A、5A、10A、20A、35A、50A 等多种规格，耐压值（最高反向电压）有 25V、50V、100V、200V、300V、400V、500V、600V、800V、1000V 等多种规格。

整流桥的名称中有 3 个数字，第 1 个数字代表额定电流（单位为 A），后两个数字代表额定电压（数字×100V），比如，KBL410 即代表 4A、1000V，RS507 即代表 5A、700V（1、2、3、4、5、6、7 分别代表电压挡的 100V、200V、300V、400V、500V、600V、700V）。常用的国产全桥有佑风 YF 系列，进口全桥有 ST、IR 等。图 4-35 所示电路中的整流桥的外形、封装图及原理图符号如图 4-40 所示，整流桥在 Proteus 的原理图库中的名称是 BRIDGE，在 PCB 库中的名称是 BRIDGE5。整流桥可以用 1N4007（耐压 1000V、电流 1A）普通整流二极管直接构成。

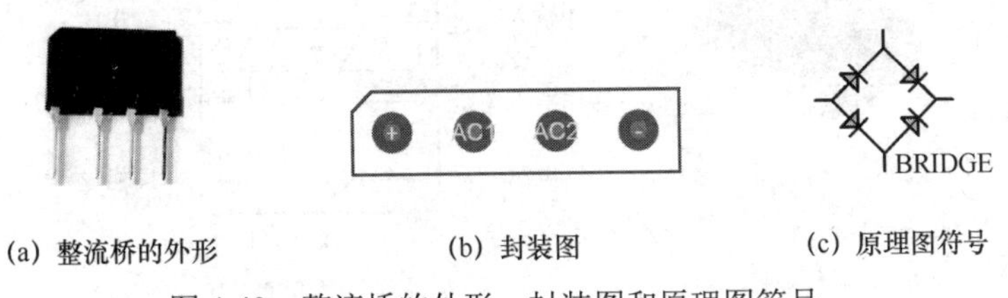


图 4-40　整流桥的外形、封装图和原理图符号

### 6. 三端稳压管

用 78/79 系列三端稳压管来组成稳压电源所需的外围元器件极少，使用起来可靠、方便，而且价格便宜。该系列三端稳压管型号中的 78 或 79 后面的数字代表该三端稳压管的输出电压，如 7805 表示输出电压为+5V，7905 表示输出电压为−5V，7815 表示输出电压为+15V，7915 表示输出电压为−15V。

7815 为三端稳压管电路，内含过流、过热和过载保护电路，能提供多种固定的输出电压，虽然是固定稳压电路，但通过使用外接元器件可获得不同的电压和电流，带散热片时，输出电流可达 1A，应用范围较广。7815 的 1 引脚 VI 用作输入，输入电压的范围为 $V_I$=5～18V，但输入最高电压不能超过 36V；2 引脚接地；3 引脚 VO 用作输出，常用作 15V 电压输出，注意只有当输入电压 $V_I$ 比输出电压 $V_O$ 大 3～5V 时，才能保证三端稳压管输出电压工作在线性区。7915 的性能参数与 7815 一致，但 7915 输出的是负电压。

图 4-35 所示电路中 7815 的外形、封装图和原理图符号如图 4-41 所示，装配时需安装散热片，7815 在 Proteus 原理图库中的名称是 7815，其 PCB 库中的名称是 TO-220。7915 在 Proteus 原理图库中的名称是 7915，其 PCB 库中的名称也是 TO-220。

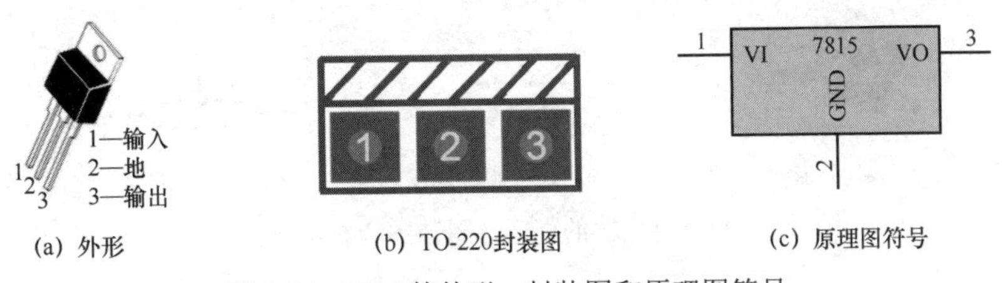


图 4-41　7815 的外形、封装图和原理图符号

### 7. 运算放大器

图 4-35 中的运算放大器 NE5532 的芯片外形、引脚功能、双列直插封装图和原理图符号如图 4-42 所示，运算放大器 NE5532 在 Proteus 原理图库中的名称是 NE5532，在 PCB 库中的名称是 DIL08 或 DIP8。注意图 4-42（b）内部有两个运算放大器，分别对应图 4-42（d）的两个符号，在电路设计中可根据需要使用。一般来说，如果电路中只用一个运放，可以选择 A 运放，也可以选择 B 运放；当要用两个运放时，则 A 和 B 都用，比如图 4-42（d）的 U3:A 和 U3:B 是同一个 NE5532 芯片中的两个运放，对应于 PCB 中的 U3 芯片。如果图中有 U3:A 和 U4:A 两个运放，则表明是两个不同芯片的运放，在 PCB 中分别对应于

U3 和 U4 两个芯片中的 A 运放。

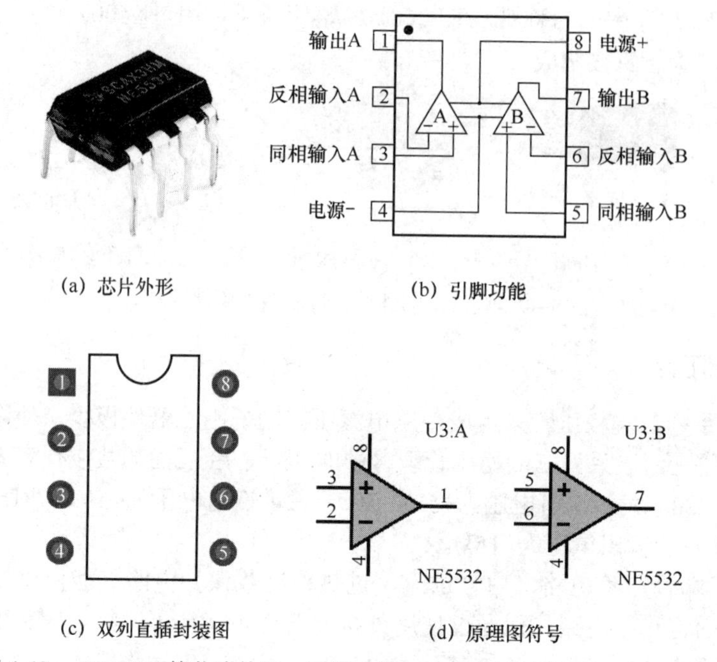


(a) 芯片外形　(b) 引脚功能

(c) 双列直插封装图　(d) 原理图符号

图 4-42　NE5532 的芯片外形、引脚功能、双列直插封装图和原理图符号

### 8．电位器

电位器具有三个引出端，其封装有多种。图 4-35 中的 RV1、RV2、RV3 和 RV4 电位器的外形、封装图和原理图符号如图 4-43 所示，电位器在 Proteus 原理图库中的名称是 POT-HG，在 PCB 库中的名称是 PRE-THUMB。

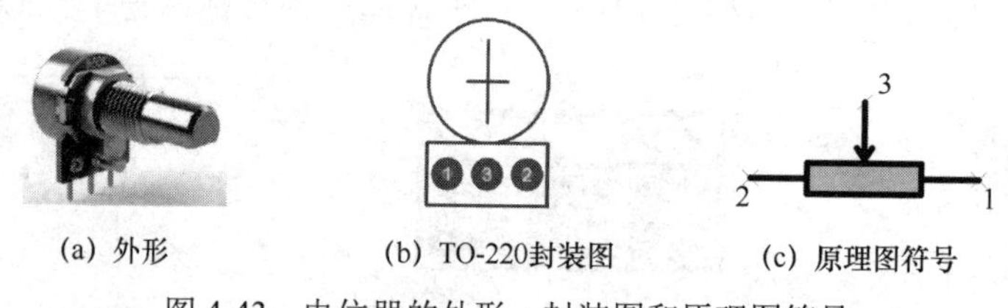

(a) 外形　(b) TO-220封装图　(c) 原理图符号

图 4-43　电位器的外形、封装图和原理图符号

### 9．4.5mm 单音母座

为了便于将音频信号直接输入图 4-35，需要在图 4-35 中的音调控制电路中的 R1 电阻前面接入一个单音母座，由于该元器件没有仿真功能，因此在前面的仿真分析时就没有加入，但在 PCB 电路制作时需要增加一个 4.5mm 单音母座，用于音频信号的接入，有的电路设计软件会自带其原理图符号，有的需要设计者自己绘制原理图符号，而且需要绘制其封装图，图 4-44 是自己设计的 4.5mm 单音母座的原理图符号和封装图，

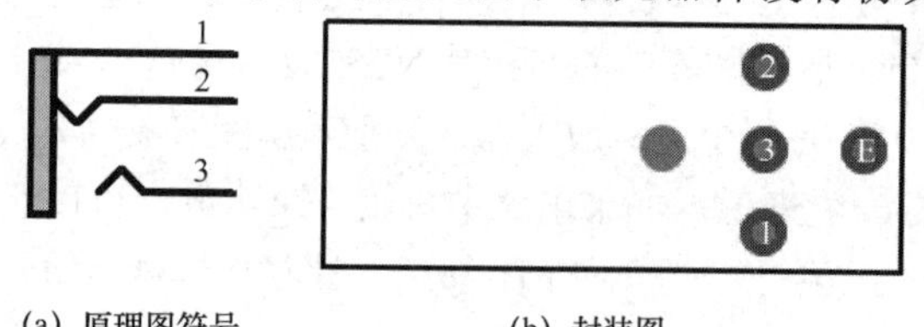

(a) 原理图符号　(b) 封装图

图 4-44　4.5mm 单音母座的原理图符号和封装图

单音母座在 Proteus 封装库中的名称是 XLR-4-F。

### 10. 电容

图 4-35 中的电容主要分为电解电容和无极性电容两大类。电解电容的原理图符号都是─┤▌▐├─，左边引脚接正，右边引脚接负；无极性电容的原理图符号都是─┤├─，引脚没有方向之分，主要有瓷片电容、独石电容、钽电容和涤纶电容。下面分类对其进行说明。

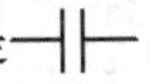

（1）图 4-35 中的 C1～C6、C12 和 C13 是电解电容。电解电容在 Proteus 原理图库中有电容元器件库（Capacitors）的 Radial Electrolytic 和 Electrolytic Aluminum 两个子库，其封装有 THT 和 SMT 两大类封装，比如 THT 封装中的“ELEC-RAD10”封装，英文“ELEC-RAD”表示电容封装的类型，数字“10”表示电解电容两只引脚之间的距离，可以根据所买的元器件，确定具体的封装型号。电解电容的 SMT 封装可采用“ELECT-3”，英文“ELECT”表示电容封装的类型，数字“3”表示电解电容两只引脚之间的距离。在该设计中采用 THT 封装，小的电解电容采用“ELEC-RAD10”封装，大的电解电容采用“ELEC-RAD40”封装。

（2）C7、C8 和 C14 是插件式钽电容，图 4-35 中的 C7、C8 和 C14 采用直插 CAP10 封装。

（3）C11、C15～C18 是插件式独石电容，图 4-35 中的 C11、C15～C18 采用直插 CAP20 封装。

（4）C9 和 C10 是 8200pF 涤纶电容，图 4-35 中的 C9 和 C10 采用直插 CAP40 封装。

### 11. 电阻

为了简化设计，图 4-35 中的电阻 R1～R19 都采用 Proteus 软件库自带的“RES40”封装，英文“RES”表示电阻封装的类型，数字“40”表示电阻两只引脚之间的距离。

### 12. 二极管

图 4-35 中的 D1 和 D2 是稳压二极管 1N4001，采用 Proteus 软件库自带的“DO41”封装，英文“DO”表示二极管封装的类型，数字“41”表示电阻两只引脚之间的距离。图 4-35 中的 D3 和 D4 是普通二极管 1N4128，采用 Proteus 软件库自带的“DIODE30”封装，英文“DIODE”表示二极管封装的类型，数字“30”表示电阻两只引脚之间的距离。

### 13. 三极管

图 4-35 中的 Q1 是 NPN 型三极管 2N3904，采用 Proteus 软件库自带的“TO92”封装；Q2 是 PNP 型三极管 2N3905，采用 Proteus 软件库自带的“TO92”封装。

### 14. 扬声器

简易音频功率放大器驱动的扬声器一般安装在电路的外部，但要在电路板上预留扬声器的信号连接点。由于扬声器的信号线有两根，因此在设计的 PCB 上可以通过两针的插接件来连接，在本次设计中，图 4-35 中的扬声器采用 Proteus 软件自带的“SIL-100-2”封装。

### 4.8.3　音频功率放大器电路 PCB 设计

PCB 设计中的布线是完成产品设计的重要步骤，在整个 PCB 设计中，布线的设计过程要求最高、技巧最细、工作量最大。PCB 布线分为单面布线、双面布线和多层布线等多种方式。各种 PCB 设计软件都提供自动布线和手工布线两种方式，在设计中一般利用 PCB 设计软件中的自动布线功能结合手工调整的方式来完成 PCB 的布线。在完成图 4-35 中所有元器件的封装后，首先要生成电路的网络表，然后根据 PCB 的设计规则，在 Proteus 中完成图 4-45 所示的音频功率放大器电路的双面板设计。运用 Proteus 软件设计 PCB 的介绍不多，在国内也不流行，这里不做详细介绍。

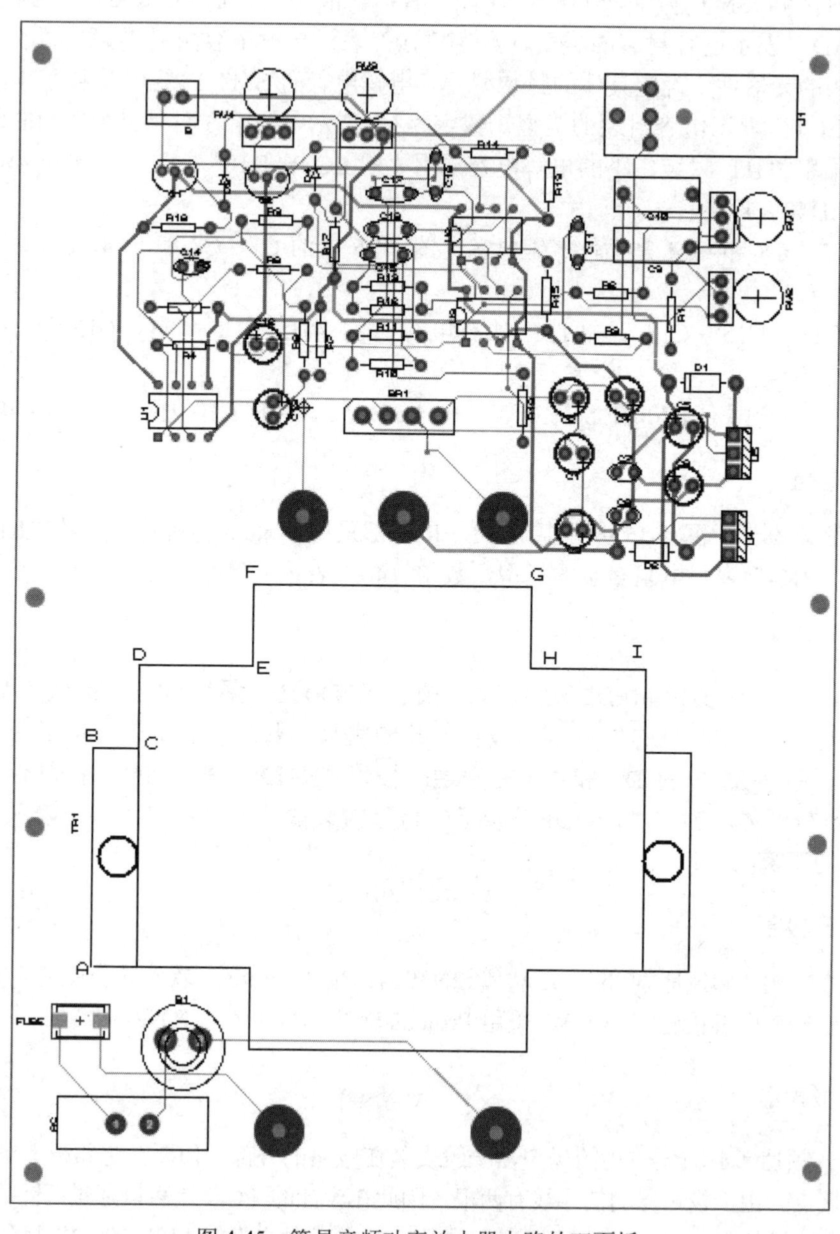


图 4-45　简易音频功率放大器电路的双面板

## 4.9　简易音频功率放大器项目设计能力形成观察点分析

根据项目设计目标，要求学生能运用模块设计方法完成复杂模拟电路的原理图设计，能对各单元电路模块的性能指标进行仿真分析，最后完成复杂电路的原理图设计。根据工程教育认证的要求，需对学生的基于 Proteus 的模块电路设计能力进行合理性评价，因此在该部分教学实施过程中设计了以下观察点。

1．检查直流稳压源的仿真原理图，查看是否能得到稳定的±15V 仿真结果，询问直流稳压源的工作原理，对其原理图的设计能力及模拟电路分析能力进行合理性评价。

2．检查音调控制电路的仿真原理图，询问音调控制电路的音频信号的频率参数与音调控制电路中元器件参数之间的关系，并查看分析结果，对其模拟电路设计能力进行合理性评价。

3．检查工频陷波器电路的仿真原理图，询问工频陷波器电路的基本概念，检查工频陷波器电路的幅频特性曲线结果，对其模拟电路设计能力进行合理性评价。

4．检查前级放大电路的仿真原理图，询问前级放大电路的基本概念，计算前级放大电路的放大倍数，并说明前级放大电路的放大倍数与电路中元器件参数之间的关系，对其模拟电路设计能力进行合理性评价。

5．检查功率放大电路的仿真原理图，询问功率放大电路的基本概念，计算功率放大电路的放大倍数，并说明功率放大电路的放大倍数与电路中元器件参数之间的关系，对其模拟电路设计能力进行合理性评价。

6．检查整体电路的仿真原理图，询问整体原理图与各单元电路模块之间的关系，对照指标验证整体原理图的仿真功能，对其模拟电路设计能力和综合能力进行合理性评价。

## 本章小结

本章详细地介绍了基于 Proteus 的音频功率放大器电路设计仿真过程。根据设计要求对音频功率放大器电路中的直流稳压源、音调控制电路、工频陷波器电路、前级放大电路等单元电路中的元器件参数进行设置，对单元电路的工作原理、性能进行仿真分析，验证了设计方案的正确性和可行性。然后对电路中元器件的封装进行针对性的介绍，并给出基于 Proteus 音频功率放大器的 PCB 设计方案。本章内容的训练可以提高学生的电路分析能力、电路设计能力和对现代工具的操作能力。至于 PCB 设计训练，将在后续章节的电路设计中加强。

# 思考与练习

## 一、思考题

1．功率放大电路与前级放大电路的区别是什么？

2．工频陷波器电路可对什么频率的信号进行陷波？工频陷波器电路的输出还有工频信号吗？

3．简述音频功率放大器电路的构成及工作原理。

## 二、练习题

1．根据表 4-6 所示的元器件清单绘制图 4-46 所示的电路原理图。

**表 4-6　12V 灯泡控制电路元器件清单**

| 元器件名称 | 元器件编号 | 元器件标称值 | 所属元器件库 | 说　明 |
|---|---|---|---|---|
| BATTERY | BAT1 | 12V | Simulator Primitives | 直流电源 |
| RES | R1 | 10kΩ | Resistors | 电阻 |
| BUTTON | S | — | Switches | 开关 |
| CAP-ELEC | C1 | 2200μF | Capacitors | 电解电容 |
| NPN | Q1 | — | Generic | NPN 三极管 |
| LAMP | L1 | 12V | Optoelectronics | 灯泡 |

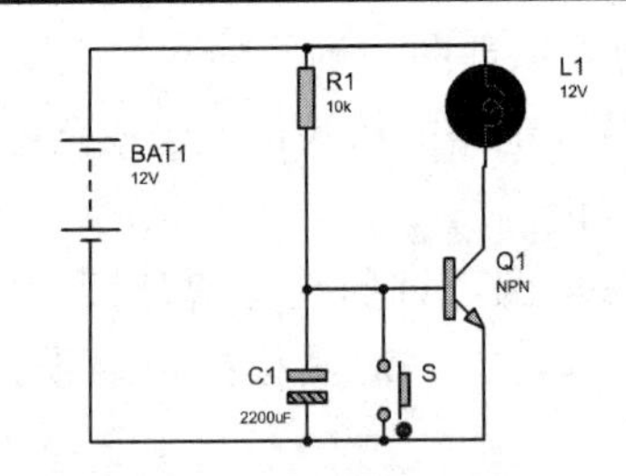


图 4-46　12V 灯泡控制电路原理图

2．根据表 4-7 绘制图 4-47 所示的 4 路抢答器电路。

**表 4-7　4 路抢答器电路元器件及端口清单**

| 元器件名称 | 元器件编号 | 元器件标称值 | 所属元器件库 | 说　明 |
|---|---|---|---|---|
| RES | R1～R9 | 见图 4-47 | Resistors | 电阻 |
| BUTTON | S1～S4 | — | Switches | 开关 |
| LED-RED | D1～D4 | — | Optoelectronics | 仿真用的红色发光二极管 |
| 74LS171 | U1 | — | TTL74LS | D 触发器 |
| 74LS20 | U2:A | — | TTL74LS | 四输入与非门 |
| 74LS00 | U3:A，U3:B | — | TTL74LS | 二输入与非门 |
| DCLOCK | CLOCK | 100Hz | （激励信号） | （脉冲信号源） |
| DPULSE | CLR | 100Hz | （激励信号） | （单脉冲信号源） |
| GND | — | — | （端口） | （接地端口） |
| POWER | — | +5V | （端口） | （电源端口） |

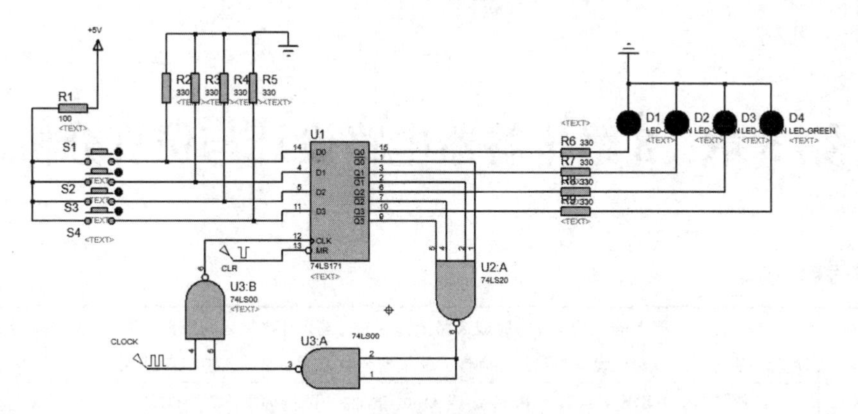


图 4-47　4 路抢答器电路原理图

3．根据表 4-8 绘制图 4-48 所示的 110 序列检测器电路原理图，如输入信号 INPUT 的值为 11101111011100001001101110，分析其输出 OUTPUT 的值。

表 4-8　110 序列检测器电路元器件及端口清单

| 元器件名称 | 元器件编号 | 元器件标称值 | 所属元器件库 | 说　明 |
|---|---|---|---|---|
| 7404 | U1:A | — | TTL74LS | 反相器 |
| 74LS112 | U2:A，U2:B | — | TTL74LS | JK 触发器 |
| 7408 | U3:A，U3:B | — | TTL74LS | 二输入与门 |
| DPATTERN | INPUT | — | （激励信号） | 输入序列 11101111011100001001101110 |
| DCLOCK | CLOCK | 1Hz | （激励信号） | （脉冲端口） |
| POWER | — | +5V | （端口） | （电源端口） |

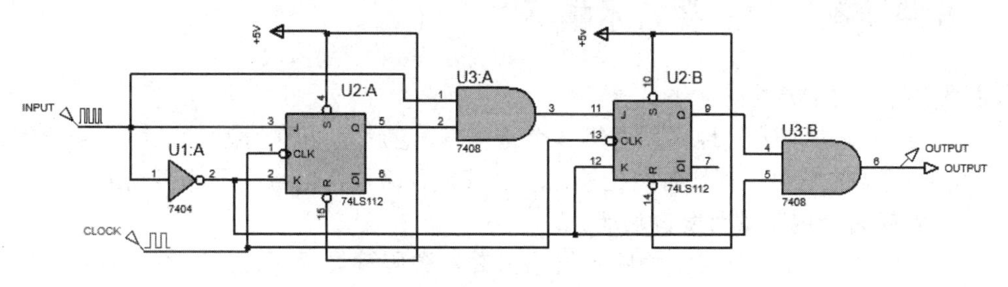


图 4-48　110 序列检测器电路原理图

# 第5章　8路抢答器电路设计与仿真分析

内容导航

| | |
|---|---|
| 目标设置 | 能根据8路抢答器的设计指标，完成8路抢答器的方案设计，能运用仿真软件对设计的8路抢答器电路进行仿真分析，以验证设计方案的正确性；能根据8路抢答器原理图绘制双面PCB |
| 内容设置 | 8路抢答器的方案设计；基于Proteus或Multisim的8路抢答器仿真原理图设计，分析8路抢答器电路的设计和仿真过程；基于Altium Designer 20（简称AD20）的8路抢答器原理图和PCB设计 |
| 能力培养 | 问题分析能力（工程教育认证标准的第2条），使用现代工具的能力（工程教育认证标准的第5条） |
| 本章特色 | 首先运用Proteus和Multisim的仿真功能分析8路抢答器的工作原理及电路参数的设计正确性；运用AD软件完成8路抢答器电路的原理图和PCB设计。通过使用Proteus、Multisim和AD三种不同的软件分别完成8路抢答器的原理图设计，比较Proteus、Multisim和AD软件的优缺点。通过完成8路抢答器的设计，提高学生的分析问题能力、电路设计能力和软件操作能力。通过8路抢答器的设计过程，介绍软件的使用方法 |

抢答器在知识竞赛、文体娱乐活动（抢答赛活动）中，能准确、公正、直观地判断出抢答者的座位号，是工厂、机关、学校等单位广泛开展知识竞赛活动时不可缺少的电子设备。

## 5.1　8路抢答器的主要技术指标

8路抢答器的主要功能如下。

1．8路抢答器能公平地实现对第一个抢答信号的鉴别和锁存功能，第一个抢答按钮按下后，抢答器系统封锁其他各路抢答信号，其他各路抢答信号都不能实现抢答。

2．8路抢答器电路具有复位功能。

3．8路抢答器在抢答时，蜂鸣器发出报警，数码管显示对应的抢答者编号，注意8位抢答者的编号为1, 2, 3,⋯, 8，而不是0, 1, 2,⋯, 7。

## 5.2　基于Proteus的8路抢答器电路原理图设计与仿真分析

根据8路抢答器的技术要求，8路抢答器应具有抢答输入、编码、译码和显示等功能。抢答启动后，当某位抢答者最先按下开关时，系统马上输出声光报警，表明有人开始抢答，同时显示抢答者的编号。由于需要用数码管显示相应的抢答者编号，因此需要对编号进行译码。由此可以绘制图5-1所示的8路抢答器电路的功能框图。

报警
抢答输入 → 编码 → 译码 → 显示

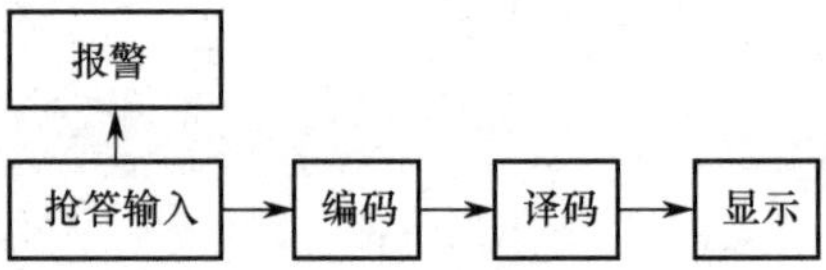

图5-1　8路抢答器电路的功能框图

### 5.2.1　基于 Proteus 的 8 路抢答器的编码电路设计与仿真

根据 8 路抢答器的设计要求，为了区分 8 路不同的抢答，需要对每位抢答者都用一个二值代码表示，即对 8 路信号进行编码，8 路信号可以用 3 位二进制数表示，即 000～111 这 8 个数可以完成 8 路信号的编码；结合后面的译码显示，000～111 会被译码显示为 0～7，不符合设计要求的编号，因此需将 8 路输入信号转换成 4 位 BCD 码，如表 5-1 所示。

表 5-1　8 路信号编码关系表

| 序　号 | 输　入 | | | | | | | | 输　出 | | | | 注　释 |
|---|---|---|---|---|---|---|---|---|---|---|---|---|---|
| | S1 | S2 | S3 | S4 | S5 | S6 | S7 | S8 | X4 | X3 | X2 | X1 | |
| 1 | 1 | × | × | × | × | × | × | × | 0 | 0 | 0 | 1 | 1 号抢答 |
| 2 | × | 1 | × | × | × | × | × | × | 0 | 0 | 1 | 0 | 2 号抢答 |
| 3 | × | × | 1 | × | × | × | × | × | 0 | 0 | 1 | 1 | 3 号抢答 |
| 4 | × | × | × | 1 | × | × | × | × | 0 | 1 | 0 | 0 | 4 号抢答 |
| 5 | × | × | × | × | 1 | × | × | × | 0 | 1 | 0 | 1 | 5 号抢答 |
| 6 | × | × | × | × | × | 1 | × | × | 0 | 1 | 1 | 0 | 6 号抢答 |
| 7 | × | × | × | × | × | × | 1 | × | 0 | 1 | 1 | 1 | 7 号抢答 |
| 8 | × | × | × | × | × | × | × | 1 | 1 | 0 | 0 | 0 | 8 号抢答 |

对于 8 路抢答器的编码，自然会想到 8-3 线优先编码器 74LS148，但 74LS148 优先编码器的输出只有 000～111，不符合设计要求。也有人会想到 74LS147，74LS147 是基于 8421 BCD 码的十进制优先编码器。但这里值得注意的是，优先编码器将会造成优先级别高的拥有优先权，这对优先级别低的不公平。由于不能使用现有的优先编码器，这里需要自行设计新的编码器，根据表 5-1 写出式（5-1）所示的输入与输出之间的逻辑表达式

$$\begin{cases} X1 = S1 + S3 + S5 + S7 \\ X2 = S2 + S3 + S6 + S7 \\ X3 = S4 + S5 + S6 + S7 \\ X4 = S8 \end{cases} \tag{5-1}$$

根据式（5-1），在 Proteus 仿真软件中绘制图 5-2 所示的 8 路抢答器的编码电路原理图，电路中的元器件信息如表 5-2 所示。8 路抢答器输入用按键控制，利用二极管的单向导电性完成式（5-1）的“或”逻辑功能。图 5-2 中的 X1、X2、X3、X4 是 Proteus 软件中的逻辑探头，逻辑探头的输入为高电平时显示逻辑“1”，逻辑探头的输入为低电平时显示逻辑“0”。比如 S1 按下， 图 5-2 中的 X4、X3、X2、X1 输出显示为 0001，与表 5-1 的逻辑关系是一致的，同理可以验证表中其他按钮按下后的输出编码。

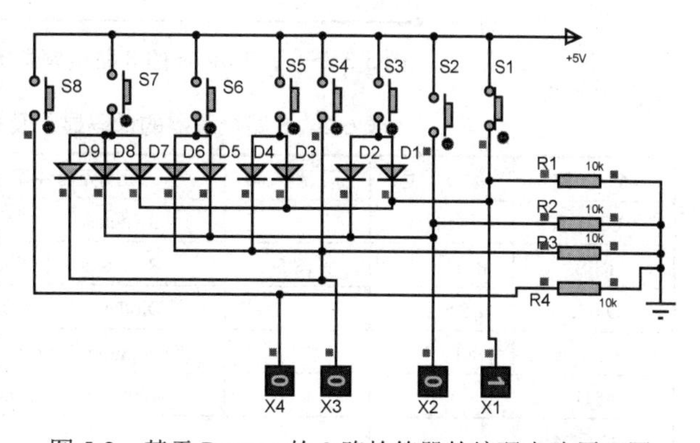


图 5-2　基于 Proteus 的 8 路抢答器的编码电路原理图

表 5-2 8 路抢答器编码电路的元器件清单

| 名　称 | 编　号 | 标 称 值 | 所属元器件库或者端口 | 说　明 |
|---|---|---|---|---|
| BUTTON | S1～S8 | — | Switches（开关元器件库） | 轻触按钮 |
| RES | R1～R4 | 见图 5-2 | Resistors（电阻元器件库） | 电阻 |
| Diode | D1～D9 | — | Diodes（二极管元器件库） | 普通二极管 |
| LOGICPROBE（BIG） | X1～X4 | — | Debugging Tools（调试工具库） | 输出逻辑状态 |
| GROUND | — | — | （端口，在工具栏上） |  |
| POWER | — | +5V | （端口，在工具栏上） | （修改属性为+5V） |

## 5.2.2 基于 Proteus 的 8 路抢答器的译码显示及报警电路设计与仿真

### 1. 绘制 8 路抢答器的控制电路

根据设计要求，在 Proteus 中绘制图 5-3 所示的 8 路抢答器的译码显示及报警电路，图中的元器件信息如表 5-3 所示。

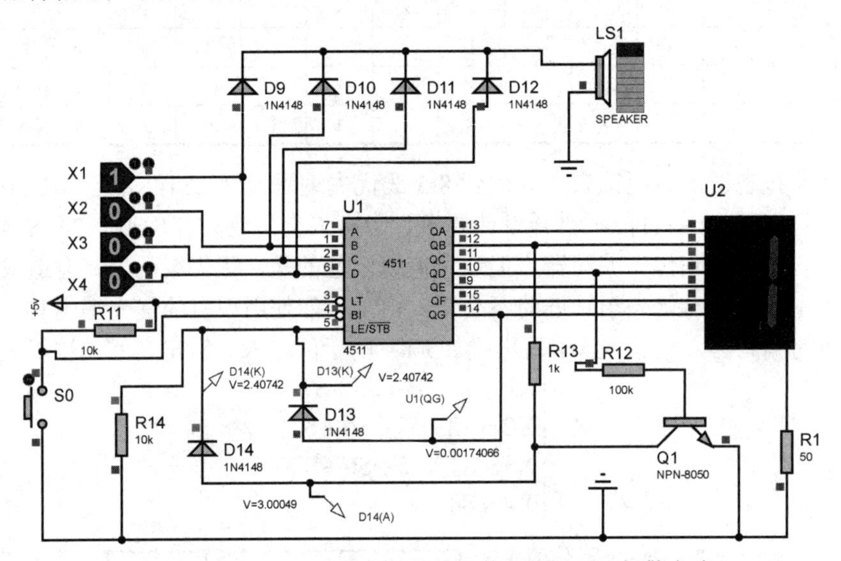


图 5-3 基于 Proteus 的 8 路抢答器的译码显示及报警电路

表 5-3 8 路抢答器的译码显示及报警电路元器件清单

| 名　称 | 编　号 | 标 称 值 | 所属元器件库或者端口 | 说　明 |
|---|---|---|---|---|
| BUTTON | S0 | — | Switches（开关元器件库） | 轻触按钮 |
| RES | R11～R14 | 见图 5-3 | Resistors（电阻元器件库） | 电阻 |
| Diode | D9～D14 | — | Diodes（二极管元器件库） | 普通二极管 |
| LOGICSTATE | X1～X4 | — | Debugging Tools（调试工具库） | 输入逻辑状态 |
| 4511 | U1 | — | CD4000 series（COM 元器件库） | 软件库中没有 CD4511，用 4511 代替 |
| 7SEG-COM-CATHODE | U2 | — | Optoelectronics（光电子元器件库） | 7 段共阴数码管 |
| NPN | Q1 | — | Transistor（晶体管元器件库） | 8050 |

（续表）

| 名　称 | 编　号 | 标 称 值 | 所属元器件库或者端口 | 说　明 |
|---|---|---|---|---|
| Speaker | LS1 | — | Speaker & Sounders（声学元器件库） | 蜂鸣器 |
| GROUND | — | — | （端口，在工具栏上） | |
| POWER | — | +5V | （端口，在工具栏上） | |

### 2. 电路分析

图 5-3 中的 X1、X2、X3、X4 是 Proteus 中的输入逻辑状态调试虚拟元器件，可以模拟逻辑电平“1”和“0”，4 位可以实现 0000～1111 状态组合，模拟编码信号。

图 5-3 中的 D9～D14 构成一个四输入的或门电路，只要有一个输入为“1”，则 LS1 蜂鸣器（有源蜂鸣器）就导通发声。

U2 为 7 段共阴数码管，实现对抢答信号的显示。为保护数码管，在数码管的公共端接了一个电阻 R1，R1 的阻值不能太大，如果 R1 的阻值太大，数码管就不亮，这里设为 50Ω。

4511 实现将 4 位 BCD 码信号译码成 7 段共阴数码管编码信号。由于抢答器必须确保第一个抢答信号被锁存，同时数码显示并拒绝后面抢答信号的干扰。根据表 5-4 所示的 4511 的功能表，4511 内部电路与 D13、R12、Q1 和 D14 组成控制电路，完成抢答器所需的控制功能。

表 5-4　4511 的功能表

| 输　入 | | | | | | | 输　出 | | | | | | | |
|---|---|---|---|---|---|---|---|---|---|---|---|---|---|---|
| LE/$\overline{STB}$ | BI | LT | D | C | B | A | QA | QB | QC | QD | QE | QF | QG | 显示 |
| × | × | 0 | × | × | × | × | 1 | 1 | 1 | 1 | 1 | 1 | 1 | 8 |
| × | 0 | × | × | × | × | × | 0 | 0 | 0 | 0 | 0 | 0 | 0 | 消隐 |
| 0 | 1 | 1 | 0 | 0 | 0 | 0 | 1 | 1 | 1 | 1 | 1 | 1 | 0 | 0 |
| 0 | 1 | 1 | 0 | 0 | 0 | 1 | 0 | 1 | 1 | 0 | 0 | 0 | 0 | 1 |
| 0 | 1 | 1 | 0 | 0 | 1 | 0 | 1 | 1 | 0 | 1 | 1 | 0 | 1 | 2 |
| 0 | 1 | 1 | 0 | 0 | 1 | 1 | 1 | 1 | 1 | 1 | 0 | 0 | 1 | 3 |
| 0 | 1 | 1 | 0 | 1 | 0 | 0 | 0 | 1 | 1 | 0 | 0 | 1 | 1 | 4 |
| 0 | 1 | 1 | 0 | 1 | 0 | 1 | 1 | 0 | 1 | 1 | 0 | 1 | 1 | 5 |
| 0 | 1 | 1 | 0 | 1 | 1 | 0 | 0 | 0 | 1 | 1 | 1 | 1 | 1 | 6 |
| 0 | 1 | 1 | 0 | 1 | 1 | 1 | 1 | 1 | 1 | 0 | 0 | 0 | 0 | 7 |
| 0 | 1 | 1 | 1 | 0 | 0 | 0 | 1 | 1 | 1 | 1 | 1 | 1 | 1 | 8 |
| 0 | 1 | 1 | 1 | 0 | 0 | 1 | 1 | 1 | 1 | 0 | 0 | 1 | 1 | 9 |
| 0 | 1 | 1 | 非 BCD 码 | | | | 0 | 0 | 0 | 0 | 0 | 0 | 0 | 消隐 |
| 1 | 1 | 1 | × | × | × | × | 锁存 | | | | | | | 锁存 |

当 X1、X2、X3 和 X4 输入为 0000 即没有抢答时，图 5-3 中的 4511 的 LT 和 BI 引脚接“1”，LE/$\overline{STB}$ 引脚通过 R14 接地，对比表 5-4，这时 4511 的译码输出值为 0111111，即 QA～QF 均为高电平，QG 为低电平，仿真时 U2 显示“0”。由于 QG 为“0”，因此二极管 D13 不导通；QB 和 QD 为“1”，则三极管 Q1 导通，Q1 的发射极与集电极的电平相等，所以 D14 的输入为“0”，D14 也不导通。在这种状态下，4511 没有锁存，系统处于

抢答准备状态。

当 S0 按下时，则 BI=0，4511 的输出为 0000000，数码管 U2 处于消隐状态。

当 X1、X2、X3 和 X4 中出现一个“1”时，4511 的输出端 QB、QG 至少有一只引脚的输出为高电平，经二极管 D13 或 D14 反馈到 4511，使 4511 的 LE/$\overline{STB}$ 引脚维持高电平，从而实现对当前输出值的锁定，此时输入值发生变化，但输出值保持不变，从而实现锁存功能。以下是调试过程中需要注意的几个问题。

（1）数码管 U2 不要选错型号，这里是共阴数码管。若用共阳数码管，则仿真分析时就不亮。

（2）限流电阻 R1 的阻值不能太大，否则仿真时 U1 数码管不亮。

### 5.2.3　基于 Proteus 的 8 路抢答器整体电路设计与仿真

根据前面图 5-2 和图 5-3 的 8 路抢答器单元电路的仿真分析，在 Proteus 中完成 8 路抢答器的整体电路原理图设计，如图 5-4 所示。

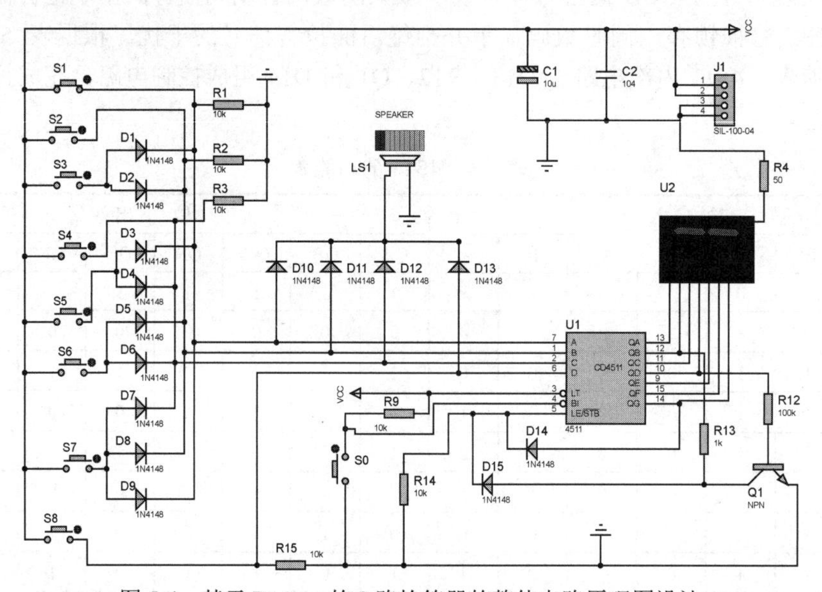


图 5-4　基于 Proteus 的 8 路抢答器的整体电路原理图设计

图 5-4 中增加了一个由 C1、C2 和 J1 构成的电源输入电路，由于 J1 连接器不具有仿真功能，所以在原理图中双击该元器件，在弹出的属性对话框中将其属性 □ Exclude from Simulation 修改为 ☑ Exclude from Simulation（不参与仿真）。C1 和 C2 的用途是对电源信号进行滤波。

单击图 5-4 所在的编辑器中的 ▶ 仿真按钮，按下 S1，蜂鸣器就能发声，数码管显示 1；松开 S1，按下 S0，数码管显示 0，蜂鸣器不能发声，系统可以重新抢答。

## 5.3　基于 Multisim 的 8 路抢答器电路原理图设计与仿真分析

与 Proteus 软件的设计方法相同，在 Multisim 软件中可以分别设计抢答器的编码电路、译码电路和显示电路，这里省略，直接在 Multisim 中绘制 8 路抢答器电路原理图，如图 5-5

所示，图中的元器件信息如表 5-5 所示。

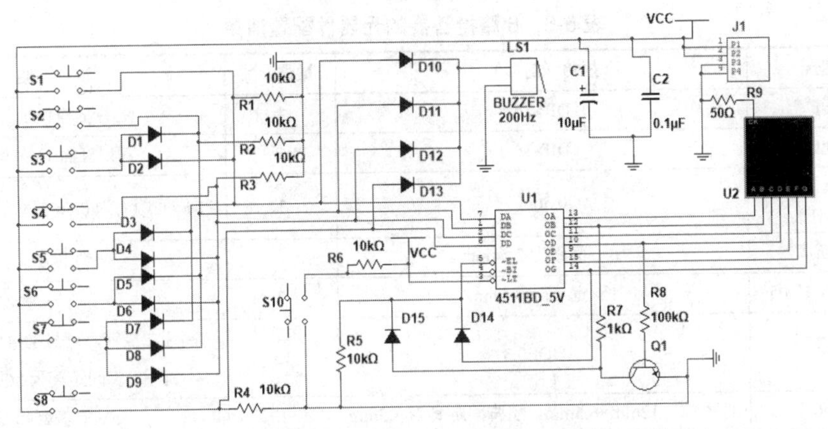

图 5-5　基于 Multisim 的 8 路抢答器电路原理图

表 5-5　基于 Multisim 的 8 路抢答器电路元器件信息

| 元器件（Component） | 元器件库 | 子库 | 编号 | 标称值 |
|---|---|---|---|---|
| PB_DPST | Basic | SWITCH | S1～S8 | — |
| 1N4149 | Diodes | DIODE | D1～D15 | — |
| CMOS_5V | 4511BD_5V | CMOS | U1 | — |
| BUZZER | Indicators | BUZZER | LS1 | 200Hz |
| 50Ω | Basic | RESISTOR | R9 | 50Ω |
| 1kΩ | Basic | RESISTOR | R7 | 1kΩ |
| 10kΩ | Basic | RESISTOR | R1～R5 | 10kΩ |
| 100kΩ | Basic | RESISTOR | R8 | 100kΩ |
| 0.1μF | Basic | CAP_ELECTOROLIT | C2 | 0.1μF |
| 10μF | Basic | CAPACITOR | C1 | 10μF |
| SEVEN_SEG_COM_K_BLUE | Indicators | HEX-DISPLAY | U2 | — |
| 282834-4 | connectors | TERMINAL-BLOCKS | J1 | — |
| VCC | Sources | POWER_SOURCES | VCC | 12V |
| GROUND | Sources | POWER_SOURCES | — | — |

## 5.4　基于 Altium Designer 20 的 8 路抢答器设计

下面使用 Altium Designer 20 完成 8 路抢答器的原理图及双面 PCB 设计，详细介绍 Altium Designer 20 的操作过程，使读者通过 8 路抢答器的原理图及双面 PCB 设计，掌握电路板的设计过程和 Altium Designer 20 软件的操作规范。

### 5.4.1　8 路抢答器的元器件清单

前面利用仿真软件对 8 路抢答器的设计方案进行了仿真分析，验证 8 路抢答器的设计方案是可行的。根据前面的设计方案确定 8 路抢答器的元器件配置清单，如表 5-6 所示，为后续完成 8 路抢答器的 PCB 制作提供依据。

表 5-6　8 路抢答器的元器件配置清单

| 元器件型号 | 规格（封装） | 数量/个 | 说　明 |
|---|---|---|---|
| IC 插座 | DIP-16 | 1 | 芯片插座便于替换 |
| CD4511 | DIP-16 | 1 | 双列直插 16 只引脚 |
| 1 位共阴数码管 CS5611AH | 0.56in | 1 | 引脚间距离为 0.56 英寸的共阴数码管 |
| 282834-4（连接器） | 中心间距为 2.54mm | 1 | 供电插座 |
| 轻触开关 CX-H005 | 长×宽=6mm×6mm | 9 | — |
| 1N4148 | DIODE0.3 | 15 | 高速二极管，可与 1N4149 替换，引脚间距离为 300mil |
| TMB12065 | 直径×高=12mm×6.5mm，引脚间距离为 7.5mm | 1 | 5V 有源蜂鸣器 |
| NPN-8050 | TO-92C | 1 | 小信号三极管 |
| 50Ω | AXIAL0.3 | 1 | 引脚间距离为 300mil |
| 1kΩ | AXIAL0.3 | 1 | 引脚间距离为 300mil |
| 10kΩ | AXIAL0.3 | 6 | 引脚间距离为 300mil |
| 100kΩ | AXIAL0.3 | 1 | 引脚间距离为 300mil |
| 涤纶电容（0.1μF） | RAD0.1 | 1 | 引脚间距离为 100mil |
| 电解电容（10μF） | RB.1/.2 | 1 | 引脚间距离为 100mil，直径为 200mil |

8 路抢答器的主要元器件说明如下。

### 1．DIP-16 插座

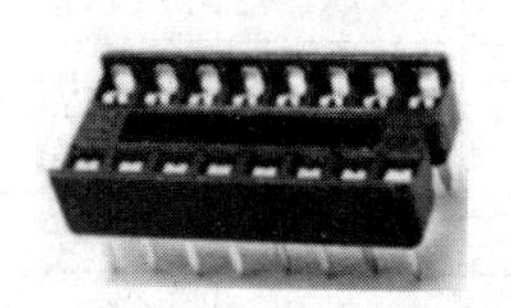

图 5-6　扁脚 DIP-16 插座的外形

扁脚 DIP-16 插座的外形如图 5-6 所示。扁脚 DIP-16 插座的参数及引脚编号与 DIP-16 插座的参数一致，可以用电路设计软件自带的封装完成电路设计。在设计中使用 DIP-16 插座，是为了方便安装 CD4511 芯片，如果芯片 CD4511 有问题，可以快速实现替换。

### 2．轻触开关

轻触开关的封装规格有多种，本次设计中所购买的轻触开关是 6mm×6mm 轻触开关，其型号为 CX-H005，参数如图 5-7（a）所示。电路设计软件自带的封装不一定与所用器件的参数一致，设计者可根据需要自行根据图 5-7（a）中的参数，制作图 5-7（b）所示的封装图，封装的外框图形可以与图 5-7（b）不一样，但一定要保证按钮的 1 引脚与 2 引脚之间的距离为 7mm，1 引脚与 3 引脚之间的距离为 4.5mm，焊盘孔径为 3.3mm。AD20 元器件的封装制作将在第 6 章进行讲解。

### 3．1 位共阴数码管

本次设计中采用的 1 位共阴数码管为 CS5611AH，其外形参数如图 5-8 所示，其长×宽×高=12.6mm×19.00mm×8.0mm，引脚直径为 0.51mm。电路设计软件自带的封装不一定与所用器件的参数一致，需要设计者自己制作其封装图。

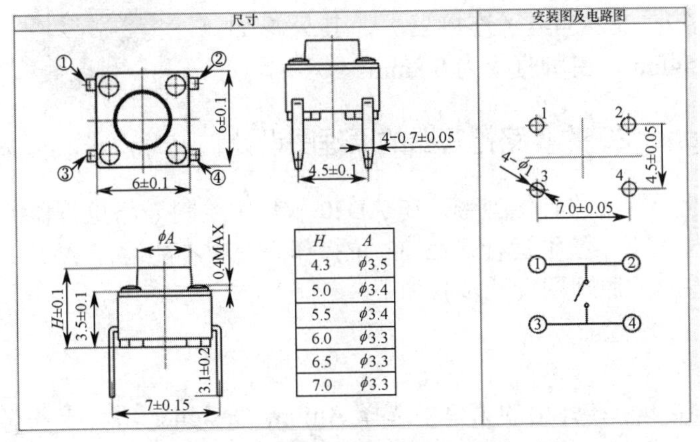


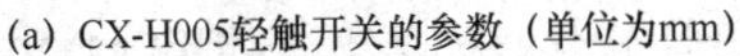
(a) CX-H005轻触开关的参数（单位为mm）

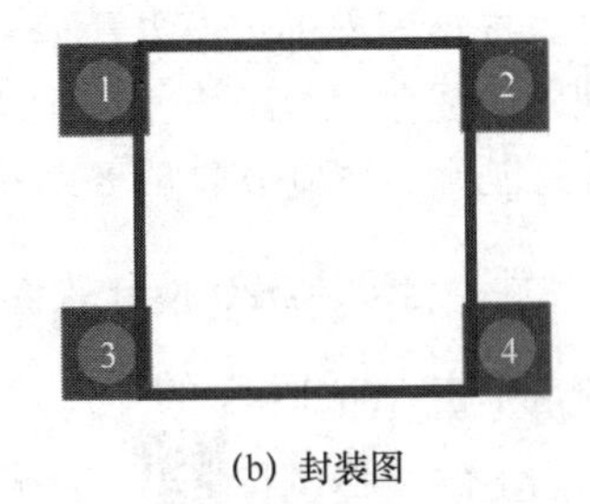

(b) 封装图

图 5-7　四脚 CX-H005 轻触开关

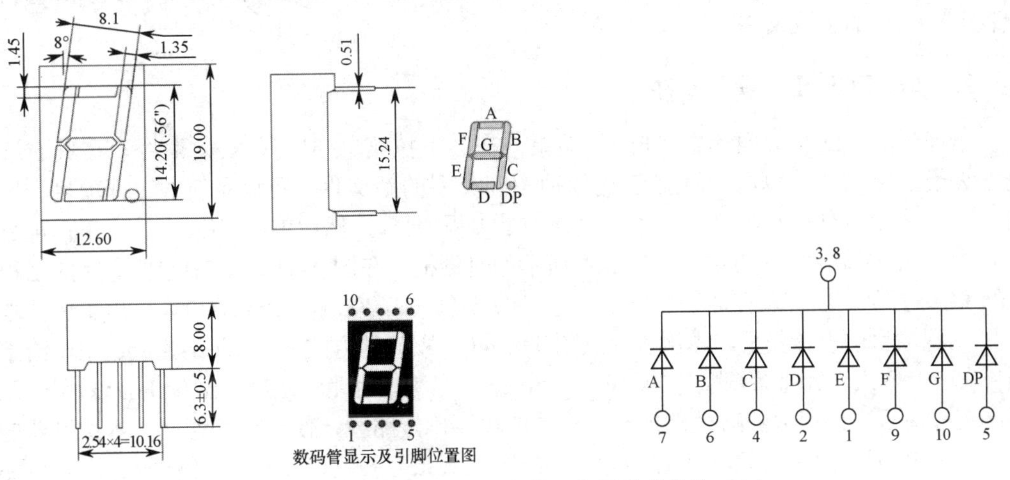


图 5-8　CS5611AH 的外形参数（左图的单位为 mm）

## 4．蜂鸣器

本次设计中采用 TMB12065 矮体有源一体蜂鸣器，其实物的直径为 12mm，引脚间距离为 7.0m，引脚直径为 0.6mm。TMB12065 的外形参数如图 5-9 所示。电路设计软件自带的封装不一定与所用器件的参数一致，需要设计者自己制作其封装图。

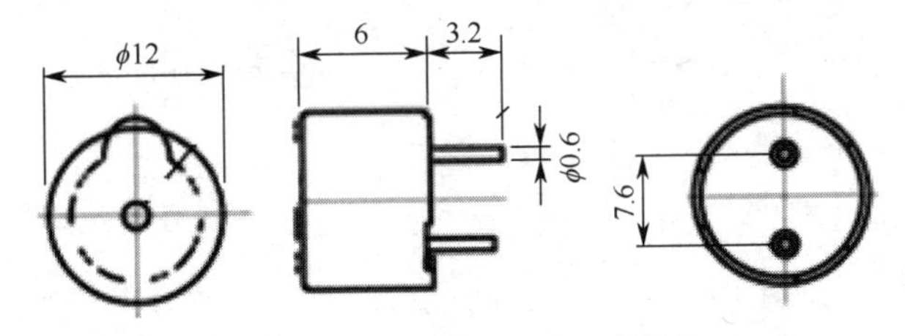


图 5-9　TMB12065 的外形参数（单位为 mm）

#### 5. 连接器

本次设计中采用的连接器为 282834-4（连接器），其外形如图 5-10 所示，引脚间距离为 2.54mm，引脚直径为 0.8mm。

图 5-10　连接器的外形

### 5.4.2　基于 Altium Designer 20 的 8 路抢答器的原理图设计

根据前面的方案及所确定的元器件的具体型号，在 AD20 软件中绘制 8 路抢答器的原理图。注意 AD20 软件在 64 位操作系统中运行，在 32 位操作系统中不能运行 AD20 软件。基于 AD20 软件的 8 路抢答器的原理图设计步骤如下。

#### 1. 启动 AD20 设计软件

单击 Windows 的“开始”菜单，在弹出的菜单中选择 Altium Designer 项，或者双击桌面上的快捷图标，即启动了 AD20 设计软件。如果上次使用 AD20 进行了工程项目设计，而且在退出 AD20 之前没有关闭设计的工程项目，那么在重新启动 AD20 时会自动加载上次设计的工程文件。

#### 2. 创建 PCB 工程项目文件

在打开的 AD20 界面单击“File”菜单，在其下拉菜单中选择 New 命令，在其右边出现三级子菜单（该菜单用于选择创建各种不同类型的新文件，可以是新的工程项目、原理图、PCB 图及其他类型的文件，本次选择的是工程项目)，然后单击“Project”（工程项目文件)，接着 AD 软件会弹出图 5-11（a）所示的对话框，在图 5-11（a）中主要需完成工程项目的 PCB 类型、名称及存放的位置等设置。图 5-11（a）左侧的 Project Type 用于选择本次 PCB 工程项目的设计类型，本次设计选用 Default（默认的方式)；Project Name 用于给工程项目命名，本次设计将系统默认的“PCB_Project”名称改为“8 路抢答器”；Folder 用于创建本次工程项目文件存放的路径，根据设计者的需要确定路径，便于后续管理，本次设置的路径为“E:\电路设计与仿真”，设置完成后，单击“Create”按钮，AD 软件便进入图 5-11（b）所示的设计界面。同时 AD 软件会在“E:\电路设计与仿真”目录下创建一个“8 路抢答器”文件夹，在文件夹中创建一个“8 路抢答器.PrjPcb”的工程项目。注意：在 AD20 的 PCB 工程

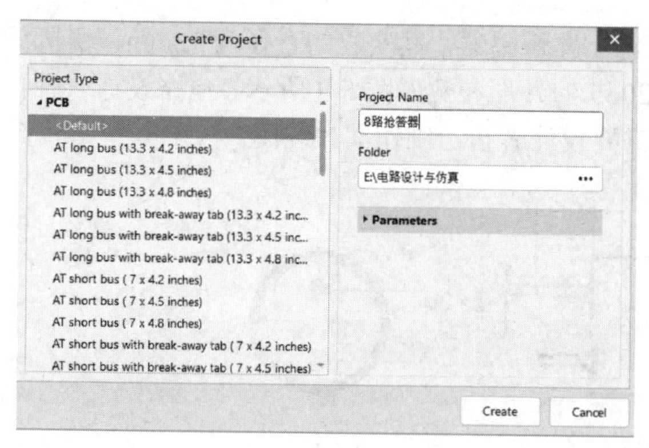


(a)

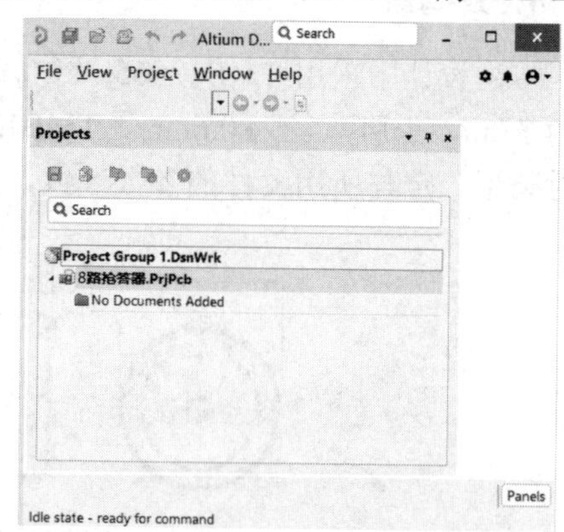


(b)

图 5-11　创建新的工程项目文件

文件中，可以包含*.SchDoc（元器件的原理图符号文件）、*.SCHLIB（元器件的原理图符号库文件）、*.PcbDoc（PCB 文件）和*.PcbLib（元器件封装库文件）等多种类型的设计文件。

### 3．新建原理图文件

**方法一**：在图 5-11（b）中单击“File”菜单，在其下拉菜单中选择 New 命令，在其右边弹出的菜单中选择 Schematic（原理图文件），打开图 5-12 所示的原理图编辑器界面。

**方法二**：在图 5-11（b）的工程项目面板中，将光标移到 8路抢答器.PrjPcb * 上并右击，弹出图 5-13 所示的菜单项，将光标移到 Add New to Project（在工程项目中添加新的文件，可以是原理图文件、PCB 图文件及其他类型的文件）上，单击 Schematic 图标，即打开图 5-12 所示的原理图编辑器界面。

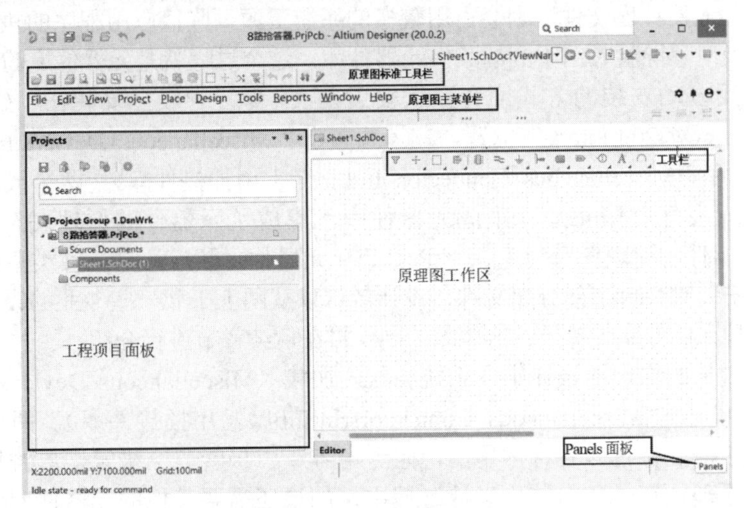


图 5-12　原理图编辑器界面

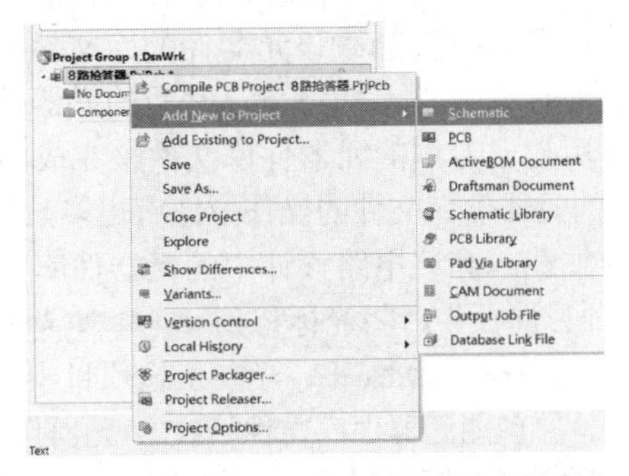


图 5-13　向工程项目添加新文件（原理图文件）菜单

在图 5-12 中，左边的“8 路抢答器.PrjPcb”工程项目目录下的 Sheet1.SchDoc (1) 与右边的 Sheet1.SchDoc 是同一个文件，只是左边 Sheet1.SchDoc (1) 中的“(1)”序号表明 Sheet1.SchDoc (1) 是“8 路抢答器.PrjPcb”工程项目中的第 1 个文件，如果在后边增加其他文件，则会在其他文件后面也多一个序号。然后在图 5-12 中右击“Sheet1.SchDoc (1) 图标”，在弹出的菜单中选择“Save as”命令，将新建的原理图保存在与“8 路抢答器.PrjPcb”相同的路径下，并命名为“8 路抢答器.SchDoc”，则“Sheet1.SchDoc（1）”就变为“8 路抢答器.SchDoc

（1）”。创建“8 路抢答器.SchDoc”原理图文件后，根据工程项目中元器件的多少确定原理图图纸的大小，因此需要对原理图编辑器的工作环境参数进行设置，读者可以查看相关资料，这里不过多介绍，“8 路抢答器.SchDoc”的工作环境采用系统的默认设置。

**4．加载原理图所需的元器件库文件**

在原理图设计中，AD20 与 Proteus、Multisim 两个设计软件不同，AD20 的原理图设计需要添加原理图设计中所需的元器件库文件。

AD20 的元器件数量庞大、种类众多，一般按照生产厂商及其类别功能的不同，将其分别存放在不同的文件中，这些专用于存放元器件的文件就称为库文件。为了使用方便，一般应将包含所需元器件的库文件载入设计文件，这个过程就是元器件库的加载。但是，若设计文件载入过多的元器件库文件，则会占用较多的系统资源，降低应用程序的执行效率。所以在设计中，应及时移除暂时用不到的某些元器件库，这个过程就是元器件库的卸载[16]。如果 AD20 软件采用自动安装的方式，会默认安装在 C 盘，一般会安装在“C:\Users\Public\Documents\Altium\AD20\Library”位置，在该位置有“Miscellaneous Devices.IntLib（常用分立元器件库）”和“Miscellaneous Connectors.IntLib（常用插接件库）”两个最基本的元器件库。AD20 的库文件有*.IntLib（集成元器件库，集成了元器件的原理图符号和封装）、*.SCHLIB（元器件的原理图符号库）、*.PcbLib（元器件封装库）这三种类型的元器件库。AD20 软件在安装时会自带部分库文件，设计者可以从网上下载一些专业的设计库，也可以自己制作这三种元器件库，对于元器件库的制作将在后续章节进行介绍。

在 AD20 软件的原理图设计中，系统会默认加载“Miscellaneous Devices.IntLib（常用分立元器件库）”和“Miscellaneous Connectors.IntLib（常用插接件库）”两个集成元器件库文件，这两个库文件包含各种常用的电阻、电容、二极管、三极管、单排接头与双排接头等元器件的原理图符号和封装。设计过程中，如果还需要其他的元器件库，用户可以随时加载，也可以随时卸载不需要的元器件库，以减少计算机的内存开销。如果用户知道选用的元器件所在的库文件，就可以直接加载该元器件的库文件。对从事电路设计的工作者来说，一般都有自己专用的设计库文件，即将自己常用的元器件放在一个自己创建的元器件库文件中。本次设计就是用自己专用的元器件库文件来完成的。

加载电路设计中所需要的元器件库文件的操作方法有很多，下面介绍两种常用的方法。

**方法一**：在工程项目中加载或卸载电路设计中的元器件库文件，其步骤如下。

在图 5-12 所示的工程项目面板中，将光标移到 8路抢答器.PrjPcb * 图标上并右击，在弹出的菜单中将光标移到 Add Existing to Project...（向工程项目中添加已经存在的文件，可以是原理图文件、PCB 图文件、原理图元器件库文件、PCB 元器件库文件及其他类型的文件）图标并单击，将弹出查找所要添加文件路径的对话框，如图 5-14 所示，本次所添加的“8 路抢答器.SCHLIB”的文件路径为“E:\电路设计与仿真\8 路抢答器”，在 8 路抢答器文件夹中查找“8 路抢答器.SCHLIB”文件，再单击“打开”按钮，则“8 路抢答器.SCHLIB”文件就加载到工程项目中了。用同样的方法可将图 5-14 中“8 路抢答器.PcbLib”加载到工程项目中，如图 5-15 所示。在图 5-15 中，“8 路抢答器.PrjPcb”工程项目已经包含“8 路抢答器.SchDoc（1）”“8 路抢答器.PcbLib（3）”“8 路抢答器.SCHLIB（2）”文件。如果需要卸载元器件库文件，将光标移到要卸载的文件上并右击，在弹出的菜单命令中选择 Remove from Project... 图标，即可将该文件卸载。

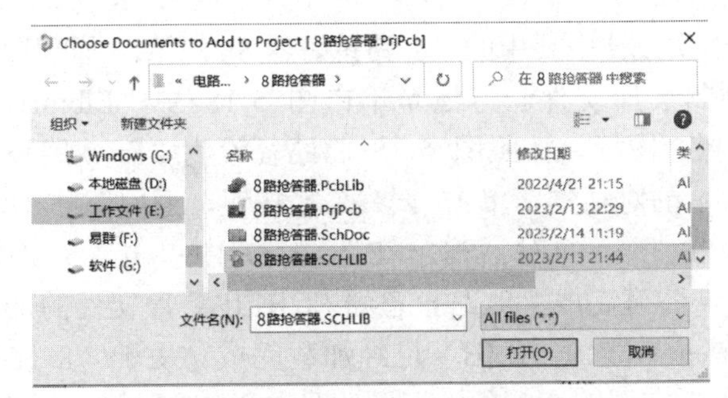

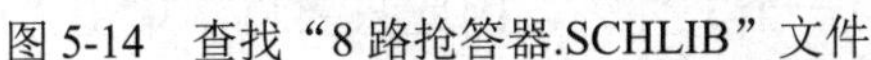

图 5-14　查找“8 路抢答器.SCHLIB”文件

图 5-15　加载了元器件库文件

**方法二**：通过 AD20 软件的 Components 控制面板加载元器件库文件。

（1）在图 5-12 所示的原理图编辑器界面单击右下角的“Panels”按钮，会弹出图 5-16 所示的 Panels 菜单，将光标移到 Components 图标并单击，将会弹出图 5-17 所示的元器件控制对话框。元器件控制对话框包含元器件库下拉列表框、元器件查找栏、元器件列表栏、当前元器件符号栏、当前元器件封装名、元器件封装图等内容，用户可以在其中查看相应的信息，判断元器件是否符合要求。

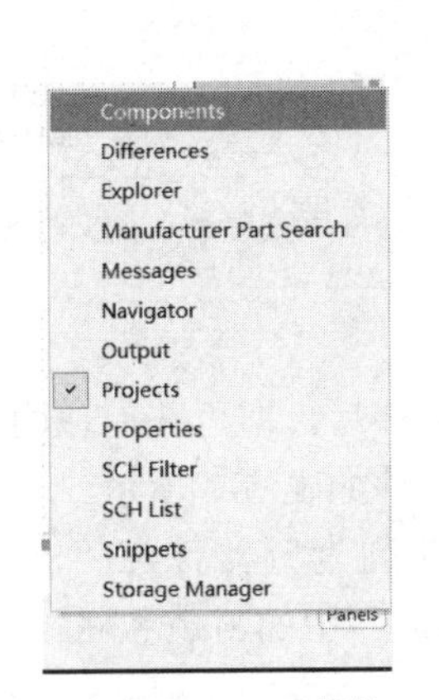


图 5-16　Panels 菜单

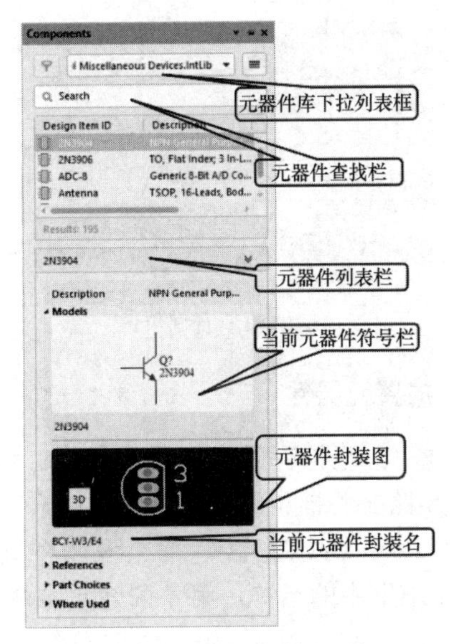


图 5-17　元器件控制对话框

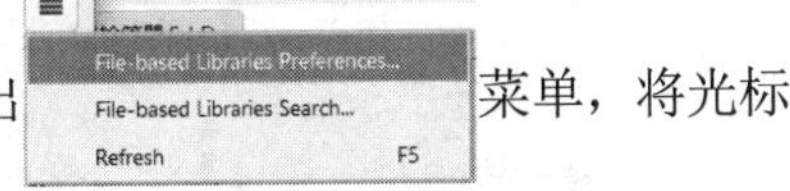


（2）单击图 5-17 右上角的库设置按钮，屏幕弹出菜单，将光标移到 File-based Libraries Preferences...（库文件）上并单击，弹出图 5-18 所示的可用库对话框，在图 5-18 中单击“Installed”选项卡，对话框显示当前已加载的元器件库，在图 5-18 中可以进行加载和卸载元器件库的操作。例如，要卸载“Miscellaneous Connectors.IntLib”，首先单击“Miscellaneous Connectors.IntLib”使该库文件处于选中状态，然后单击对话框中的“Remove”按钮，则“Miscellaneous Connectors.IntLib”将从图 5-15 中消失。同理可以卸载“Miscellaneous Devices.IntLib”库文件。

在 8 路抢答器设计中需要添加本次设计中要用的“8 路抢答器.SCHLIB”原理图符号库和“8 路抢答器.PcbLib”元器件封装库文件。方法是单击图 5-18 中“Library Path Relative To:”的（文件路径选择）图标，按照图 5-18 将路径设为“E:\电路设计与仿真\8 路抢答器”，弹出图 5-19 所示的对话框，单击 选择文件夹 按钮，返回图 5-18，再单击“Install...”按钮，弹出图 5-20 所示的对话框，在图 5-20 中单击“8 路抢答器.SCHLIB”，再单击“打开”按钮，即可完成“8 路抢答器.SCHLIB”库文件的加载，如图 5-21 中的第一行，表示“8 路抢答器.SCHLIB”已经加载完成。由于“8 路抢答器.PcbLib”与“8 路抢答器.SCHLIB”在同一个文件夹，因此只要再次单击“Install...”按钮，即可完成“8 路抢答器.PcbLib”的加载，结果如图 5-21 中的第二行。单击“Close”按钮，即完成本次设计的元器件库文件的加载工作。在 8 路抢答器原理图设计中只用到“8 路抢答器.SCHLIB”的元器件，但在用 8 路抢答器的原理图完成 8 路抢答器的 PCB 图设计时，原理图中的元器件封装要用到“8 路抢答器.PcbLib”，所以也需要加载“8 路抢答器. PcbLib”。

图 5-18　可用库对话框

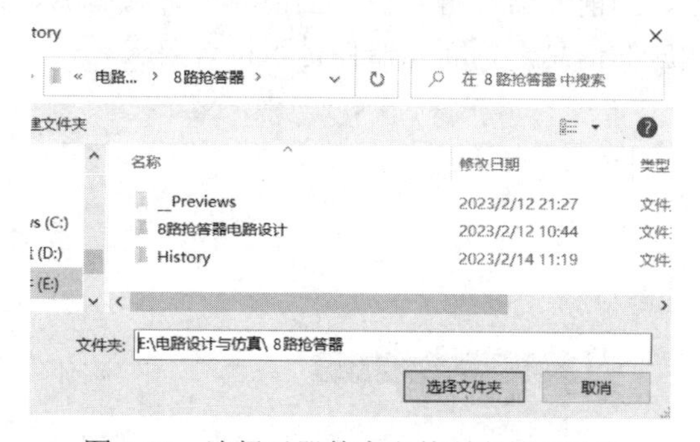


图 5-19　选择元器件库文件所在的文件夹

## 5. 放置元器件

加载“8 路抢答器.PcbLib”和“8 路抢答器.SCHLIB”文件后，即可在原理图编辑器中绘制 8 路抢答器电路原理图，8 路抢答器设计所用到的元器件如表 5-7 所示。表 5-7 的第 1 列为 8 路抢答器电路原理图中元器件的编号，第 2 列为元器件在“8 路抢答器.SCHLIB”中的名称，第 4 列为元器件在“8 路抢答器.PcbLib”中的封装名称。

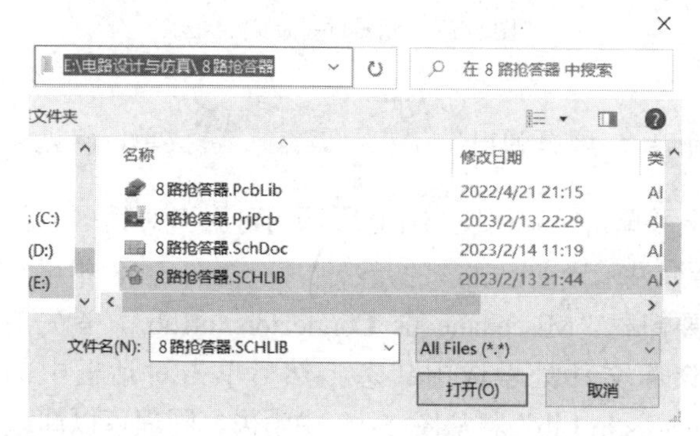


图 5-20　查找“8 路抢答器.SCHLIB”原理图符号库文件

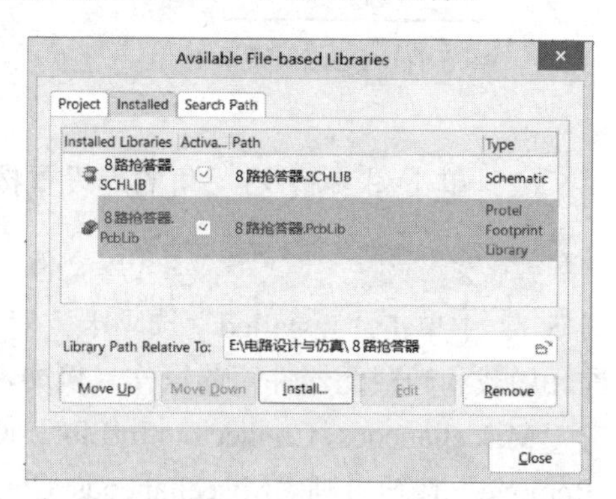


图 5-21　加载本次设计的元器件库文件

表 5-7　基于 AD20 设计 8 路抢答器电路的元器件名称及封装

| Designator（元器件编号及标称值） | LibRef（原理图元器件库名） | 元器件所在的库 | 元器件在 8 路抢答器.PcbLib 中的封装名称 |
|---|---|---|---|
| C1（10μF） | — | 8 路抢答器.SCHLIB | RB.1/.2 |
| C2（0.1μF） | ELECTRO1 | 8 路抢答器.SCHLIB | RAD0.1 |
| Q1（8050） | NPN | 8 路抢答器.SCHLIB | TO-92C |
| LS1 | SPEAKER | 8 路抢答器.SCHLIB | FENGMINGQI（自制） |
| J1 接线端子 | CON4 | 8 路抢答器.SCHLIB | SIP4 |
| D1～D15（1N4148） | DIODE | 8 路抢答器.SCHLIB | DIODE0.3 |
| S1～S9（按钮） | SW-PB | 8 路抢答器.SCHLIB | ANNIU（自制） |
| R1～R6（10kΩ），R7（1kΩ），R8（100kΩ），R9（50Ω） | RES2 | 8 路抢答器.SCHLIB | AXIAL0.3 |
| U1（CD4511） | CD4511 | 8 路抢答器.SCHLIB | DIP-16 或 DIP16 |
| U2（共阴数码管） | LED8 | 8 路抢答器.SCHLIB | SHUMAGUAN（自制） |

1）在原理图编辑器中放置元器件的操作方法

在图 5-12 所示的原理图编辑器中放置元器件的方法有很多，这里简单介绍两种方法。

**方法一**：菜单法。将光标移到“Place”菜单上并单击，弹出图 5-22 所示的下拉菜单，选择 Part... 并单击，在当前界面上会弹出图 5-23 所示的元器件加载对话框。

**方法二**：使用元器件工具条。方法是单击工具条上的图标，弹出图 5-23 所示的元器件加载对话框，该对话框显示前面加载的“8 路抢答器.SCHLIB”中的所有元器件，该面板有许多选项，读者可以自行操作和分析。在图 5-23 中选择“8 路抢答器.SCHLIB”中的 CD4511 元器件，将光标移到 CD4511 元器件上，CD4511 处于选中状态，再双击，将光标移到原理图工作区，此时 CD4511 以虚框的形式粘在光标上，将其移到原理图工作区的合适位置并单击，则 CD4511 就放置在原理图工作区中，即，此时元器件仍处于放置状态，可以继续放置该元器件，右击可退出放置状态，如图 5-24 所示。

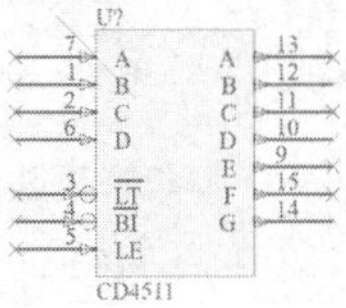

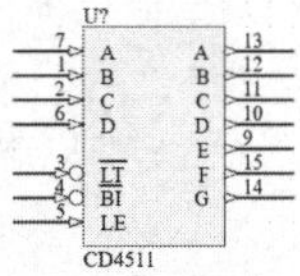

2）原理图元器件的操作

（1）选中元器件。

在进行元器件布局操作时，首先要选中元器件。选中元器件的方式有多种，最常用的方式是将光标移到该元器件上并单击，则该元器件处于选中状态，这时该元器件周围出现一个绿色的虚线框，如图 5-24 中 CD4511 的周围有一个绿色的虚线框，说明 CD4511 处于选中状态。用这种方法一次只能选中一个元器件。如果要一次选中原理图中的多个元器件，就按住鼠标左键并移动鼠标，这时光标就会变成一个矩形框，用这个矩形框可将多个需要选中的元器件包围，再单击，即可选中多个元器件。

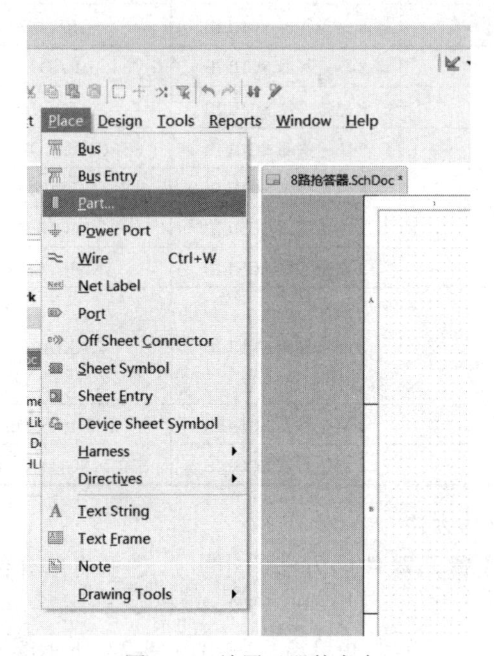


图 5-22 放置元器件命令

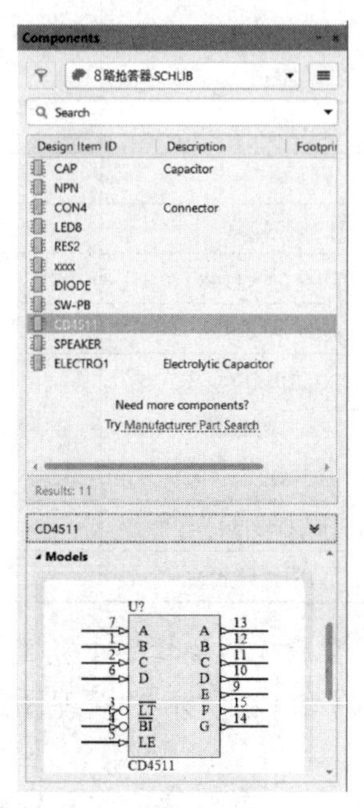


图 5-23 元器件加载对话框

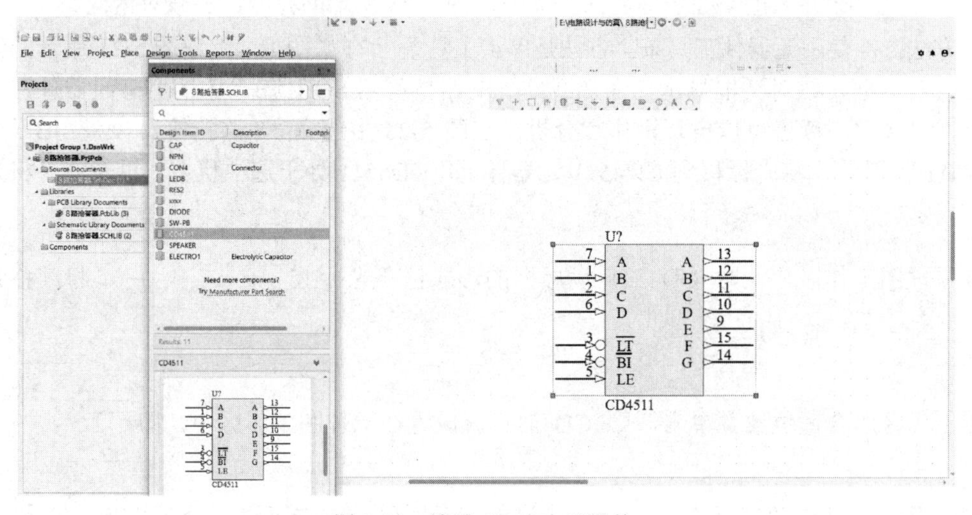


图 5-24 放置 CD4511 元器件

（2）解除元器件的选中状态。

元器件被选中后，所选元器件的外边有一个绿色的虚线框，在原理图工作区的空白处单击可以解除元器件的选中状态。

（3）移动元器件。

将光标移到需要移动的元器件上，单击并按住鼠标左键，该元器件就随光标一起移动，将其移到合适位置，松开鼠标左键，则该元器件就放置在新的位置。

（4）旋转元器件。

对于放置好的元器件，在重新布局时可能需要对元器件方向进行调整，可通过键盘上的按键来调整方向。单击元器件，使该元器件处于选中状态，每按一次“空格”键，元器件逆时针 90°旋转一次。在英文输入法状态下，单击要旋转的元器件不放，每按一次“X”键，元器件实现水平方向翻转一次；单击要旋转的元器件不放，每按一次“Y”键，元器件实现垂直方向翻转一次。

（5）删除元器件。

单击需要删除的元器件，使该元器件处于选中状态，再按下“Delete”键，该元器件即被删除。

（6）修改元器件属性。

图 5-24 中的 CD4511 元器件虽然已经放在原理图工作区，但 CD4511 的标号、标称值及封装还未进行设置，因此需进行手工设置。设置元器件属性的方法如下。

放置 CD4511 元器件时，在 CD4511 处于放置状态时，按“Tab”键，或者在元器件放好后双击 CD4511 元器件，弹出图 5-25 所示的 CD4511 属性设置对话框。不同元器件的属性设置对话框的设置项是相同，但对应的内容各不相同。图 5-25 所示的 CD4511 属性设置对话框有许多选项，这里只介绍主要参数。

图 5-25 中有 General（常规属性）、Parameters（规范）和 Pins（引脚信息）三个选项卡，一般需要对 General 选项卡中的各项参数进行设计。在 General 选项卡中有 Properties（属性）、Location（位置）、Links（关联）、Footprint（封装）、Models（模型）、Graphical（图形）和 Part Choices（子件选择）等多个选项，如图 5-26 所示，每一项都有二级子项，单击每一项前面的▸图标即可展开二级子项，再单击▸图标可收回二级子项。CD4511 的属性设置只需用到 Properties（属性）和 Footprint（封装）两个选项，其他选项都采用系统默认设置，无须更改。

在图 5-26 中分别单击 Properties（属性）和 Footprint（封装）两个选项前面的▸图标，就回到了图 5-25 所示的界面。

在图 5-25 所示的 Properties 中有多个内容，其中 Designator 栏用于设置 CD4511 元器件在原理图中的编号，在放置时系统默认为“U？”（集成芯片的名称默认为“U？”，电阻的名称默认为“R？”，电容的名称默认为“C？”，系统默认名称有一定的规律，可以查阅第 2 章），在本次设计中将“U?”改为 U1。Comment 栏用于设置 CD4511 在原理图中的名称（或标称值），系统默认为 CD4511，本次设计无须更改，但对于电阻、电容的 Comment 栏，需要填写对应的标称值。Part 栏用于设置元器件的子件，本次无须更改。在 Designator 栏、Comment 栏和 Part 栏后都有“眼睛”图标和“锁”图标：图标的功能是对编辑的内容“U1”进行隐藏，单击图标，则图标变成灰色，那么“U1”在原理图中不显示，再单击图标，图标又由灰色变成正常，则“U1”在原理图中显示；单击图标可实现对该内容的锁定，图标变成，再单击图标，又变回，设置中可以不更改系统中的设置。

图 5-25 中的 Footprint 用于设置元器件的封装，如果不用设计 PCB 图，可以不用管此项，如果需要用本次设计的原理图来设计 PCB 图，则此项工作很重要，一定要给元器件设置封装属性。图 5-25 中 CD4511 的封装可以采用系统默认的 DIP-16 封装，无须更改。

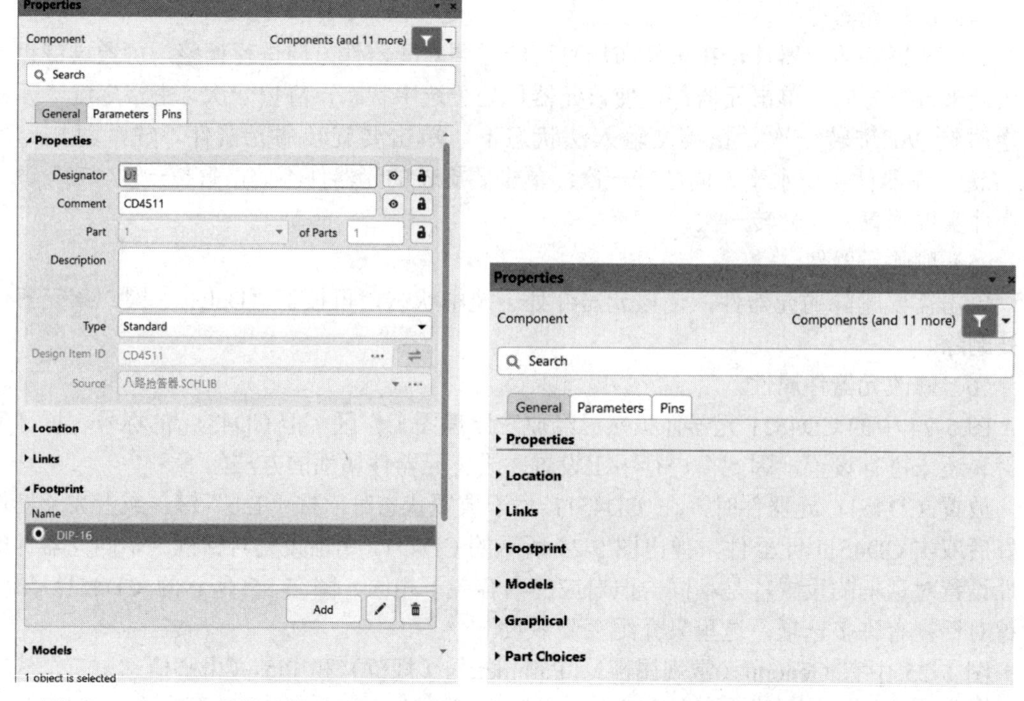


图 5-25　CD4511 属性设置对话框　　　　图 5-26　元器件属性的 General 页面

按照上述放置元器件的步骤将表 5-7 中的元器件都放到原理图编辑器中，如图 5-27 所示。

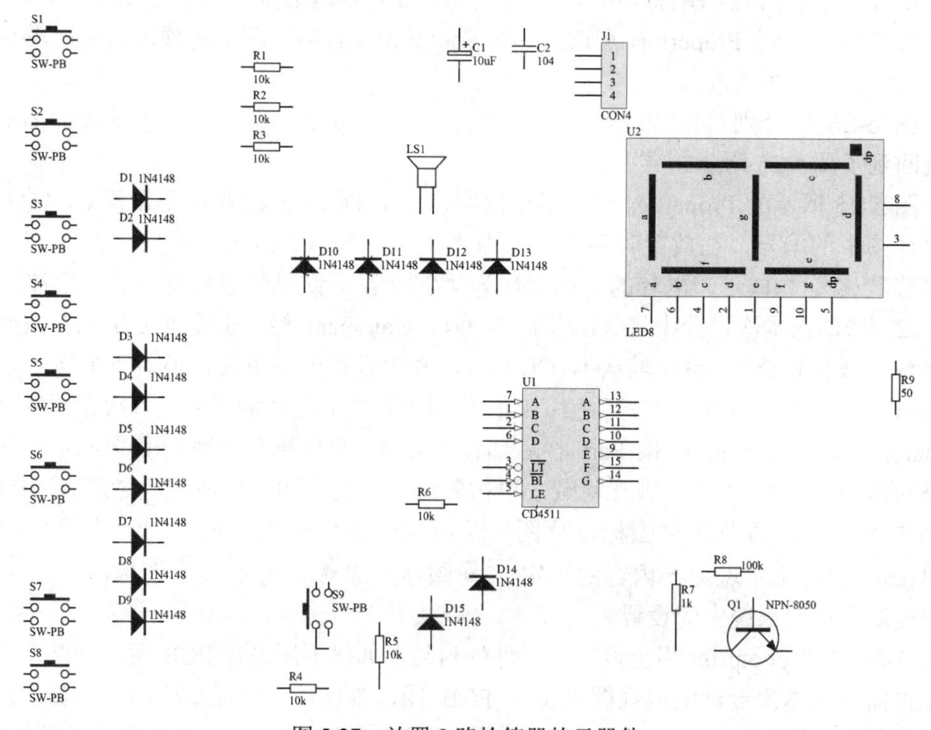


图 5-27　放置 8 路抢答器的元器件

### 6. 连线

放置元器件后，需将元器件引脚之间进行连线，实现元器件之间的电气连接。在电路原理图设计中，一般按照电路的信号流向边放元器件边连线，最后完成整个电路图的设计。在 Altium Designer 20 的原理图设计中，对元器件引脚之间连线的方法有多种，在原理图编辑器中将光标移到“Place”菜单上并单击，在弹出的下拉菜单中选择 Wire Ctrl+W；或者使用快捷键 Ctrl+W；或者单击工具条上的图标，此时光标变成 X 形，系统处于连线状态，将光标移到要连线的元器件引脚上并单击，定义导线的起点，比如将光标移到图 5-27 中的 C1 的“+”脚上并单击，则 C1 的“+”脚变成图形，这时移动光标就会从起点拉出一条线，变成图形，再将带线的光标移动到要连接的 C2 的引脚处并单击，即完成了两个元器件引脚之间的连线，实现了 C1 和 C2 的引脚连线，此时系统依然处于连线状态，右击可退出连线状态。如果发现连线错误，想删除该条线，方法和删除元器件的方法一样，单击要删除的线，则该线处于选中状态，再按下“Delete”键，即可实现删除操作。在放置连线时，系统默认的连线转弯方式为 90°，若要改变连线转角，可以在连线状态下按下“空格”键，实现 45° 的转角变化。

按照上述连线的方法，完成图 5-27 中的元器件引脚之间的连线，如图 5-28 所示，图中有一处错误，就是 D13 的“+”引脚与 U1 的 6 引脚没有连上，可用于后面原理图的工程编译教学用。

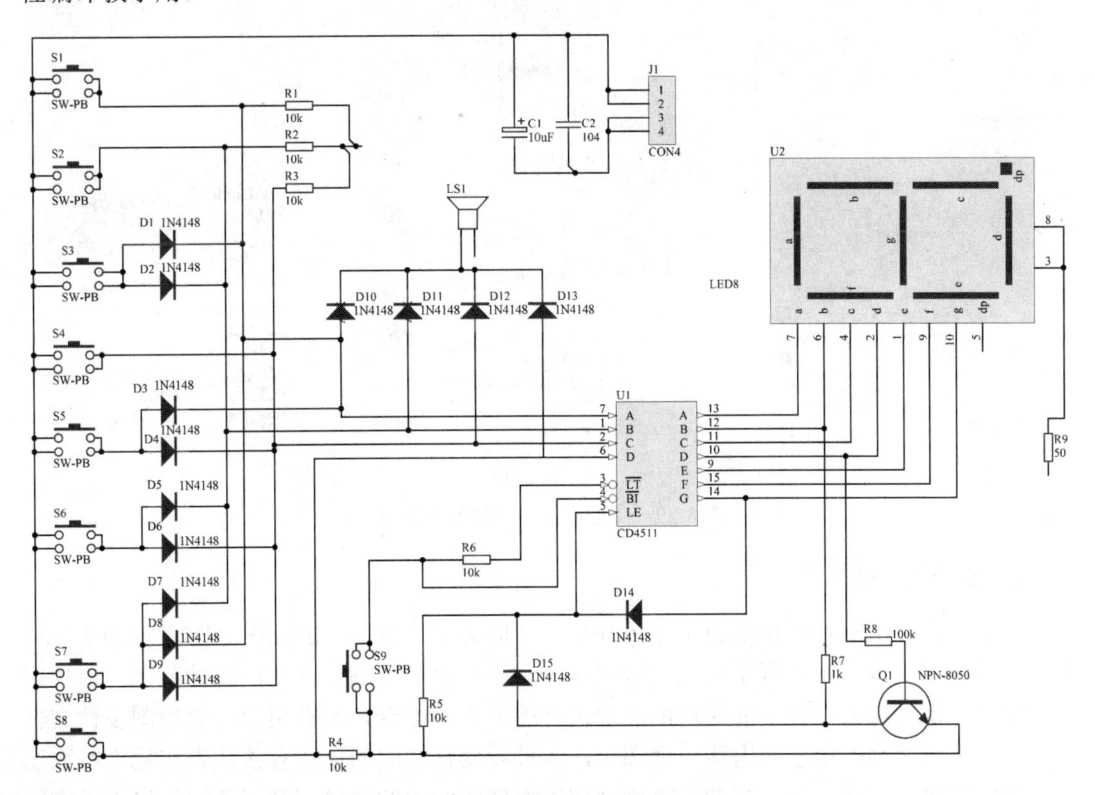


图 5-28　8 路抢答器原理图连线

### 7．放置电源和接地符号

图 5-28 中还没有电源和接地，电路是不能工作的，因此电路还需放置电源和接地符号，使电路形成有效的通路。放置电源和接地符号的方法如下。

在原理图编辑器中将光标移到“Place”菜单上并单击，在弹出的下拉菜单中选择 Power Port ；按下“Tab”键，弹出图 5-29（a）所示的属性设置对话框，其中在 Name 栏可以设置电源端口的网络名称，通常电源符号设为 VCC，接地符号设为 GND，图 5-29（a）中设为 GND；单击 Rotation 栏的 ▾ 图标，其下拉框列表有 0 Degree、90 Degrees、180 Degrees 和 270 Degrees 这 4 种选择，用于设置电源端口的方向；单击 Style 栏的 ▾ 图标，下拉框列表如图 5-29（b）所示，共有 12 种符号形状，常用的有 7 种，如图 5-29（c）所示。电源端口参数设置好后，单击原理图工作区的 Ⅱ 按钮，将带有电源端口符号的光标移到图 5-28 中的合适位置并单击，将接地符号 GND 放好，然后将接地符号与对应的元器件引脚连接好。用同样的方法将 VCC 放好并连线，就完成了 8 路抢答器的原理图设计，如图 5-30 所示，图中有两个小错误，可用于后面原理图的工程编译教学用。注意 U1 元器件的电源引脚 16 引脚（VCC）和接地引脚 8 引脚（GND）是隐藏的，在 PCB 布线时会自动连接到对应的网络。

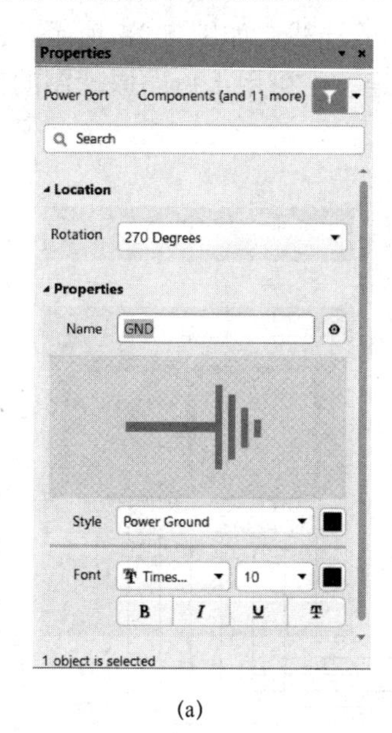


(a)

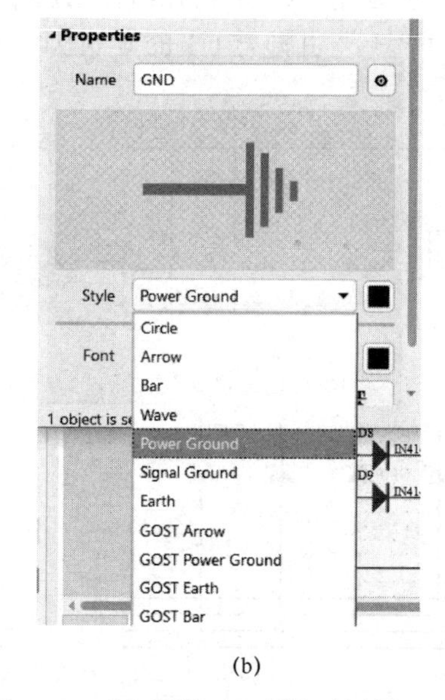


(b)

(c)

图 5-29　“电源端口”属性对话框

### 8．原理图工程编译

在电路设计中不可避免地会出现各种错误，但必须要修正。因此在 AD20 中为了保证原理图设计的正确性，设置了一项工程编译，用于检查原理图中存在的各种错误。原理图工程编译就是对工程项目中的原理图文件进行电气规则检查，检查用户的原理图设计文件是否符合电气规则。由于在电路原理图中，各种元器件之间的连接直接代表实际电路系统中的电气连接，因此，所绘制的电路原理图应遵守实际中的电气规则，否则就失去了实际的价值和指导意义。所谓的电气规则检查，就是要查看电路原理图的电气特性是否一致、电气参数的设置是否合理等[16]。

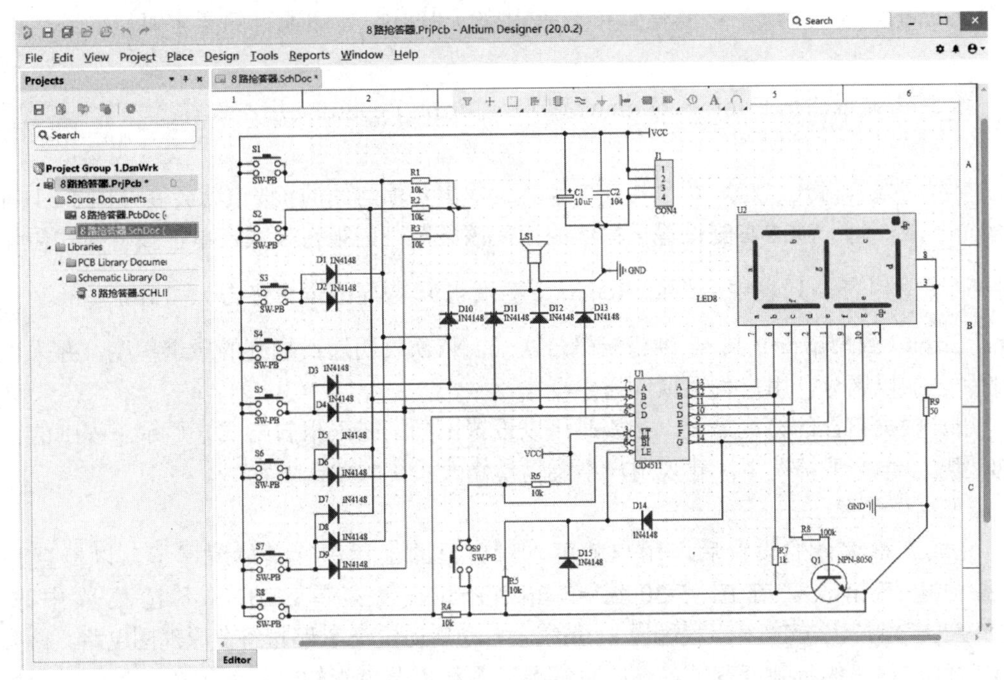


图 5-30　8 路抢答器的原理图设计

Altium Designer 系统按照用户的设置进行编译后，会根据问题的严重性分别以错误、警告、致命错误等信息来提示用户注意，同时可帮助用户及时检查并排除相应错误[16]。

1）工程编译设置

在图 5-30 中单击“Project”菜单，在其下拉菜单中选择 Project Options...（工程编译设置）命令，即可打开图 5-31 所示的工程编译设置对话框。

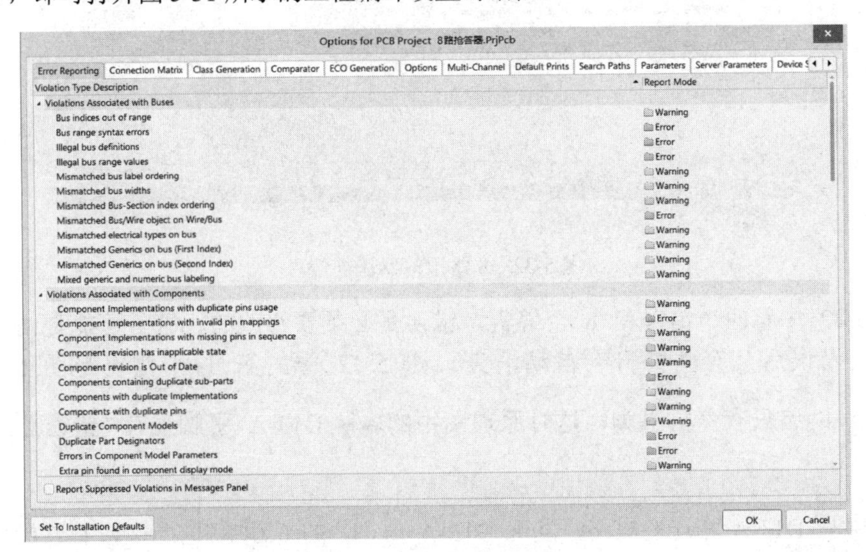


图 5-31　工程编译设置对话框

对不同的项目，图 5-31 所示的工程编译设置对话框的选项卡都是一样的，都包含

Error Reporting（错误报告）、Connection Matrix（连接矩阵）、Comparator（比较器）和 ECO Generation（生成工程变化订单）等内容，但根据具体项目的要求可以做不同的设置。图 5-31 显示的是 Error Reporting 选项卡，Error Reporting 用于设置违规类型的报告格式，违规类型共有 7 大类。单击各项前面的按钮就会展开图 5-31 所示的多个子项，每一项的右侧设置了默认的违反该条规则的报告模式，单击报告模式会弹出下拉列表，列表中有 No Report（不报告）、Warning（警告）、Error（错误）和 Fatal Error（致命错误）共 4 种错误报告格式，依次表明违反规则的严重程度，并采用不同的颜色加以区分，用户可逐项选择并设置。

用户根据自己的检测需要，必要时可以设置不同的错误报告格式来显示工程中的错误严重程度，但一般情况下，建议用户不要轻易修改系统的默认设置[16]。

2）编译工程

完成工程编译的设置后，用户就可以对自己的工程进行具体编译了，以检查并修改各种电气错误。在图 5-30 中单击“Project”菜单，在其下拉菜单中选择 Compile PCB Project 8路抢答器.PrjPcb（工程编译），系统会自动启动检查 8 路抢答器原理图电路，检查需要的时间与电路的复杂度有关，电路越复杂，系统需要检查的时间就越久，完成后会弹出 Messages 对话框，如图 5-32 所示。对话框显示了图 5-30 的错误和警告等违规信息。

Messages

| Class | Document | Source | Message | Time | Date | No. |
|---|---|---|---|---|---|---|
| [Warning] | 8路抢答器.SchDoc | Compiler | Adding items to hidden net GND | 12:11:27 | 2023/2/21 | 1 |
| [Warning] | 8路抢答器.SchDoc | Compiler | Adding items to hidden net VCC | 12:11:27 | 2023/2/21 | 2 |
| [Warning] | 8路抢答器.SchDoc | Compiler | Net NetD1_K has no driving source (Pin D1-K,Pin D3-K,Pin D8-K,Pin D10-A,Pin R1-2,Pi | 12:11:27 | 2023/2/21 | 3 |
| [Warning] | 8路抢答器.SchDoc | Compiler | Net NetD2_K has no driving source (Pin D2-K,Pin D5-K,Pin D7-K,Pin D11-A,Pin R2-2,Pi | 12:11:27 | 2023/2/21 | 4 |
| [Warning] | 8路抢答器.SchDoc | Compiler | Net NetD6_K has no driving source (Pin D6-K,Pin D9-K,Pin D12-A,Pin R3-2,Pin S4-2,Pi | 12:11:27 | 2023/2/21 | 5 |
| [Error] | 8路抢答器.SchDoc | Compiler | Net NetD13_A has only one pin (Pin D13-A) | 12:11:27 | 2023/2/21 | 6 |
| [Warning] | 8路抢答器.SchDoc | Compiler | Net NetD14_K has no driving source (Pin D14-K,Pin D15-K,Pin R5-2,Pin U1-5) | 12:11:27 | 2023/2/21 | 7 |
| [Error] | 8路抢答器.SchDoc | Compiler | Net NetR2_1 has only one pin (Pin R2-1) | 12:11:27 | 2023/2/21 | 8 |
| [Warning] | 8路抢答器.SchDoc | Compiler | Net NetR4_2 has no driving source (Pin R4-2,Pin S8-2,Pin S8-4,Pin U1-6) | 12:11:27 | 2023/2/21 | 9 |
| [Warning] | 8路抢答器.SchDoc | Compiler | Net NetR6_2 has no driving source (Pin R6-2,Pin S9-2,Pin S9-4,Pin U1-4) | 12:11:27 | 2023/2/21 | 10 |
| [Info] | 8路抢答器.PrjPcb | Compiler | Compile successful, no errors found. | 12:11:27 | 2023/2/21 | 11 |

Details

Net NetD13_A has only one pin (Pin D13-A)

Wire NetD13_A

Pin D13-A

图 5-32　8 路抢答器违规信息

图 5-32 中有两个错误和 8 个警告，错误是必须要修改的，警告可能是由错误引起的，修改错误后，有些警告会自动消失。图 5-32 中的第 1 个错误是图 5-30 中的 NetD13_A 网络只有一只引脚，这时原理图中的 D13-A 引脚上有错误标志，检查图 5-30 中与 D13-A 相连的电路，发现 D13-A 与 U1 的 6 引脚没有连接，修改电路，重新连线，即可解决。图 5-32 的第 2 个错误是图 5-30 中的 NetR2_1 网络只有一只引

脚，其错误类型与第 1 个错误是一样的，修改电路并对其重新进行连线。

图 5-32 中的第 1 个警告与第 2 个警告的类型是一样的，是指 8 路抢答器原理图中有隐藏的 GND 和 VCC 网络，这主要是由电路图中 CD4511 的 8 引脚 GND 和 16 引脚 VCC 是隐藏引脚所造成的，可以忽略不管。

图 5-32 中的警告“[Warning]8 路抢答器.SchDoc Compiler Net NetD1_K has no driving source(Pin D1-K,Pin D3-K,Pin D8-K,Pin D10-A,Pin R1-2,Pin S1-2,Pin S1-4,Pin U1-7)…”与后面警告的类型也是一致的，是指 NetD1_K 网络没有驱动信号，这主要是由与其连接的 S1 按钮开关是断开的而引起的，可以忽略不管。

修改错误后，正确的 8 路抢答器原理图如图 5-33 所示。

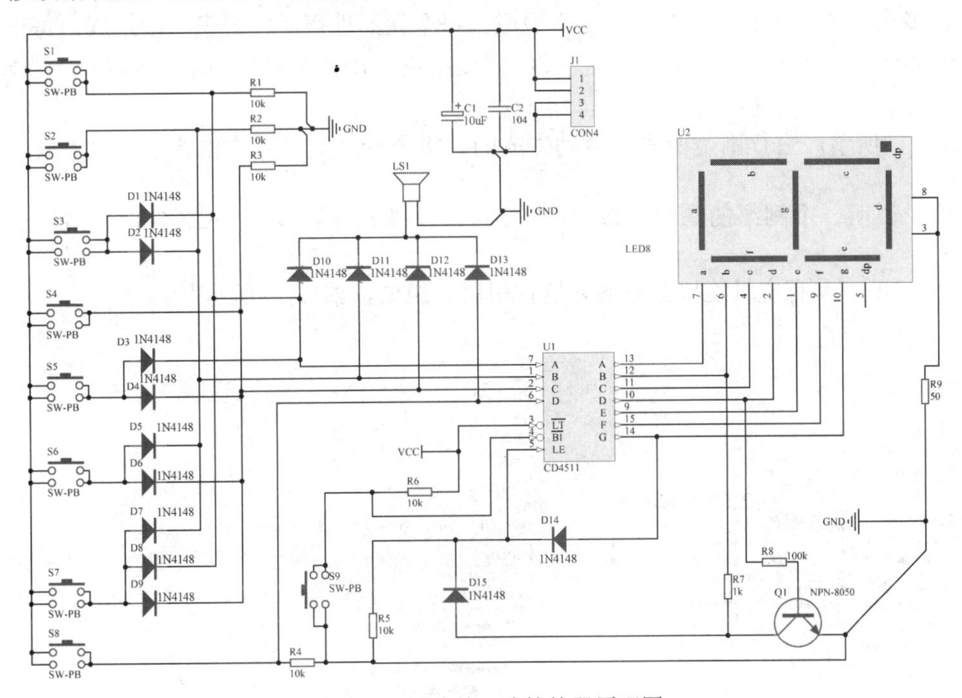


图 5-33　正确的 8 路抢答器原理图

### 9．原理图相关报表

在电路原理图设计完成并且经过编译检测之后，用户利用系统可以生成网络表、元器件清单和其他各种报表。借助这些报表，用户能够从不同的角度更好地掌握详细的设计信息，以便为下一步的设计工作做充足的准备。

1）网络表文件

网络表（*.NET）文件是用于描述电路图中元器件信息和元器件之间电气连接关系的列表文件，是一个简单的 ASCII 码文本文件，由一行一行的文本组成，分为元器件声明和网络定义两部分，有各自固定的格式和固定的组成，缺少任一部分都有可能导致 PCB 布线时的错误。

在由原理图生成的各种报表中，网络表非常重要。其重要性主要表现在两个方面：一是可以支持后续印制电路板设计中的自动布线和电路模拟；二是可以与从 PCB 文件中导出的网络表进行比较，从而核对差错[15]。网络表文件可以在原理图编辑器中由原理图文件直接生成，也可以用文本编辑器手动编辑生成。

Altium Designer 系统为用户提供了方便快捷的实用工具，针对不同的设计需求，可以生成不同格式的网络表文件，在这里需生成用于 Altium Designer 的 PCB 设计网络表，即 Protel 网络表。下面就以“8 路抢答器.PrjPcb”为例，简要介绍网络表的生成及特点。在图 5-33 所示的原理图编辑器中单击“Design”菜单，在弹出的图 5-34 所示的下拉菜单中选择 Netlist For Project ▸，选择“Protel”项，则系统自动生成“8 路抢答器.NET”文件，并存放在当前工程的 Netlist Files 目录下，如图 5-35 所示。双击“8 路抢答器.NET”文件，“8 路抢答器.NET”文件即被打开，见图 5-35 右侧的工作区。“8 路抢答器.NET”文件由多个元器件声明和多个网络定义组成。每个元器件声明由若干小段组成，每一小段用于说明一个元器件，以“[”开始，以“]”结束，由元器件的标识、封装、注释等组成，如

```
[
U1
DIP-16
CD4511

]
```

所示，空行则是由系统自动生成的。每个网络定义同样由若干小段组成，每一小段用于说明一个网络的信息，以“(”开始，以“)”结束，由网络名称和网络连接点（即网络中所有具有电气连接关系的元器件引脚）组成，如

```
(
NetD1_A
D1-A
D2-A
S3-2
S3-4
)
```

所示[15]。

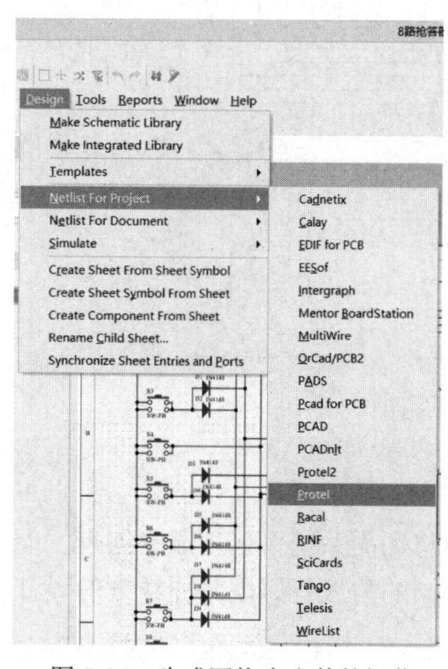


图 5-34　生成网络表文件的操作

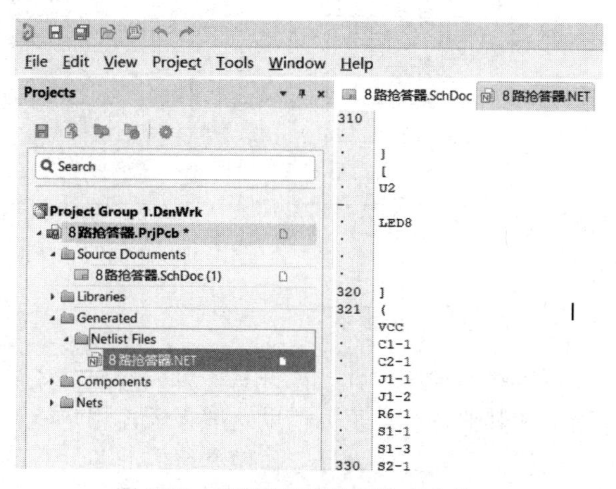


图 5-35　8 路抢答器的网络表文件

2）元器件清单文件

一般电路设计完成后，需要生成一份元器件清单。元器件清单文件主要用来列出当前工程中用到的所有元器件的标识、封装形式、库参考等。依据这份清单，用户可以详细查看工程中元器件的各类信息，同时，在制作印制电路板时也可以作为元器件采购的参考。

在图 5-33 所在的原理图编辑器中单击“Reports”菜单，在其下拉菜单中选择

Bill of Materials，系统弹出图 5-36 所示的元器件清单对话框。对话框中列出了 8 路抢答器原理图中元器件的 Comment（元器件名称）、Description（元器件描述）、Designator（元器件编号）、Footprint（元器件封装）、LibRef（元器件在元器件库中的名称）及 Quantity（元器件数量）等信息。单击“Export...”按钮，就会生成元器件清单文件。用户可以通过元器件清单文件查看所有元器件的封装是否有，如果缺失，则返回原理图修改缺失封装的元器件属性，给其增加封装，避免在 PCB 设计时出现丢失元器件的现象。

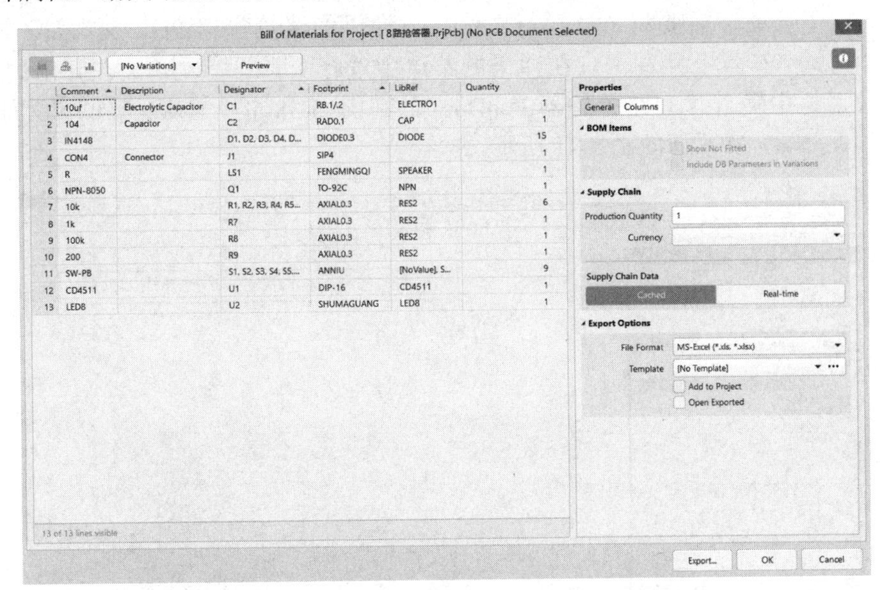

图 5-36　8 路抢答器原理图的元器件清单对话框

## 5.4.3　基于 Altium Designer 20 的 8 路抢答器的双面 PCB 设计

### 1．启动 PCB 编辑器，新建 PCB 文件

新建的 PCB 文件一定要在与之对应的原理图所在的工程项目中，才能将原理图的信息加载到对应的 PCB 设计中，因此“8 路抢答器.PcbDoc”文件与“8 路抢答器.SchDoc”文件都应该包含在“8 路抢答器.PrjPcb”工程项目中。将光标移到图 5-35 左侧的 8路抢答器.PrjPcb * 上并右击，将光标移到 Add New to Project 上，会在其右边弹出子菜单，单击 PCB 图标，操作如图 5-37 所示。系统会在当前的“8 路抢答器.PrjPcb”目录下创建一个 PCB1.PcbDoc (4) 文件，

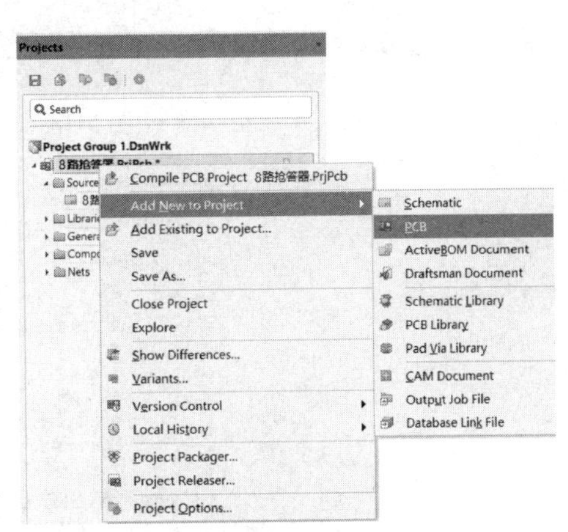

图 5-37　向工程项目添加 PCB 文件

如图 5-38 所示。在 PCB 工作区的文件标题为 PCB1.PcbDoc，与 PCB1.PcbDoc (4) 是同一个文件，只是“8 路抢答器.PrjPcb”工程项目为了便于管理加了“(4)”，表明 PCB1.PcbDoc 是“8 路抢答器.PrjPcb”工程项目中的第 4 个文件。

PCB 编辑器的标准菜单与原理图的菜单功能基本相似，操作方法也相似。在原理图设计

中主要对元器件进行操作，而 PCB 设计中主要对元器件的封装、焊盘和过孔等进行操作[17]。

工具栏是 Altium Designer 20 为方便用户操作、提高 PCB 设计速度而专门设计的快捷图标按钮组。在 PCB 设计环境中，系统默认的工具栏有 5 组，可以在 View（视图）菜单栏的下拉菜单 Toolbars（工具栏）中选择显示或不显示。

板层标签位于 PCB 编辑器的下方，用于切换 PCB 当前显示的板层，所选中板层的颜色将显示在最前端，如图 5-38 所示，表示此板层被激活，用户的操作均在当前板层进行。

为了方便管理，需要将 PCB1.PcbDoc 文件名改为“8 路抢答器.PcbDoc”，操作方法是将光标移到 PCB1.PcbDoc 上并右击，在弹出的菜单中选择 Save As...，在弹出的图 5-39 所示的对话框中输入“8 路抢答器.PcbDoc”，则图 5-38 的 PCB1.PcbDoc (4) 文件名变成 8路抢答器.PcbDoc (4)，如后面的图 5-41 所示。

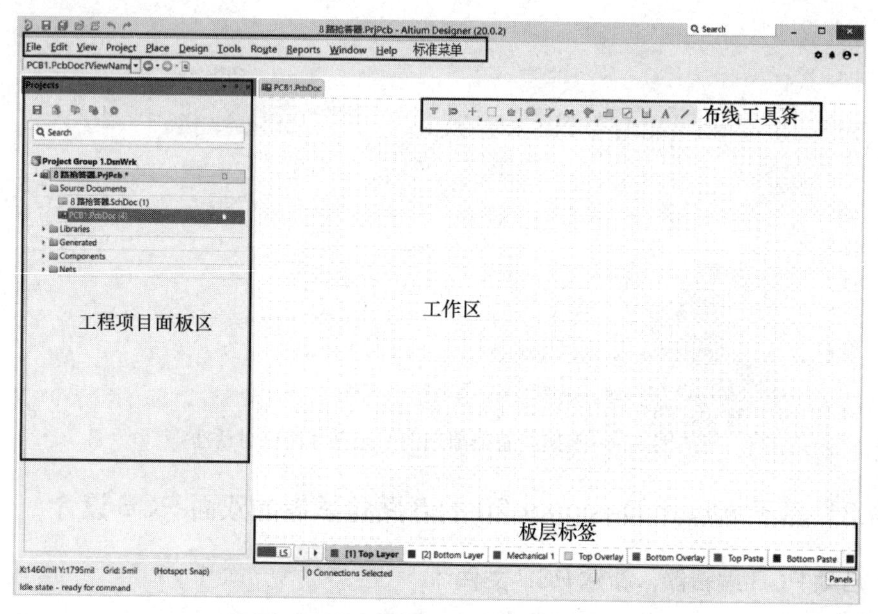


图 5-38　新建 PCB 文件编辑器界面

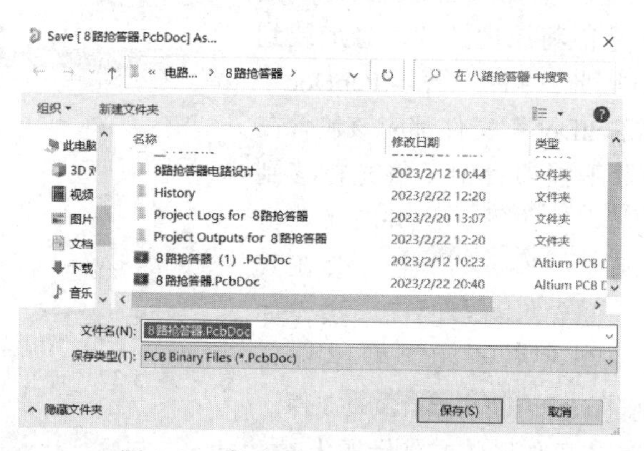


图 5-39　修改 PCB1.PcbDoc 的名称

## 2．规划 PCB 尺寸

在 PCB 设计中，首先要规划 PCB 的外形和尺寸，即定义印制板的机械轮廓和电气轮廓[17]。印制板的机械轮廓是指 PCB 的物理外形和尺寸，机械轮廓是指在 Mechanical 1（机械层）绘制电路板的轮廓；电气轮廓是指电路板上放置元器件和进行布线的范围，它的作用是将所有的焊盘和过孔及线条限定在电气轮廓的范围之内。电气轮廓一般定义在 Keep-Out Layer（禁止布线层）上，是一个封闭的区域，电气轮廓不能大于机械轮廓。

8 路抢答器的 PCB 采用公制规划 PCB 尺寸，具体操作如下。

（1）单击“View”菜单，在其下拉菜单中选择 Toggle Units Q（切换菜单），或者在英文输入法状态下直接按下“Q”键，将 PCB 编辑器工作区的单位设置为公制，单位为 mm。

（2）在图 5-38 所示的 PCB 编辑器状态下，按快捷键 Ctrl+G，弹出图 5-40 所示的栅格设置对话框，将 Step X（步进）设置为 1mm，Display（显示）的 Coarse 设置为 Lines（线型）方格，单击“OK”按钮完成工作区的栅格设置。

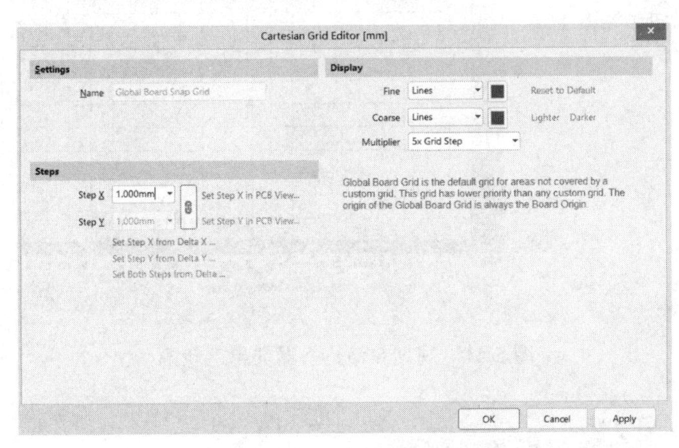


图 5-40　栅格设置对话框

（3）单击“Edit”菜单，在其下拉菜单中选择 Origin ▸ Set（设置原点），在工作区的左下角定义相对坐标的原点，设定后，沿原点往右是+$X$ 轴，沿原点往上是+$Y$ 轴。

（4）单击板层标签上的 ◂ ▸ 左右移动图标，在图 5-38 的板层标签中查找 Keep-Out Layer 层，单击 Keep-Out Layer 层，即将 Keep-Out Layer 设为当前工作层。

（5）单击“Place”菜单，在其下拉菜单中选择 Keepout ▸ 命令，在弹出的子菜单中单击 Track 命令，系统将进入绘制电气轮廓状态。将光标移到坐标原点（0, 0），单击确定导线起点；移动光标到坐标（50, 0），双击确定下底边水平线；继续移动光标到左边坐标（50, 50），双击确定右边的垂直连线；继续移动光标到坐标（0, 50），双击确定上边的水平线；继续移动光标到坐标（0, 0），双击确定左边的垂直线，绘制一个封闭的 50mm×50mm 方形电气轮廓，如图 5-41 所示。此后放置元器件和 PCB 布线都要在此框内进行。当然，根据元器件布局的实际情况，还可以对电气轮廓进行修改。

设置电气轮廓时也可任意放置 4 条走线，然后双击走线，在弹出的线的 Properties 对话框中设置走线的“Start（X/Y）”和“End（X/Y）”，从而定义走线的坐标。依次修改 4 条走线的坐标，定义闭合矩形框从而完成电气轮廓的设置。

### 3．从原理图加载网络表和元器件封装到 PCB

完成 8 路抢答器的 PCB 规划后，下一步就是将 8 路抢答器原理图中的元器件封装和网络表导入 8 路抢答器的 PCB。在导入前，先打开“8 路抢答器.SchDoc”文件，同时确保将元器件的封装库添加到当前的工程项目。在前面的设计中已经将“8 路抢答器.PcbLib”添加到工程项目文件。

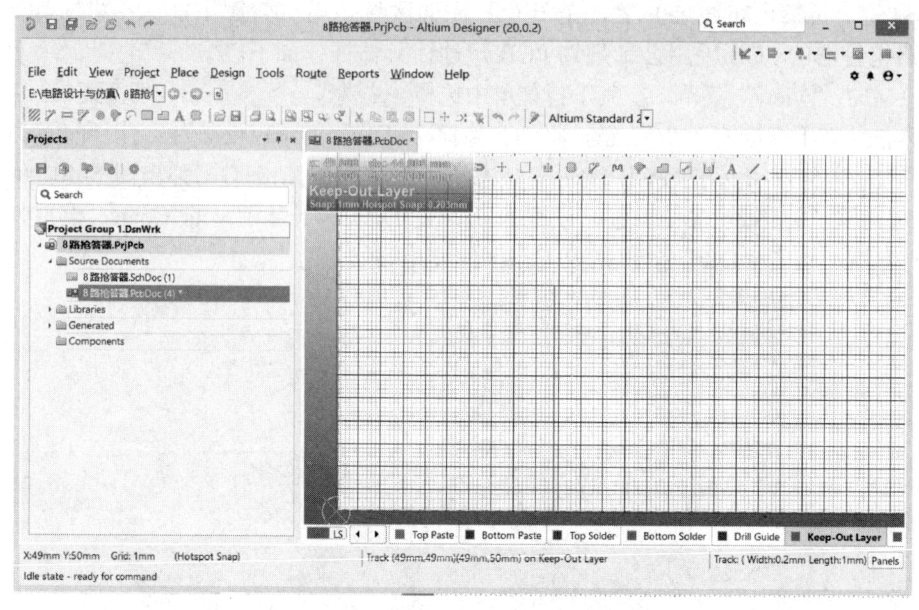


图 5-41　规划 8 路抢答器的电气轮廓

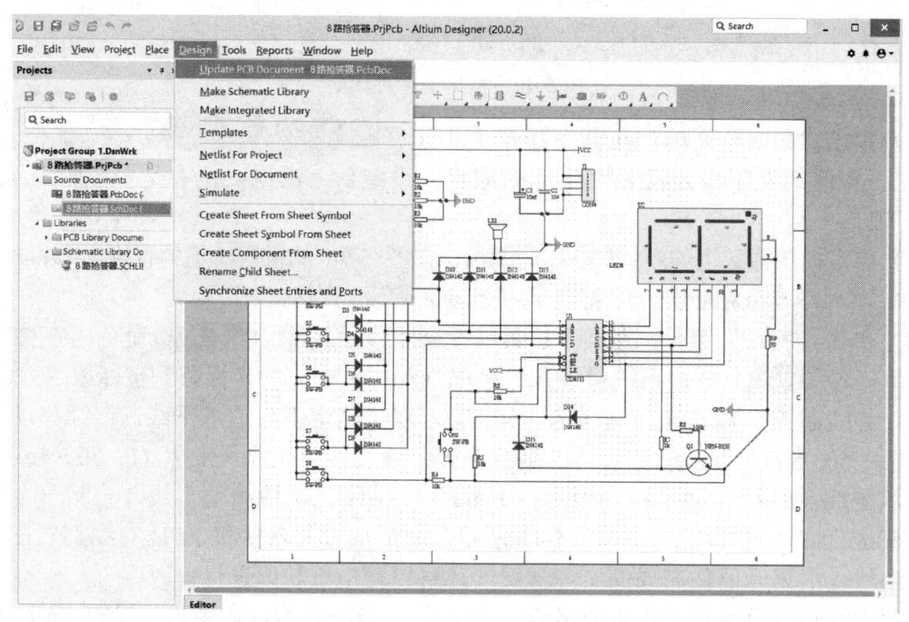


图 5-42　加载元器件封装和网络表操作

从图 5-42 的“8 路抢答器.PrjPcb”工程项目面板区可以看到，该项目的封装元器件库“8 路抢答器.PcbLib”已经加载了，同时“8 路抢答器.SchDoc”也已经在工作区打开了，因此可以在图 5-42 中单击“Design”菜单，在其下拉菜单中选择 Update PCB Document 8路抢答器.PcbDoc 命令，弹出图 5-43 所示的“工程变更指令”对话框。

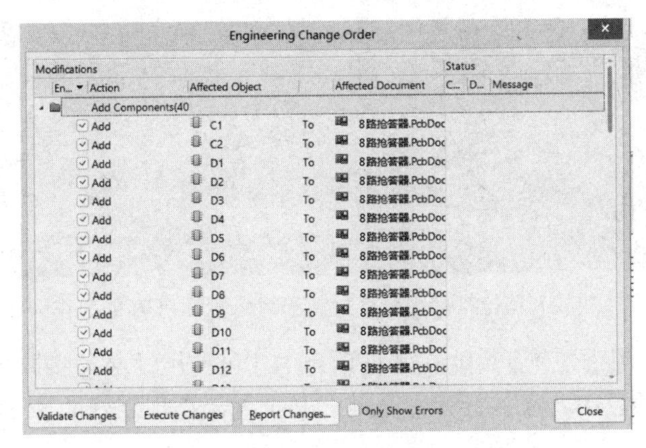


图 5-43　“工程变更指令”对话框

单击图 5-43 中的“Validate Changes”（检验变更）按钮，系统将自动检测各项变化是否正确有效。在检验结果中，若检测项正确，则在 Check （检测栏）内显示✓符号；若检测项不正确，则显示✗符号，并在 Message （信息）栏中显示检测不通过的原因。查找不通过的原因，回到原理图修改，再编译一次，生成网络，再执行 Update PCB Document 8路抢答器.PcbDoc 命令，直到错误修改完成，本次设计的“8 路抢答器.SchDoc”没有错误，所有检测项全部通过。这一过程非常重要，很多初学者在这里都会出现各种问题。

在图 5-43 中单击“Execute Changes”（执行变更）按钮，系统将接受工程参数变化，弹出图 5-44 所示的对话框，同时将 8 路抢答器的元器件封装和网络表添加到 PCB 编辑器，见图 5-44 中的 PCB 编辑器的工作区。单击图 5-44 中的“Close”按钮，“工程变更指令”对话框即将消失，在图 5-44 中的 PCB 编辑器的工作区，系统会自动建立一个“8 路抢答器”Room 空间，同时加载的元器件封装和网络表放置在规划好的 PCB 边界之外，元器件封装的焊盘间通过网络飞线连接，如图 5-45 所示。Room 空间是一个逻辑空间，用于将元器件进行分组放置，同一个 Room 空间内的所有元器件将作为一个整体被移动、放置或编辑[16]。

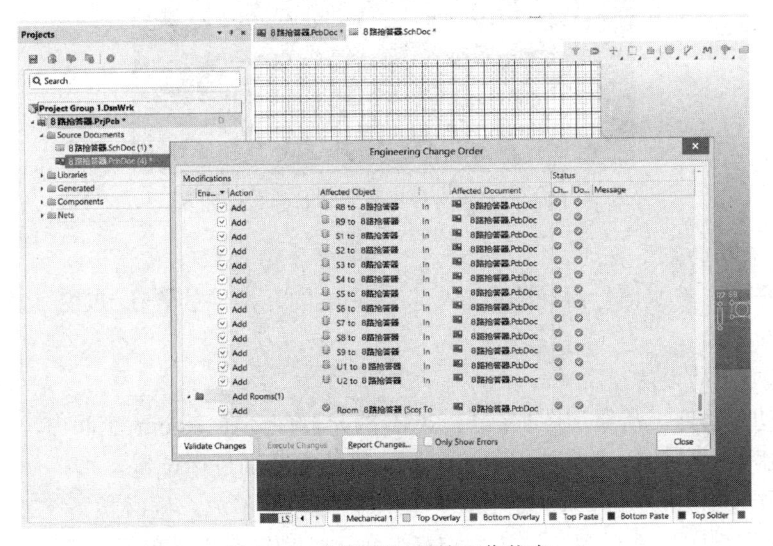


图 5-44　执行变更后的工作状态

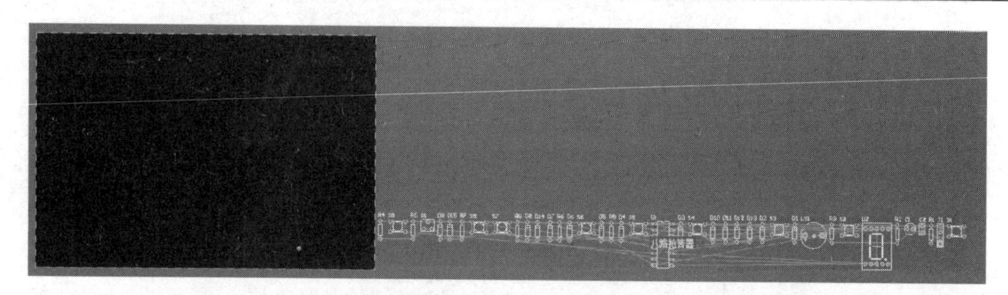

图 5-45　加载 8 路抢答器元器件封装和网络表后 PCB 的工作区状态图

注意：Update PCB Document命令只能在工程项目中才可使用，必须将原理图和 PCB 图文件存放在同一个工程项目中，在执行该命令前，必须先保存规划好的 PCB 文件[17]。

### 4．元器件布局调整

完成了 8 路抢答器的元器件封装和网络表的同步后，8 路抢答器元器件的封装被放置在 8 路抢答器的 Room 空间内，在这种情况下是无法进行布线操作的。软件可以进行自动布局，但一般不选用系统的自动布局，主要是因为自动布局的时间比较久而且不合适，设计者还需要根据整个 PCB 的工作特性、工作环境及某些特殊方面的要求进行手工调整，因此，在 PCB 设计中常常采用手工布局。8 路抢答器的元器件布局图如图 5-46 所示。

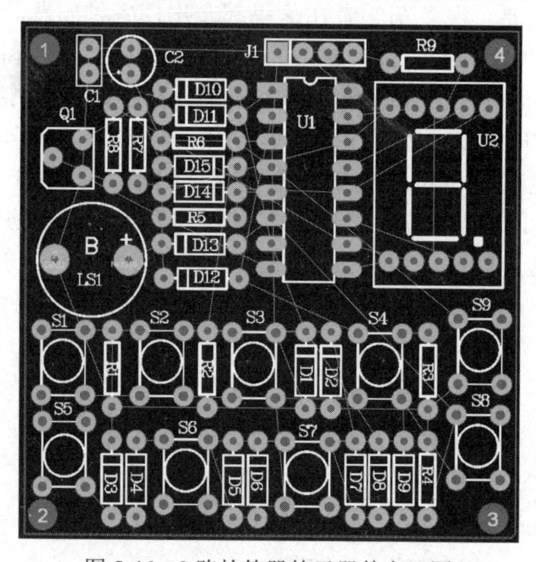


图 5-46　8 路抢答器的元器件布局图

1）手工布局的基本原则

对照原理图，按照信号流动的方向及将接口类的元器件放置在 PCB 边缘的原则对元器件进行重新布局。

2）手工布局的方法

（1）移动元器件。从原理图加载到 PCB 的元器件都在 Room 空间内，将光标移到需要移动的元器件上，按住鼠标左键不放，将元器件拖动到目标位置。

（2）旋转元器件。单击选中元器件，按住鼠标左键不放，同时按下“X”键进行水平翻转，按“Y”键进行垂直翻转，按“空格”键进行指定角度的旋转。

### 5．设置布线规则

完成了 8 路抢答器电路的 PCB 元器件布局后，还需要对自动布线规则进行设置。

在图 5-46 所在的 PCB 编辑器中单击“Design”菜单，在其下拉菜单中选择 Rules... 命令，即可打开图 5-47 所示的 PCB 规则及约束编辑器对话框。

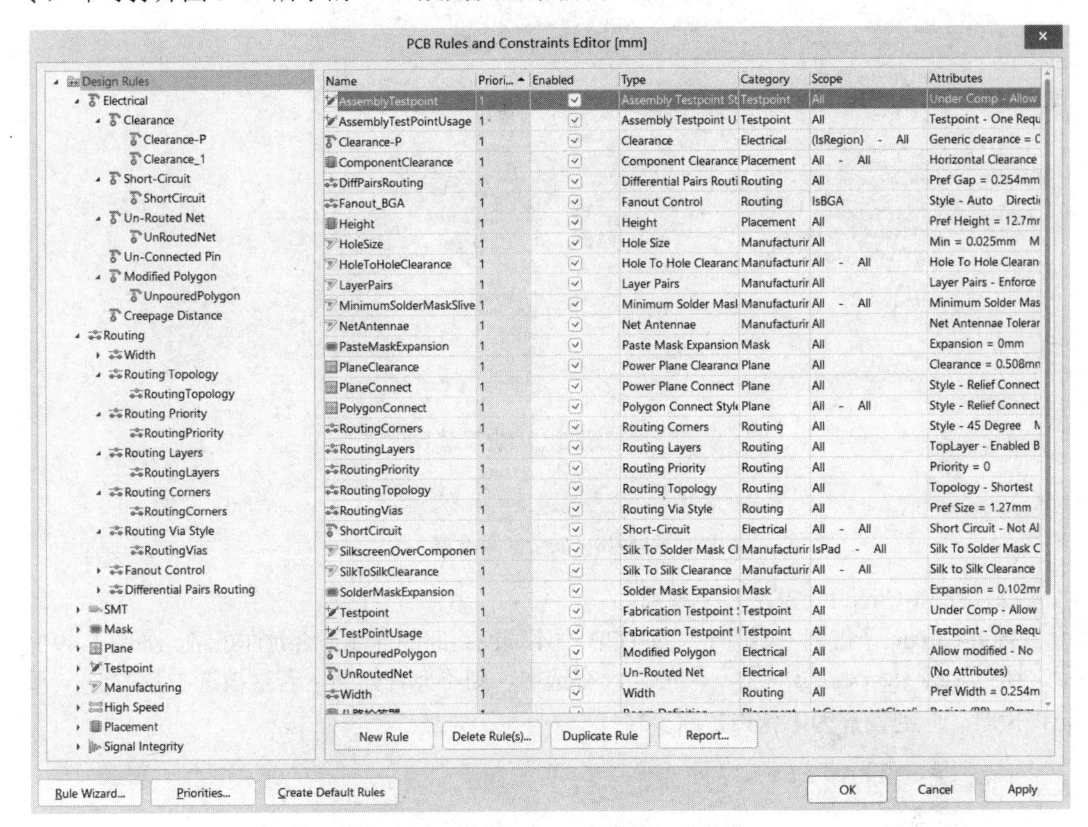


图 5-47　PCB 规则及约束编辑器对话框

图 5-47 中，对话框的左侧列出了系统提供的 Electrical（电气规则）、Routing（布线规则）、SMT（贴片规则）、Mask（阻焊规则）、Plane（铺铜规则）、Testpoint（测试点规则）、Manufacturing（生产规则）、High Speed（高速规则）、Placement（放置元器件的规则）和 Signal Integrity（信号完整性的规则）共 10 大规则设置，每一规则又包含很多子规则。与自动布线相关的主要是 Electrical 和 Routing 规则的设置，下面进行重点介绍。

1）Electrical（电气规则）

Electrical 包含以下子规则，单击 Electrical 前面的 ◢ 图标展开 Electrical 规则，可以看到有 6 项子规则。

（1）Clearance（安全间距）子规则。

Clearance 子规则主要用来设置 PCB 设计中导线、焊盘、过孔及铺铜等导电对象之间的安全间距，相应的设置对话框如图 5-48 所示。通常安全间距越大越好，但太大的安全间距会造成电路不紧凑，也会提高制板成本，因此安全间距通常设置为 10～20mil，本次设置为 10mil（系统的默认值），单击“OK”按钮即可。

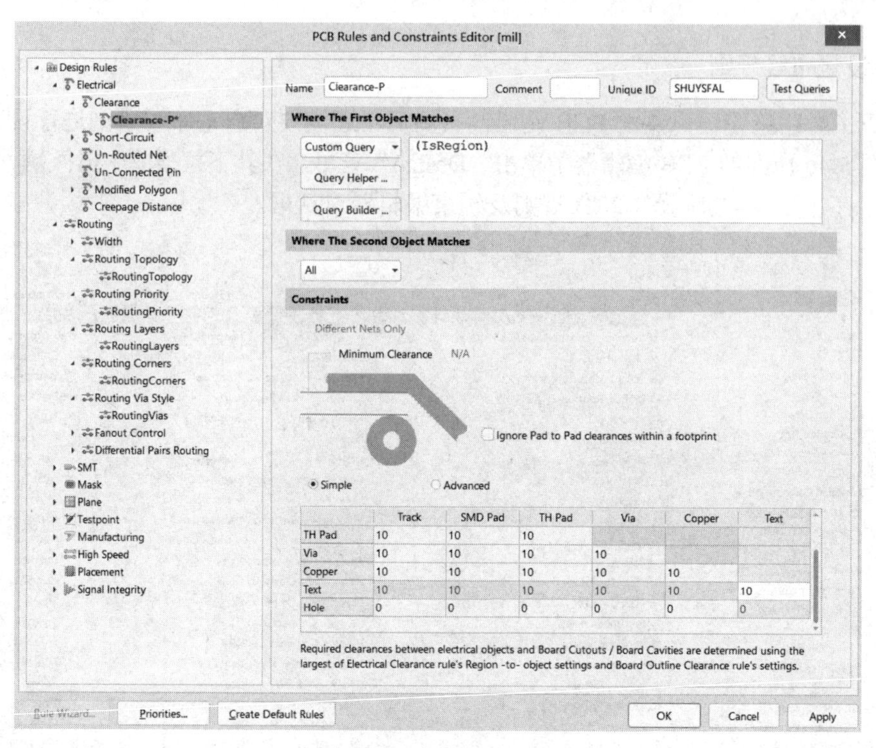


图 5-48　安全间距设置

（2）Short-Circuit（短路）子规则。

Short-Circuit 子规则主要用于设置 PCB 中不同网络间的导线是否允许短路，如图 5-49 所示。图中 Allow Short Circuit ☐ 的☐没有选中，则不允许短路，若☐被选中变成☑，则允许短路。此处设置为不允许短路。

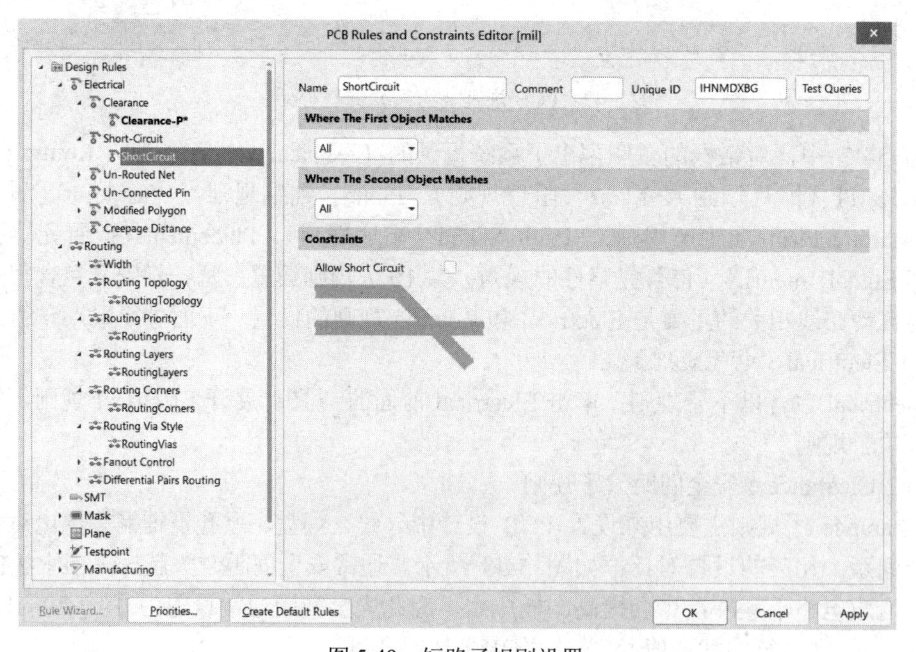


图 5-49　短路子规则设置

（3）Un-Routed Net（未布线网络）子规则。

Un-Routed Net 子规则主要用于检查 PCB 中用户指定范围内的网络是否自动布线成功，对于没有布通或未布线的网络，将使其仍保持飞线连接状态。该规则不需要设置其他约束，只需创建规则，为其命名并设定适用范围即可。此处采用系统默认设置，无须更改。

（4）Un-Connected Pin（未连接引脚）子规则。

Un-Connected Pin 规则主要用于检查指定范围内的元器件引脚是否均已连接到网络，对于未连接的引脚给予警告提示，显示为高亮状态。此处采用系统默认设置，无须更改。

（5）Modified Polygon（铺铜）子规则。

Modified Polygon 子规则用于检测仍被搁置或已修改但尚未定型的多边形，该项子规则有两个选项，即：

Allow shelved（允许隐藏显示）如果被启用，则属于该设计规则范围内且当前已搁置的所有多边形都将不会被标记为违规。此处采用系统默认设置，无须更改。

Allow modified（允许修改）如果被启用，则属于此设计规则范围内且当前已修改但尚未定型的所有多边形都将不会被标记为违规。此处采用系统默认设置，无须更改。

（6）Creepage Distance（爬电距离）子规则。

爬电距离是指两个导电部件之间或一个导电部件与设备及易接触表面之间沿绝缘材料表面测量的最短空间距离。沿绝缘表面放电的距离（即泄漏距离）也称爬电距离，简称爬距。对最小爬电距离做出限制，是为了防止在绝缘材料表面产生局部恶化传导路径的布线，这样的布线会使得电子在绝缘表面或附近放电[16]。此处采用系统默认设置，无须更改。

2）Routing（布线规则）

Routing 规则是自动布线器进行自动布线时所依据的重要规则，其设置是否合理将直接影响自动布线质量的好坏和布通率的高低。单击 Routing 前面的◂图标展开布线规则，可以看到有 8 项子规则，如图 5-49 所示。下面分别介绍各子规则。

（1）Width（导线宽度）子规则。

Width 子规则主要用于设置 PCB 布线时允许采用的导线宽度，有 Max Width（最大）、Min Width（最小）和 Preferred Width（优选）之分。最大宽度和最小宽度确定了导线的宽度范围，而优选宽度则为导线放置时系统默认采用的宽度值。在自动布线或手动布线时，对导线宽度的设定和调整不能超出导线的最大宽度和最小宽度。

针对不同的目标对象，在规则中可以定义不同类型的多重规则，系统将使用预定义等级来决定将哪一规则具体应用到哪一对象上。在上述导线宽度子规则的定义中，设计者可以定义一个适用于整个 PCB 的导线宽度约束规则（即所有的导线都必须是这一宽度）。

但由于希望接地网络的导线与一般的连接导线不同，需要尽量粗一些，因此设计者还需要定义一个宽度约束规则，该规则将忽略前一项规则。

8 路抢答器 PCB 设置采用双面板布线，其 Top Lay（顶层）和 Bottom Lay（底层）中一般信号线的宽度设置如图 5-50 所示，将最小宽度、优选宽度及最大宽度分别设置为 10mil、15mil 和 20mil，设置好后单击“Apply”按钮，完成一般信号线的线宽设置。系统依然停留在该页面，下面将进一步设置电路中的地（GND）和电源（VCC）网络的线宽，方法如下。

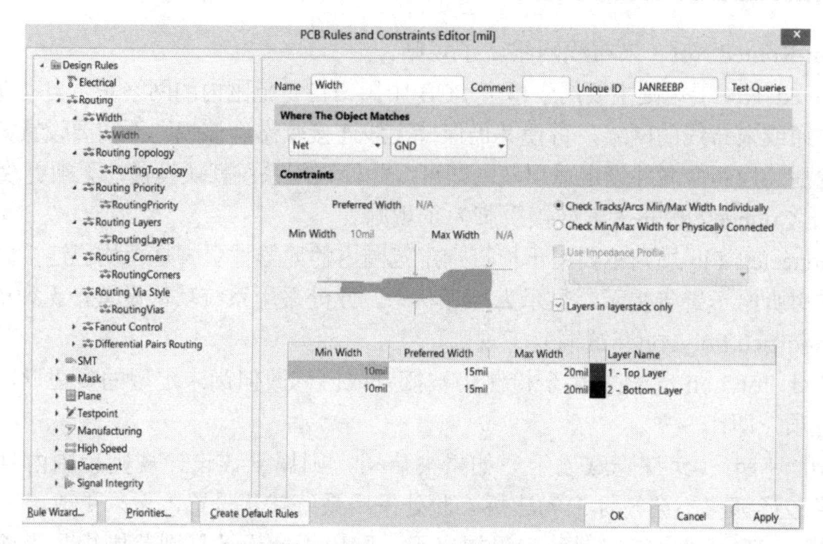


图 5-50 设置 PCB 上信号线的宽度

在图 5-50 中右击 Width，在弹出的菜单中选择 New Rule...，这时图 5-50 中的 Width 目录由 Width / Width 变成了 Width / Width_1 / Width*，增加了一个线宽的设置规则。单击 Width_1，系统弹出和图 5-50 一样的新线宽设置对话框，在该对话框中需要进行一些参数修改，单击 Where The Object Matches All 的 ▾ 图标，在 All 的下拉框中选择 Net，则进入 Where The Object Matches Net No Net，在 No Net 的下拉框中选择 GND，No Net 变成 GND，将 Min Width 对应值改为 10mil，Preferred Width 对应值改为 20mil，Max Width 对应值改为 50mil，再单击“Apply”按钮，即完成 GND 网络的线宽设置，如图 5-51 所示。在图 5-51 的界面右击“Width”，在弹出的菜单中选择 New Rule...，再增加一个新的线宽设置规则，这时 图 5-51 中的 Width 目录将由 Width / Width_1 / Width* 变成 Width / Width_2 / Width_1* / Width*，单击 Width_2，在该线宽设置对话框中单击 Where The Object Matches All 中的 ▾，在 All 的下拉框中选择 Net，则进入 Where The Object Matches Net No Net，在 No Net 的下拉框中选择 VCC，No Net 变成 VCC，将 Min Width 对应值改为 10mil，Preferred Width 对应值改为 20mil，Max Width 对应值改为 30mil，再单击“Apply”按钮，即完成 VCC 网络的线宽设置。

完成 GND 和 VCC 的线宽设置后，单击 Width，系统将前面三次设置的线宽规则进行优先级排列，如图 5-52 中右侧所示，其中 Width_2 的优先级为 1 级（最高），Width_1 的优先级为 2 级（第二高），而最先创建的 Width 的优先级为 3 级（最低）。最后单击“OK”按钮，即完成了 8 路抢答器 PCB 中所有信号线的线宽设置。

（2）Routing Topology（布线拓扑）子规则。

Routing Topology 子规则主要用于设置自动布线时导线的拓扑网络逻辑，即同一网络内各节点间的走线方式。拓扑网络的设置有助于提高自动布线的布通率，Routing Topology 子规则设置对话框如图 5-53 所示。图中的 Where The Object Matches 用于设置规则的适用范围，Topology 的下拉框用于设置拓扑逻辑结构，一共有 7 种拓扑逻辑结构供选择，系统默认为“Shortest”（走线最短）规则，一般不用修改。

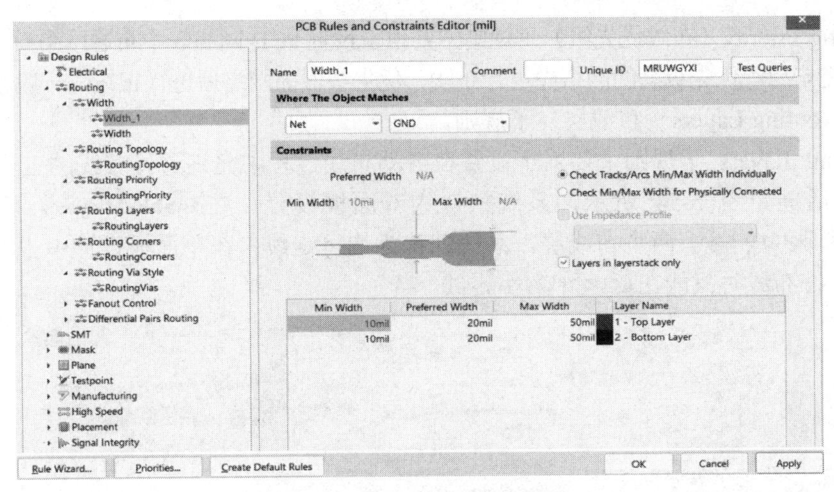
图 5-51　GND 网络线宽设置

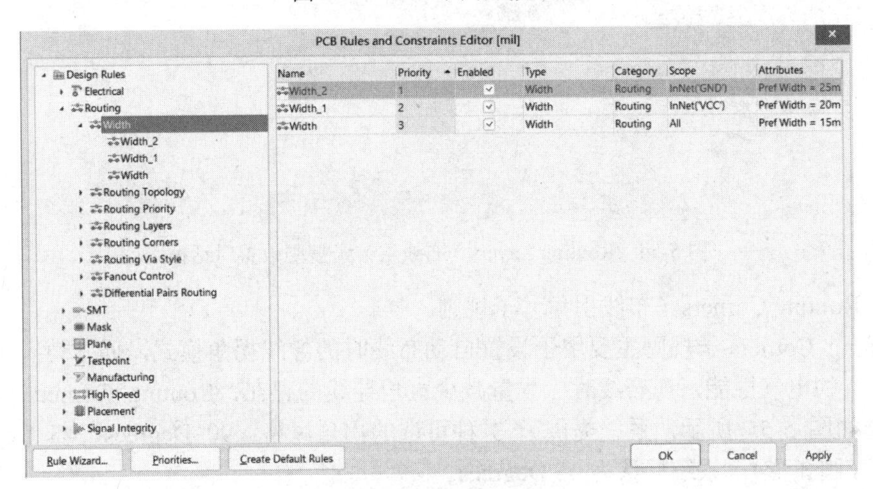
图 5-52　多个线宽规则限制

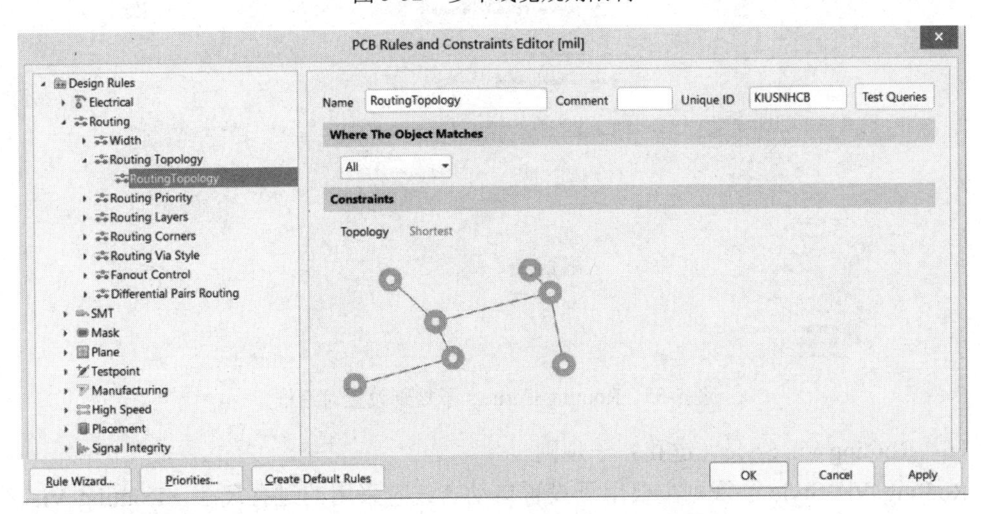
图 5-53　Routing Topology 子规则设置对话框

（3）Routing Priority（布线优先级）子规则。

Routing Priority（布线优先级）子规则主要用于设置 PCB 网络表中布通网络布线的先后顺序，设定完毕后，优先级高的网络先进行布线，优先级低的网络后进行布线，一般无须修改。

（4）Routing Layers（布线层）子规则。

Routing Layers 子规则主要用于设置在自动布线过程中允许进行布线的工作层，子规则设置对话框如图 5-54 所示，系统默认为双面板设置，在 **Enabled Layers** 下面列出了 Top Layer 和 Bottom Layer 两个布线层，系统默认为均可走线。在单面板设计中去掉 Top Layer 前面的√，在布线时只能在 Bottom Layer 走线。

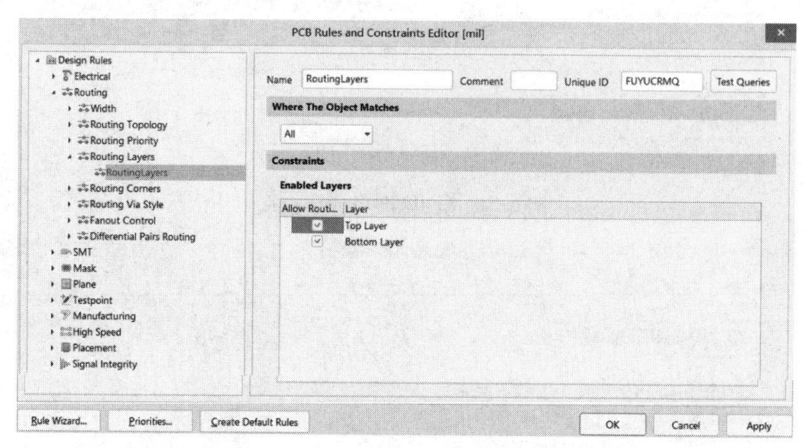


图 5-54　Routing Layers（布线层）子规则设置对话框

（5）Routing Corners（布线拐角）子规则。

Routing Corners 子规则主要用于设置自动布线时的导线拐角模式，通常情况下，为了提高 PCB 的电气性能，在布线时应尽量减少直角导线的存在，Routing Corners 子规则设置对话框如图 5-55 所示，系统提供了 3 种可选的拐角风格：90 Degrees、45 Degrees 和 Rounded（圆弧形），系统默认为 45 Degrees。

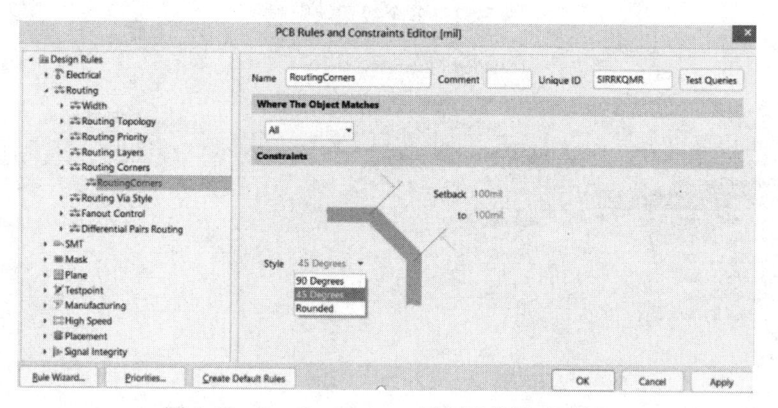


图 5-55　Routing Corners 子规则设置对话框

（6）Routing Via Style（过孔）子规则。

Routing Via Style 子规则主要用于设置自动布线时采用的过孔尺寸，Routing Via Style 子规则设置对话框如图 5-56 所示。在图 5-56 的右边约束区域内需要定义过孔直径及孔径大小，过孔直径及孔径大小分别有最大、最小和优先 3 项设置。最大和最小是设置的极限值，而优先将作为系统放置过孔时使用的默认尺寸。

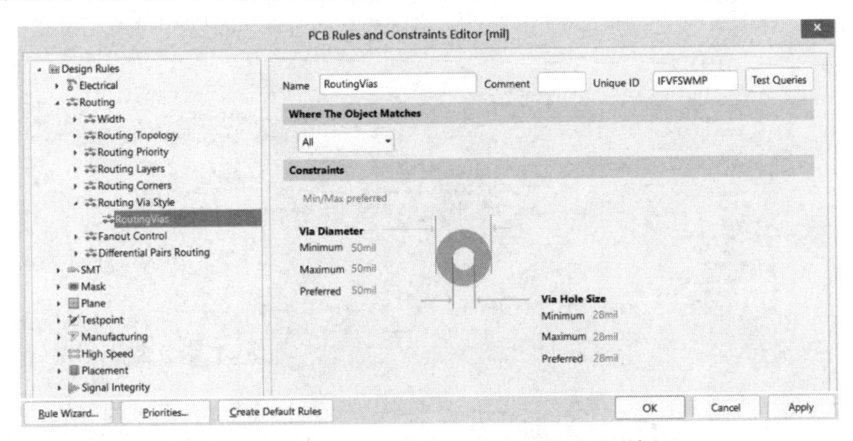


图 5-56　Routing Via Style 子规则设置对话框

（7）Fanout Control（扇出式布线）子规则。

Fanout Control 子规则是一项用于针对表贴式元器件进行扇出式布线的规则。所谓的扇出式布线，就是把表贴式元器件的焊盘通过导线引出并加以过孔，使其可以在其他层面上继续走线。扇出式布线可大大提高系统自动布线成功的概率。

Altium Designer 20 在扇出式布线子规则中提供了几种默认的扇出规则，分别对应于不同封装的元器件，它们分别是 BGA、LCC、SOIC、Small（引脚数小于 5 的表贴式元器件）和 Default（所有元器件）选项，如图 5-57 所示。

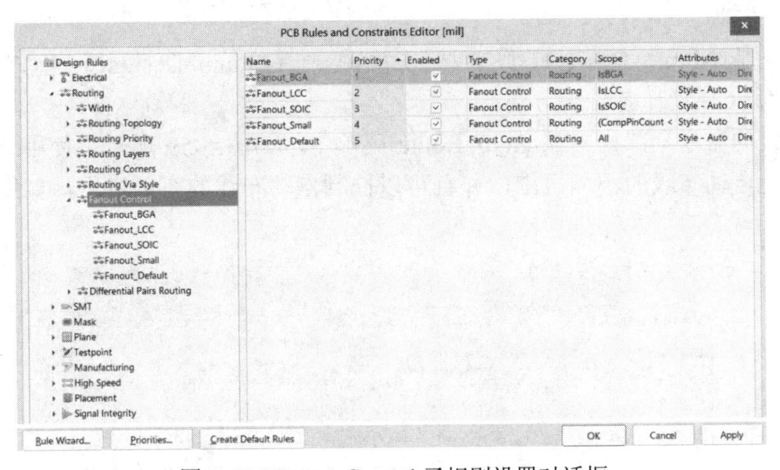


图 5-57　Fanout Control 子规则设置对话框

（8）Differential Pairs Routing（差分对布线）子规则。

Differential Pairs Routing 子规则主要用于对一组差分对设置相应的参数，如图 5-58 所示。Altium Designer 20 的 PCB 编辑器为设计者提供了很好的交互式差分对布线支持，完善了差分对交互式布线规则。在完整设计规则的约束下，设计者可以交互式地同时对所创建差分对中的两个网络进行布线，即使用交互式差分对布线器从差分对中选取一个网络并对其进行布线，而另一个网络将遵循第一个网络的布线，布线过程中将保持指定的布线宽度和间距。

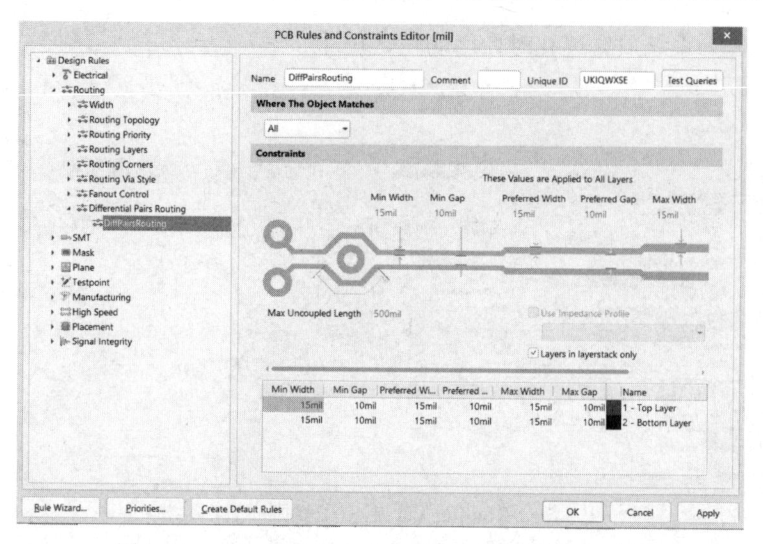


图 5-58　Differential Pairs Routing 子规则设置对话框

3）8 路抢答器电路布线规则设置

安全间距规则设置：全部对象为 10mil（系统默认值）；短路约束规则：不允许短路（系统默认值）；布线转角规则：45°（系统默认值）；导线宽度按图 5-51 所示的 Width 规则进行设置；布线层规则：选中 Bottom Layer 和 Top Layer 进行双面板布线。其他均可采用系统默认的设置。

## 6. 自动布线

自动布线是 Altium Designer 最重要的功能之一。Altium Designer 自动布线的布通率较高，能够为 PCB 设计者带来方便。

自动布线的命令全部集中在 Auto Route 菜单中，如图 5-59 所示。使用这些命令，设计者可以指定自动布线的不同范围，并且可以控制自动布线的有关进程，如终止、暂停、重置等。

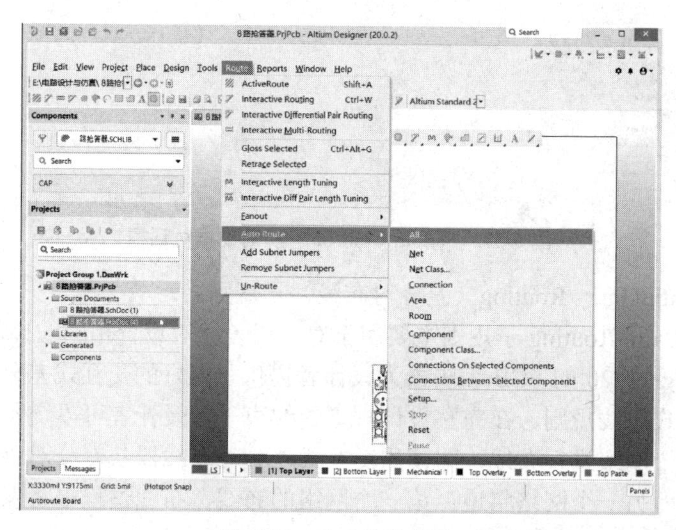


图 5-59　自动布线菜单

打开图 5-59 所示的自动布线命令，选择“Route→Auto Route→All”命令，系统弹出图 5-60 所示的对话框。

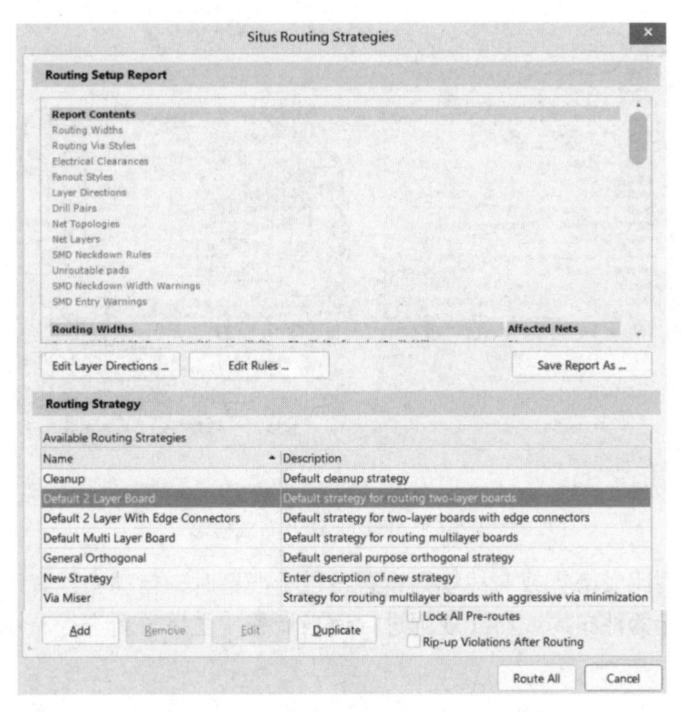


图 5-60　对整个 PCB 进行全局自动布线

该对话框分为上、下两部分，分别是 **Routing Setup Report**（布线设置报告）区域和 **Routing Strategy**（布线策略）区域。

**Routing Setup Report** 区域是用于对布线规则的设置及其受影响的对象进行汇总报告的选项区域。区域内列出了详细的布线规则，汇总了各规则影响的对象数目，并以超级链接的方式将列表链接到相应的规则设置框，设计者可随时查看和修正。

**Routing Strategy** 区域用于选择可用的布线策略，或编辑新的布线策略。针对不同的设计，系统提供了 6 种默认的布线策略。

Edit Layer Directions ... 按钮用于“编辑层布线的走线方向”，单击该按钮，屏幕弹出层说明对话框

Layer Directions

| Layer | Current Setting | Actual Direction |
|---|---|---|
| Top Layer | Horizontal | Horizontal |
| Bottom Layer | Automatic | Vertical |

，可以设置布线的走线方向，系统默认为双面板，顶层为水平布线，底层为垂直布线。单击 Current Setting 选项卡下的 Horizontal，会弹出下拉列表框，可以选择布线层的布线方式。如果采用单面板布线，设置 Bottom Layer 为“Any（任意方向布线）”，其他层不布线。

Edit Rules ... 按钮显示的是当前已设置的布线规则，用鼠标拖动该区域的拖动条可以查看布线规则，若想修改，则可在弹出的 PCB 规则及约束编辑器对话框中进行修改。

完成以上设置后，单击“Route All”按钮，系统开始进行自动布线。在布线过程中，Message 面板打开，逐条显示出当前布线的状态信息，如图 5-61 所示。由最后一条提示信息可知，此次自动布线已全部布通。

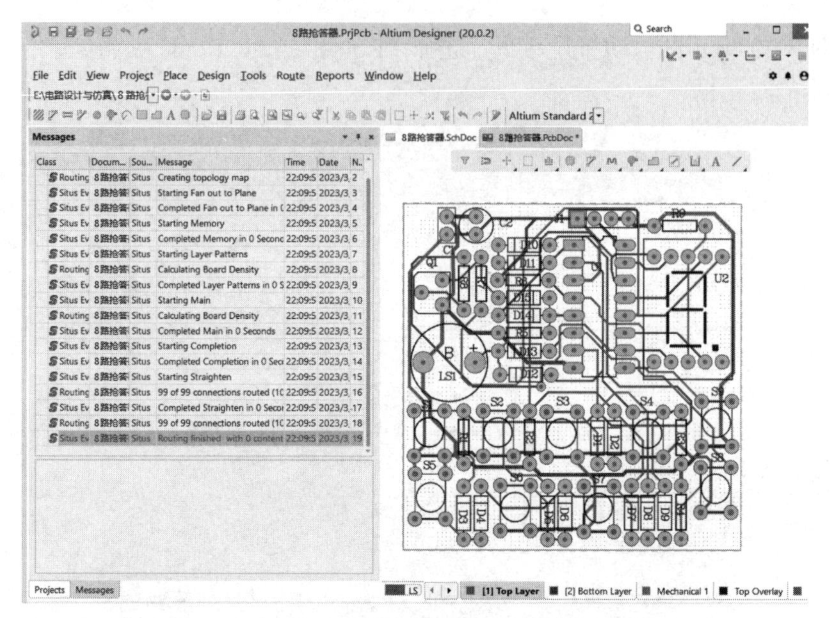


图 5-61　自动布线及布线信息

当元器件排列比较密集或布线规则设置得过于严格时，自动布线有可能不能一次全部布通，此时可对元器件布局或布线规则进行适当调整，之后重新进行布线，直到获得比较满意的结果[16]。

### 7．手工调整布线

由于自动布线仅以实现电气网络的连接为目的，因此在布线过程中，系统很少考虑 PCB 实际设计中的一些特殊要求，如散热、抗电磁干扰等，很多情况下会导致某些布线结构非常不合理，即便是完全布通的 PCB，也有可能存在绕线过多、走线过长等现象，或者布线存在飞线，为了提高布通率，就需要设计者进行手工调整。

1）手工调整的内容

修改拐角过多、路径过长的布线，移动放置不合理的布线，将飞线布通，删除其他布线，重新手工布线，删除不必要的过孔。

2）手工调整的方法

手工调整可以采用系统提供的相关命令，如取消布线命令、清除网络命令等，也可以直接选中再删除。

### 8．制作定位孔

在电路板中经常要用螺丝来固定散热片和 PCB，因此需要定位孔。定位孔与焊盘或过孔不同，定位孔不需要有导电部分。在实际设计中，可以利用放置焊盘或过孔的方法来制作定位孔。

下面以放置焊盘的方法为例来介绍定位孔的制作过程。

（1）在图 5-61 所示的 PCB 编辑器中单击“Place”菜单，在其下拉菜单中选择 Pad（焊盘）命令，光标变成状态，此时按 Tab 键，即弹出图 5-62 所示的焊盘属性对话框，将 Designator（焊盘编号）改为 1，Hole Size（焊盘孔的大小）设为 3mm，并设置 X-Size、Y-Size 和 Hole Size 为相同值，目的是不要表层铜箔。由于属性的设置项比较多，当前对话框显示不了所有的属性设置项，可以移动属性对话框上的移动条，找到所有的设置项。

（2）在图 5-62 的 Hole information 区中，将 Plated 前面的复选框中的“√”取消，变成 Plated，目的是取消在孔壁上的铜。

（3）单击按钮，移动光标到合适的位置并放置焊盘，此时放置的就是一个螺丝孔。图 5-63 所示为放置了 4 个定位孔的 PCB 图。

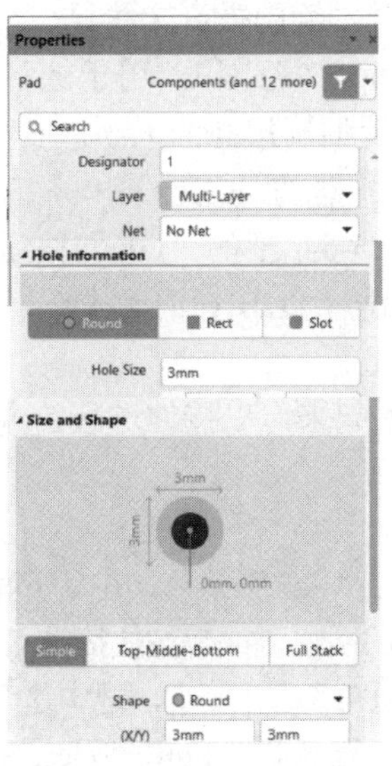


图 5-62　焊盘属性对话框

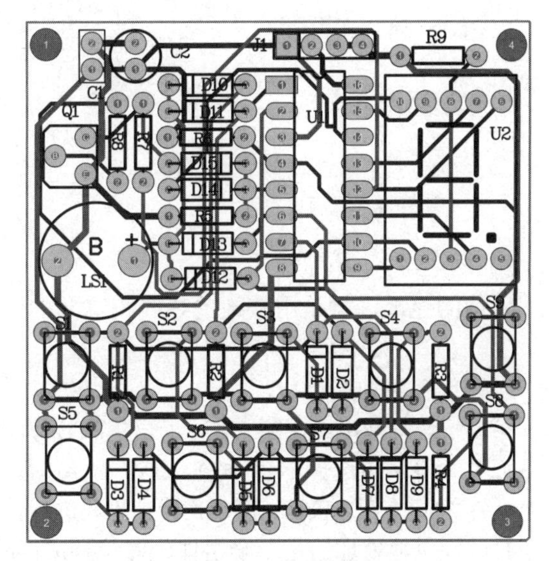


图 5-63　放置 4 个定位孔的 PCB 图

定位孔也可以通过放置过孔的方法来制作，具体步骤与放置焊盘方法相似，只要在过孔属性对话框中设置 Hole Size 和 Diameter 为相同值即可。

### 9．补泪滴、包地和覆铜操作

在 PCB 设计中，完成了 PCB 布线之后，为了提高电路板的抗干扰性、稳定性及耐用性，还需要做一些收尾的工作，如补泪滴、包地和覆铜操作。

1）补泪滴

补泪滴就是在铜膜导线与焊盘或者过孔交接的位置处，特意将铜膜导线逐渐加宽的一种操作，由于加宽的铜膜导线的形状很像泪滴，因此被称为补泪滴。补泪滴的目的是防止机械制板时，焊盘或过孔因承受钻针的压力而与铜膜导线在连接处断裂，特别是在单面板中，因此连接处需要加宽铜膜导线来避免此类情况的发生。此外，补泪滴后的连接面会变得比较光滑，不易因残留化学药剂而导致对铜膜导线的腐蚀[17]。

补泪滴的具体操作是：在图 5-63 所在的 PCB 编辑器中单击“Tools”菜单，在弹出的下拉菜单中选择 Teardrops...（泪滴）命令，打开图 5-64 所示的泪滴设置对话框，其中有 4 个选项组。

（1）Working Mode（工作模式），用于添加或删除相应范围的泪滴。

（2）Objects（对象），用于设置泪滴的适用范围。

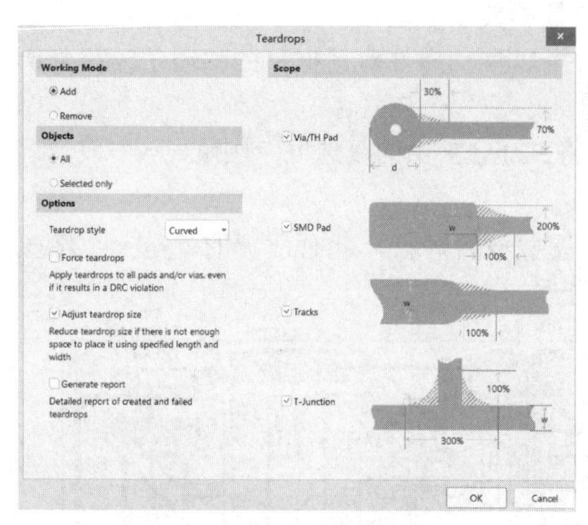

图 5-64　泪滴设置对话框

（3）Options（选项）有 4 个分项，Teardrop style 用于设置泪滴的类型（直线形还是圆弧形）；Force teardrops 用于忽略规则约束，勾选后可忽略由添加泪滴可能导致的 DRC 违规；Adjust teardrop size 是泪滴大小自适应选项，勾选后系统可根据空间大小自动放置大小合适的泪滴；Generate report 用于设置是否需要创建泪滴的报告文件。

（4）Scope（范围），用于选择泪滴器件的类型和设置泪滴尺寸的大小。

8 路抢答器的 PCB 采用系统默认的设置，单击图 5-64 中的“OK”按钮，即可完成 8 路抢答器的 PCB 补泪滴操作。

2）包地

所谓的包地，就是用接地的导线将重要的信号线包围起来，以接地屏蔽的方式抵抗外界干扰。

（1）放置包地线操作。

第一步选择网络。在图 5-63 所在的 PCB 编辑器中单击“Edit”菜单，在其下拉菜单中选择 Select 命令，再选择 Net 命令，选择需要进行包地处理的网络，或者按快捷键 E+S+N，这时光标会变成“十”字形。移动光标到想要进行包地处理的网络处并单击，选中这个网络（如果想要进行包地处理的是一个组件，并没有进行网络定义，则选择“Edit→Select→Connected Copper”这一命令，其他操作同上）。

第二步放置包地线。在图 5-63 所在的 PCB 编辑器中单击“Tools”菜单，在其下拉菜单中选择 Outline Selected Objects，或者按快捷键 T+J，这时 AD 会自动地对前面选中的网络进行包地处理。

（2）删除包地线操作。

在图 5-63 所在的 PCB 编辑器中单击“Edit”菜单，在其下拉菜单中选择 Select 命令，再选择“Connected Copper”命令，当光标变成“十”字形时，选中想要删除的包地线，按 Delete 键，这时包地线就被删除了。当然，也可以将 PCB 编辑器的工作层切换到包地线所在的层，选择包地线，然后一根一根地删除。

3）覆铜

覆铜就是将 PCB 上闲置的空间作为基准面，然后用固体铜填充，又称灌铜。覆铜的目的在于减小地线阻抗、提高抗干扰能力、降低压降、提高电源效率及与地线相连、减小环路面积。

（1）设置覆铜的连接方式。

在图 5-63 所在的 PCB 编辑器中单击“Design”菜单，在其下拉菜单中选择 Rules 命令打开 PCB 规则及约束编辑器对话框，在图 5-57 的左侧目录中单击 Plane 前面的 ▸ 按钮，Plane 将展开，包括 Power Plane Connect Style（功率网络平面的覆铜的配置）、Power

Plane Clearance（功率网络平面的覆铜的间距）、Polygon Connect Style（多边形的连接方式选择）三个子目录。该项设置对于单层板和双层板来说是很重要的，但对多层板就不那么重要了，主要是因为多层板有了单独的电源层。8 路抢答器电路的覆铜只需对 Polygon Connect Style 进行设置，单击该项的子目录 PolygonConnect，弹出图 5-65 所示的对话框。

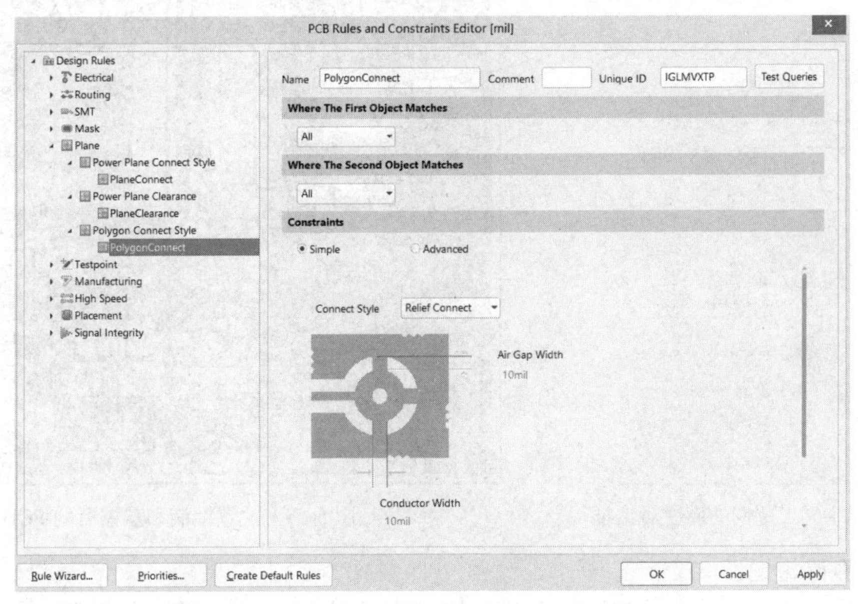


图 5-65　覆铜与焊盘之间的连接方式选择对话框

Name：用于填写覆铜规则名称，可以采用系统默认的命名。Where The First Object Matches 栏采用下拉框的方式进行配置规则，有 All、Net、NetClass、Layer、Net and Layer 和 Advanced（Query）等多种选择，系统默认为 All。第二个限定条件 Where The Second Object Matches 的设置与 Where The First Object Matches 一样。Connect Style 用于限定覆铜的方式，有 Relief Connect（辐射状式）、Direct Connect（直连）、No Connect（无连接方式）三种连接方式。Relief Connect 方式从元器件焊盘反射状伸出几根线连接到覆铜上，采用这种方式可使得覆铜区和焊盘间的传热比较慢，焊接时不会因为覆铜区散热太快而导致焊盘和焊锡之间无法良好融合，一般用于热焊盘，使用该方式需要设置导线的宽度、连接的引脚数量、连接的角度。Direct Connect 方式直接用覆铜覆盖元器件焊盘，这种连接方式的优点在于焊盘和覆铜区之间的阻值比较小，但是焊接比较麻烦。采用 No Connect，元器件和电源层之间没有任何连接，简单的单面板和双面板可采用这种形式。如果选择了 Relief Connect 方式，还需要设定一些参数。

（2）放置覆铜。

在图 5-63 所在的 PCB 编辑器中单击“Place”菜单，在其下拉菜单中选择 Polygon Pour...（覆铜）命令，光标变成“十”字形并处于放置状态，此时按下 Tab 键，弹出覆铜的 Properties（属性）对话框，如图 5-66 所示，Net（网络）设置为 GND，Layer（层）设置为 Top Layer，再单击屏幕上的 按钮完成属性设置。此时光标依然为“十”字形，在 [1] Top Layer（顶层）工作状态下，在 PCB 图的四周各单击一下，可放置一个矩形，然后右击退出，即完成顶层的覆铜操作，如图 5-67 所示。同理，可以在

■ [2] Bottom Layer 放置覆铜，但需要注意在放置覆铜时，应将覆铜属性中的 Layer（层）设置为 Bottom Layer。

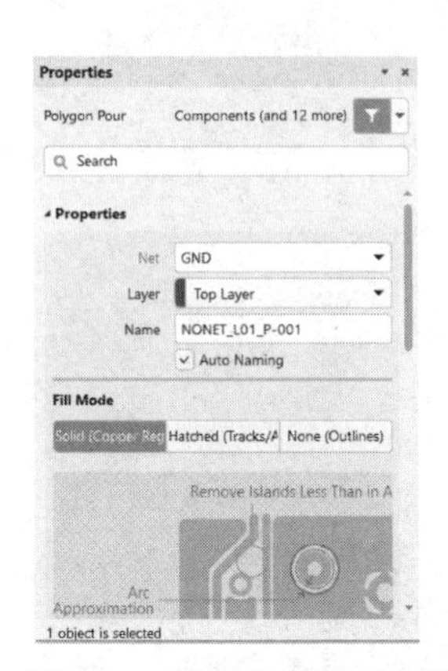


图 5-66　覆铜的属性对话框

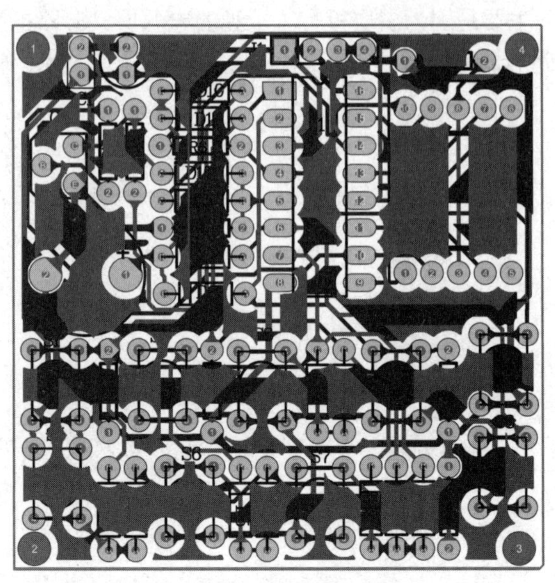

图 5-67　放置泪滴和覆铜后的 PCB

（3）删除覆铜。

在相应的工作层单击覆铜使其处于选中状态，再按下 Delete 键，即可删除覆铜。

### 10．PCB 验证和错误检查

电路板设计完成之后，为了保证所进行的设计工作（如组件的布局、布线等）符合所定义的设计规则，Altium Designer 20 提供了设计规则检查（Design Rule Check，DRC）功能，可对 PCB 的完整性进行检查。此项工作可以放在补泪滴和覆铜之前进行。

1）PCB 图设计规则检查

设计规则检查可以测试各种违规走线的情况，如安全错误、未走线网络、宽度错误、长度错误、影响制造和信号完整性的错误。启动设计规则检查的方法是：在图 5-67 所在的 PCB 编辑器界面单击“Tools”菜单，在其下拉菜单中选择 Design Rule Check... 命令，打开图 5-68 所示的 Design Rule Checker（设计规则检查器）对话框。

Rules To Check 选项共列出了 Electrical（电气规则）、Routing（布线规则）、SMT（贴片规则）、Testpoint（测试点规则）、Manufacturing（生产规则）、High Speed（高速规则）、Placement（放置元器件的规则）和 Signal Integrity（信号完整性的规则）这 8 项设计规则。这些设计规则都是在 PCB 规则及约束编辑器对话框中定义的。选择对话框左边的各选择项，详细内容会在右边显示出来。

2）生成检查报告

对要进行检查的规则设置完成之后（这里采用系统默认的设置），分析器将生成检查报告文件，其详细列出了所设计的版图和所定义的规则之间的差异。设计者通过此文件可以更深入地了解所设计的 PCB 图中所存在的问题，并针对其中的问题对 PCB 图进行修改。

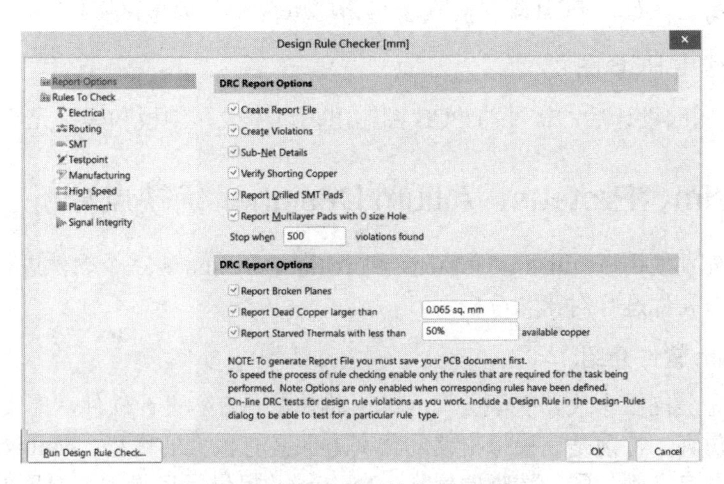


图 5-68　设计规则检查器对话框

在图 5-68 所示的对话框中单击“Run Design Rule Check…”（运行 DRC）按钮，将进行设计规则检查。系统将打开 Messages 信息框，如图 5-69 所示，列出了 8 路抢答器 PCB 图中所有违反设计规则的种类、所在文件、错误信息、序号等。报告中有“Short-Circuit Constraint(Allowed=No)(All),(All)”（短路）信息提示，双击该信息可以查看详细原因，发现是数码管 U2 的 3 引脚和 8 引脚短路，这是正常的，由于 U2 的 3 引脚和 8 引脚都接地，因此该问题不用修改，其他警告也是可以忽略的，因此 8 路抢答器电路的 PCB 图可以用于制作实物。

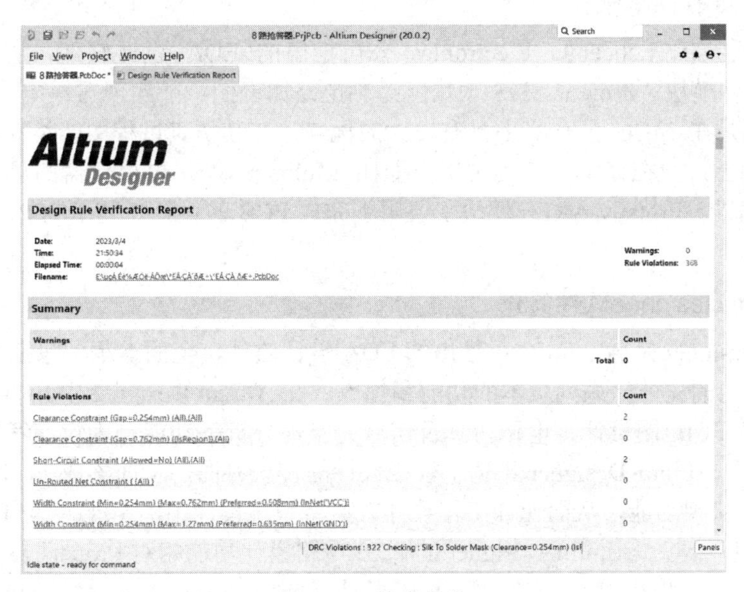


图 5-69　检查报告

### 11．生成 PCB 报表

PCB 设计中的报表文件主要包括电路板报表文件、元器件清单报表文件、网络状态报表文件、距离测量报表文件及制作 PCB 所需要的底片报表文件、钻孔报表文件等。这些报表文件主要是通过在 PCB 编辑环境下单击“Reports”菜单来实现的。

### 12．打印输出 PCB 图

完成 PCB 图的设计后，需要将 PCB 图输出，以生成印制板和焊接元器件。

## 5.5　Multisim、Proteus、Altium Designer 优缺点分析

前面章节分别使用 Multisim、Proteus 和 Altium Designer 三个软件进行了电路设计，本节将对这三个软件进行对比和分析。

### 1．Multisim 软件介绍

Multisim 是美国国家仪器有限公司（NI）推出的 EDA 设计软件，能实现模电/数电的复杂电路虚拟仿真，特别是在模拟电路的仿真方面具有极大的优势。Multisim 的虚拟仪器对数据的计算具有准确且图形清晰的优点。Multisim 提供了世界主流元器件提供商的超过 17000 多种元器件，提供的 22 种功能强大的虚拟仪器可进行电路动作的测量，能提供静态工作点分析、交流分析、单一频率交流分析、瞬态分析、傅里叶分析、噪声分析、噪声系数分析、失真分析、直流扫描分析、灵敏度分析、参数扫描分析、温度扫描分析、零/极点分析、传递函数分析、最坏情况分析、蒙特卡罗分析、布线宽度分析、批处理分析和用户自定义分析这 19 种电路分析[12]。Multisim 也支持 MCU 电路系统的仿真分析，但 MCU 的类型不够丰富。Multisim 配套的制板软件 NI Ultiboard 用于电路板的设计，可以实现从电路原理图设计到 PCB 制板的一条龙服务，但制板功能相对简单。

### 2．Proteus 软件简介

Proteus 是英国 Labcenter Electronics 公司推出的 EDA 设计软件，它包括 ISIS 和 ARES 两个软件模块。Proteus ISIS 模块能绘制电路原理图，能实现对模电、数电和 MCU 的仿真，特别是在 MCU 的仿真上具有较大的优势，在其仿真过程中能将数字逻辑值准确地显示在引脚上，但在模拟电路的仿真方面比 Multisim 差，虚拟仪器的显示和计算也没有 Multisim 精准。Proteus ARES 模块主要用于完成 PCB 的设计，能绘制 PCB 图，但制板功能相对简单。

### 3．Altium Designer 软件简介

Altium Designer 是 Altium 公司推出的 EDA 设计软件，全面继承了包括 Protel 99SE、Protel DXP 在内的先前一系列版本的功能和优点。在 Altium Designer 中，能实现电路原理图设计、电路 PCB 图设计、电路仿真及信号完整性分析等功能，为设计者提供了全新的设计解决方案。Altium Designer 拓宽了板级设计的传统界面，全面集成了 FPGA 设计功能和 SOPC 设计实现功能，从而允许工程设计人员将系统设计中的 FPGA 与 PCB 设计及嵌入式设计集成在一起，Altium Designer 的 PCB 电路设计功能相对 Proteus 与 Multisim 更强大和复杂，但对模拟电路、数字电路的仿真功能相对 Proteus 和 Multisim 要弱，没有 MCU 的仿真功能。

### 4．Multisim、Proteus 和 Altium Designer 的功能比较

Multisim、Proteus 和 Altium Designer 三个软件的功能比较如表 5-8 比较。

表 5-8　Multisim、Proteus 和 Altium Designer 的功能比较

| | Multisim | Proteus | Altium Designer |
|---|---|---|---|
| 绘制原理图 | 在 NI Multisim 模块中绘制，操作简单，无须添加元器件库，可直接连线 | 在 Proteus ISIS 模块中绘制，操作简单，无须添加元器件库，可直接连线 | 在 Altium Designer 原理图编辑器中绘制，操作相对麻烦，需要添加元器件库，需要连线指令 |
| 原理图元器件制作 | 在 NI Multisim 模块中绘制，操作简单。如需绘制能仿真的原理图元器件，则操作相对麻烦 | 在 Proteus ISIS 模块中绘制，操作简单。如需绘制能仿真的原理图元器件，则操作相对麻烦 | 在 Altium Designer 原理图元器件编辑器中绘制，功能强大 |
| 绘制 PCB 图 | 在 NI Ultiboard 模块中绘制 PCB 图，操作相对简单 | 在 Proteus ARES 模块中绘制 PCB 图，操作相对简单 | 在 Altium Designer PCB 编辑器中绘制 PCB 图，需要添加元器件库，功能强大，操作较复杂 |
| 元器件封装制作 | 在 NI Ultiboard 模块中绘制 | 在 Proteus ARES 模块中绘制 | 在 Altium Designer PCB 库编辑器中绘制，功能强大 |
| 电路功能仿真 | 在 NI Multisim 模块中能对模电、数电、数模混合电路及 MCU 进行原理图的功能仿真分析，特别适合模拟电路的功能仿真，能进行图表分析 | 在 Proteus ISIS 模块中能对模电、数电、数模混合电路及 MCU 进行原理图的功能仿真分析，特别适合 MCU 的功能仿真。仿真时元器件引脚上有逻辑电平的变化，能进行图表仿真分析 | 不能进行原理图功能仿真，但能对 PCB 电路进行信号完整性分析 |
| 虚拟仪器 | 数字式的虚拟仪器较多，具有强大的计算功能，数据准确易读 | 模拟式的虚拟仪器较多，显示数据不够清晰准确 | 无 |

## 5.6　8 路抢答器装配与焊接

在完成 8 路抢答器的 PCB 设计后，应将 8 路抢答器的 PCB 文件发送给厂家进行开板，且价格不贵。制作 8 路抢答器的最后一道程序就是装配与焊接。

8 路抢答器的装配就是将购买的元器件安装在 PCB 上，焊接就是将装配的元器件的引脚与 PCB 上的焊盘用焊锡固定好。但焊接需按照焊接工艺来进行，不能有虚焊和漏焊等情况发生，关于焊接的工艺，读者可自己查阅资料学习，教师可在辅导的过程中进行演示和指导。8 路抢答器的装配与焊接需要注意以下事项。

（1）PCB 检查。按照图 5-67 所示的连接方式用万用表对 PCB 进行检查，主要是检查线路的短路和开路情况。

（2）元器件检查。检查元器件的性能好坏，检查元器件的引脚与 PCB 图的封装引脚是否一一对应。

（3）装配与焊接。完成 PCB 与元器件的检查后，先将大的、关键的元器件装配在 PCB 上并进行检查，完成后即可焊接，然后对照装配图依次将余下的元器件装配好并进行焊接。

（4）装配后检查。按照装配图将元器件焊接在 PCB 上，并按照图 5-33 所示的原理图，检查焊接元器件后的 PCB 电气连接关系。

（5）上电调试。检查确定无误后，接通电源，对照技术指标要求调试。

## 5.7　8 路抢答器项目设计能力形成观察点分析

根据项目设计目标要求，学生能运用仿真软件对 8 路抢答器的原理图进行功能仿真；能完成 8 路抢答器的双面 PCB 图设计；熟悉常用的电子元器件的原理图符号和封装图。根据工程教育认证的要求，需对学生的电路设计与仿真能力、PCB 设计能力、电路焊接及调试能力进行合理性评价，因此在该部分的教学实施过程中设计了以下观察点。

1．检查 8 路抢答器的仿真原理图，对照指标验证 8 路抢答器的抢答功能，对其设计能力进行合理性评价。

2．检查 8 路抢答器原理图的完整性及电气特性，是否存在电气连接、遗漏元器件、网络连接等问题，对其原理图的设计能力进行合理性评价。

3．检查 8 路抢答器 PCB 图的完整性及电气特性，是否存在短路、开路、封装错误、布局错误等问题，对其 PCB 图的设计能力进行合理性评价。

4．询问学生 8 路抢答器的各单元电路的工作原理，观察学生是否具有知识的综合运用能力和创新能力。

## 本章小结

本章根据 8 路抢答器的设计指标，运用 Proteus 软件完成了 8 路抢答器中各单元电路的原理设计及电路分析与仿真，并对 8 路抢答器的设计方案的可行性进行了分析。根据 Proteus 的设计方案，在 Altium Designer 20 中完成了 8 路抢答器的原理图和 PCB 图设计，通过 8 路抢答器的设计，详细地介绍了基于 Altium Designer 电路双面板的设计过程。通过本章内容的训练，学生可以提高电路分析能力、电路设计能力和对现代工具的操作能力。

## 思考与练习

### 一、思考题

1．什么是 PCB 图？PCB 图由哪几部分组成？

2．如何设置 PCB 布线规则？布线规则中的安全间距、线宽、布线层设置的原则是什么？

3．什么是电气规则检查？如何对设计好的 PCB 进行电气规则检查？

4．双面板与单面板的区别是什么？如何设置双面板和单面板的布线方式？

### 二、练习题

1．运用 Proteus（或 Multisim）软件绘制图 5-70 所示的门铃控制电路并进行仿真，本电路是由 555 集成电路构成的多谐振荡器，当按下 K1 时，电源经 D2 对 C1 充电，当 C1 的充电电压大于 1V，即 555 电路的复位端（4 引脚）的电压大于 1V 时，555 电路产生多谐振荡，此时 R1 短路，振荡周期 $T$=0.69($R_2$+$R_3$)×$C_2$；当松开 K1 时，电容 C1 通过 R4 放电，最后接近 0V，555 电路的复位端近似于接地，输出为低电平。根据 Proteus 的设计方案，在 Altium Designer 中完成图 5-71 所示的门铃控制电路的原理图设计和图 5-72 所示的单面板 PCB。要求 PCB 采用底层走线，PCB 的尺寸控制在 5cm×5cm 范围内，走线的安全间距为 10mil，电源线宽度要求不小于 30mil，其他走线宽度不小于 20mil。表 5-9 所示为图 5-71 中各元器件的名称及对应的封装。

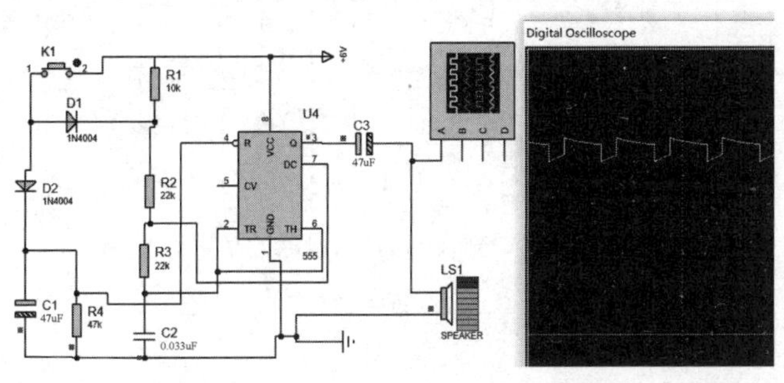

图 5-70　门铃控制电路仿真原理图

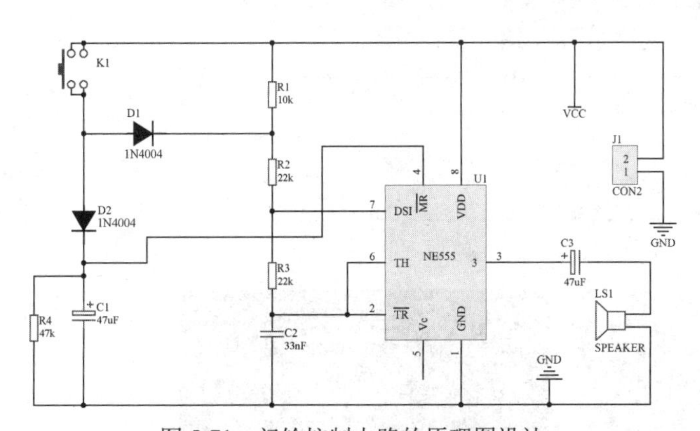

图 5-71　门铃控制电路的原理图设计

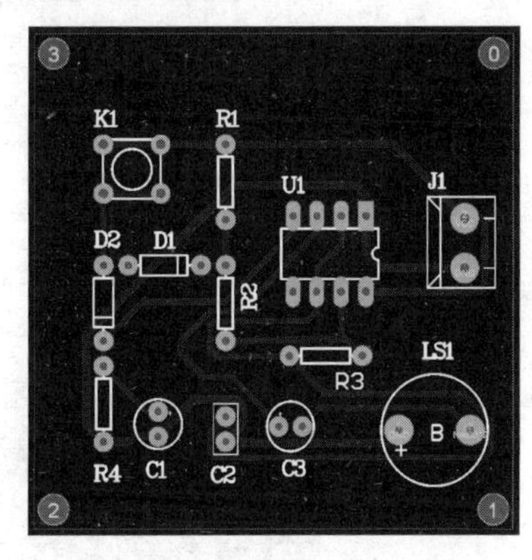

图 5-72　单面板 PCB

表 5-9　基于 AD20 门铃控制电路的元器件名称及封装

| Designator（元器件标号及标称值） | LibRef（原理图元器件库名） | 元器件所在的库 | Footprint（封装） |
|---|---|---|---|
| U1 | NE555 | 专用库 | DIP8 或 DIP-8 |
| K1 | SW-PB | Miscellaneous Devices.IntLib | SWPB（自制） |
| D1～D2 为 1N4004 | DIODE | Miscellaneous Devices.IntLib | DIODE0.3 |
| LS1 | SPEAKER | Miscellaneous Devices.IntLib | 7.6mm×12mm（自制） |
| R1（10kΩ），R2、R3（22kΩ），R4（47kΩ） | RES | Miscellaneous Devices.IntLib | AXIAL0.3 |
| C1、C3（47μF） | ELECTRO1 | Miscellaneous Devices.IntLib | RB.1/.2 |
| C2（33nF） | CAP | Miscellaneous Devices.IntLib | RAD0.1 |
| J1 | CON2 | Miscellaneous Connectors.IntLib | HDR1X4H |

2．运用 Proteus（或 Multisim）软件绘制图 5-73 所示的+5V 到+12V 升压电路的仿真原理图并进行仿真。根据图 5-73 所示的仿真原理图，在 AD 中绘制图 5-74 所示的+5V 到+12V 升压电路原理图及图 5-75 所示的对应的布局和单面板 PCB，采用底层走线，其中要求 PCB 的大小控制在 5cm×5cm 以内，走线的安全间距为 10mil，PCB 的电源线宽度不小于 30mil，其他走线宽度不小于 20mil。原理图的元器件清单如表 5-10 所示。

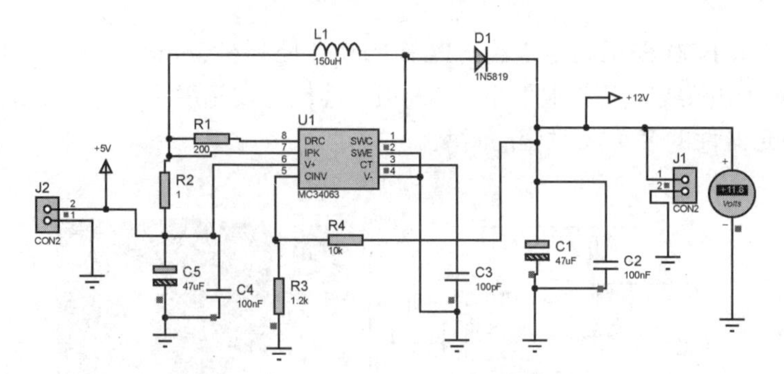


图 5-73　+5V 到+12V 升压电路的仿真原理图

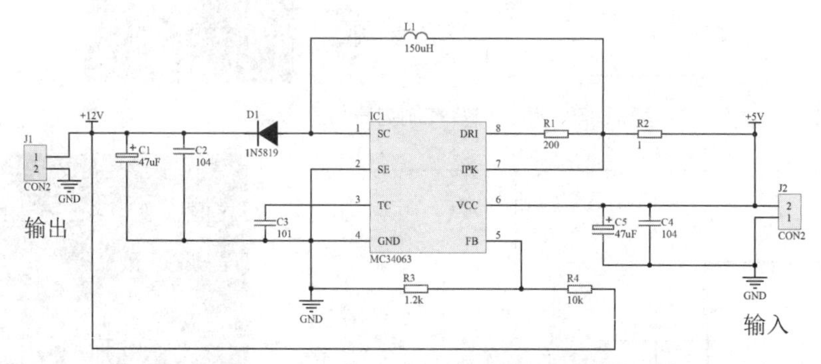


图 5-74　+5V 到+12V 升压电路原理图[19]

图 5-75　+5V 到+12V 升压电路的布局及单面板 PCB[19]

**表 5-10　基于 AD20 的+5V 到+12V 升压电路的元器件名称及封装**

| Designator（元器件标号及标称值） | LibRef（原理图元器件库名） | 元器件所在的库 | Footprint（封装） |
| --- | --- | --- | --- |
| U1 | MC34063 | 专用库 | DIP8 或 DIP-8 |
| D1（1N5819） | DIODE | Miscellaneous Devices.IntLib | DIODE0.4 |
| L1（150μH） | INDUCTOR | Miscellaneous Devices.IntLib | AXIAL0.4 |
| R1（200Ω），R2（1Ω），R3（1.2kΩ），R4（10kΩ） | RES | Miscellaneous Devices.IntLib | AXIAL0.3 |
| C1、C5（47μF） | ELECTRO1 | Miscellaneous Devices.IntLib | RB.1/.2 |
| C2、C4（0.1μF）；C3（100pF） | CAP | Miscellaneous Devices.IntLib | RAD0.1 |
| J1、J2 | CON2 | 专用库 | 5.08-S201 |

# 第 6 章　制作个人元器件库及其元器件

内容导航

| 目标设置 | 具备特殊元器件的原理图的元器件符号设计能力和封装设计能力，能构建元器件封装库、原理图的元器件符号库和个人集成元器件库 |
|---|---|
| 内容设置 | 基于 AD20 的元器件封装设计，建立个人元器件封装库；基于 AD20 的元器件符号设计，建立个人原理图的元器件符号库；基于 AD20 的元器件封装及元器件符号设计，建立个人集成元器件库 |
| 能力培养 | 具备使用现代工具能力（工程教育认证 12 条标准的第 5 条） |
| 本章特色 | 解决初学者对特殊元器件的封装和原理图的元器件符号制作问题 |

元器件库是电路设计中常用的文件，就是将同类元器件或同一厂家生产的元器件或某个设计项目中元器件的模型归类在一起的文件，Altium Designer 20（简称 AD20）软件中有集成元器件库、原理图的元器件符号库和 PCB 的元器件封装库三种类型的元器件库。AD20 的集成元器件库（也称为元器件集成库）就是将元器件的各种模型集成在一个库文件中的文件，这些模型包括绘制原理图用的元器件符号模型、制作 PCB 用的封装模型、进行电路仿真的 SPICE 模型、进行电路板信号分析的 SI 模型等。使用集成元器件库可以让元器件库的管理变得更加清晰、高效。AD20 软件提供了大量的原理图的元器件符号库（本章所有的元器件符号库都是指原理图的元器件符号库）（*.SCHLIB）、元器件封装库（*.PcbLib）和集成元器件库（*.IntLib，由元器件符号库和元器件封装库组成），但随着电子技术的迅速发展，新型元器件层出不穷，原有的库就不可能包含新出现的元器件，这就需要用户自己设计元器件的元器件符号库、元器件封装库和集成元器件库，同时创建用户自己的元器件库，有利于产品硬件设计的规范性及产品协同开发的高效性。个人元器件库创建的原则是将个人在项目设计中常用的元器件符号库和元器件封装库归类到一起。

本章将详细地介绍基于 AD20 的元器件封装设计、元器件符号设计和个人元器件封装库、元器件符号库和集成元器件库的创建过程。

## 6.1　创建元器件封装库及元器件封装制作

元器件封装库就是将 PCB 图设计中用到的元器件封装，或者同一厂家生产的元器件封装，或者同一类型的元器件封装归纳在一起的集合。AD20 软件中有很多标准的元器件封装库和标准的集成元器件库，这些库中有用于绘制 PCB 图的元器件封装，但对于一些特殊元器件或者新型元器件，在标准库中没有对应的封装，因此需要用户自行设计。元器件封装的相关知识在第 2 章已经做了较为详细的介绍，这里不再重复。本节将详细介绍元器件的封装设计，并构建自己的元器件封装库。

在新建的元器件封装库中创建新的元器件封装，用户应参考相应元器件的数据手册，充分了解其相关参数，如引脚功能、封装形式等。元器件封装有标准封装和非标准封装之分，标准封装的轮廓设计和引脚焊盘间的位置关系可以按照软件中的设计向导进行设计；非标准封装则通过手工测量，测量时要准确，特别是引脚间距离，必须严格按照实际的元器件尺寸进行设计，否则在装配时可能因焊盘间距不正确而导致元器件不能安装在电路板上。如果元器件封装的外形画得太大，则浪费 PCB 的空间；如果元器件封装的外形画得太小，则元器件可能无法安装[17]。

### 6.1.1　创建个人元器件封装库

打开 AD20 软件，单击“File”菜单，在弹出的下拉菜单中选择 New 命令，在 New 的左边菜单中选择 Library 命令，再在 Library 的左边菜单中选择 PCB Library 命令，即打开图 6-1 所示的 PCB 库编辑对话框，自动生成一个名为“PcbLib1.PcbLib”的元器件封装库，并新建名为 PCBCOMPONENT_1 的封装。

图 6-1　PCB 库编辑对话框

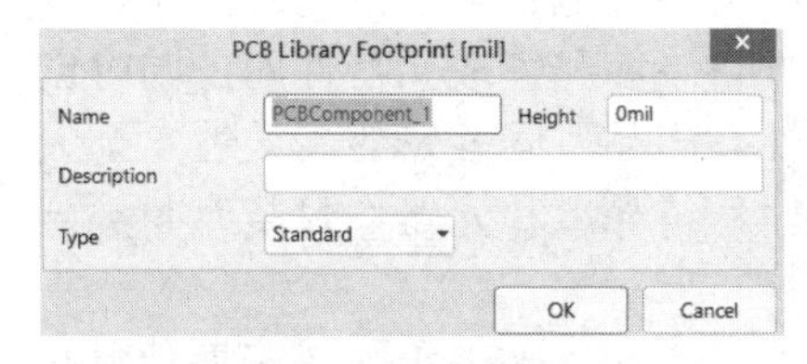


图 6-2　元器件封装对话框

将图 6-1 中新建的名为“PcbLib1.PcbLib”的封装库另存为“个人元器件封装库.PcbLib”，保存文件操作方法和前面介绍的方法一样，这里不再介绍。在图 6-1 中，单击 PCB Library 中的“Edit”按钮，弹出图 6-2 所示的元器件封装对话框，可以修改元器件封装的名称。下面将用三种方法在“个人元器件封装库.PcbLib”中创建新的元器件封装。

### 6.1.2　采用封装向导设计元器件封装

AD20 提供了元器件的封装向导，常见的标准元器件（电阻、电容、电感、DIP、SIP、BGA、SOP、PLCC 等）封装都可以利用这个工具来设计，但采用封装向导制作的封装不存在 3D 模型。

#### 项目一　利用封装向导完成集成功放芯片 TEA2025 的封装

#### 1．查阅 TEA2025 的封装信息

TEA2025 有双列通孔式（DIP16）和双列贴片式（SOP20）两种封装形式，其中

TEA2025 的双列通孔式（DIP16）封装信息如图 6-3 所示，图中相邻焊盘间距为 100mil，两排焊盘间距为 300mil。本次设计以双列通孔式（DIP16）封装为例，介绍利用封装向导制作封装的过程。

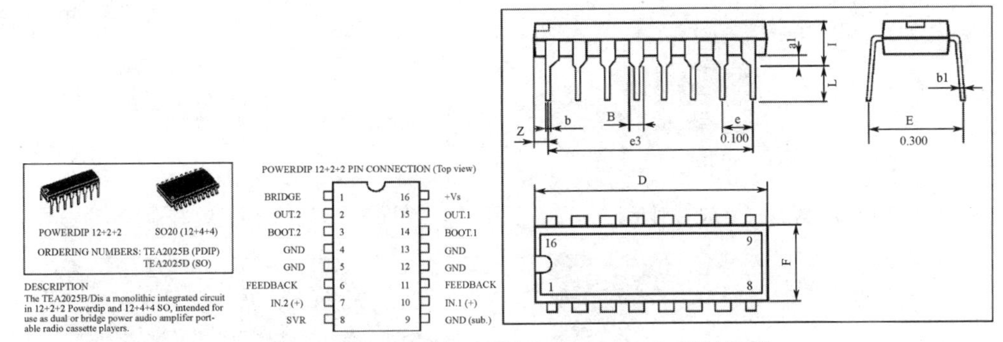


图 6-3　TEA2025 的双列通孔式（DIP16）封装信息

## 2．使用封装向导设计双列通孔式（DIP16）封装

（1）在图 6-1 所示的 PCB 库编辑对话框中单击“Tools”菜单，在弹出的下拉菜单中选择 Footprint Wizard... 命令，出现封装向导，如图 6-4 所示，单击“Next”按钮进入封装类型选择对话框，如图 6-5 所示。

图 6-4　封装向导

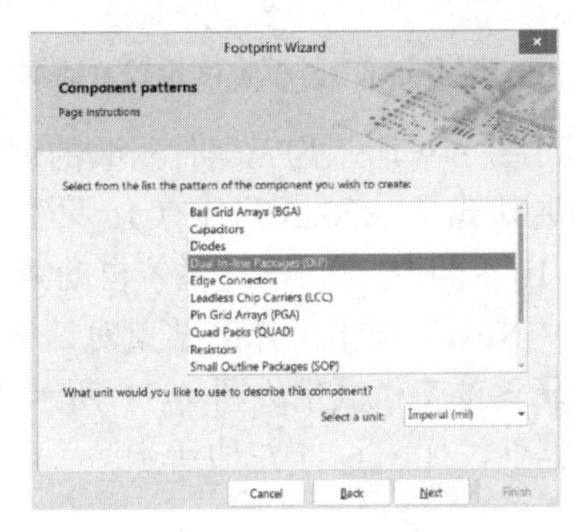


图 6-5　封装类型选择对话框

（2）图 6-5 所示为元器件的封装类型选择对话框，其中有 BGA、电容、二极管、DIP、连接器等 12 种类型，这里选择 Dual In-line Packages（DIP）类型，在 Select a unit（选择单位）的下拉框中选择 Imperial（mil）（英制）。单击“Next”按钮进入焊盘尺寸设置对话框，如图 6-6 所示。

（3）图 6-6 所示为元器件的焊盘尺寸设置对话框，用于设置焊盘的尺寸和通孔直径，图中设置的焊盘尺寸为 100mil×50mil，通孔直径为 25mil。单击“Next”按钮进入焊盘间距设置对话框，如图 6-7 所示。

（4）图 6-7 所示为元器件的焊盘间距设置对话框，用于设置焊盘水平方向和垂直方向的距离，图中水平方向焊盘间距为 300mil，垂直方向焊盘间距为 100mil。单击“Next”按钮进入外框宽度设置对话框，如图 6-8 所示。

（5）图 6-8 所示为外框宽度设置对话框，用于设置封装外框的宽度，图中的参数设为 10mil。单击“Next”按钮进入焊盘个数设置对话框，如图 6-9 所示。

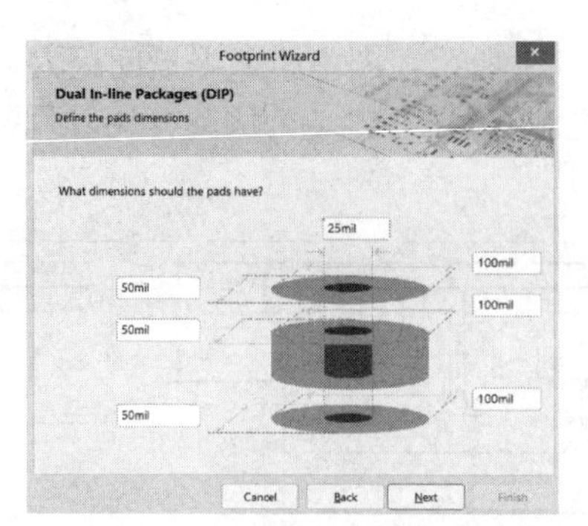


图 6-6 焊盘尺寸设置对话框

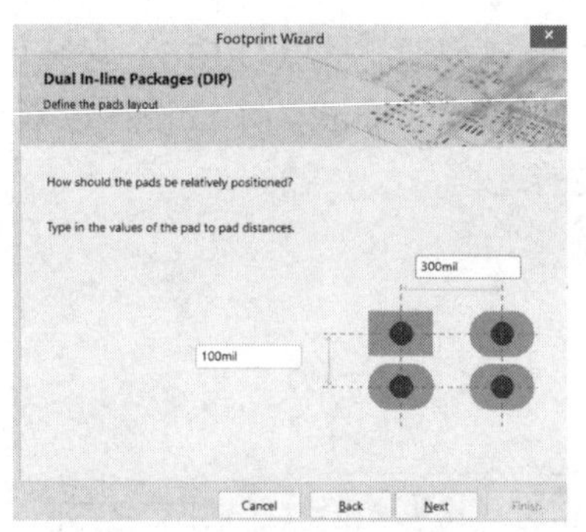


图 6-7 焊盘间距设置对话框

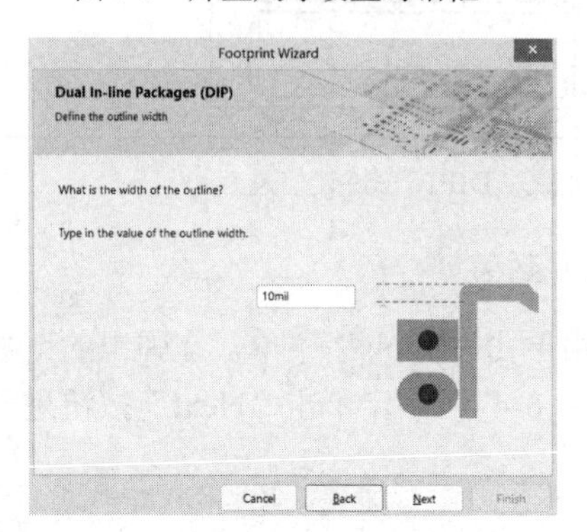


图 6-8 外框宽度设置对话框

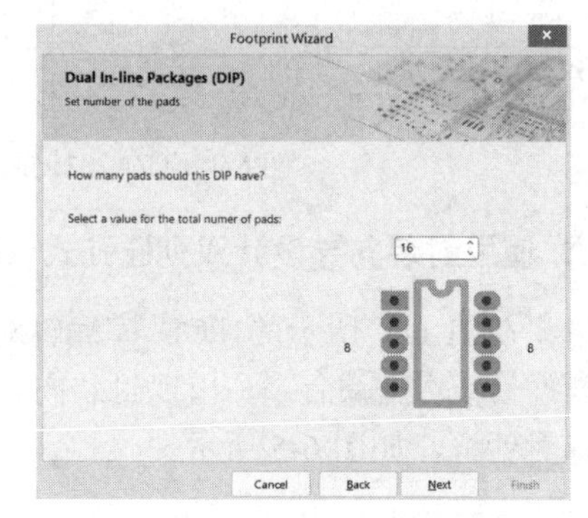


图 6-9 焊盘个数设置对话框

（6）图 6-9 所示为元器件封装的焊盘个数设置对话框，用于设置封装的焊盘总数，由于双列通孔式 TEA2025 芯片有 16 只引脚，所以图中的参数设为 16。单击“Next”按钮进入图 6-10 所示的对话框，系统自动给该元器件命名为 DIP16，设计者也可以自己命名。再单击“Next”按钮，弹出结束对话框，单击“Finish”按钮完成元器件的封装设置。在封装编辑器的工作区生成图 6-11 所示的 DIP16 封装图。在个人元器件封装库中将多一个 DIP 元器件，如图 6-11 左边所示。

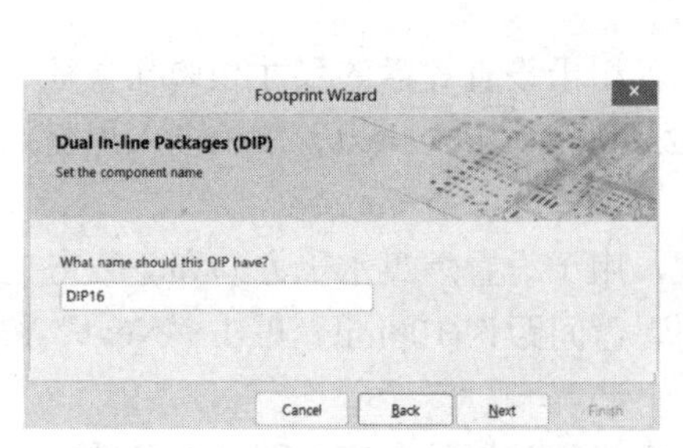


图 6-10 给封装命名

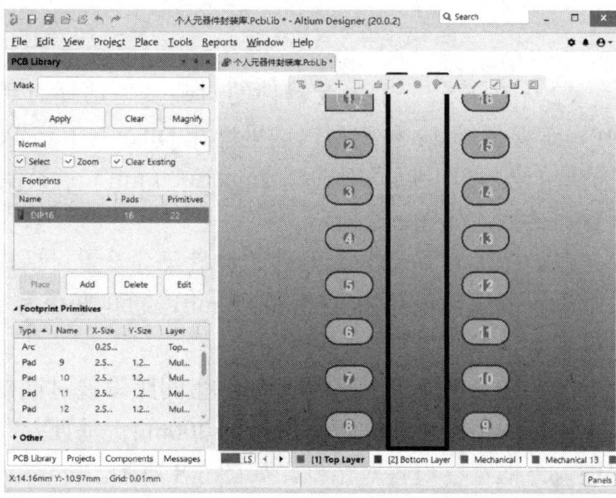


图 6-11 DIP16 封装图

采用封装向导方式可以快速完成元器件的封装设计，设计时需要先了解和掌握元器件的外形尺寸，知道元器件封装的引脚间距离、相邻两排引脚的间距、焊盘尺寸及通孔直径等参数。读者可以在上述工程的基础上自行设计其他类型的元器件封装，按照上述步骤可以设计一个 DIP14 的封装。

### 6.1.3　采用手工绘制方式设计元器件封装

手工绘制方式一般用于不规则的或不通用的元器件设计。手工绘制元器件封装，就是利用 PCB 库编辑器的放置工具，在工作区按照元器件的实际尺寸放置焊盘、连线等各种图件。

在 PCB 库编辑器中，采用手工绘制方式设计元器件封装的步骤如下。

（1）新建一个元器件封装，并修改名字。

（2）设置工作环境，即设置编辑器中的栅格单位。

在元器件封装库编辑器中，按下快捷键 Ctrl+G，系统会弹出图 6-12（a）所示的笛卡儿栅格编辑器对话框，图中在步进 X（Step X）中输入 5mm，由于 X 和 Y 字段是链接的，因此无须定义步进 Y（Step Y），此时，捕获栅格就以 5mm 移动。也可以按快捷键 Ctrl+Shift+ G，在弹出的图 6-12（b）所示的捕获栅格设置对话框中输入 5mm。

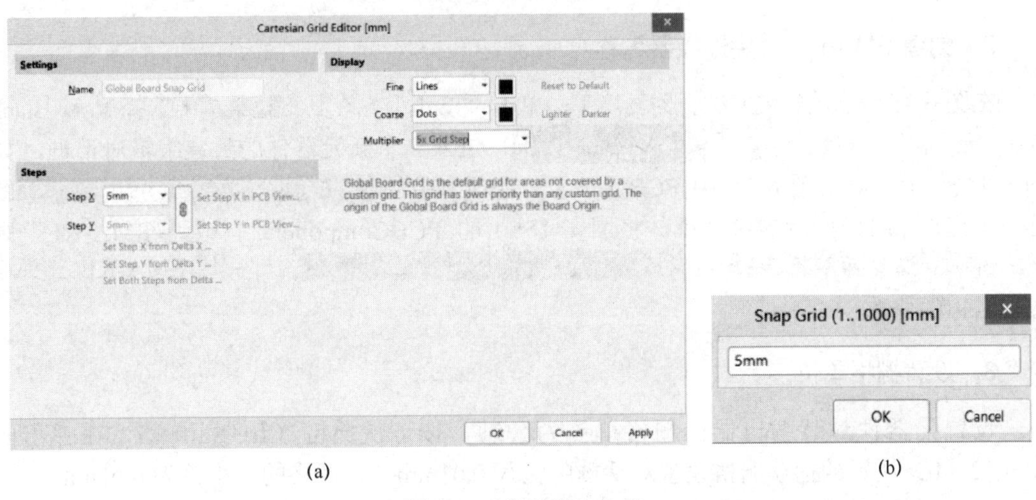


(a)　(b)

图 6-12　设置栅格方式

（3）放置元器件封装的焊盘，并设置焊盘的编号和大小，将编号为 1 的焊盘设为原点。

（4）放置元器件封装的外部轮廓。

（5）保存元器件。

#### 项目二　在 AD20 中采用手工绘制方式绘制 Kinghelm（金航标）公司生产的射频同轴连接器 KH-SMA-KE-Z 的封装（下面用 SMA-KE 代替 KH-SMA-KE-Z）

##### 1．查阅 SMA-KE 公头连接器资料

SMA-KE 公头连接器有 5 只引脚，周围的 4 只正方形引脚（边长为 0.9mm）用于固定，编号为 2、3、4、5，接信号地；中间的圆形引脚（直径为 0.9mm）的编号为 1，接信号，焊盘的直径为 1.8mm，SMA-KE 公头连接器的尺寸如图 6-13 所示，需要绘制 5 个焊盘。

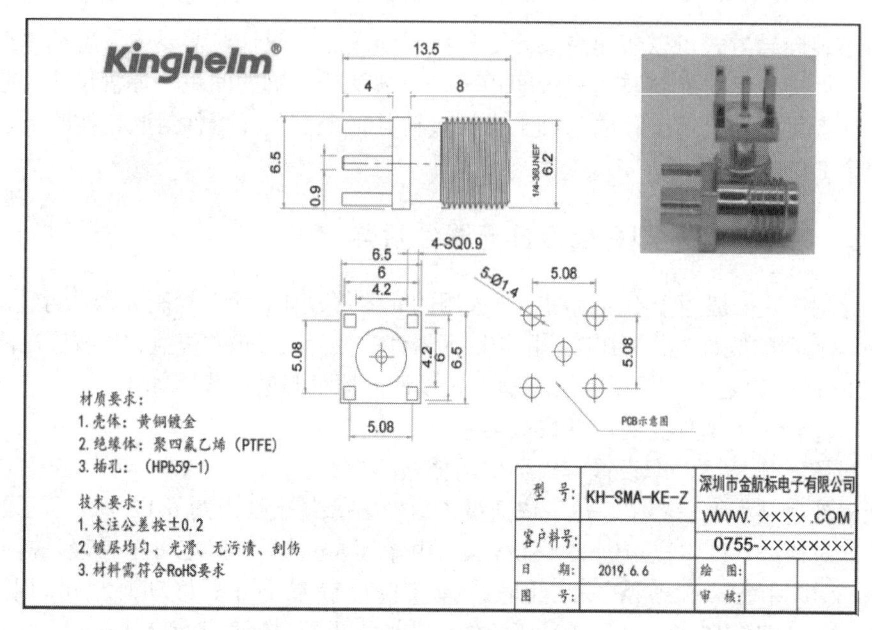


图 6-13　SMA-KE 公头连接器的尺寸

## 2．创建 SMA-KE 公头连接器名称

在图 6-11 所示的封装库编辑器环境下，单击“Tools”，在其下拉菜单中选择 New Blank Footprint 命令，即执行 ，进入一个新元器件的封装编辑对话框，如图 6-14 所示。双击图 6-14 中 PCB Library 选项卡中的 图标，弹出图 6-15 所示的对话框，将图 6-15 中的 PCBComponent_1 改为 SMA-KE，则 将变成 ，即完成 SMA-KE 公头连接器名称的修改。

## 3．设置栅格单位

设置元器件封装编辑器的栅格单位为公制，按下快捷键 Ctrl+Shift+G，在弹出的图 6-12（b）所示的捕获栅格设置对话框中输入 0.01mm，将栅格的大小设为 0.01mm。

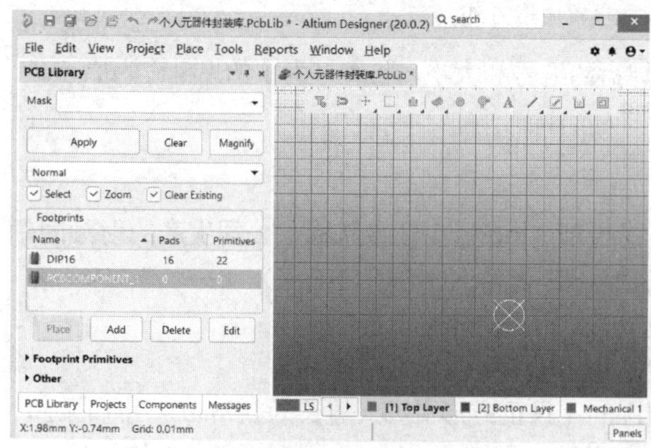


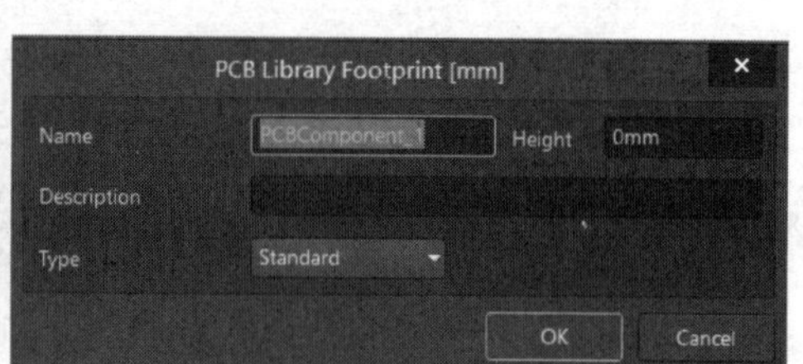


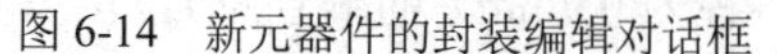

图 6-14　新元器件的封装编辑对话框　　　图 6-15　修改元器件的封装名称

### 4．设置坐标原点

在图 6-14 中单击“Edit”菜单，在其下拉菜单中选择 Jump 命令，在其左边菜单命令中选择Reference Ctrl+End命令；或者按快捷键 Ctrl+End，将光标调回到坐标原点（0，0），即在工作区出现坐标原点。

### 5．放置元器件封装的焊盘

在图 6-14 中单击“Place”菜单，在其下拉菜单中选择 Pad 命令，或者单击放置工具条上的图标，则系统处于放置焊盘状态，但不要急于放置操作，先按下 Tab 键，弹出图 6-16（a）所示的焊盘属性设置对话框，工作区会出现一个暂停标志。

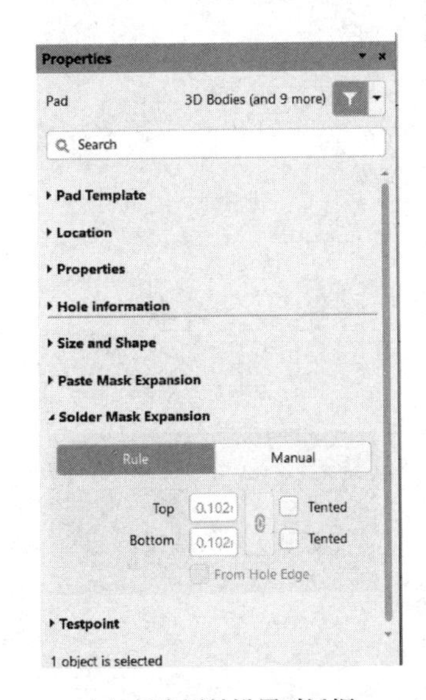


(a) 焊盘属性设置对话框

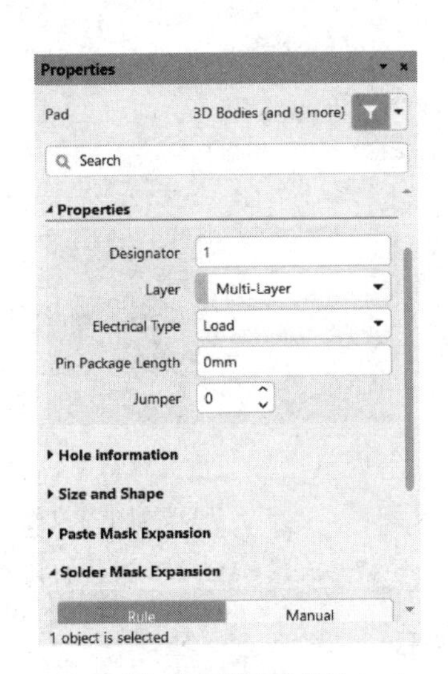


(b) 设置焊盘的编号

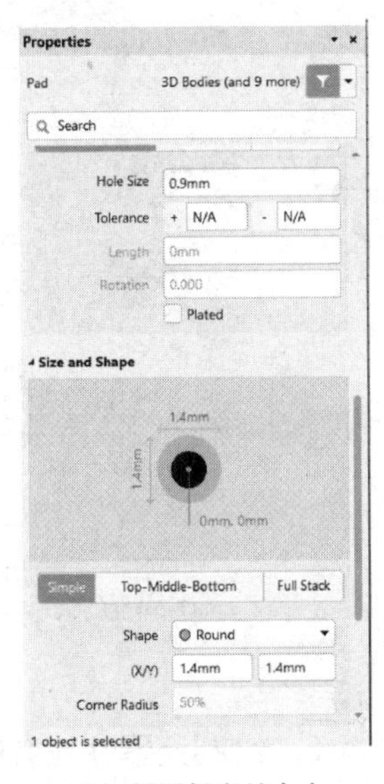


(c) 设置焊盘的大小

图 6-16　放置 SMA-KE 封装的 1 号焊盘

焊盘属性主要包括 Pad Template（焊盘模型）、Location（焊盘的位置）、Properties（焊盘的属性）、Hole information（焊盘空信息）、Size and Shape（焊盘的大小和形状）、Paste Mask Expansion（焊盘的助焊层收缩量规则）、Solder Mask Expansion（焊盘的阻焊层收缩量规则）和 Testpoint（焊盘的测试点）等，如图 6-16（a）所示，单击图 6-16（a）中每一项前面的按钮可展开该项的设置内容，可以对该项属性进行设置。单击 Properties 前面的按钮，对其进行设置，如图 6-16（b）所示，将焊盘的编号设为 1。单击 Hole information 和 Size and Shape 前面的按钮，对其进行设置，如图 6-16（c）所示，根据图 6-13 中 SMA-KE 公头连接器的尺寸，将焊盘的通孔直径设为 0.9mm，焊盘的形状为圆形，焊盘的直径设为 1.4mm，其他选项采用默认设置。设置完毕后单击工作区会出现一个暂停标志，将光标移动到坐标原点（0, 0），单击焊盘 1，焊盘 1 就放置在坐标原点，此时系统依然处于放置焊盘状态，而且焊盘的参数与 1 号焊盘的参数一样，只是焊盘编号会自动加 1。根据图 6-13 所示的 SMA-KE 公头连接器的引脚排列，分别在 1 号焊盘的周围放置 4 个方形焊盘（编号分别为 2、3、4、5），然后双击 2 号、3 号、4 号、5 号焊盘，将 4 个焊盘的形状改为边长为 1.4mm 的方形，孔的边长设为 0.9mm，如图 6-17（a）所示；再选择 Location 属性，将它们相对原点的坐标分别修改为（−2.54mm, 25.4mm）、（−2.54mm, −25.4mm）、（2.54mm, −25.4mm）和（2.54mm, 25.4mm）并单击图 6-17（b）中的 🔓，🔓 变成 🔒，坐标数据将被锁定。采用坐标法放置焊盘比采用测量法放置焊盘方便，避免了各种测量的不确定性。

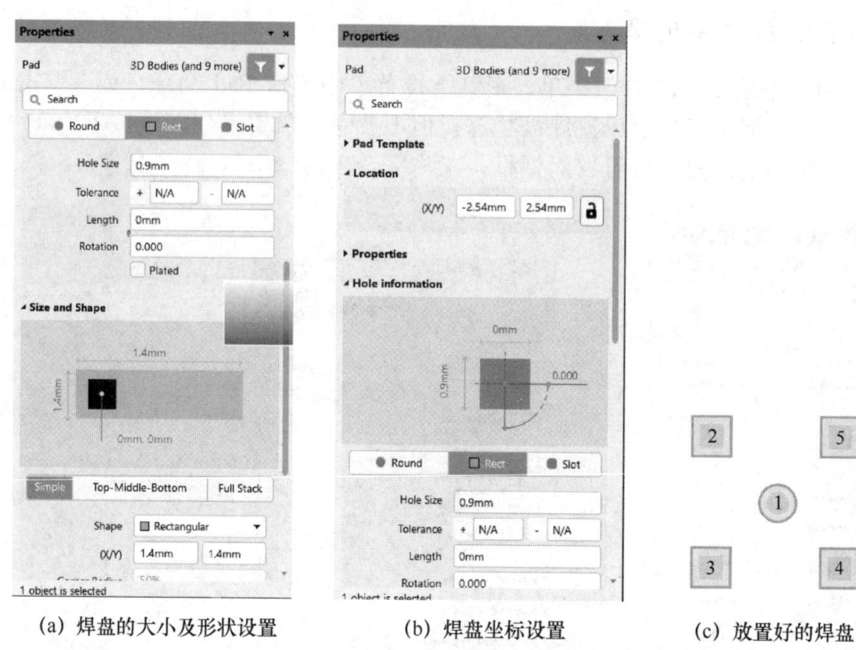


(a) 焊盘的大小及形状设置　　(b) 焊盘坐标设置　　(c) 放置好的焊盘

图 6-17　放置 SMA-KE 封装的其他焊盘

### 6. 绘制元器件封装的轮廓

将绘制元器件封装编辑器的工作区的工作层面切换到 ■ Top Overlay（顶部丝印层），单击“Place”菜单，在其下拉菜单中选择 Line 命令，或者单击放置工具条上的 ／ 图标，系统将处于放置线条状态，根据图 6-13 所示 SMA-KE 公头连接器的尺寸，在图 6-17（c）的周围放置线条，绘制图 6-18 所示的 SMA-KE 封装的轮廓。KH-SMA-KE-Z 的轮廓是简单的方形，图 6-18 所示的轮廓没有严格按照图 6-13 的外部轮廓绘制，图 6-18 的轮廓比 图 6-13 的尺寸稍微大一些。在图 6-18 中，利用快捷键 Ctrl+M 可以进行距离测量。按下快捷键 Ctrl+M 后，光标将变成“十字”形，单击确定测量的起点位置，在光标的移动过程中可以观察工作区上方 Top Overlay（半透明窗口）标尺参数的变化，该参数即起点位置与当前光标位置的距离值。这样可以很方便地测量 5 个焊盘之间的位置关系。如果想去掉这些测量信息，按下快捷键 Shift+C 即可。

### 7. 保存元器件文件

单击“File”菜单，在其下拉菜单中选择 Save 命令，或者按下快捷键 Ctrl+S，保存当前元器件参数设置。

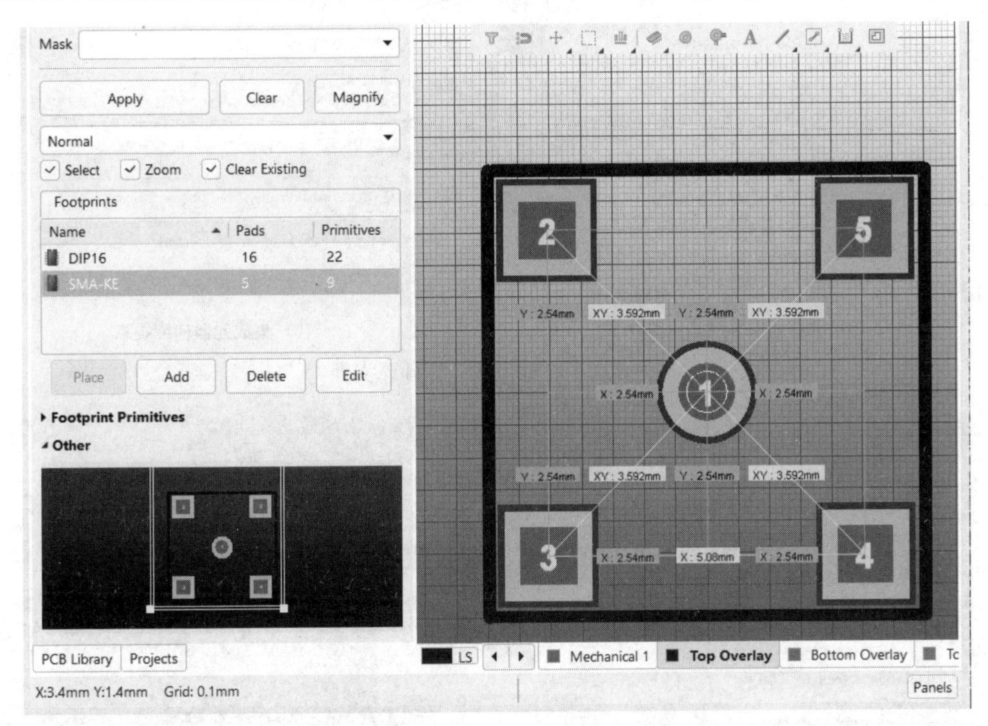


图 6-18　放置 SMA-KE 封装的轮廓

## 6.1.4　从其他封装库中复制封装

设计人员在项目设计中常建立项目设计库，如果每个项目设计都对项目中的元器件封装进行重新设计，那将花费大量时间。因此在实际应用中，常将其他库中已有的元器件封装复制到新建的项目设计库中。操作方法是：同时打开被复制的库文件和目标库文件，运用复制和粘贴的方式即可实现。

下面将以从 Miscellaneous Devices.IntLib 中复制一些元器件封装到个人元器件封装库.PcbLib 为例进行说明，操作步骤如下。

### 1．打开两个封装库文件

图 6-18 为已经处于打开状态的“个人元器件封装库.PcbLib”，“个人元器件封装库.PcbLib”的 PCB Library 选项卡上显示了前面制作的两个元器件的封装名称。现在只需打开“Miscellaneous Devices.IntLib”，在图 6-18 所在的封装库编辑器中单击“File”菜单，在其下拉菜单中选择 Open 命令，在系统的安装目录的 Library 文件夹中选择“Miscellaneous Devices. IntLib”文件，打开集成元器件库，系统弹出图 6-19（a）所示的对话框，单击“Extract Sources”按钮，系统弹出图 6-19（b）所示的对话框，在该对话框中有两个选项，这里选择 → Remove existing data in the directory ，则“Miscellaneous Devices.IntLib”被解压。在图 6-20 的 Projects 选项卡中可看到 Miscellaneous Devices.LibPkg*工程项目的子目录 Source Documents 下有“Miscellaneous Devices.PcbLib”和“Miscellaneous Devices.SCHLIB”两个库文件。双击“Miscellaneous Devices.PcbLib”，则“Miscellaneous Devices.PcbLib”被打开并处于编辑状态，如图 6-21 所示。

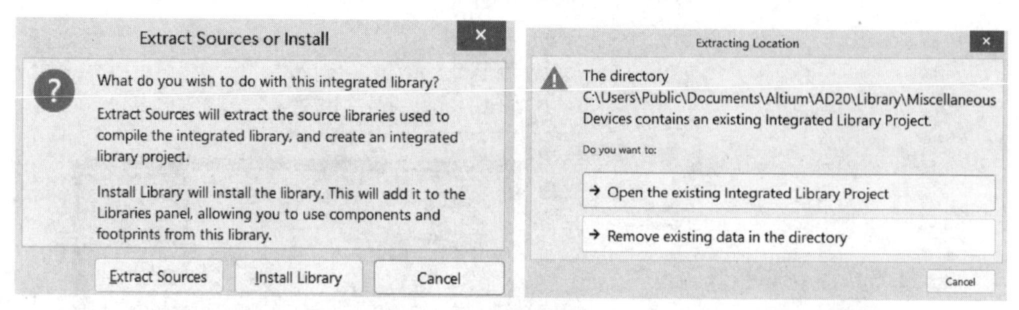


(a) 解压或安装集成元器件库　　　　(b) 集成元器件库提取

图 6-19　打开集成元器件库文件

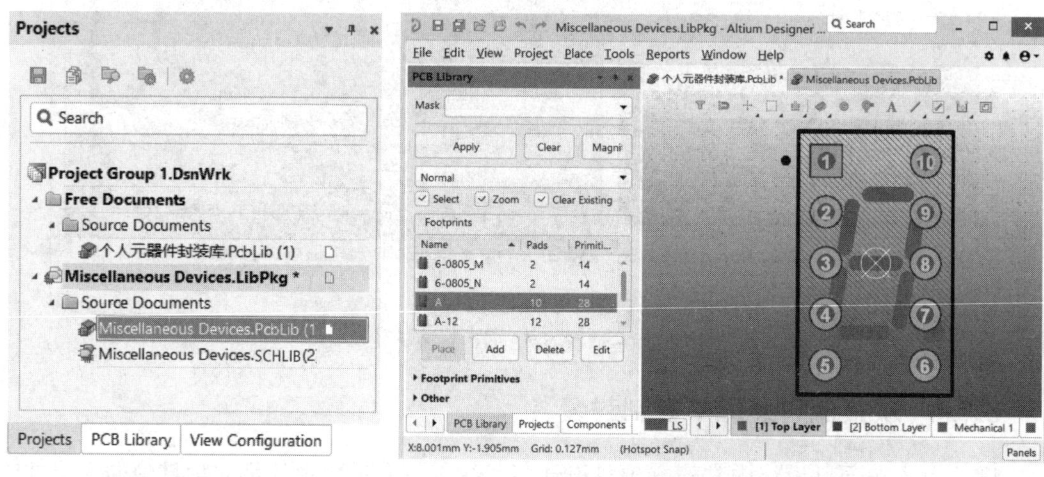


图 6-20　Projects 选项卡　　　　图 6-21　打开“Miscellaneous Devices.PcbLib”

### 2. 复制封装对象

单击图 6-20 中的 PCB Library 选项卡，将工作状态切换到图 6-21 所示的 PCB Library 管理状态，右击需要进行复制的封装，在弹出的菜单中选择 Copy 命令进行复制（或者按快捷键 Ctrl+C）。比如图 6-21 中“Miscellaneous Devices.PcbLib”的“A”（八段数码管封装）处于选中状态，按下快捷键 Ctrl+C，则“A”元器件的封装信息被复制到剪贴板。

### 3. 粘贴元器件封装

将图 6-21 中的库管理状态从 Miscellaneous Devices.PcbLib 切换到 个人元器件封装库.PcbLib 状态，在 个人元器件封装库.PcbLib 所对应的 PCB Library 选项卡中右击其 Footprints 下面的元器件管理区，在弹出的菜单中选择 Paste 1 Components 命令（或者按下快捷键 Ctrl+V），则剪贴板中的信息就被复制到 个人元器件封装库.PcbLib 所对应的 PCB Library 中，如图 6-22 所示，在个人元器件库中已有 3 个元器件封装。当然还可以复制更多的元器件封装到个人元器件封装库中。比如要将 0402 贴片封装复制到个人元器件封装库，重复上述操作即可。一个元器件封装库可以有很多封装，但库中元器件的封装越多，加载时占计算机的内存就越大，系统加载库就越慢。

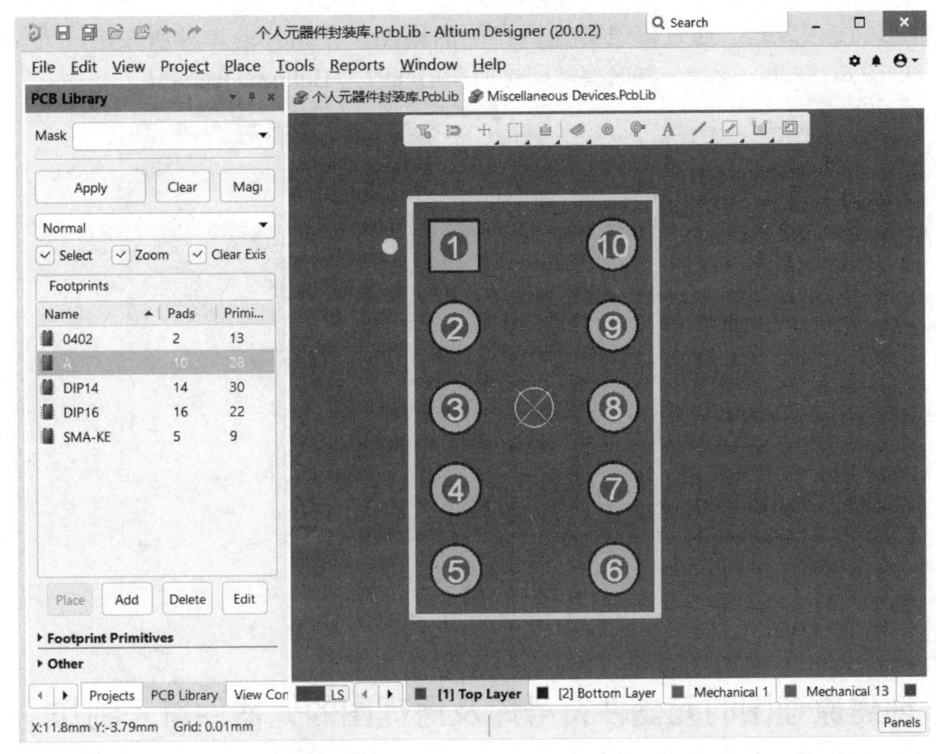


图 6-22 复制“A”封装到个人元器件封装库

### 4．保存元器件封装库

单击“File”菜单，在其下拉菜单中选择 Save 命令，保存该元器件封装库。

## 6.1.5 元器件封装编辑

元器件封装的编辑就是对元器件的封装属性进行修改，使之更符合实际要求。

### 1．修改元器件的焊盘编号

在 PCB 设计中，经常会遇到原理图元器件的引脚与 PCB 元器件封装引脚的焊盘编号不一致的情况，在加载网络表时，这些元器件引脚的网络飞线会丢失或者报错，实际设计中就可以通过直接编辑元器件焊盘的属性，即通过修改元器件焊盘的编号来达到与原理图引脚匹配的目的。

在 PCB 设计中修改元器件焊盘的方法是直接双击需要修改的焊盘，在弹出的焊盘属性对话框中修改焊盘编号 Designator。注意，在修改元器件焊盘编号后，需要重新加载网络表，这样才能将丢失的网络飞线重新连上。

### 2．修改贴片元器件的焊盘所在层的属性

在双面板及以上的 PCB 设计中，常将元器件放置在底层，而贴片元器件封装的焊盘默认为 Top Layer，如图 6-23（a）所示，丝印层默认为 Top Overlay，显然与底层放置的不符。因此可以编辑元器件封装属性，方法是双击需要修改的元器件焊盘，弹出图 6-23 所

示的焊盘属性对话框，通过修改焊盘所在层的属性，将贴片的焊盘所在层改为 Bottom Layer，如图 6-23（b）所示，同时将丝印层所在层修改为 Bottom Overlay。

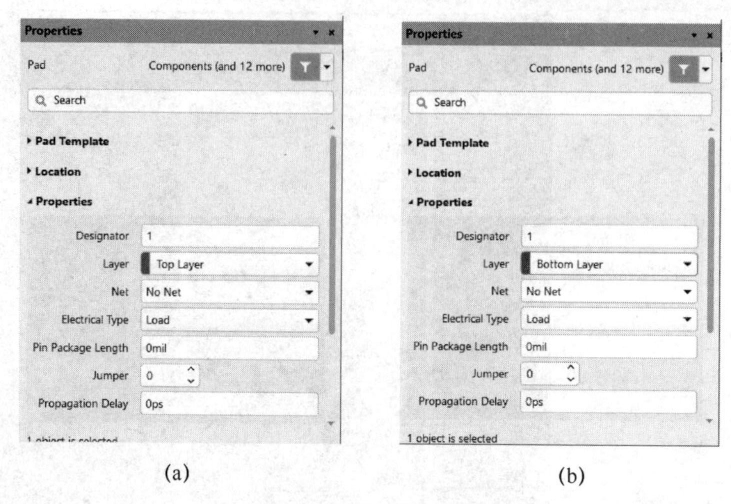


(a) (b)

图 6-23 修改焊盘所在层的属性

## 6.2 创建原理图的元器件符号库及原理图的元器件符号制作

原理图的元器件符号库将原理图设计中用到的元器件符号，或者同一厂家生产的元器件所对应的元器件符号，或者同一类型元器件的元器件符号归纳为一个集合。AD20 软件中有很多标准的元器件符号库和标准的集成元器件符号库，它们包含用于绘制原理图的常用的元器件符号，但对于那些特殊元器件或者新型元器件，在标准库中没有对应的元器件符号，因此需要用户自行设计。本节将详细介绍元器件符号设计，并构建自己的元器件符号库。

原理图中的元器件符号只是一种电气符号，本身并没有任何实际意义，只代表元器件的引脚电气分布关系。因此，同一个元器件的原理图的元器件符号可以有很多形式，只要保证其所包含的引脚信息是正确的即可。在绘制原理图的元器件符号之前，用户应参考相应元器件的数据手册，充分了解元器件的引脚功能和封装形式等信息。原理图的元器件符号的制作方式主要有手工制作和复制其他库元器件两种方式。

### 6.2.1 创建个人原理图的元器件符号库

打开 AD20 软件，单击“File”菜单，在弹出的下拉菜单中选择 New 命令，在 New 的左边菜单中选择 Library 命令，再在 Library 的左边菜单中选择 Schematic Library 命令，系统打开图 6-24 所示的原理图的元器件符号编辑器，自动生成一个名为“SchLib1.SCHLIB”的元器件符号库，并新建一个元器件符号，系统自动命名为 COMPONENT_1。

图 6-24 所示为 AD20 元器件符号编辑器，其工作环境与电路原理图编辑环境的界面非常相似，主要由菜单栏、标准工具栏、应用工具、编辑窗口及面板等几大部分组成，操

作方法也几乎一样，但是也有不同的地方，具体表现在以下几个方面[16]。

### 1. 编辑窗口

原理图的元器件符号编辑窗口不再有“图纸”框，而是被十字坐标划分为 4 个象限，坐标轴的交点即为该窗口的原点。原点是为元器件符号定位而设计的，在原理图的元器件符号编辑器中放置一个元器件符号时，需要知道所放置的坐标或者位置，一般情况下默认 1 引脚为定位点。在绘制元器件图形时，一般将元器件符号放置在编辑窗口的十字坐标处，而具体元器件的绘制、编辑一般放在第四象限内进行。

### 2. 绘图工具

绘图工具是原理图的元器件符号编辑环境所特有的，用于完成元器件符号的绘制及通过模型管理器为元器件符号添加相关的模型。

### 3. SCH Library 选项卡

SCH Library 选项卡是元器件符号编辑环境特有的选项卡，用于对编辑器中的元器件符号进行编辑、管理。如果 SCH Library 选项卡没有出现在图 6-24 中，则单击图 6-24 中右下角的“Panels”按钮，弹出图 6-25 所示的菜单，选择 SCH Library 命令，SCH Library 选项卡就会出现在图 6-24 中。

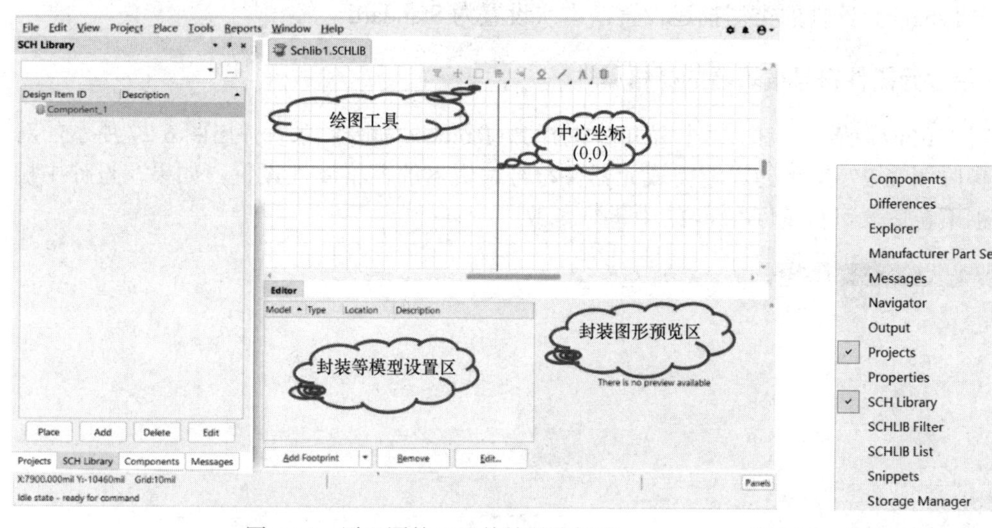


图 6-24　原理图的元器件符号编辑器　　图 6-25　选择 SCH Library 命令

### 4. 模型添加及预览

在原理图的元器件符号编辑环境中增加了元器件的 PCB 封装、仿真模型、信号完整性模型，并可在右侧的窗口中进行预览。

将图 6-24 中新建的“SchLib1.SCHLIB”库名另存为“个人原理图元器件符号库.SCHLIB”，保存文件的操作方法和前面介绍的方法一样，这里不再介绍。下面将用几种方法在“个人原理图元器件符号库.SCHLIB”中创建新的原理图的元器件符号。

## 6.2.2　采用手工方式绘制原理图的元器件符号

根据 6.1.3 节中 SMA-KE 公头连接器的资料，绘制其元器件符号，设计步骤如下。

### 1．创建 SMA-KE 元器件

在图 6-24 中单击 SCH Library 选项卡中的“Edit”按钮，弹出图 6-26 所示的 Properties（元器件属性）对话框，参照图 6-26 中的对应项完成 SMA-KE 元器件属性的设置。图 6-26 中共有 General、Parameters 和 Pins 三个选项卡，这里先介绍 General 选项卡中的主要参数含义。

（1）Design Item ID：元器件符号在库中的名字（最好是英文）。电容写 CAP，电阻写 RES，IC 芯片类写它的芯片名称。这里填 SMA-KE。

（2）Designator：用于描述元器件符号在原理图里的标识符，即把该元器件符号放到原理图上时系统默认的显示标识符。这里设置为“P？”并将“ ◉ ”设为可视状态，则在将“SMA-KE”放置到原理图上时，该元器件符号的“P?”字符会显示在“SMA-KE”的旁边。一般电容类元器件填“C？”，电阻类元器件填“R?”，IC 芯片类元器件填“U？”。

（3）Comment：相当于属性备注，这里填“SMA-KE”。而电阻类元器件可以写上 1k。

（4）Description：对元器件的属性进行描述，方便用户阅读。

（5）Type：元器件的类型描述设置，本次设置为 Standard。

### 2．修改元器件符号编辑器的栅格属性

单击“Tools”菜单，在其下拉菜单中选择 Preferences 命令，系统弹出图 6-27 所示的对话框，参照图 6-27 所示的设置完成元器件符号编辑器的栅格属性设置，如果在设计中栅格的大小不合适，可再返回图 6-27 中进行修改。

图 6-26　元器件属性对话框

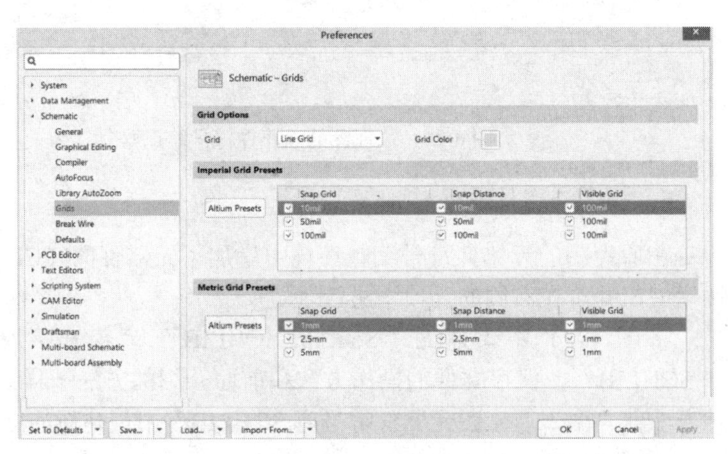


图 6-27　设置原理图元器件符号编辑器的栅格属性

### 3．绘制 SMA-KE 的图形

元器件符号编辑器的“Place”菜单中有许多绘图工具，选择“Place”下拉菜单中的 Arc （画圆弧）命令，光标处于绘制圆弧状态，将光标移动到图 6-24 中的原点（0, 0），单击确定圆弧的圆点；移动鼠标带动光标一起移动，此时以圆弧状移动，用于确定圆弧的半径（本次设为 100mil），将光标移到工作区中的（100mil, 0）处，单击确定圆弧的起点；移动光标，带动圆弧移动，回到（100mil, 0），单击确定圆弧的终点，即完成一个半径为 100mil 的圆图形。再在工作区的原点（0, 0）绘制一个很小的圆，则完成 SMA-KE 的图形。

### 4．放置 SMA-KE 的引脚

单击元器件符号编辑器的“Place”菜单，在下拉菜单中选择 Pin 命令，光标变成，此时按 Tab 键，弹出图 6-28 所示的引脚属性对话框，同时在编辑器中出现暂停状态图标。按照图 6-28 中的设置，将引脚的 Designator（引脚编号）项填 1，Pin Length（引脚长度）项填 200mil，其他参数采用默认设置，再单击编辑器中的图标（取消暂停），此时光标带着 1 引脚移动，按 Space（空格）键，1 引脚将以 90° 角方式进行旋转，选好方向后，将设置好参数的 1 引脚移到图形的合适位置并单击，则 1 引脚就放置好了，放置时一定要注意将引脚的电气方向（引脚上带光标的那端）放在图形的外部。依照此方法放置其他引脚，如图 6-29 所示。引脚上的编号和名字可以选择隐藏。考虑到引脚属性的设置比较重要，下面对图 6-28 中的几个重要参数进行简单介绍。

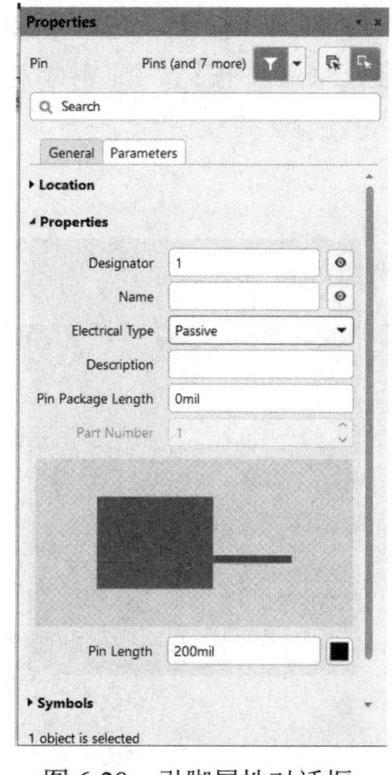


图 6-28　引脚属性对话框

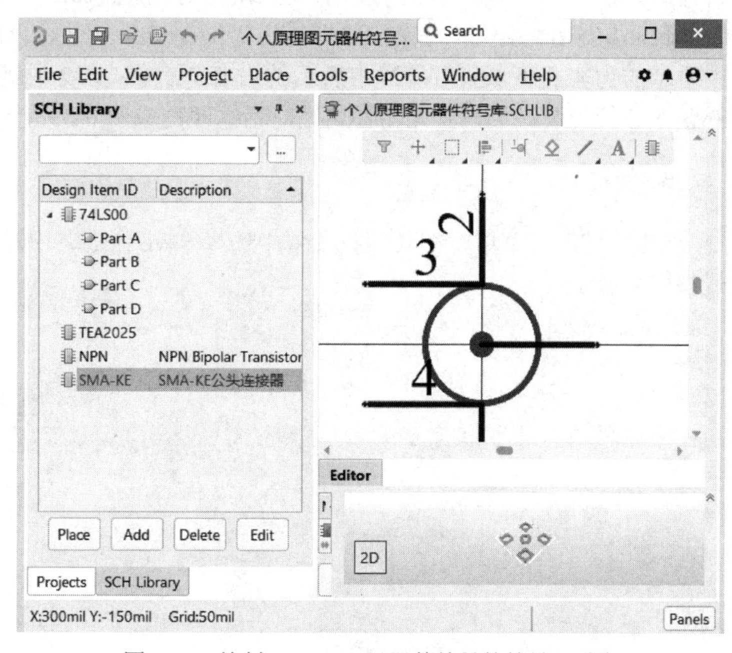


图 6-29　绘制 SMA-KE 元器件符号的符号及引脚

（1）Designator：用于设置引脚的编号，应该与实际的引脚编号相对应。其后面的按钮用于对引脚编号的显示进行设置，该状态表示引脚名处于显示状态；单击按钮变成状态，则引脚名不显示在工作区。

（2）Name：用于设置元器件引脚的名称，可以有，也可以不设置。其后面的按钮与 Designator 后面的按钮的功能一样。

（3）Electrical Type：用于设置元器件引脚的电气特性。单击其下拉按钮 ▾，弹出下拉菜单，在下拉菜单中定义了 Input（输入引脚）、I/O（输入/输出双向引脚）、Output（输出引脚）、Open Collector（集电极开路引脚）、Passive（无源引脚）、HiZ（高阻引脚）、Open Emitter（发射极开路引脚）和 Power（电源引脚）共 8 种引脚的电气特性。

（4）Description：用于对引脚的特性进行描述。

（5）Pin Length：引脚的长度，用于设计元器件符号的引脚长度，没有实际的物理意义，只是在绘制原理图时便于连接。

### 5．给 SMA-KE 元器件符号添加封装

对于不制作 PCB 图的元器件符号，可以不用添加封装。对于制作 PCB 图的元器件符号，则必须有封装。对于自行创建的原理图的元器件符号，其封装模型主要有 3 种来源：一是用户自己建立的封装库；二是使用 Altium Designer 系统库中现有的封装；三是去相应的芯片供应商网站下载封装文件。

单击图 6-29 下面的“Add Footprint”按钮，系统弹出图 6-30 所示的浏览库对话框，单击“Browse...”（浏览）按钮，弹出图 6-31 所示的对话框，在该对话框中显示当前可用的封装库信息，如果用户从未加载过封装库，则该对话框中的所有信息均为空白。本次设计的元器件符号采用前面的“个人元器件封装库.PcbLib”，查找到“个人元器件封装库.PcbLib”所在的路径，在图 6-31 中选中 SMA-KE 封装，再单击“OK”按钮，则图 6-30 中所示的内容将变成图 6-32 中所示的内容。在图 6-32 中单击“OK”按钮，则完成对 SMA-KE 的封装添加，其元器件属性对话框即变成图 6-33 所示的内容。

### 6. 保存元器件符号

单击“File”菜单，在其下拉菜单中选择 Save 命令，保存当前的设计。

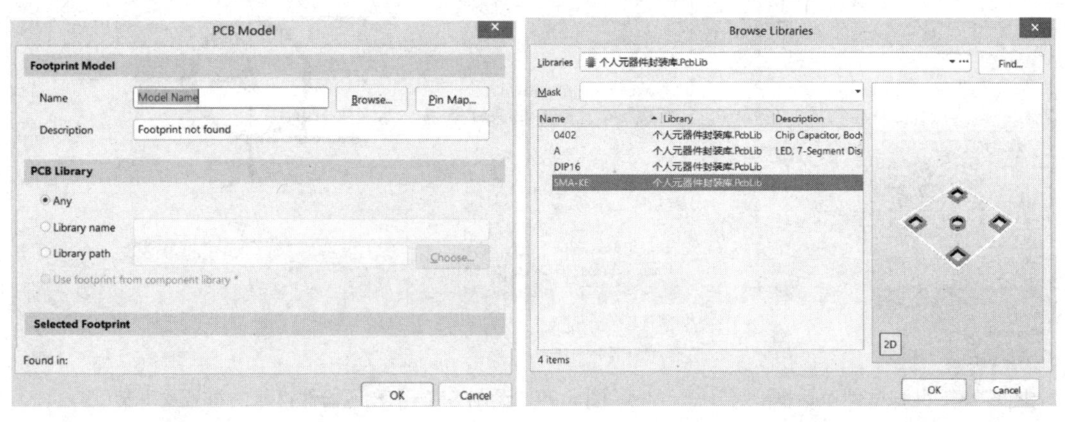


图 6-30　添加封装库　　　　图 6-31　查找封装库

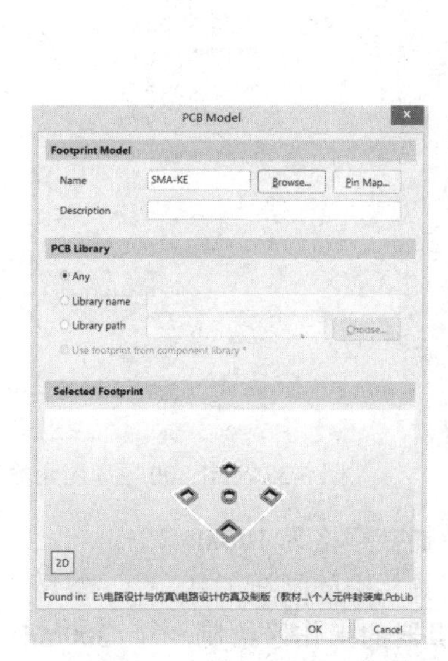


图 6-32　添加封装库后的对话框

图 6-33　添加封装后的元器件属性对话框

## 6.2.3　绘制包含子部件的元器件符号

在一些集成电路中含有多个相同的功能单元，比如 14 只引脚 74LS00 内部含有 4 个相同的二输入与非门，其图形符号都是一致的，如图 6-34 所示。对于这样的元器件，只需设计一个基本符号，其他通过适当的设置即可完成元器件设计。下面将就 74LS00 的元器件符号制作过程，介绍包含子部件的元器件符号的制作过程。

（1）打开元器件符号编辑器：打开前面建立的元器件符号库文件“个人原理图元器件符号库.SCHLIB”，使用所设置的默认工作区参数。

（2）新建一个元器件符号：在“个人原理图元器件符号库.SCHLIB”的编辑状态下单击“Tools”菜单，在弹出的下拉菜单中选择 New Component 命令，则系统会弹出图 6-35 所示的 New Component 对话框，在 Design Item ID 项输入新元器件符号名称 74LS00，单击“OK”按钮，完成 74LS00 符号创建，如图 6-36 所示。单击 SCH Library 选项卡中的 74LS00，再单击元器件区的“Edit”按钮，弹出 Properties 对话框，按照图 6-37 所示的参数完成 74LS00 的属性设置。

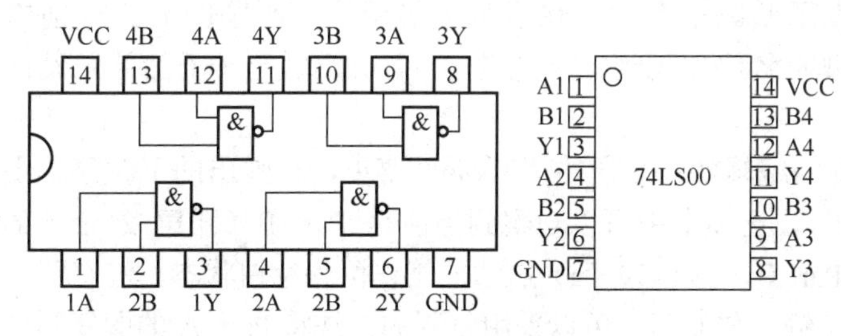


图 6-34　74LS00 二输入与非门

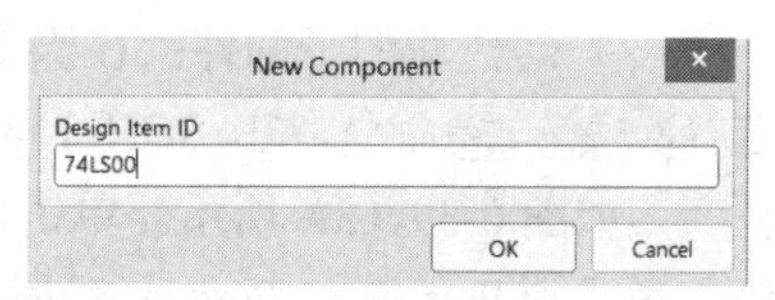


图 6-35　创建 74LS00 新元器件

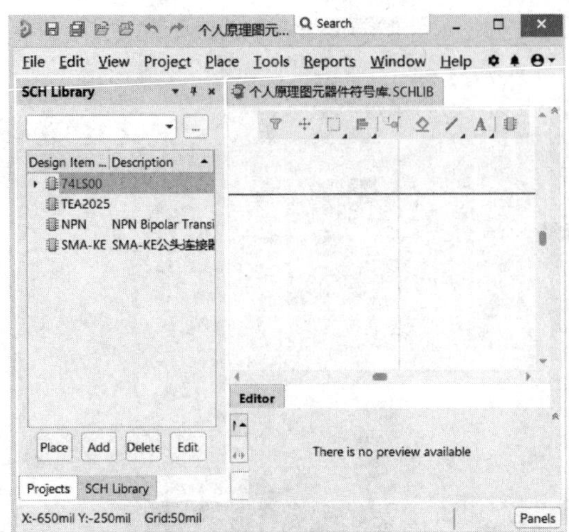


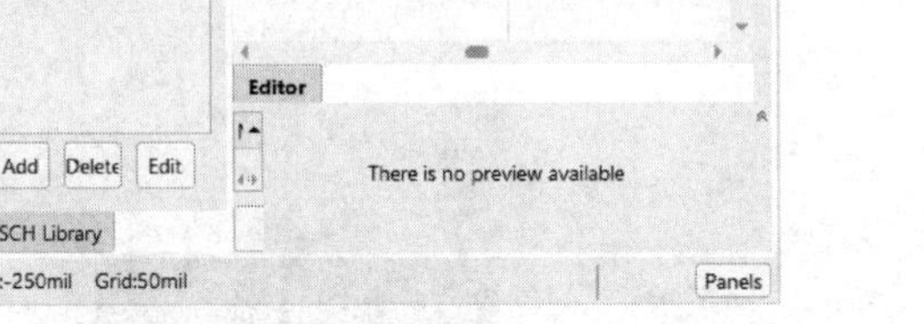


图 6-36　创建 74LS00 原理图元器件　　图 6-37　74LS00 原理图元器件的属性设置

（3）设置栅格尺寸：可视栅格为 100mil，捕获栅格为 10mil。

（4）绘制元器件符号的图形：单击绘制工具栏中的画线工具 ，按下 Tab 键，将线条的属性设为 Small，然后在元器件符号编辑器的工作区绘制一个 300mil×300mil 的方框，如图 6-38（a）所示。

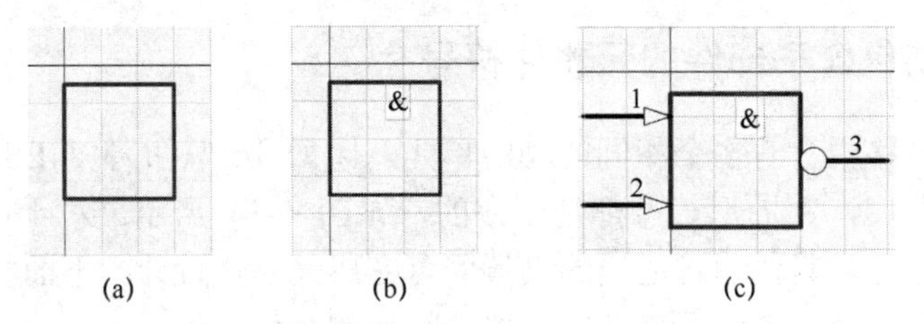


图 6-38　绘制 74LS00 元器件

（5）放置元器件符号的文字符号：单击绘制工具栏中的文字输入工具 ，按下 Tab 键，在弹出的属性对话框中的 Text 项后输入“&”，移动“&”到合适的位置并单击，放置“&”，如图 6-38（b）所示。

（6）放置元器件符号的引脚：单击绘制工具栏中的放置引脚工具 ，在适当的位置放置 1～3 引脚，如图 6-38（c）所示。双击引脚，弹出引脚的 Properties 属性设置对话框（引脚属性设置参考图 6-28），1、2 引脚的 Name 分别设为 A、B，Electrical Type 设为 Input；3 引脚的 Name 设为 Y，Electrical Type 设为 Open Collector，在 Symbols 区设置 Outside Edge 为 Dot（表示低电平有效，在引脚上显示一个小圆圈）；分别单击 Name 栏后的按钮将 3 只引脚的名称都隐藏。至此第 1 个功能单元（子部件）设计结束。

（7）创建新的子部件：在当前的编辑状态下单击“Tools”菜单，在弹出的下拉菜单中选择 New Part 命令，在 SCH Library 选项卡中可以观察到当前是 Part B（即第 2 个子部件），如图 6-39（a）所示。单击 Part B，图 6-39（a）右边的工作区为空白状态，没有门电路。考虑到 Part B 与 Part A 都是二输入与非门，可以采用复制的方法将 Part A 的图复制到 Part B。在当前的工作状态下单击 Part A，将工作区切换到 Part A 的工作状态，将 Part A 的所有图形全部选中，按快捷键 Ctrl+C 将 Part A 的图形信息复制到剪贴板，然后将工作区切换到 Part B，在工作区按快捷键 Ctrl+V，则 Part A 的图形信息被复制到 Part B 工作区。修改 Part B 工作区中门电路的引脚，将 1 引脚标号改成 4，2 引脚标号改成 5，3 引脚标号改成 6，如图 6-39（b）所示。按照同样的方法，绘制完成其他两个子部件。其中 Part C 中的 8、9 引脚为输入端，10 引脚为输出端；Part D 中的 11、12 引脚为输入端，13 引脚为输出端。最后图 6-39 中的 SCH Library 选项卡中的元器件栏的 74LS00 Part A Part B 变成 74LS00 Part A Part B Part C Part D，表明 74LS00 元器件中有 A、B、C、D 这 4 个子部件。

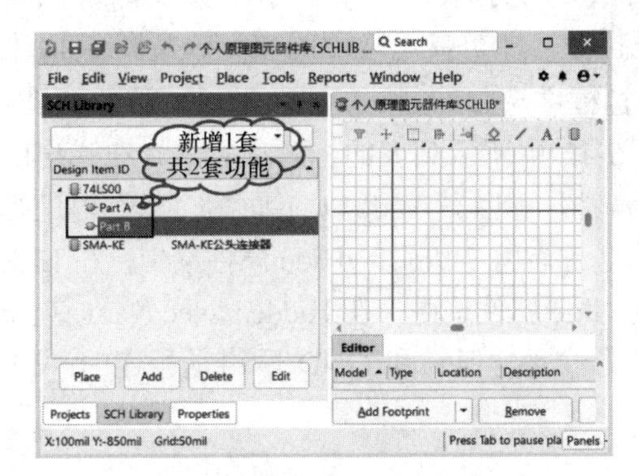


(a) 添加Part B子部件

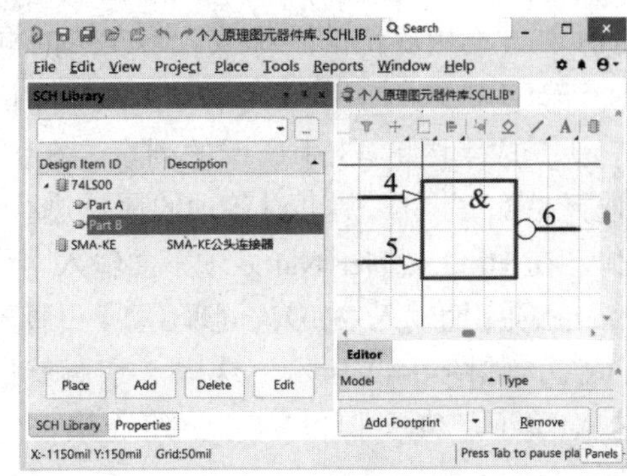


(b) 绘制Part B子部件图形及引脚

图 6-39　设计第 2 个子部件

（8）添加 74LS00 的电源和接地引脚：根据图 6-34 可知，74LS00 有 14 只引脚，其中 7 引脚接地（GND），14 引脚接电源（VCC），但前面设计由 A、B、C 和 D 组成的 74LS00 只有 12 只引脚，没有设置电源和接地引脚，因此还需增加电源和接地引脚。这里就在 Part D 的工作区中增加两个隐藏的 7 引脚和 14 引脚，如图 6-40 所示。将 7 引脚的 Name 设为 GND，Electrical Type 设为 Power；14 引脚的 Name 设为 VCC，Electrical Type 设为 Power。在 Part D 的编辑状态中，单击 7 引脚使之处于选中状态，单击工作区右下角的“Panels”按钮，在弹出的图 6-41 所示的菜单中选择 SCHLIB List 命令，弹出图 6-42 所示的 **SCHLIB List** 面板，用于设置引脚的编辑列表。

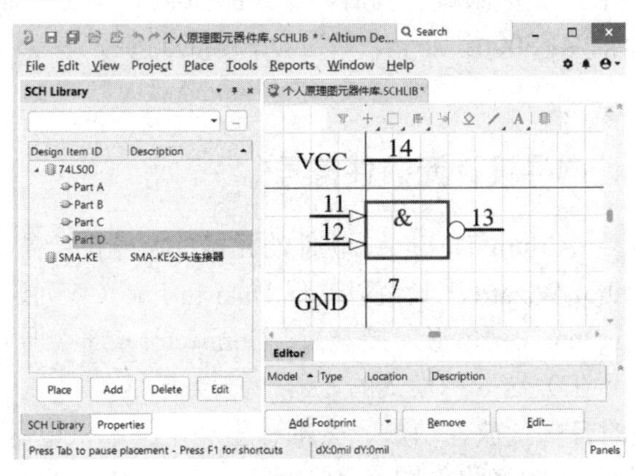


图 6-40　放置电源和接地引脚

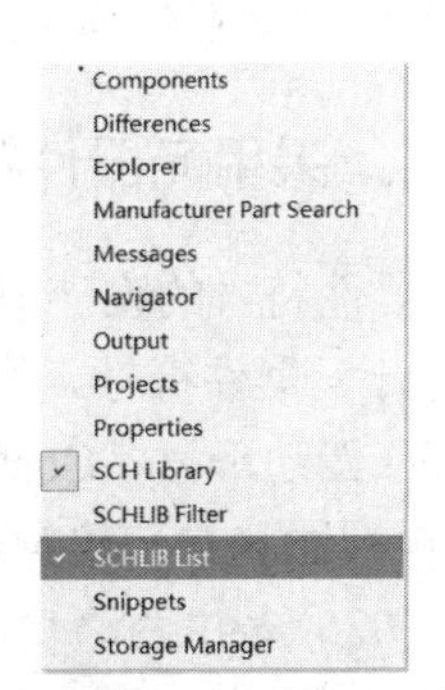


图 6-41　Panels 菜单

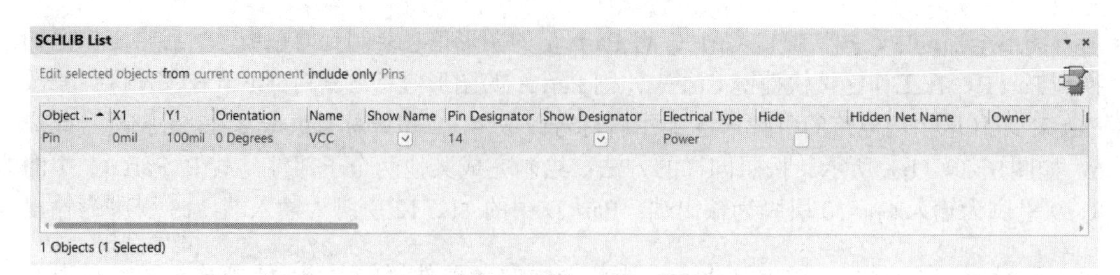


图 6-42　SCHLIB List 面板

图 6-42 所示的 SCHLIB List 面板中有很多显示项，如果显示不完整，可以移动 SCHLIB List 面板底部的游标或者将左边的框拉宽，即可显示隐藏的项。单击图 6-42 上部的 Edit 后面的选项 selected objects，在弹出的下拉框中选择 non-masked objects，则图 6-42 中的列表就变成了图 6-43 中所示的列表。在图 6-42 中所示列表的标题栏右击，在弹出的菜单中选择 Edit 命令，则可对各项的属性进行编辑，可以在 Hide 项下面的“□”内进行打钩操作，在 Hidden Net Name 项下面输入网络名称。将 7 引脚的 Hide 属性选中，在 Hidden Net Name 项下面输入 GND；同理将 14 引脚的 Hide 属性选中，在 Hidden Net Name 项下面输入 VCC，如图 6-44 所示。这样 7 引脚就被隐藏了，但它和 GND 网络是相连的；14 引脚也被隐藏了，14 引脚和 VCC 网络连接。

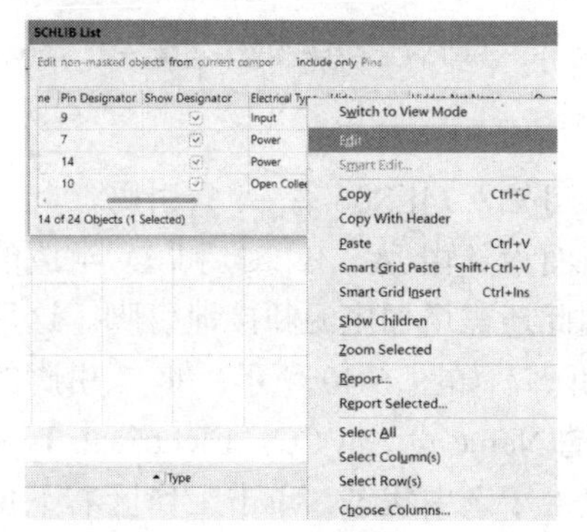


图 6-43　修改 SCHLIB List 编辑属性

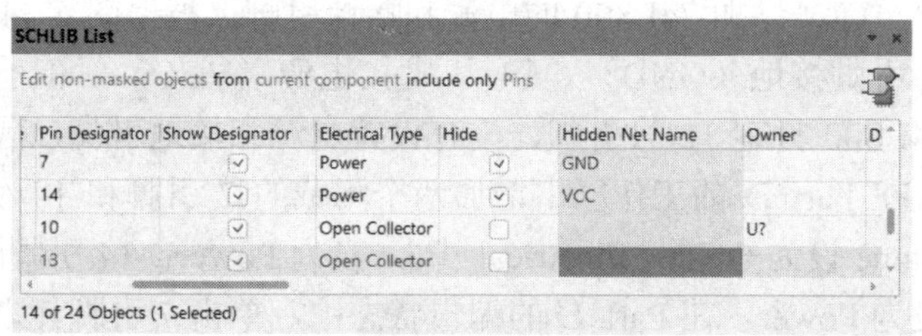


图 6-44　将电源引脚和接地引脚设为隐藏引脚

（9）给 74LS00 元器件添加封装：完成隐藏引脚后，回到图 6-40，单击下面的“Add Footprint”按钮，按照前面的方法给 74LS00 添加一个名为 DIP14 的封装。

（10）保存元器件，完成设计。

### 6.2.4　采用元器件符号设计向导设计元器件符号

在元器件符号的设计中可以采用 Altium Designer 软件的元器件符号设计向导 Symbol Wizard 设计元器件符号。使用 Symbol Wizard 工具可以实现 Dual in-line（双列通孔式）、Quad side（四边形）、Connector zig-zag（锯齿形连接器）、Connector（连接器）、Single in-line（单列通孔式）和 Manual（手工）这 6 种模式的元器件符号。

TEA2025 是由两路功能相同的音频预放、功放、去耦、驱动电路、供电电路等组成的电路集成块，共 16 只引脚，各引脚的名称如图 6-45 所示，其中 IN.1(+)、IN.2(+)、FEEDBACK 引脚的电气特性类型为 Input（输入）；OUT.1 和 OUT.2 引脚的电气特性类型为 Output（输出）；GND、GND(sub.)、+Vs 的电气特性类型为 Power（电源）；BRIDGE、BOOT.1、BOOT.2、SVR 的电气特性类型为 Passive（无源）。下面运用 Altium Designer 软件的元器件符号设计向导 Symbol Wizard 快速设计 TEA2025 原理图元器件符号。

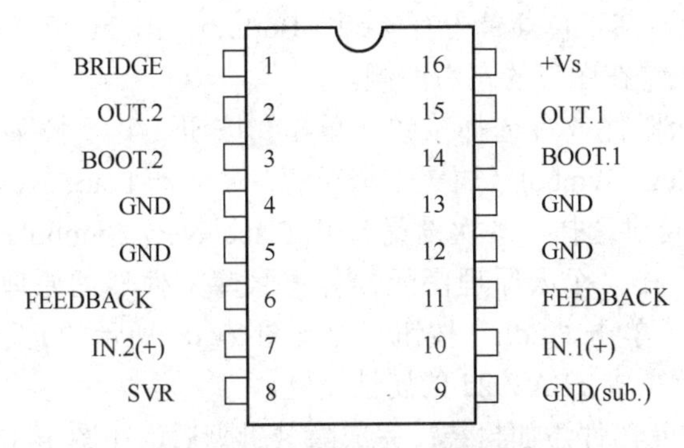


图 6-45　TEA2025 的引脚信息

打开“个人原理图元器件符号库.SCHLIB”，在原理图库编辑器中单击“Tools”菜单，在弹出的下拉菜单中选择 Symbol Wizard... 命令，弹出图 6-46 所示的元器件符号设计向导对话框。

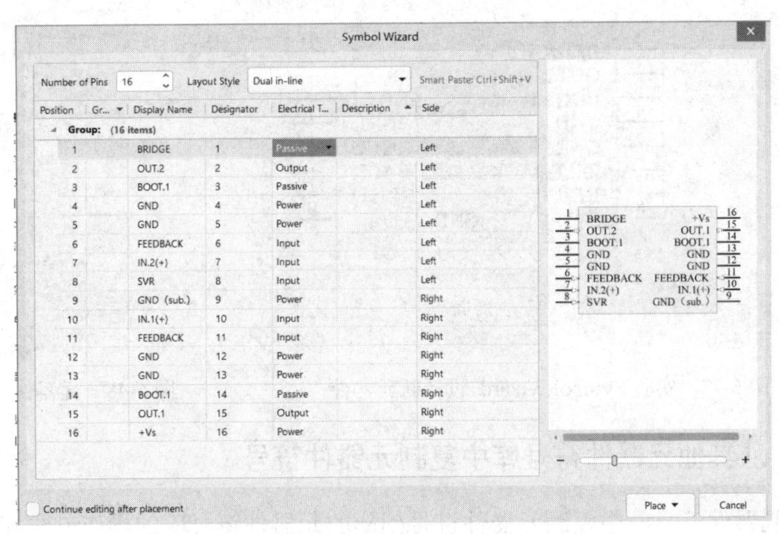


图 6-46　元器件符号设计向导对话框

图 6-46 中的各项设置说明如下。

（1）Number of Pins：设置元器件的引脚数，本次设置输入 16。

（2）Layout Style：设置元器件的模型方式，本次设置为 Dual in-line。

（3）表格的主要标题栏如下。

① Display Name 栏：用于设置元器件符号引脚的名称。按照图 6-46 中的引脚名称输入对应引脚的名称。

② Designator 栏：用于设置引脚的编号。按照图 6-46 中的引脚名称输入对应引脚的编号。

③ Electrical Type 栏：用于设计引脚的电气特性。将光标移到该项的设置，该项的左

边就会出现▾，单击▾按钮，其下拉菜单中有 Input、I/O、Output、Open Collector、Passive、HiZ、Open Emitter 和 Power 这 8 种电气特性可供选择。按照资料说明选择对应引脚的电气特性。

④ Side：用于设置引脚在图形中的位置。将光标移到该项的设置，在该项的左边就会出现▾，单击▾按钮，其下拉菜单中有 Left、Bottom、Right 和 Top 共 4 种方向可供选择，本次设计中引脚放置在图形的左右两侧。

（4） Place ▾ ：元器件放置选择按钮，单击▾按钮，其下拉菜单中有 Place Symbol（放置符号）、Place New Symbol（放置一个新的符号）和 Place New Part（放置一个新的子部件）共 3 种方式可供选择，本次设置选用 Place New Symbol。选择好后，系统弹出图 6-47 所示的界面，在“个人原理图元器件符号库文件”的原理图管理器中出现一个“Comment_1”元器件，单击“Edit”按钮，弹出图 6-48 所示的元器件属性设置对话框，按照该对话框中的参数完成 TEA2025 的属性设置。

（5）给 TEA2025 元器件添加封装：完成隐藏引脚后，在图 6-47 中单击下面的“Add Footprint”按钮，按照前面介绍的方法给 TEA2025 添加一个名为 DIP16 的封装。

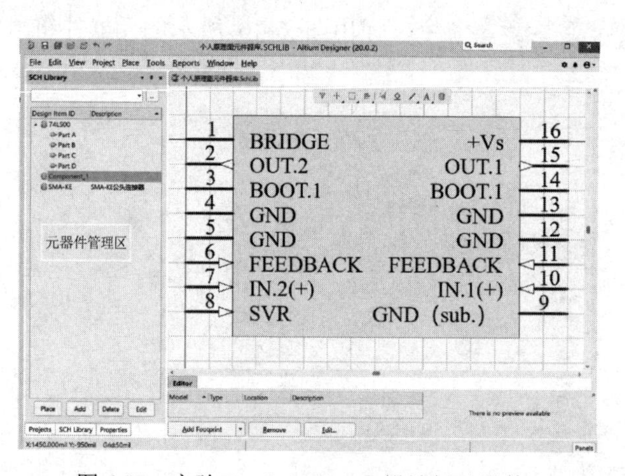


图 6-47　实验 Symbol Wizard 设计新元器件

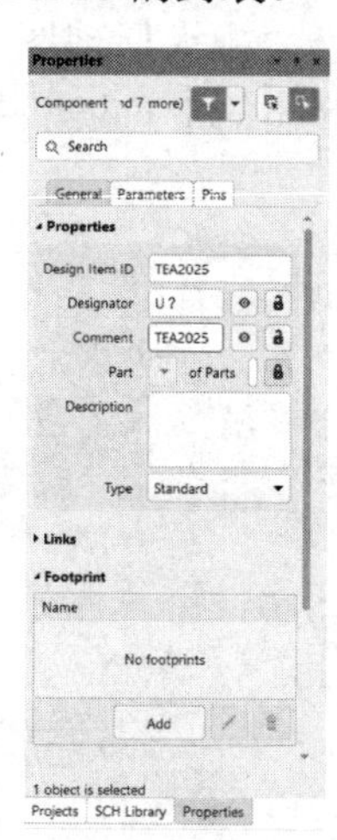


图 6-48　元器件属性设置

## 6.2.5　从其他元器件符号库中复制元器件符号

从其他元器件符号库中复制元器件符号到新的元器件符号库的操作方法和前面封装元器件的复制方法一样。下面将以复制 Miscellaneous Devices.IntLib 中的元器件符号为例，介绍从其他元器件符号库中复制元器件符号的方法，操作步骤如下。

（1）打开两个元器件符号库文件。图 6-47 中的“个人原理图元器件符号库.SCHLIB”已经处于打开状态，“个人原理图元器件符号库.SCHLIB”的 SCH Library 选项卡中显示了前面制作的元器件。在图 6-47 所在的元器件符号编辑器中，单击“File”菜单，在其下拉菜单中选择 Open...　Ctrl+O 命令，在系统的安装目录 Library 文件夹中选择“Miscellaneous Devices.IntLib”文件，打开集成元器件库，系统弹出图 6-19（a）所示的对话框，单击“Extract Sources”按钮，系统弹出图 6-19（b）所示的对话框，在该对话框中有两个选项，这里选择 → Remove existing data in the directory 选项，则“Miscellaneous Devices.IntLib”

被解压。在图 6-20 中的 Projects 选项卡中看到“Miscellaneous Devices.LibPkg”工程项目的子目录 Source Documents 中有“Miscellaneous Devices.PcbLib”和“Miscellaneous Devices. SCHLIB”两个库文件。双击“Miscellaneous Devices.SCHLIB”，则“Miscellaneous Devices. SCHLIB”被打开并处于编辑状态，如图 6-49 所示。

（2）复制元器件符号。单击图 6-49 中的 SCH Library 选项卡，在元器件符号的列表中，右击 NPN，在弹出的菜单中选择 Copy 命令进行复制（或者按快捷键 Ctrl+C），则 NPN 的信息被复制到剪贴板。

（3）粘贴元器件符号。将图 6-49 中的工作状态从 Miscellaneous Devices.SchLib 切换到 个人原理图元器件库.SCHLIB，在 个人原理图元器件库.SCHLIB 所对应的 SCH Library 选项卡中的元器件符号管理区右击，在弹出的菜单中选择 Paste 命令（或者按快捷键 Ctrl+V），则剪贴板中的信息就被复制到 个人原理图元器件库.SCHLIB 所对应的 SCH Library 元器件符号管理区，如图 6-50 所示，在个人原理图的元器件符号库中增加了一个 NPN。当然还可以复制更多的元器件符号到个人原理图元器件符号库中。一个元器件符号库可以放置很多元器件，但库中的元器件越多，加载时占计算机的内存就越大，系统加载库就越慢。

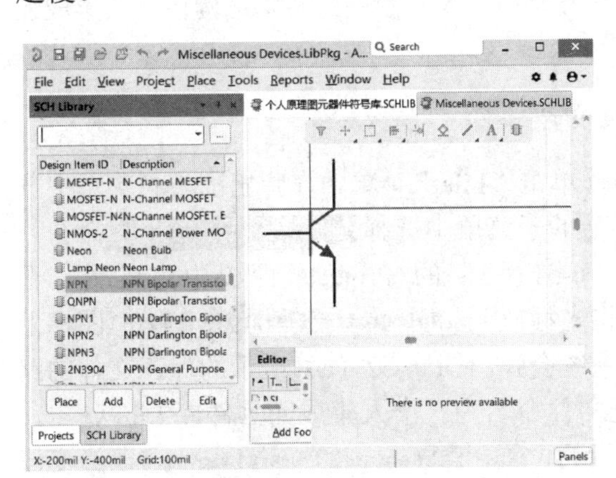


图 6-49　Miscellaneous Devices.SCHLIB

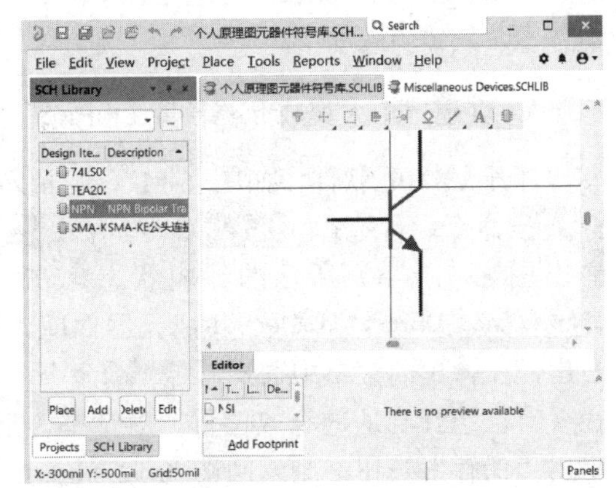


图 6-50　个人原理图元器件符号库.SCHLIB

（4）保存元器件符号库。单击“File”菜单，在其下拉菜单中选择 Save 命令，保存当前的元器件符号库。

## 6.3　创建集成元器件库

AD20 的集成元器件库由元器件符号库和元器件封装库组成，AD20 的集成元器件库的设计步骤如下。

（1）建立集成元器件库“*.LibPkg”工程项目。

（2）在“*.LibPkg”工程项目下新建元器件封装库“*.PcbLib”，然后在新建的“*.PcbLib”中绘制元器件封装图，或者在“*.LibPkg”工程项目下导入已有的“*.PcbLib”文件。

（3）在“*.LibPkg”工程项目下新建元器件符号库“*.SCHLIB”，然后在新建的

“*.SCHLIB”中绘制元器件符号，或者在“*.LibPkg”工程项目下导入已有的“*.SCHLIB”文件。最后，修改“*.SCHLIB”库中元器件的属性，给“*.SCHLIB”的元器件符号添加封装，注意添加的封装一定要从第（2）步创建的“*.PcbLib”中找。通过同一名称的元器件的封装属性，把“*.SCHLIB”和“*.PcbLib”两个文件链接在一起，即“*.SCHLIB”和“*.PcbLib”两个文件建立了链接。链接后“*.SCHLIB”和“*.PcbLib”仍然是两个独立的文件，比如“*.PcbLib”中有 DIP16 封装，“*.SCHLIB”的元器件 TEA2025 的封装被设 计为 DIP16，则“*.SCHLIB”通过 TEA2025 和“*.PcbLib”的 DIP16 建立链接。第（3）步可以与第（2）步互换，如果先做第（3）步，则需要返回“*.SCHLIB”状态，给其中的元器件添加封装。

（4）对“*.LibPkg”集成库包进行编译，把集成库包编译成集成库，此时“*.SCHLIB”和“*.PcbLib”合二为一，汇编成一个独立的“*.IntLib”文件，生成的集成库自动添加到库面板。

### 6.3.1　创建个人集成元器件库

根据 6.1 节和 6.2 节生成的个人元器件符号库和个人元器件封装库可构造个人集成元器件库，具体步骤如下。

#### 1. 创建“个人集成元器件库.LibPkg”库文件

打开 AD20 软件，如图 6-51（a）所示，单击“File”菜单，在弹出的下拉菜单中选择 New 命令，再选择 Library 命令，在 Library 的子菜单中选择 Integrated Library 命令，弹出图 6-51（b）所示的编辑状态，在图 6-51（b）的 Projects 面板中生成了一个 Integrated_Library1.LibPkg 集成元器件库。将光标放到 Integrated_Library1.LibPkg 图标上右击，在弹出的菜单中选择 Save As... 命令，系统会弹出图 6-52（a）所示的保存文件的路径（自己选择合适的存放位置）对话框，把文件命名为“个人集成元器件库.LibPkg”，单击“保存”按钮，则返回图 6-52（b）所示的位置，Integrated_Library1.LibPkg 已经变成了 个人集成元器件库.LibPkg *，如图 6-52（b）所示。

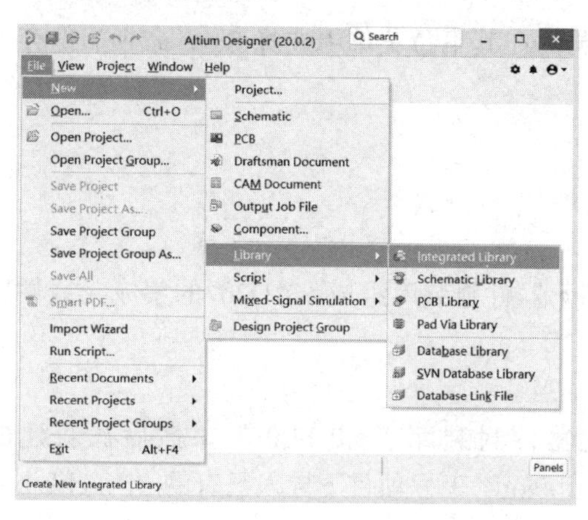


(a)

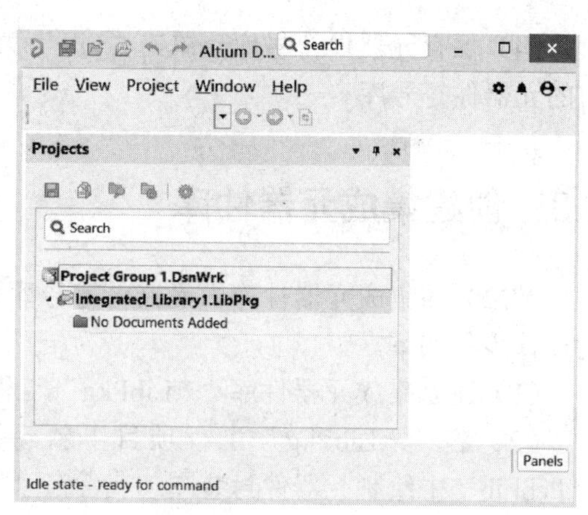


(b)

图 6-51　创建一个新的集成元器件库文件

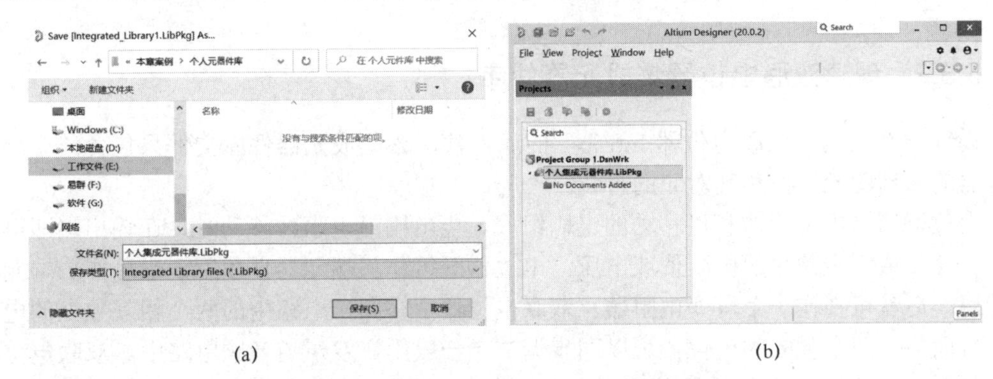


(a)　　　　　　　　　　　　　　　　(b)

图 6-52　保存新建的个人集成元器件库文件

## 2. 添加“个人元器件封装库.PcbLib”和“个人原理图元器件符号库.SCHLIB”

将光标移到图 6-52（b）中的 个人集成元器件库.LibPkg 图标上并右击，在弹出的图 6-53 所示的子菜单中选择 Add Existing to Project... 命令，查找“个人元器件封装库.PcbLib”和“个人原理图元器件符号库.SCHLIB”这两个文件在计算机硬盘中的位置，如图 6-54 所示，注意图 6-54 中的文件类型尽量选择为 文件名(N): All files (*.*)，可以看到该文件夹中所有类型的文件。双击图 6-54 中的“个人元器件封装库.PcbLib”文件，则“个人元器件封装库.PcbLib”就被添加到图 6-52（b）中的 个人集成元器件库.LibPkg * 目录下，即变成了 个人集成元器件库.LibPkg * Source Documents 个人元器件封装库.PcbLib (1)，用同样的方法可将“个人原理图元器件符号库.SCHLIB”添加到 个人集成元器件库.LibPkg * 目录下，即变成了 个人集成元器件库.LibPkg * Source Documents 个人元器件封装库.PcbLib (1) 个人原理图元器件符号库.SCHLIB (2)。

图 6-53　右键子菜单

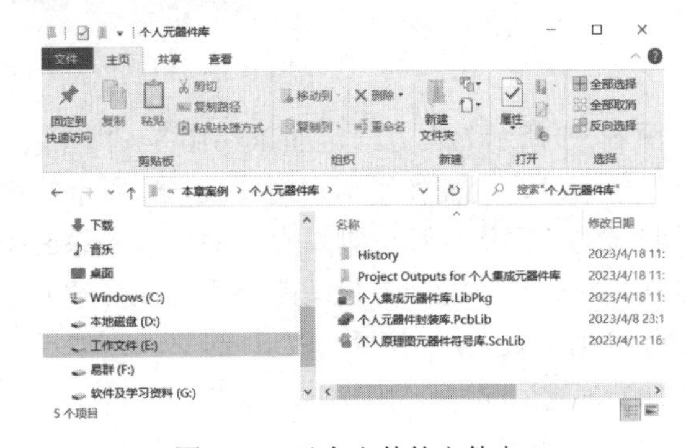


图 6-54　已有文件的文件夹

## 3. “个人集成元器件库.LibPkg”集成库包编译

“个人集成元器件库.LibPkg”集成库包编译就是把“个人元器件符号库.SCHLIB”和“个人元器件封装库.PcbLib”合二为一，汇编成一个独立的“个人集成元器件库.IntLib”文件。将光标移到图 6-52（b）中的 个人集成元器件库.LibPkg 图标上并右击，在弹出的图 6-53 所示的子菜单中选择 Compile Integrated Library 个人集成元器件库.LibPkg 命令，系统在“个人集成元器件库.LibPkg”所在的文件夹中创建一个 Project Outputs for 个人集成元器件库 文件夹，编译生成的“个人集成元器件库.IntLib”位于 Project Outputs for 个人集成元器件库 文件夹中。在绘制电路原理图和 PCB 图时可以直接加载“个人集成元器件库.IntLib”，该库中的元器件可以被直接调用。

### 6.3.2 创建双联电位器集成元器件库

设计一个名为“双联电位器.IntLib”的库文件，该集成元器件库文件只包含一个双联电位器的原理图元器件和其对应的封装。

电位器通常由电阻体和可移动的电刷组成。当电刷沿电阻体移动时，在输出端即可获得与位移量成一定关系的电阻值或电压。电位器既可作三端元器件使用，也可作二端元器件使用，后者可视作一个可变电阻器。双联电位器由在同一电路中的两个相互独立的电位器组合而成，两个独立的电位器可以同步调节，一般用在双声道音频电路中。双联电位器由 2 排共 6 只引脚（或者 8 只引脚）构成，其中 2 只引脚接地，2 只引脚接信号源，中间 2 只引脚接下一级放大的输入端，如图 6-55 所示。双联电位器的接线方法为 1 引脚和 4 引脚同时接地，2 引脚接 $L_+$（左声道）的功放输入，3 引脚接 $L_+$的信号源，5 引脚接 $R_+$（右声道）的功放输入，6 引脚接 $R_+$的信号源。双联电位器有各种各样的规格和型号，对于不同的规格和型号，双联电位器的封装尺寸是不一样的。

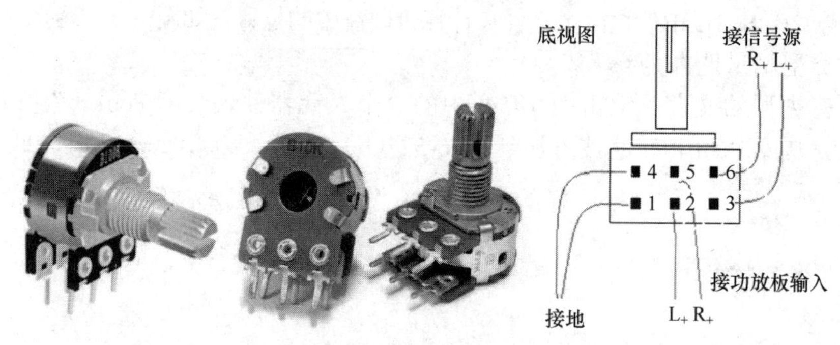


图 6-55 双联电位器的外观及引脚

图 6-56 所示为官方给定的 R1610G-A1 音量电位器的尺寸（单位为 mm）参数。如果没有给定尺寸，则需使用卡尺对图 6-55 所示的实物进行测量，测量时要准确，特别是元器件封装的轮廓设计和引脚焊盘间的位置关系必须严格按照实际的元器件尺寸进行设计，否则在装配时，可能因焊盘间距不正确而导致元器件不能安装在电路板上。如果元器件封装的外形画得太大，则浪费 PCB 的空间；如果元器件封装的外形画得太小，则元器件可能无法安装[17]。

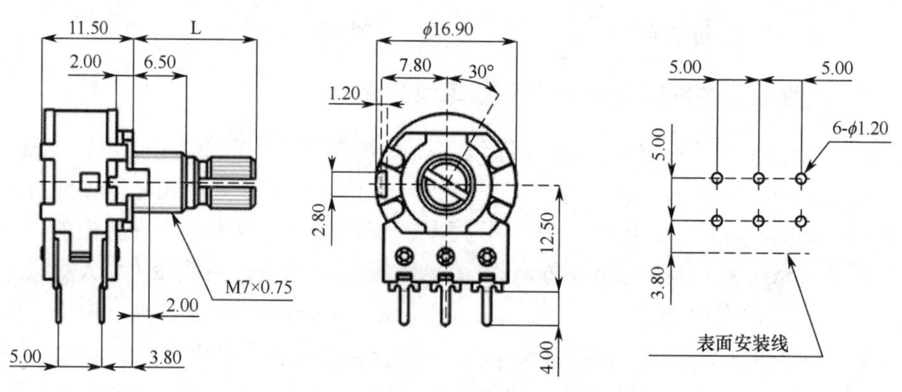


图 6-56 R1610G-A1 音量电位器的尺寸参数

根据图 6-55 和图 6-56 中的信息，运用 AD20 软件为 R1610G-A1 制作封装和原理图元器件并完成一个集成元器件库的设计，设计步骤如下。

### 1. 创建“双联电位器.LibPkg”库文件

打开 AD20 软件，在图 6-57（a）中单击“File”菜单，在弹出的下拉菜单中选择 New 命令，再选择 Library 命令，然后选择 Integrated Library 命令，弹出图 6-57（b），即完成了一个系统默认的 Integrated_Library1.LibPkg 集成元器件库。将光标移到 Integrated_Library1.LibPkg 图标上右击，在弹出的子菜单中选择 Save As... 命令，系统会弹出图 6-58（a）所示的保存文件的路径（自己选择合适的存放位置）对话框，把文件命名为“双联电位器.LibPkg”，单击“保存”按钮，则 Integrated_Library1.LibPkg 文件名变成 双联电位器.LibPkg *，如图 6-58（b）所示。

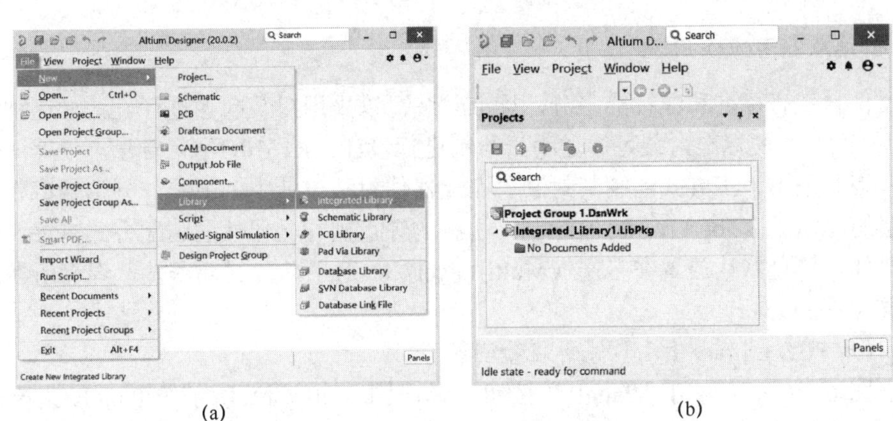


(a)　　(b)

图 6-57　创建一个新的集成元器件库文件

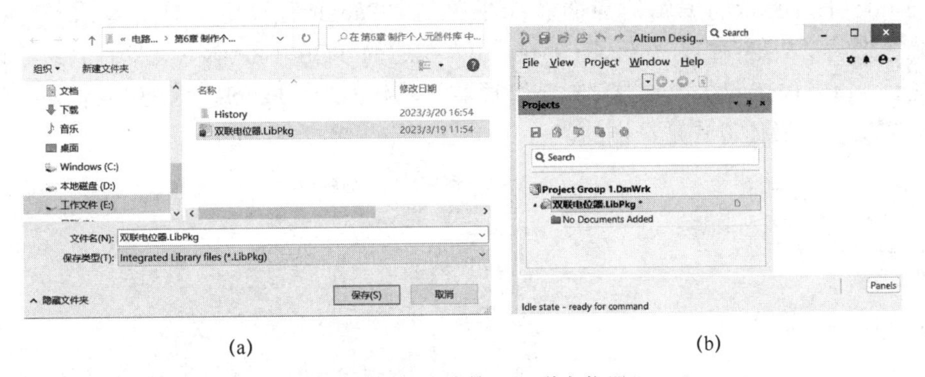


(a)　　(b)

图 6-58　保存新建的“双联电位器”

### 2. 新建“双联电位器.PcbLib”库文件

在图 6-58（b）中，将光标移到 双联电位器.LibPkg * 图标上右击，在弹出的子菜单中选择 Add New to Project 命令，再选择 PCB Library 命令，则图 6-58（b）中的 Project Group 1.DsnWrk / 双联电位器.LibPkg * / No Documents Added 目录变成 Project Group 1.DsnWrk / 双联电位器.LibPkg * / Source Documents / PcbLib1.PcbLib (1)。系统在双联电位器文件中建立一个名为“PcbLib1.PcbLib（1）”的封装库文件，这个名字是默认的。为了便于管理，将“PcbLib1.PcbLib（1）”另存在

“双联电位器.LibPkg”所在的文件夹下，命名为“双联电位器.PcbLib”，结果如图 6-59 所示。

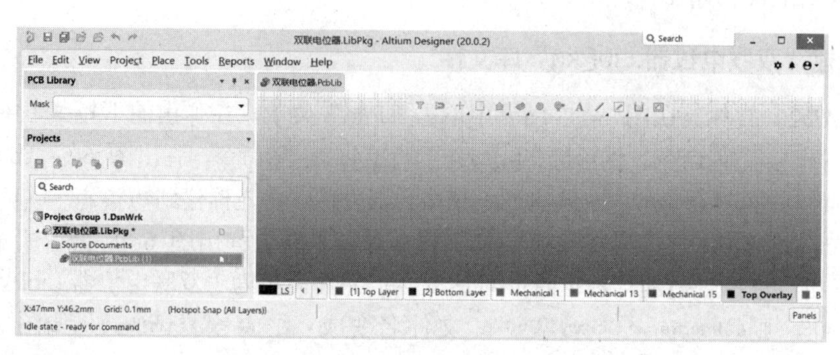


图 6-59 双联电位器封装库

### 3．创建双联电位器封装

元器件封装有标准和非标准之分，标准封装可以采用封装向导进行设计（这种方法在 6.1 节已介绍），非标准封装可通过手工绘制进行设计。R1610G-A1 音量电位器属于非标准封装，因此采用手工方式绘制其封装。在元器件封装设计中，封装的外形轮廓在 AD20 中的顶层的丝印层（Top Overlay）绘制，引脚的焊盘则与元器件的装配方式有关，对于通孔式元器件，焊盘默认放置在多层（Multi-Layer），对于贴片式元器件，焊盘所在层应修改为顶层（Top Layer）。

1）打开 PCB Library（元器件封装管理器）

单击图 6-59 右下角的“Panels”按钮，弹出图 6-60（a）所示的 Panels 菜单，选择该菜单中的 PCB Library 命令（设其前面没有“√”），PCB Library 变成 ✓ PCB Library，则图 6-59 变为图 6-60（b）所示的编辑器界面。如果单击“Panels”按钮，单击 ✓ PCB Library，则 ✓ PCB Library 就变成 PCB Library，那么图 6-60（b）左边的 PCB Library（元器件封装管理器）就消失了。重复操作一次，元器件封装管理器就重新出现。Panels 菜单中其他命令的操作方式与 PCB Library 的操作方式是一样的。

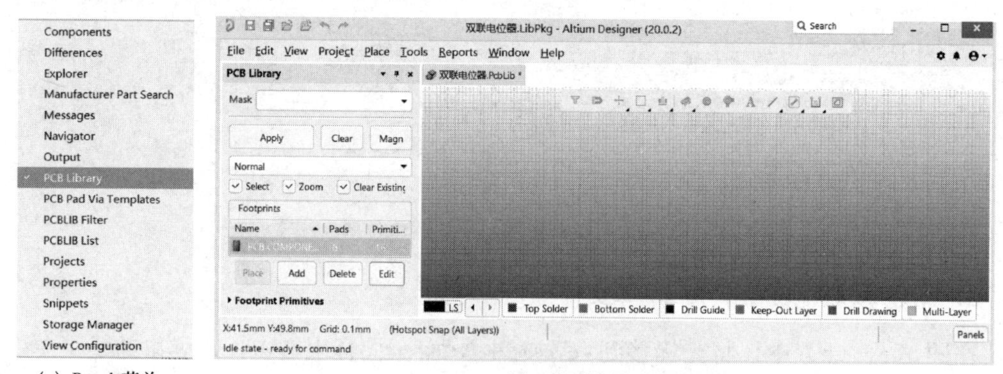


（a）Panels菜单　　（b）元器件封装编辑器界面

图 6-60 打开元器件封装编辑器界面

2）创建元器件的封装名称

在创建“双联电位器.PcbLib”时，已建立一个名为 PCBCOMPONENT_1 的封装，双击

PCBCOMPONENT_1 图标，或者单击“Tools”菜单并在其下拉菜单中选择 Footprint Properties... 命令，系统弹出 PCB Library Footprint 对话框，将其中的“PCBComponent_1”改为“R1610G-A1”，修改元器件封装名称。

3）修改元器件封装编辑器的工作环境

（1）设置当前编辑器的栅格单位。在本次设计中，将元器件封装编辑器的栅格单位设置为公制。在图 6-60（b）中单击“View”菜单，在其下拉菜单中选择 Toggle Units Q 命令，或者按键盘上的快捷键 Q，其作用是切换栅格单位：如果编辑器的当前栅格单位是英制，则转换为公制；如果编辑器的当前栅格单位是公制，则转换为英制。

（2）设置当前编辑器栅格尺寸。AD20 系统共有 3 种栅格：可视栅格、电气栅格、捕获栅格，它们的作用是画图时让图件和导线排列整齐、好看。

可视栅格（Visible Grid）：就是在原理图、PCB 图、绘制封装和绘制原理图元器件的编辑工作区上看到的由几何点或线构成的栅格，其作用类似于坐标线，可帮助用户掌握图件间的距离。可视栅格可以帮助设计者实现图件的整齐摆放。在输入法为英文输入状态下，按下快捷键 Shift+Ctrl+G 可实现可视栅格的切换。

电气栅格（Electronical Grid）：电气栅格的作用是在移动或放置元器件时，当元器件与周围电气实体的距离在电气栅格的设置范围内时，元器件与电气实体会互相吸住。如果电气栅格的设定值是 5mm，按下鼠标左键，如果鼠标的光标离电气对象、焊盘、过孔、图件引脚、铜箔导线的距离在 5mm 范围之内，光标就自动地跳到电气对象的中心上，以方便对电气对象进行操作。电气栅格设置的尺寸大，光标捕捉电气对象的范围就大，如果设置得过大，就会错误地捕捉到比较远的电气对象上。在元器件封装库编辑器和 PCB 图编辑器中，在输入法为英文输入状态下，按下 Shift+E 快捷键，可以实现电气栅格功能的切换。在原理图编辑器和原理图元器件编辑器中，输入法在英文输入状态下，按下 Shift+G 快捷键，可以实现电气栅格功能的切换。

捕获栅格（Snap）：捕获栅格也叫跳转栅格，捕获栅格是看不到的，其作用是控制光标每次移动的距离。如果捕获栅格的设定值是 5mm，鼠标的光标拖动图件引脚，距离可视栅格在 5mm 范围之内时，图件引脚自动准确地跳到附近的可视栅格上。在输入法为英文输入状态下，按住 G 键，捕捉栅格会在不同的值（1mm、2.5mm 和 5mm）之间进行切换。

电气栅格工作时捕获栅格不工作，在捕获栅格和电气栅格之间系统可自动选择和切换。一般来说，可视栅格大于电气栅格和捕捉栅格。

在图 6-60（b）所在的编辑器中，在英文输入法的前提下使用 Ctrl+G 快捷键，在弹出的图 6-61（a）所示的面板中，设定捕获栅格以 5mm 移动。或者在图 6-60（b）所在的编辑器中，在英文输入法的前提下使用 Ctrl+Shift+G 快捷键，在弹出的图 6-61（b）所示的捕获栅格设置对话框中设定移动栅格以 5mm 移动。

（3）设置当前编辑器的坐标原点：在图 6-60（b）中单击“Edit”菜单，在其下拉菜单中选择 Jump ▸ 命令，选择 Reference Ctrl+End 命令；或者按快捷键 Ctrl+End，将光标调回到坐标原点（0, 0），即在工作区出现坐标原点状态。

4）放置元器件封装的焊盘

在图 6-60（b）中单击“Place”菜单，在其下拉菜单中选择 Pad 命令，或者单击放置工具条上的图标，系统处于放置焊盘状态，但先不急于放置操作，先按下 Tab 键，弹出图 6-62 所示的焊盘属性设置对话框，工作区会出现一个（暂停）图标。

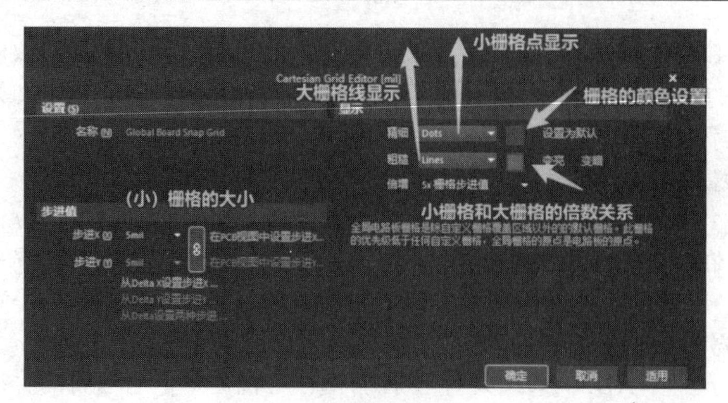


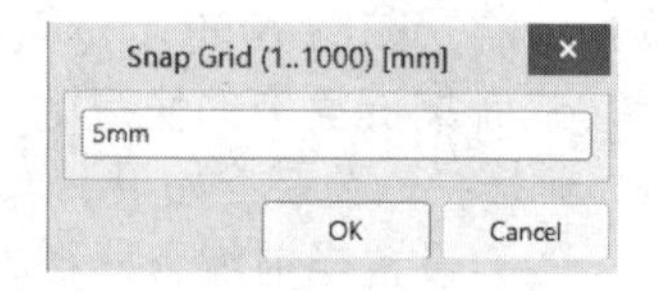


(a) 笛卡儿栅格编辑器面板　　(b) 捕获栅格设置对话框

图 6-61　设置栅格方式

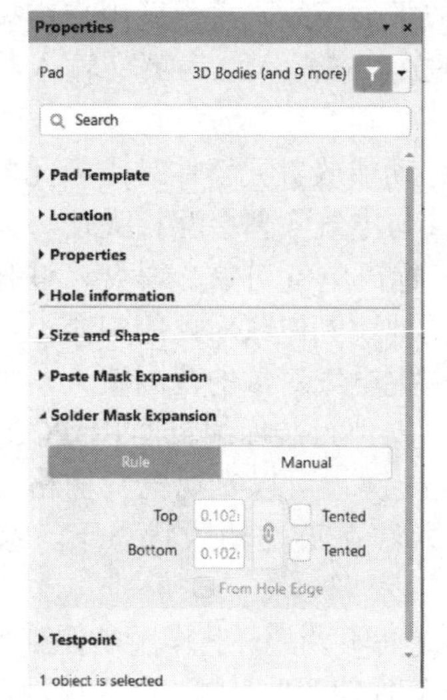


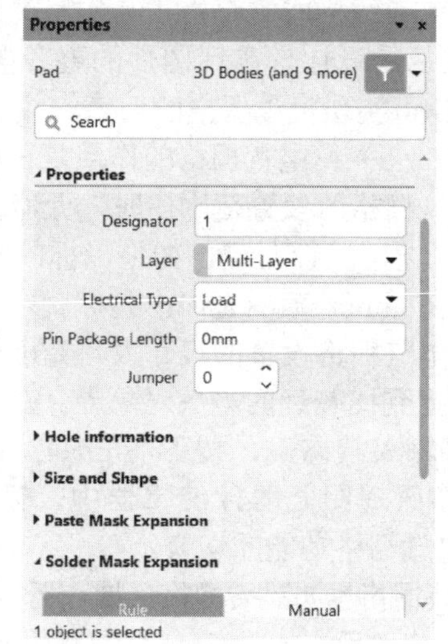


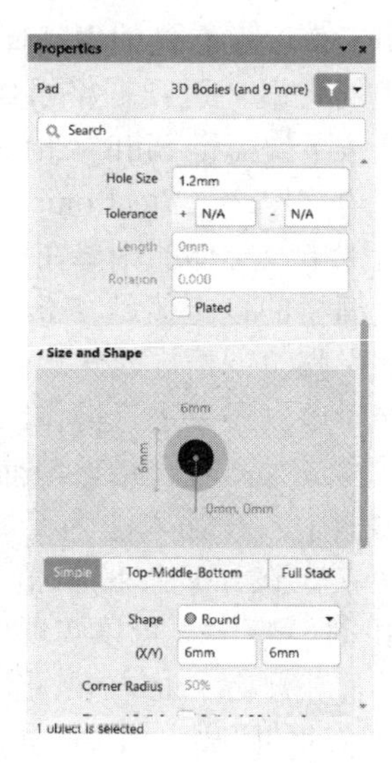


(a) 焊盘属性对话框　　(b) 设置焊盘的编号　　(c) 设置焊盘的大小

图 6-62　焊盘属性设置对话框

焊盘属性如图 6-62（a）所示，单击图 6-62（a）中每一项前面的▸按钮，展开该项的设置内容，可以对该项设置属性。单击 Properties 前面的▸按钮，对焊盘编号属性进行设置，如图 6-62（b）所示，将焊盘的编号设为 1。单击 Hole information 和 Size and Shape 前面的▸按钮对焊盘的形状属性进行设置，如图 6-62（c）所示，根据图 6-56 中 R1610G-A1 引脚的大小，将焊盘孔的直径设为 1.2mm，焊盘的形状为圆形，焊盘的直径设为 6.0mm，其他选项采用默认设置。单击工作区中的 图标，光标带着焊盘一起移动，将光标移动到坐标原点（0, 0）处并单击，则当前的焊盘（编号为 1）就放置在坐标原点处，此时系统依然处于放置焊盘状态，而且焊盘的参数与 1 号焊盘的参数一样，只是焊盘编号会自动加 1 而变成 2。根据图 6-55 中 R1610G-A1 的引脚排列，分别在 1 号焊盘的水平方向每隔 5mm 的地方放置 2 号和 3 号焊盘，将 4 号焊盘放置在 1 号焊盘的垂直方向，距离为 5mm；然后在 4 号焊盘的水平方向依次相隔 5mm 放置 5 号和 6 号焊盘，如图 6-63 所示。

5）绘制元器件封装的轮廓

将绘制元器件封装编辑器的工作区的工作层面切换到 **Top Overlay**（顶部丝印层），

单击“Place”菜单，在其下拉菜单中选择 Line 命令，或者单击放置工具条上的图标，系统处于放置线条状态，根据图 6-56 所示的 R1610G-A1 的轮廓尺寸，在图 6-63 的周围放置线条，绘制图 6-64 所示的双联电位器的轮廓。

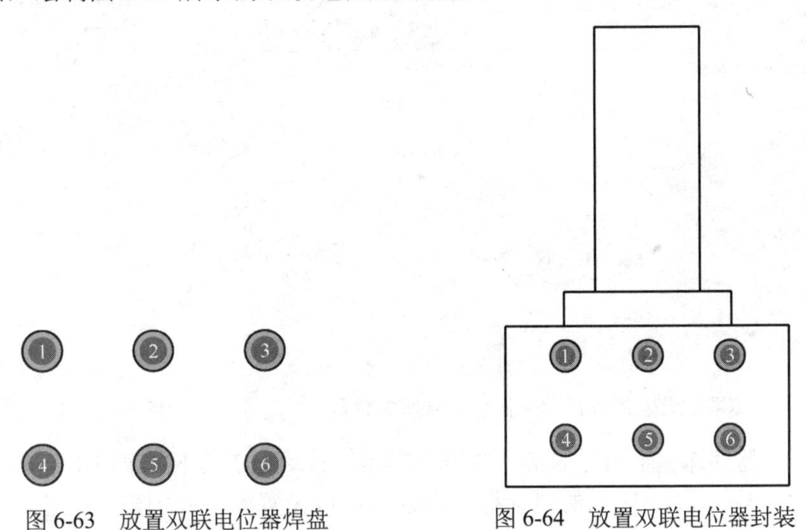


图 6-63　放置双联电位器焊盘　　　　图 6-64　放置双联电位器封装

6）设置元器件封装的焊盘参考点

在当前的编辑器中单击“Edit”菜单，在其下拉菜单中选择 Set Reference 命令，再选择 Pin 1 命令，系统将图 6-64 中的 1 号焊盘设为元器件的参考点，1 号焊盘就会变成状态。

7）保存元器件

在当前的编辑器中单击“File”菜单，在其下拉菜单中选择 Save Ctrl+S 命令，或者按快捷键 Ctrl+S，保存当前的元器件参数设置，完成双联电位器的封装设置。

### 4．新建“双联电位器.SCHLIB”库文件

在图 6-58（b）中将光标移到 双联电位器.LibPkg * 图标上并右击，在弹出的菜单中选择 Add New to Project 命令，在其左侧子菜单中选择 Schematic Library 命令，Projects（项目管理器）中原来的目录 Project Group 1.DsnWrk / 双联电位器.LibPkg * / Source Documents / PcbLib1.PcbLib (1) 变成 双联电位器.LibPkg * / Source Documents / 双联电位器.PcbLib (1) / Schlib1.SCHLIB (2)，系统在 双联电位器.LibPkg * 图标下建立了一个名为“SchLib1.SCHLIB（2）”的文件，这个名字是默认的，为了便于管理，将“schlib1.SCHLIB（2）”重新命名为“双联电位器.SCHLIB”，如图 6-65 所示。

### 5．创建双联电位器元器件符号

双联电位器的原理图符号有两种画法，下面就双联电位器的原理图元器件的制作步骤进行分析。

（1）双联电位器只有一个子件，6 只引脚在一个子件中，设计步骤如下。

① 新建名为“R1610G-A1”（双联电位器）的元器件。单击图 6-65 中的 SCH Library 面板上的“Edit”按钮，弹出图 6-66 所示的 Component_1 元器件属性对话框，将图 6-66 中的 Design Item ID 的 Component_1 修改为双联电位器的型号 R1610G-A1，关闭图 6-66，则图 6-65 中的 SCH Library 面板上的 Component_1 元器件名就变为 R1610G-A1。

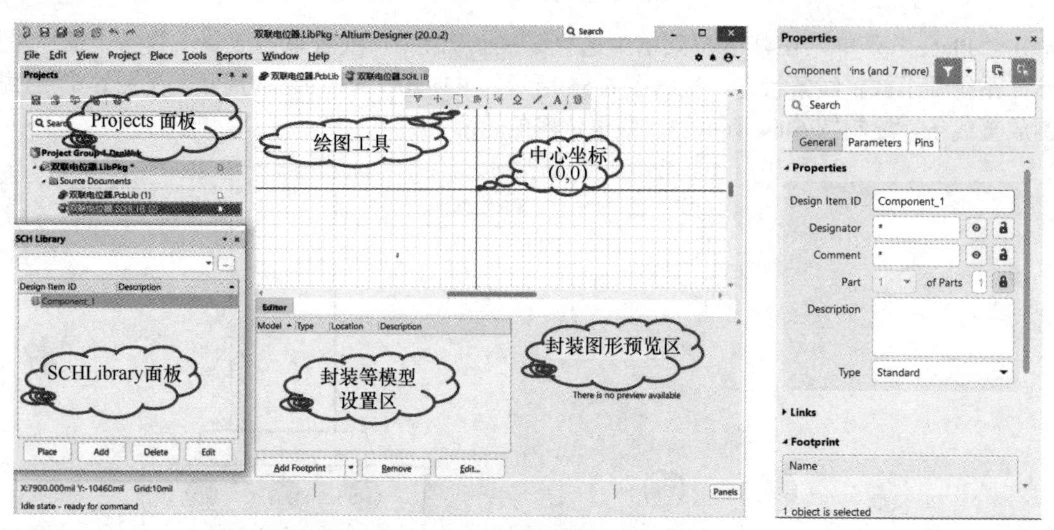


图 6-65　双联电位器原理图的元器件符号库编辑器　　　　图 6-66　元器件属性对话框

② 修改元器件库编辑器的栅格。单击“Tools”菜单，在其下拉菜单中选择 Preferences... 命令，系统弹出图 6-67 所示的对话框，在这里可以设置栅格的图形、颜色、可视栅格、电气栅格及捕捉栅格的大小。按照图 6-67 所示的设置完成编辑器的栅格属性设置，如果在设计中栅格的大小不合适，可再返回到图 6-67 中进行修改。

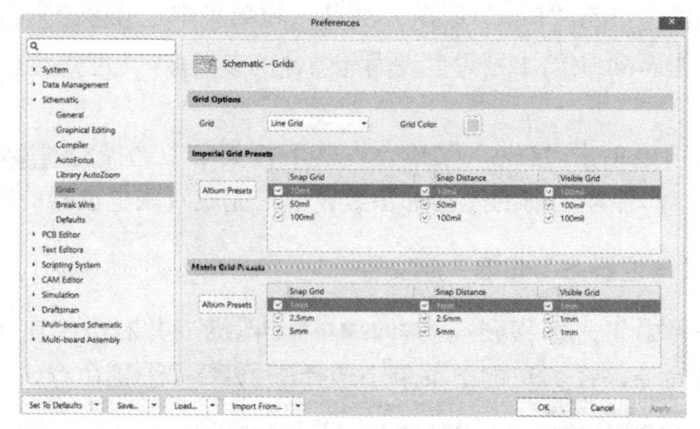


图 6-67　原理图的元器件符号库编辑器属性

③ 绘制双联电位器的图形。元器件库编辑器的“Place”菜单中有许多绘图工具，选择“Place”下拉菜单中的 Line 命令，光标处于绘制线条状态，单击放置线条的起点，移动光标到合适的位置再单击，即可完成一条线段的放置。在元器件库编辑器的第四象限用线条绘制图形，对于其中的虚线，只要双击线条，在弹出的线条属性中将线条的形状改成虚线即可。

④ 放置双联电位器的引脚。单击元器件库编辑器的“Place”菜单，在下拉菜单中选择 Pin 命令，光标变成，此时按下 Tab 键，弹出图 6-68 所示的引脚属性对话框，同时在编辑器中出现（暂停）图标。按照图 6-68 中的设置将引脚的 Designator（引脚编号）项填 1，Name（引脚名称）项填 1，Pin Length（引脚长度）项填 2.54mm，

其他参数采用默认设置，再单击编辑器中的图标取消暂停，此时光标带着 1 引脚可以移动，按下“空格”键，1 引脚将以 90° 角方式进行旋转，选好方向后，将设置好参数的 1 引脚移到图形的合适位置并单击，则 1 引脚就放置好了，放置时一定要注意将引脚的电气方向（引脚上带光标的那端）放在图形的外部。依照此方法放置其他引脚，如图 6-69 所示。引脚上的编号和名字可以选择隐藏。

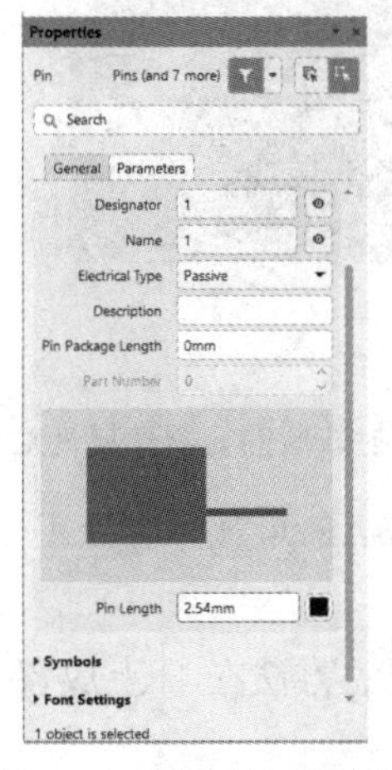


图 6-68　引脚属性对话框

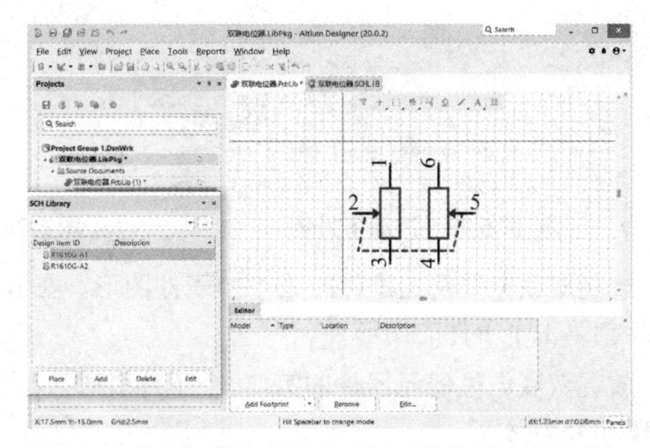


图 6-69　绘制双联电位器原理图元器件的符号及引脚

⑤ 给双联电位器原理图元器件添加封装。单击图 6-69 下面的“Add Footprint”按钮，系统弹出图 6-70 所示的对话框，单击“Browse…”按钮弹出图 6-71 所示的对话框，找到“双联电位器.PcbLib”再单击“OK”按钮，则图 6-70 中的内容将变成图 6-72 中所示的内容。在图 6-72 中单击“OK”按钮，则 R1610G-A1 的封装完成，其元器件属性对话框就变成了图 6-73。

⑥ 保存元器件。

（2）双联电位器有两个子件，一个子件只有 3 只引脚，设计步骤如下。

① 新建名为“R1610G-A2”（双联电位器）的元器件。在原理图元器件的编辑器状态下单击“Tools”菜单，在其下拉菜单中选择 New Component 命令，系统弹出图 6-74 所示的对话框，将 Component_1 修改为 R1610G-A2，单击“OK”按钮，就完成了新建元器件的操作。这样“双联电位器.SCHLIB”就有 R1610G-A1 和 R1610G-A2 两个元器件了。

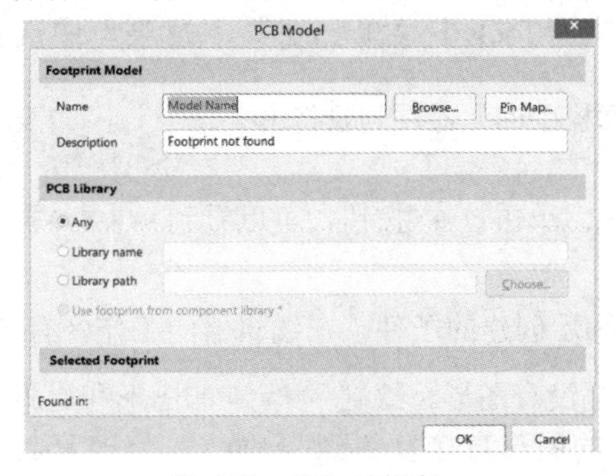


图 6-70　添加封装库

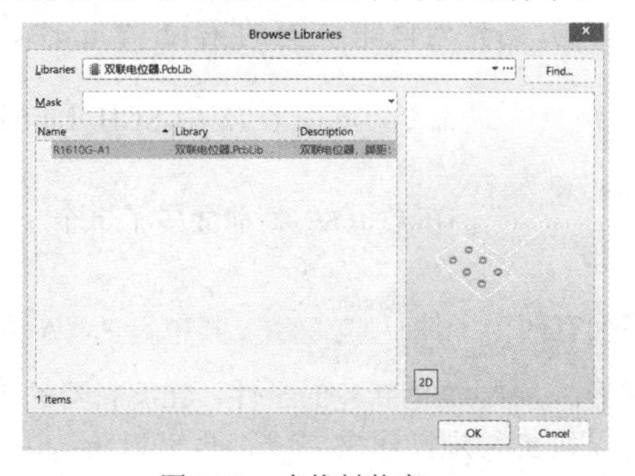


图 6-71　查找封装库

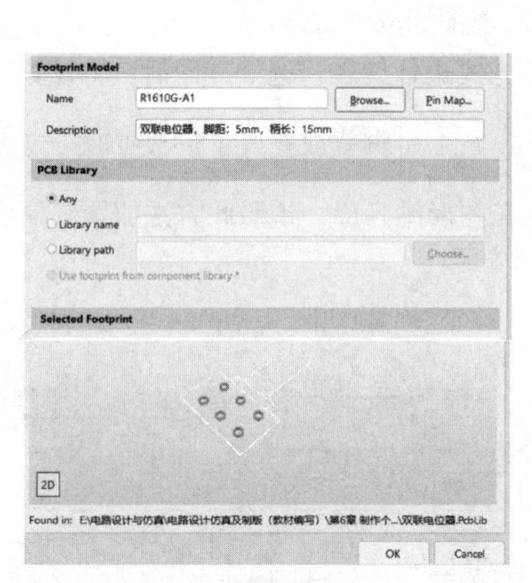

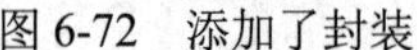

图 6-72　添加了封装

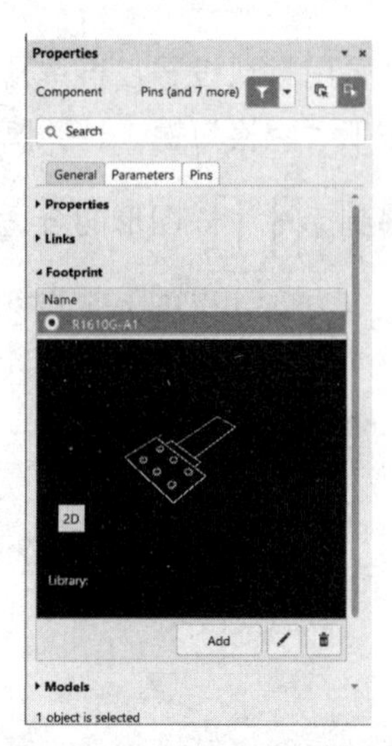


图 6-73　添加封装后的元器件属性对话框

② 绘制双联电位器元器件的第 1 个子件图形。在 R1610G-A2 元器件对应工作区的第四象限绘制第 1 个子件的图形。

③ 放置双联电位器元器件的第 1 个子件引脚。按照前面的方法在上放置 3 只引脚，如图 6-75 所示。

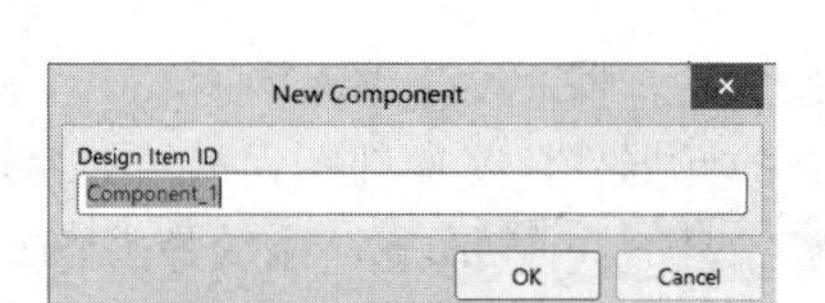


图 6-74　新建元器件对话框

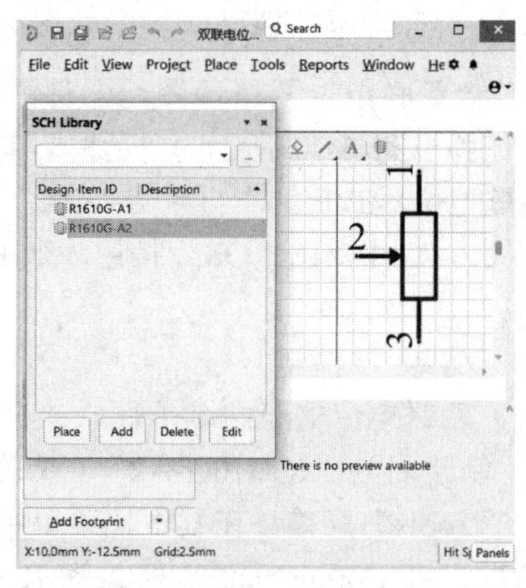


图 6-75　创建第 1 个子件

④ 创建双联电位器的第 2 个子件。单击“Tools”菜单，在其下拉菜单中选择 New Part 命令，则图 6-75 中 SCH Library 面板中的元器件列表将由 SCH Library Design Item ID Description R1610G-A1 R1610G-A2 变成 SCH Library Design Item ID Description R1610G-A1 R1610G-A2，在 R1610G-A2 前面多了一个 ▸ 按钮，单击该 ▸ 按钮，可以看到 R1610G-A2 下面有两个子件 R1610G-A2 Part A Part B，其中 Part A 为第③步创建的子件，在编辑器的工作区有图形；Part B 为新建的子件，在编辑器的工作区没有图形。绘制 Part B 的图形和引脚，可以按第③步操作来完成，也可以将 Part A 的图形直接复制到 Part B，修改复制过

来的图形上的 1、2、3 引脚的属性，将 1 引脚的编号改为 4，2 引脚的编号改为 5，3 引脚的编号改为 6，这样 Part B 所对应的工作区的图形就变成 ，如图 6-76 所示。

⑤ 给双联电位器原理图元器件添加封装。该步操作与前面给 R1610G-A1 添加封装一样，唯一要做的是让原理图元器件编辑器的工作区处于 R1610G-A2 编辑状态。在图 6-76 所示的编辑器中，单击下面的“Add Footprint”按钮，系统弹出图 6-70 所示的对话框，单击“Browse...”按钮，弹出图 6-71 所示的面板，找到“双联电位器.PcbLib”再单击“OK”按钮，按照前面的操作，即可给 R1610G-A2 添加封装。

⑥ 保存设计。

### 6. “双联电位器.LibPkg”集成库包进行编译

“双联电位器.LibPkg”集成库包编译就是把“双联电位器.SCHLIB”和“双联电位器.PcbLib”合二为一，汇编成一个独立的“双联电位器.IntLib”文件。在图 6-77 中单击“Project”菜单，在其下拉菜单中选择 Compile Integrated Library 双联电位器.LibPkg 命令，系统在“双联电位器.LibPkg”所在的文件夹中创建一个 Project Outputs for 双联电位器 文件夹，编译生成的“双联电位器.IntLib”位于 Project Outputs for 双联电位器 文件夹中。

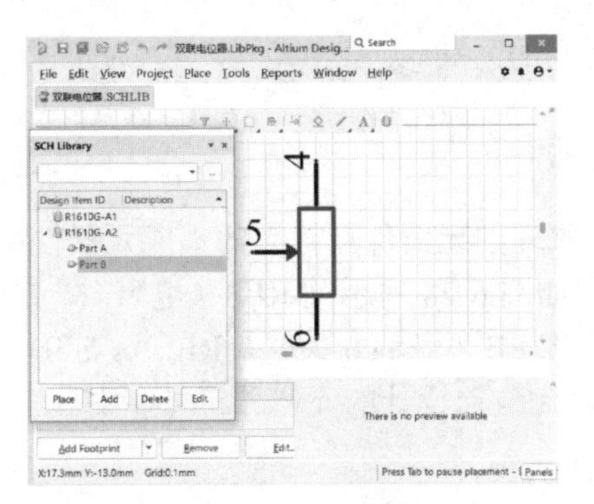


图 6-76　创建双联电位器的第 2 个子件

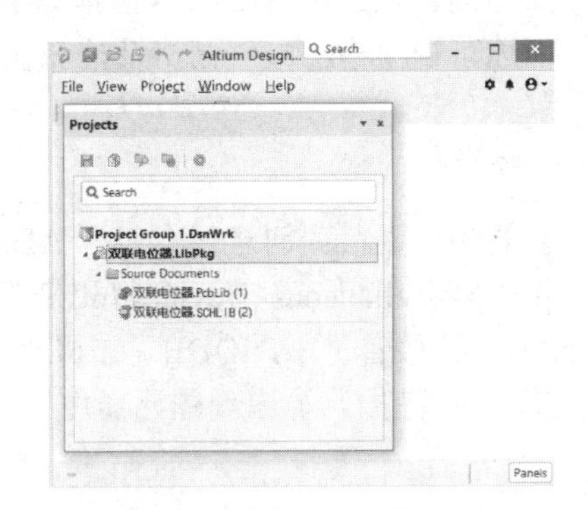


图 6-77　双联电位器工作界面

## 6.4　制作个人元器件库项目设计能力形成观察点分析

根据项目设计目标，要求学生能用不同的方法完成原理图的元器件符号的设计；能运用各种不同的方法完成元器件的封装设计；熟悉非标准元器件符号和封装图的手工绘制方法与自动向导生成方式的设计步骤。根据工程教育认证的要求，需对学生的元器件封装、元器件符号及对应的库设计等能力进行合理性评价，因此在教学实施过程中对本章的教学内容设计了以下观察点。

（1）检查绘制的原理图元器件的引脚属性、原理图元器件所对应的封装及包含多个部件原理图元器件的绘制等问题，对其原理图元器件的操作能力进行合理性评价。

（2）检查元器件的封装尺寸与实物尺寸的一致性、元器件的封装引脚属性设置及不同元器件封装的制作方式等问题，对其封装制作能力进行合理性评价。

（3）检查设计的集成元器件库中的元器件属性，对其元器件库的设计能力进行合理性评价。

## 本章小结

本章运用 Altium Designer 软件分析了原理图的元器件符号和元器件封装的制作方法及原理图的元器件符号库、元器件封装库及集成元器件库的创建过程。根据实际工程，详细地描述了射频同轴连接器、集成芯片和双联电位器等元器件的原理图元器件及封装的制作过程。本章内容的学习可以提高学生的绘制电路元器件符号及封装的设计能力，能快速地编辑符合自己要求的库元器件，并建立相应的库文件。

## 思考与练习

### 一、概念题

1．简述创建原理图的元器件符号库的具体操作步骤。

2．简述创建元器件封装库的具体操作步骤。

3．简述可视栅格、电气栅格及捕获栅格之间的区别。

### 二、操作题

1．查阅相关资料，创建一个包含 AD9851 原理图元器件及封装的集成元器件库。

2．将“Miscellaneous Devices.IntLib”库中如图 6-78 所示的 RES（电阻）、CAP（电容）、NPN（三极管）、DIODE（二极管）、SW-PB（轻触开关）、RELAY-SPDT（继电器）、XTIAL（晶振）等原理图元器件符号复制到自己设计的元器件符号库中。

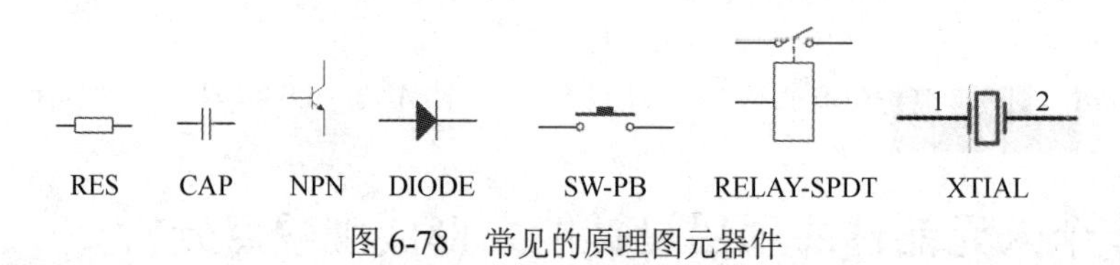

图 6-78　常见的原理图元器件

3．将“Miscellaneous Devices.IntLib”库中如图 6-79 所示的电阻、电容、二极管、三极管、继电器、晶振等元器件的封装复制到自己的封装库中。

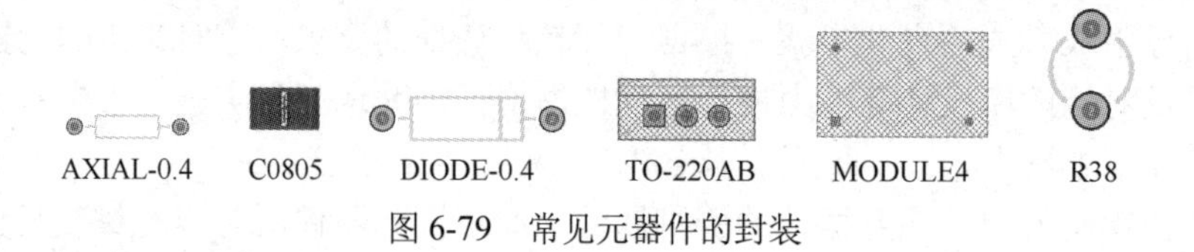

图 6-79　常见元器件的封装

# 第 7 章　单片机综合实验电路板设计

内容导航

| | |
|---|---|
| 目标设置 | 能运用模块设计方法完成复杂电路的原理图设计；能完成复杂电路的双面 PCB 图设计；熟悉常用的电子元器件的原理图符号和封装图，熟悉常见的排针、排母、USB、低压电源、RS232、PS/2 及 ISP 接口，能查找或绘制标准库中没有的元器件符号和封装图 |
| 内容设置 | 以上海浩豚电子科技有限公司生产的 DOFLY Mini80E 开发板为例详细介绍较为复杂的双面板设计 |
| 能力培养 | 问题分析能力（工程教育认证标准的第 2 条），使用现代工具的能力（工程教育认证标准的第 5 条） |
| 本章特色 | 运用具体的案例，简化复杂的电路设计，详细介绍电路的工作原理，从电路的工作原理出发，提高学生对复杂原理图的设计能力，使学生不但能绘制电路图，而且能理解电路的工作原理；完成单片机综合实验电路板的设计，可提高学生的电路分析能力、电路设计能力、元器件的识别能力及软件操作能力 |

## 7.1　单片机综合实验电路板的主要技术指标

上海浩豚电子科技有限公司生产的 DOFLY Mini80E 单片机综合实验电路板如图 7-1 所示，具有以下特点。

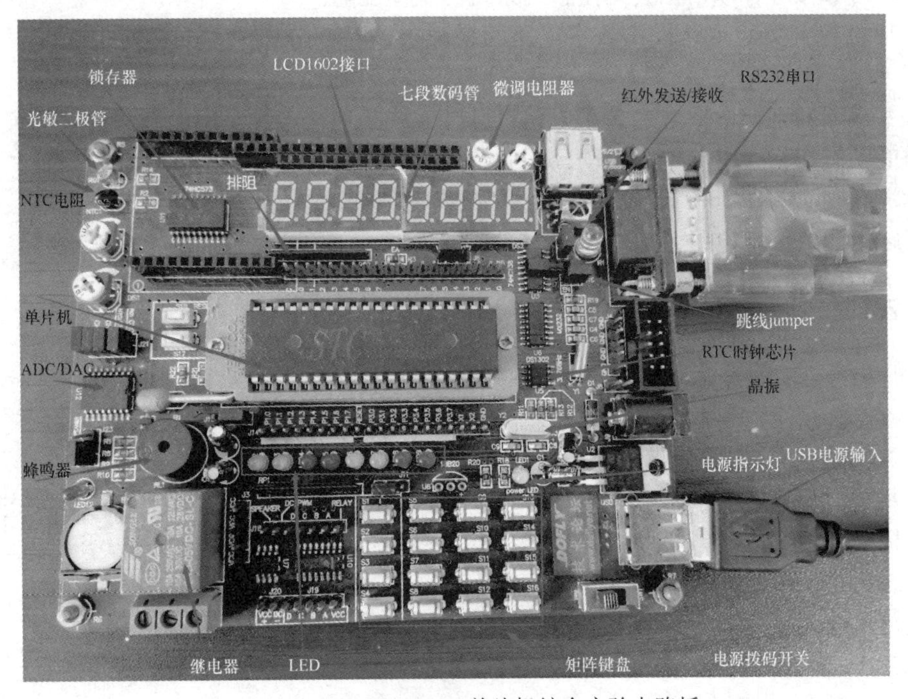


图 7-1　DOFLY Mini80E 单片机综合实验电路板

（1）多种电源电路，能保证整个电路板的正常工作。

（2）可匹配多种不同型号的单片机。

（3）包含 USB 接口、PS/2 键盘接口、RS232 串行接口、ISP 接口、DC 电源接口及各种排针和排母接口。

（4）能扩展 4 相电机控制、直流电机控制、温度传感器控制、单色点阵控制、LCD1602 和 LCD12864 控制。

（5）包含多个不同颜色的 LED、继电器控制、红外线发射与接收、蜂鸣器、压敏电阻和光敏电阻检测、独立或矩阵键盘、4 路 A/D 转换及 1 路 D/A 转换、串行通信、DS1302 实时时钟、数码管动态显示、EPROM24C02 数据存储等控制电路。

（6）能与上位机连接，可实现在线编程。

下面以上海浩豚电子科技有限公司生产的 DOFLY Mini80E 单片机综合实验电路板为例，详细地介绍该电路板的设计过程。在设计 DOFLY Mini80E 单片机综合实验电路板前，需要准备原理图元器件及元器件的封装，特别是元器件的封装将花费较长的时间。DOFLY Mini80E 单片机综合实验电路板共有 111 个元器件，相对比较复杂，为了设计完整的原理图和 PCB，需要对原理图进行分割处理，按单元模块绘制。下面将对各单元电路原理图分别进行设计。

## 7.2　电源模块电路设计

单片机综合实验电路板的电源是单片机综合实验电路板设计中的一项重要工作，电源的精度和可靠性等各项指标会直接影响系统的整体性能。

单片机综合实验电路板由数字电路和模拟电路两部分组成，二者对电源的要求有所不同。

数字电路对电源的要求：数字电路以脉冲方式工作，电源功率的脉冲性较为突出，如显示器的动态扫描会引起电源脉动。因此，为数字部分供电要考虑有足够的余量，大系统按实际消耗功率的 1.5～2 倍设计，小系统按实际消耗功率的 2～3 倍设计。此外，有时还需要多路电源或供电电路[18]。

### 7.2.1　电源模块原理图设计

单片机综合实验电路板的电源模块原理图如图 7-2 所示，图中元器件标号及封装如表 7-1 所示。这里的电阻、无极性电容和二极管均采用贴片封装，电阻、电容及二极管的封装图参考第 2 章的相关内容；J3、J4、J5 为排针，排针的原理图符号及封装图参考第 2 章的图 2-58；J5 为 USB 的母口，USB 的原理图符号及封装图参考第 2 章的图 2-60，图 7-2 中的 J5 只使用了 USB 的电源和接地引

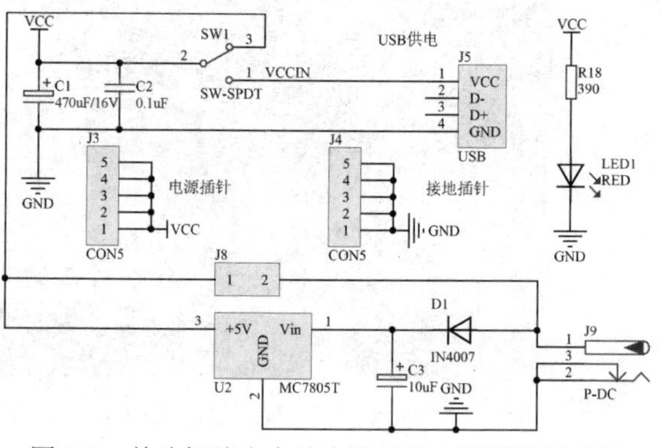


图 7-2　单片机综合实验电路板的电源模块原理图

脚；LED1 为发光二极管，发光二极管的原理图符号及封装图参考第 2 章的图 2-18；J9 为 DC 电源插座，DC 电源插座的原理图符号及封装图参考第 2 章的图 2-61；SW1 为单刀双掷开关，单刀双掷开关的原理图符号参考第 2 章的图 2-53；U2 为 7805 三端集成稳压器，其原理图符号及封装图参考第 2 章的图 2-43。

表 7-1　单片机综合实验电路板的电源模块原理图元器件标号及封装对应列表

| Designator（元器件标号及标称值） | LibRef（原理图元器件库名） | 元器件所在的库 | Footprint（封装） |
|---|---|---|---|
| C2（0.1μF） | Cap（无极性电容） | Miscellaneous Devices.IntLib | 0805C |
| C1（470μF）、C3（10μF） | Cap Pol1（电解电容） | Miscellaneous Devices.IntLib | RAD.2/.4，RAD.1/.2 |
| R18（390Ω） | Res2（电阻） | Miscellaneous Devices.IntLib | 0805R |
| D1（1N4007） | DIODE | Miscellaneous Devices.IntLib | DIODE0.4 |
| LED1 | LED（发光二极管） | Miscellaneous Devices.IntLib | LED |
| J3、J4（CON5） | CON5（5 根单排插针） | Miscellaneous Devices.IntLib | HDR1×5 |
| J5 | USB-A/S | Miscellaneous Connectors.IntLib | USB-A/S |
| J8 | CON1×2（插针） | Miscellaneous Connectors.IntLib | SIP2 或 HDR1×2 |
| J9 | P-DC（DC 电源插座） | Miscellaneous Devices.IntLib | DC-005 |
| SW1 | SW-SPDT（单刀双掷开关） | Miscellaneous Connectors.IntLib | SS-12D10 |
| U2 | Voltage Regulator | Miscellaneous Devices.IntLib | TO-220B |

## 7.2.2　电源模块电路分析

图 7-2 所示的电路为单片机综合实验电路板提供 5V 电源，当电源接通时，LED1 指示灯亮，R18 为限流电阻，起到保护 LED1 的作用。图 7-2 中的 C1 上的网络标号 VCC 与单片机综合实验电路板上所有需要供电的其他电路的电源端口连接。C1 和 C2 为滤波电容，同时也起到保护作用。J3 为备用的电源输出插针，J4 为备用的接地输出插针。图 7-2 所示的电源模块电路的供电方式有两种：SW1 为电源类型选择开关，当 SW1 的 1 引脚与 2 引脚连接时，通过 J5（USB）向单片机综合实验电路板供电；当 SW1 的 3 引脚与 2 引脚连接时，通过 J9（P-DC）向单片机综合实验电路板供电。下面对两种供电方式进行分析。

（1）当图 7-2 中的 SW1 的 1 引脚与 2 引脚连接时，通过 J5（USB）向单片机综合实验电路板供电，J5（USB）接口与计算机的 USB 接口连接，由计算机的 USB 给单片机综合实验电路板提供 5V 电源。

（2）当图 7-2 中的 SW1 的 3 引脚与 2 引脚连接时，通过 J9（P-DC）向单片机综合实验电路板供电。此时又有两种方式，当 J8（单排 2 引脚的插针）悬空时，图 7-2 中的 J9（P-DC）外接直流电源（注意直流电压不要超过 25V，电流不要超过 3A，插头极性为内正外负），然后通过 U2（MC7805T）三端稳压集成器为控制系统提供稳定的 5V 电压输出，D1 和 C3 组成半波整流电路，滤除从外部接入的直流电源中的交流成分。当 J8 套上跳线帽（跳线帽由绝缘外壳和内部的导电材料两部分组成，常用于电路板上需要连接的跳线针，以达到电路连通的目的）时，J9 只能外接 5V 电源。

## 7.3　单片机最小系统模块电路设计

单片机最小系统是指使单片机能够正常运行的由尽量少的元器件组成的电路系统。单片机最小系统主要由 51 单片机、时钟电路和复位电路组成，下面分别介绍 51 单片机最小系统的各部分。

### 7.3.1　单片机最小系统模块原理图设计

根据表 7-2 所示的参数，绘制图 7-3 所示的单片机综合实验电路板的单片机最小系统模块电路原理图，S17 和 S18 为轻触开关，轻触开关的原理图符号和封装图参考第 2 章的图 2-50；Y2 为晶振，晶振的原理图符号和封装图参考第 2 章的图 2-44。

表 7-2　单片机综合实验电路板的单片机最小系统模块电路原理图元器件标号及封装对应列表

| Designator（元器件标号及标称值） | LibRef（原理图元器件库名） | 元器件所在的库 | Footprint（封装） |
| --- | --- | --- | --- |
| C8（30pF）、C9（30pF） | Cap（无极性电容） | Miscellaneous Devices.IntLib | 0805C |
| C10（10μF）、C11（10μF） | Cap Pol1（电解电容） | Miscellaneous Devices.IntLib | RAD.1/.2 |
| R21、R22（10kΩ） | Res2（电阻） | Miscellaneous Devices.IntLib | 0805R |
| J14、J15 | Header20（20 根单排插针） | Miscellaneous Connectors.IntLib | HDR1×20 |
| J13 | CON1×3（插针） | Miscellaneous Connectors.IntLib | SIP3 或 HDR1×3 |
| J16 | CON1×2（插针） | Miscellaneous Connectors.IntLib | SIP2 或 HDR1×2 |
| Y2 | XTAL（晶振） | Miscellaneous Devices.IntLib | XTAL2 或 SIP3 |
| S17、S18 | SW-PB（轻触开关） | Miscellaneous Connectors.IntLib | SW-MINI |

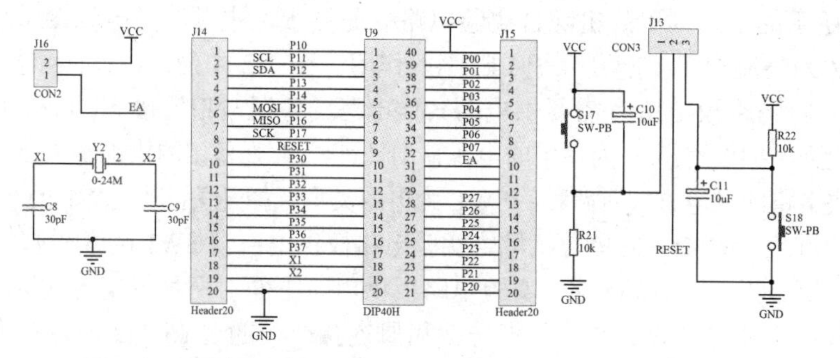


图 7-3　单片机综合实验电路板的单片机最小系统模块原理图

### 7.3.2　单片机最小系统模块电路分析

图 7-3 所示的原理图主要包括单片机最小系统、时钟电路和复位电路，下面分别进行说明。

#### 1．单片机最小系统

单片机最小系统的单元电路是图 7-3 中的一部分，主要由 J14、J15 和 J16 及它们之间的连线组成，如图 7-4 所示，单片机芯片及电路实物图如图 7-5 所示。U9 是 40 脚的零插入力（Zero Insertion Force，ZIF）插座，ZIF 为紧锁插座，方便芯片的插拔（插拔时需关掉电源），其作用是安放 40 脚的双列直插的单片机芯片（DIP40）（比如 STC51 系列所有的 40 脚单片机及其他公司生产的 51 系列单片机），也适用于 AT90S8515、Atmega8515 等 AVR 单片机。J14 和 J15 为单排插针，分别与单片机的引脚连接，其中很多连线上都放置了网络标号，分别与单片机综合实验电路板上的其他模块电路对应的引脚连接，J14 和 J15 为单片机控制系统提供扩展接口。当单片机为 40 脚的 51 单片机时，J16 插针需套一个跳线帽，使单片机的 31 引脚（EA）与 VCC 电源连接，51 单片机 CPU 从单片机内部的程序存储器开始执行程序；当单片机为 40 脚 AVR 单片机时，J16 无须套跳线帽。

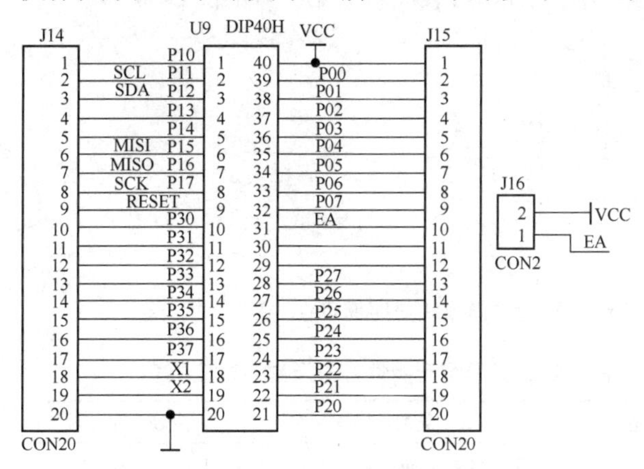


图 7-4　单片机最小系统的单元电路原理图

图 7-5　单片机芯片及电路实物图

### 2. 时钟电路

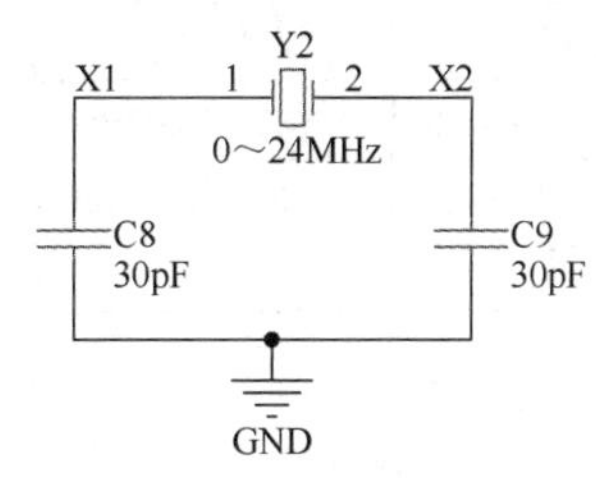


图 7-6　单片机的时钟电路

单片机的时钟电路是图 7-3 中的一部分，主要由 Y2、C8 和 C9 组成，如图 7-6 所示，Y2 为单片机外接的石英晶振，其频率为 0～24MHz，可根据实验要求更换不同频率的晶振，常用 6MHz、12MHz 和 11.0592MHz，因此在电路的 PCB 设计中 Y2 石英晶振的封装（XTAL2）就改用排母（SIP3），各种晶振就从排母 SIP3 插座接入，由于是插接而不是直接焊接，因此容易产生接触不良现象，使用时晶振务必插紧。图 7-6 的网络标号 X1 接图 7-4 中 U9 的 18 引脚，X2 接图 7-4 中 U9 的 19 引脚，C8、C9 起滤波作用。

### 3. 复位电路

单片机的复位电路是图 7-3 中的一部分，主要由 J13、S18、S17、R21、R22、C10 和 C11 组成，如图 7-7 所示，该电路采用手动复位方式，当 J13 的 2 引脚和 3 引脚接通（用跳线帽连接）时，S18 按下接地，此时为低电平复位方式，适用于 AVR 单片机；当 J13 的 1 引脚和 2 引脚接通（用跳线帽连接）时，S17 按下接电源，此时为高电平复位方式，适用于 51 单片机。网络标号 RESET 与图 7-4 中 U9 的 9 引脚连接，51 单片机系统采用高电平复位方式。

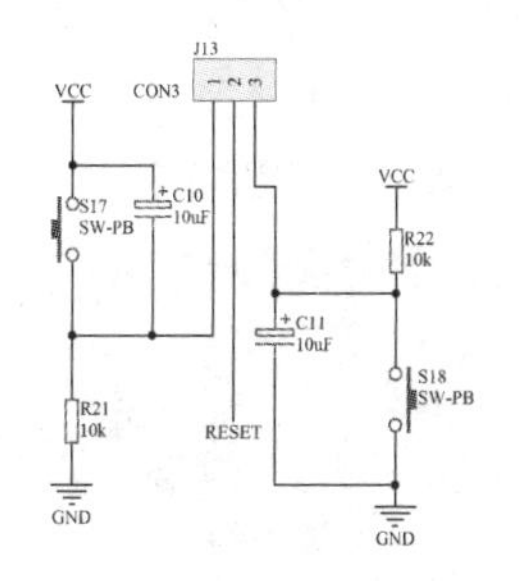


图 7-7　单片机的复位电路

## 7.4 通信模块电路原理图设计

图 7-1 所示的电路板可以利用上位机通过 RS232 接口实现对单片机的在线编程，也可以通过 ISP 接口对单片机进行在线编程，因此单片机与上位机之间的通信电路设计包括两种通信方式，即 RS232 通信和 ISP 通信，对应的电路原理图如图 7-8 所示，图中的元器件标号及封装信息如表 7-3 所示。U6 为 MAX232 电平转换芯片，其功能是实现 TTL 电平与 RS232 电平之间的转换，其原理图符号和封装说明参考第 2 章的芯片封装说明，在实验板上采用贴片封装；J10 为 DB9 通信接口，其原理图符号和封装图参考第 2 章的图 2-68。

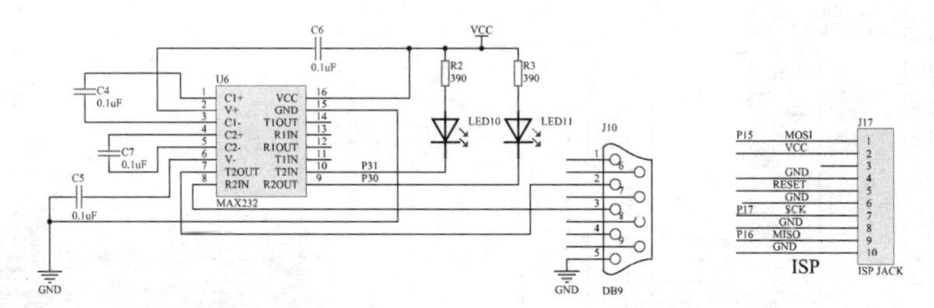


图 7-8　单片机综合实验电路板的通信模块电路原理图

**表 7-3　单片机综合实验电路板的通信模块电路原理图元器件标号及封装对应列表**

| Designator（元器件标号及标称值） | LibRef（原理图元器件库名） | 元器件所在的库 | Footprint（封装） |
|---|---|---|---|
| C4、C5、C6、C7（0.1μF） | Cap（无极性电容） | Miscellaneous Devices.IntLib | 0805C |
| R2、R3（390Ω） | Res2（电阻） | Miscellaneous Devices.IntLib | 0805R |
| U6（MAX232） | MAX232 | — | SOP16 |
| LED10、LED11 | LED（发光二极管） | Miscellaneous Devices.IntLib | LED |
| J10 | D Connector 9 | Miscellaneous Connectors.IntLib | DSUB1.385-2H9 |
| J17（立式直插简牛插座，间距为 2.54mm） | Header 10 | Miscellaneous Connectors.IntLib | DC-2.54-L-Z-10P（专用库） |

### 7.4.1 基于 RS232 通信的硬件电路

图 7-8 所示的单片机（主要是 STC 类单片机）串口通过 MAX232 与 PC 上位机之间建立通信，完成对单片机的程序下载功能。图中 U6 是 MAX232 芯片（可以用其他芯片，如 TC232 替换），其作用是实现电平转换，完成计算机 COM 口的 RS232 电平与单片机的 TTL 电平的转换。MAX232 的 10 引脚和 9 引脚分别与图 7-3 中的 U9 的 31 引脚和 30 引脚连接，MAX232 的 7 引脚和 8 引脚分别与 J10（DB9）的 2 引脚和 3 引脚连接，J10 与计算机的 COM 口连接。

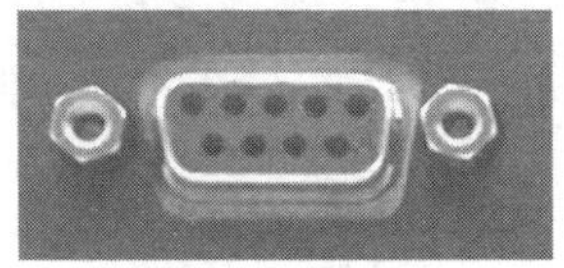

(a) 母口（孔型）

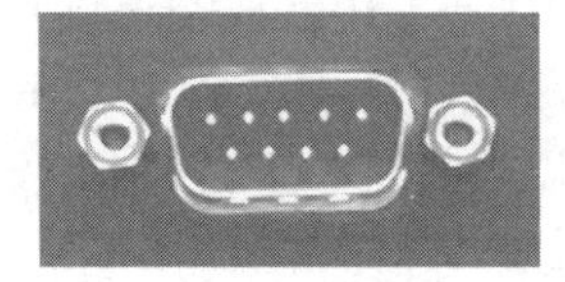

(b) 公口（针型）

图 7-9　DB9 实物外形

DB9 实物外形如图 7-9 所示，DB9 用于连接计算机的 COM 口。计算机的 COM 口一般是针型的，单片机综合实验电路板上的 DB9 是孔型的。使用时串口线要注意匹配，图 7-8 中的 DB9 只使用了发送线（TXD）、接收线（RXD）和地线（GND）。该种连接方式适用于有串口资源的计算机，如台式计算机和老款便携式计算机，直接和计算机主板上的 COM1 口或 COM2 口连接；但现在的很多便携式计算机和 PC 基本没有 COM 口，往往是通过计算机上的 USB 实现转换的，这时 USB 视为虚拟串口资源，所以需要在计算机上安装 USB 转串口驱动，对于安装了 USB 转串口驱动的计算机，在计算机的设备管理中可以看到虚拟的串口号。

### 7.4.2　基于 RS232 通信的程序下载

如果单片机综合实验电路板上的单片机芯片选用 STC89 系列芯片，STC89 系列芯片可以通过其串口实现在线编程，在实验实训时使用非常方便。串口编程软件以 STC-ISP 最流行，其上位机（PC）上运行的程序下载界面如图 7-10 所示。

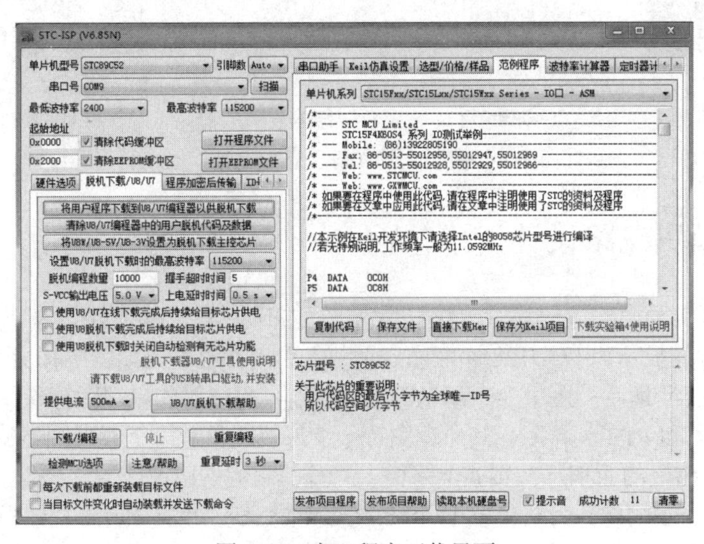


图 7-10　串口程序下载界面

STC-ISP 程序下载使用时需要注意以下几点[18]。

（1）确定实验用的单片机型号：根据实验板上单片机的型号，在图 7-10 中选择对应的单片机，二者一定要一致，方法是在图 7-10 中单击 单片机型号 STC89C52 ▼ 选项中的 ▼，从其下拉列表中选择实验用的单片机型号。

（2）确定实验板串口与计算机连接的串口号：方法是在图 7-10 中单击 串口号 COM9 ▼ 选项中的 ▼，从其下拉列表中选择单片机控制系统与 PC 连接的串口号，也可以单击 扫描 按钮，该软件会自动搜索单片机控制系统与 PC 连接的串口号。如果通过自动扫描找不到串口号，则说明计算机没有安装 USB 转串口的驱动。

（3）打开下载文件：方法是在图 7-10 中单击 打开程序文件 按钮，在其弹出的对话框中找到用户要下载的“*.hex”文件。

（4）下载操作：方法是在图 7-10 中单击 下载/编程 按钮，串口编程软件将用户在上位机中编写并生成的“*.hex”文件通过 PC 的 COM 口（或 USB 接口）上的数据线传输给 STC 单片机的串口并存储到单片机的程序存储器中，即完成程序下载。下载时，注意要先关闭实验电路板的电源开关，再打开单片机控制系统的电源开关，等几秒就会完成。

### 7.4.3　基于 ISP 通信的硬件电路

图 7-8 所示的单片机（主要是 40 引脚的 AVR 单片机和 AT89S51、AT89S52 单片机）通过 J17（立式直插简牛插座）与 PC 上位机之间建立通信，完成对单片机的程序下载功能。J17（ISP-10Pin）实物外形如图 7-11（a）所示，引脚编号如图 7-11（b）所示，原理图符号如图 7-11（c）所示，封装图如图 7-11（d）所示，封装图中元器件的引脚间距离为 2.54mm。J17 通过网络标号 MOSI、SCK 和 MISO 与图 7-3 中的单片机对应的引脚连接。常使用专用的烧录 USB 数据线，一端接 J17，另一端接 PC 的 USB 接口，常使用 ProgISP 烧录软件完成 AVR 单片机和 AT89S51、AT89S52 单片机的程序下载。

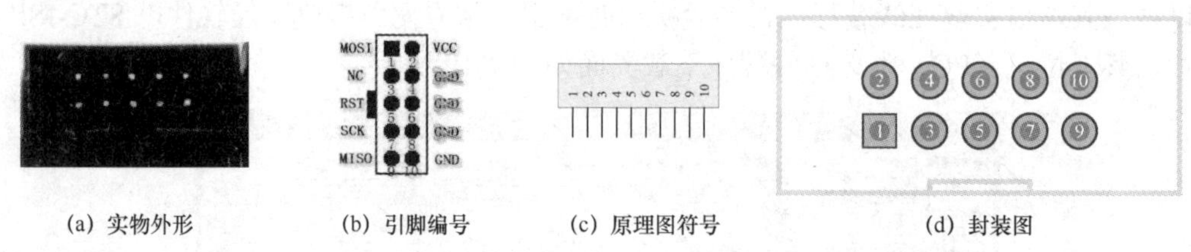


(a) 实物外形　　(b) 引脚编号　　(c) 原理图符号　　(d) 封装图

图 7-11　立式直插简牛插座的实物外形、引脚编号、原理图符号及封装图

## 7.5　显示模块电路设计

单片机综合实验电路板的显示模块包括 8 个 LED、8 位共阴数码管显示电路、单色点阵、LCD1602 液晶显示和 LCD12864 液晶显示共 5 个单元电路，如图 7-12 所示，图中元器件标号及封装如表 7-4 所示。图中 W1 和 W2 为电位器，电位器的原理图符号及封装图参考第 2 章的图 2-4；RP1 和 RP2 为排阻，其原理图符号及封装图参考第 2 章的图 2-3；J2 和 U1 为液晶，为了节约电路板的面积，在实验电路板上只预留它们的引脚位置，所以表 7-4 就采用引脚间距离为 2.54mm 的排针封装代替 J2 和 U1 液晶的封装；DS1 和 DS2 为 4 位共阴数码管，4 位共阴数码管的实物图参数、原理图符号及封装图如图 7-13 所示；U3 为 74HC138 译码器，U11 为 74HC573 数据锁存器，它们在电路板上均采用贴片封装。

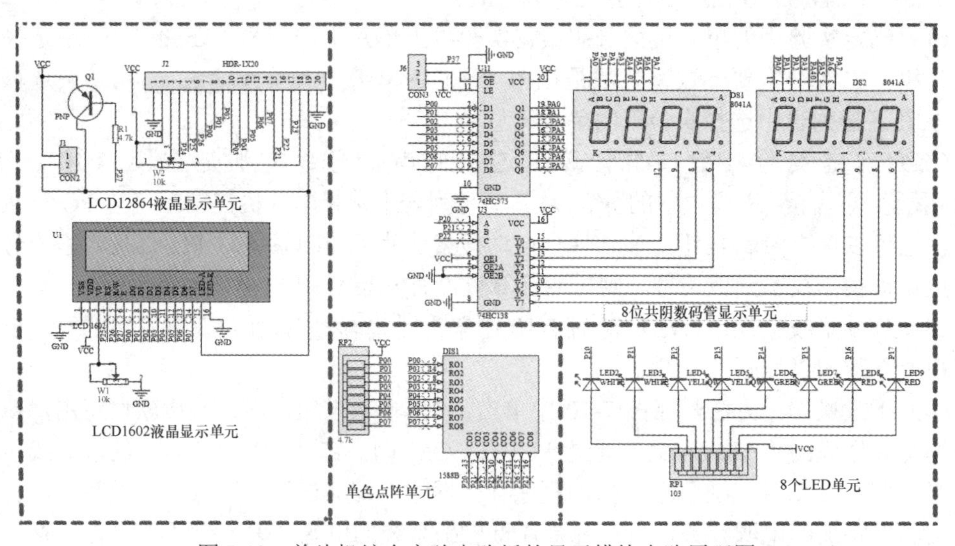


图 7-12　单片机综合实验电路板的显示模块电路原理图

表 7-4　单片机综合实验电路板的显示模块电路原理图元器件标号及封装对应列表

| Designator（元器件标号及标称值） | LibRef（原理图元器件库名） | 元器件所在的库 | Footprint（封装） |
|---|---|---|---|
| R1（4.7kΩ） | Res2（电阻） | Miscellaneous Devices.IntLib | 0805R |
| W1、W2（10kΩ） | POT2（电位器） | Miscellaneous Devices.IntLib | VR1 |
| RP1（330Ω）、RP2（4.7kΩ） | POT2（可变电阻） | Miscellaneous Devices.IntLib | SIP9 或 R-SIP9 |
| LED2～LED9 | LED（发光二极管） | Miscellaneous Devices.IntLib | LED |
| Q1（9015） | PNP | Miscellaneous Devices.IntLib | TO-92C |
| J1 | CON1×2（插针） | Miscellaneous Connectors.IntLib | HDR1×2 |
| J2（LCD12864） | CON1×20（插针） | Miscellaneous Connectors.IntLib | HDR1×20 |
| J6 | CON1×3（插针） | Miscellaneous Connectors.IntLib | HDR1×3 |
| U1（LCD1602） | CON1×16（插针） | Miscellaneous Connectors.IntLib | HDR1×16 |
| DS1、DS2（4 位共阴数码管） | 8041A | 专用数码管库 | 自制 |
| U3（74HC138） | 74HC138 | 专用的 CMOS 元器件库 | SOP16 |
| U11（74HC573） | 74HC573 | 专用的 CMOS 元器件库 | SOP20 |

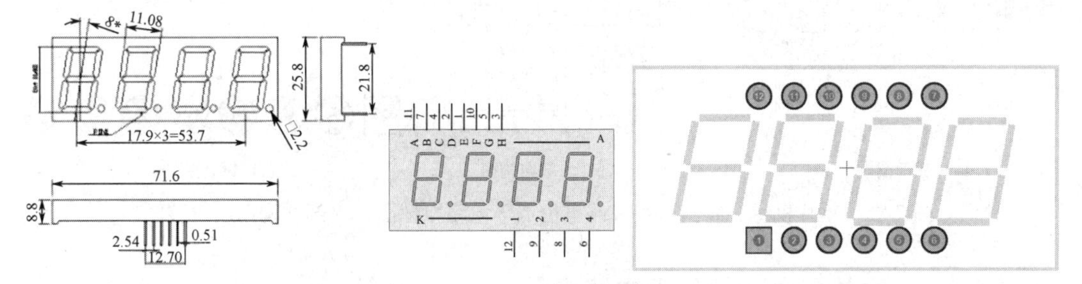


图 7-13　4 位共阴数码管的实物图参数、原理图符号及封装图（左图的单位为 mm）

### 7.5.1　单个 LED 电路设计

图 7-14 中的 8 个 LED 通过网络标号分别与图 7-3 所示单片机的 P1 口的 8 只引脚连接，为了对 LED 进行保护，每个 LED 都串联了 330Ω 的电阻，图中 RP1 为 9 只引脚的排阻，公共端引脚接 VCC。当与 LED 相连的单片机引脚为低电平时，LED 亮；当与 LED 相连的单片机引脚为高电平时，LED 灭，单片机通过编程控制，可以实现各种方式的跑马灯控制。

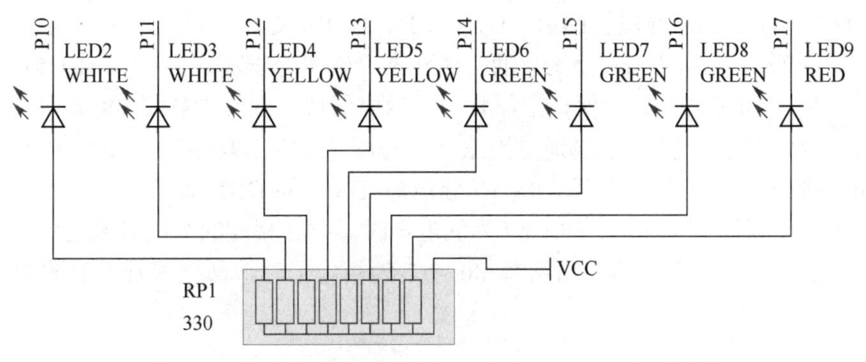


图 7-14　单片机综合实验电路板的单个 LED 电路原理图

### 7.5.2　单色点阵电路设计

图 7-15（a）中的单色点阵（1588B 共阳点阵）的行引脚通过网络标号分别与图 7-3 单片机的 P0 口的 8 只引脚连接，单色点阵的列引脚通过网络标号分别与图 7-3 单片机的 P2 口的 8 只引脚连接，其中单片机的 P0 口接了一个阻值为 4.7kΩ 的排阻作为单片机 P0 口的上拉电阻。单色点阵上的 LED 是由行引脚和列引脚共同控制的，根据图 7-15（b）所示的单色点阵的内部结构图可知，当单色点阵上某个 LED 的行引脚为高电平、对应的列引脚为低电平时，该 LED 发光，通过多个不同的点亮的 LED 组成不同的图案和字，可以由单片机输出行信号和列信号控制单色点阵产生不同的图案。图 7-15（c）所示为单色点阵的封装图，引脚间的水平距离为 2.54mm，引脚间的垂直距离为 28.5mm。

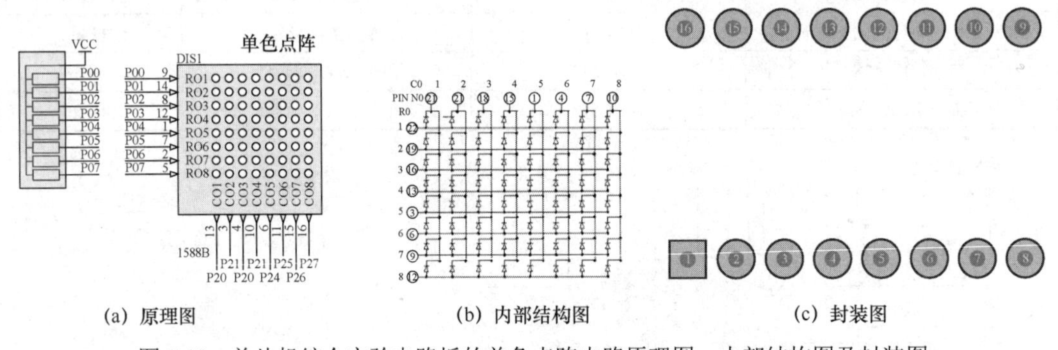


图 7-15　单片机综合实验电路板的单色点阵电路原理图、内部结构图及封装图

### 7.5.3　8 位共阴数码管显示电路设计

图 7-16 所示的数码管显示电路主要由两个 8 位共阴数码管、74HC573 和 74HC138 构成。74HC573 的 1 引脚（片选信号 $\overline{OE}$ ）接地，74HC573 一直处于被选中状态，74HC573 的 11 引脚接 J6 的 2 引脚，当 J6 的 2 引脚与 1 引脚连接时，74HC573 的 11 引脚接电源；当 J6 的 2 引脚与 3 引脚连接时，74HC573 的工作状态受 J6 的 3 引脚的控制，J6 的 3 引脚通过网络标号（P37）与图 7-3 中 U9（单片机）的 17 引脚连接，可以通过单片机编程控制 74HC573，74HC573 的输入端（D1～D8）通过网络标号（P00～P07）与单片机的 P0 口（P00～P07）对应的引脚相连，74HC573 的输出（Q1～Q8）通过网络标号（PA0～PA7）与 DS1、DS2 共阴数码管的 A、B、C、D、E、F、G、H 引脚连接，当 74HC573 的 11 引脚为高电平时，74HC573 处于直通工作状态（输出等于输入），当 74HC573 的 11 引脚为低电平时，74HC573 处于保持工作状态（输出保持不变）。74HC138 译码器的输入地址信号 A 引脚、B 引脚和 C 引脚通过网络标号与图 7-3 中 U9 的 P20、P21 和 P22 引脚连接，74HC138 译码器的输出信号 $\overline{Y0}$～$\overline{Y7}$ 分别与 DS1 和 DS2 数码管的位控制端相连。当 74HC138 译码器的输出信号 $\overline{Y0}$～$\overline{Y7}$ 为低电平时，与之相连的数码管被选中，可以显示数字；当 74HC138 译码器的输出信号 $\overline{Y0}$～$\overline{Y7}$ 为高电平时，与之相连的数码管不能显示数字。

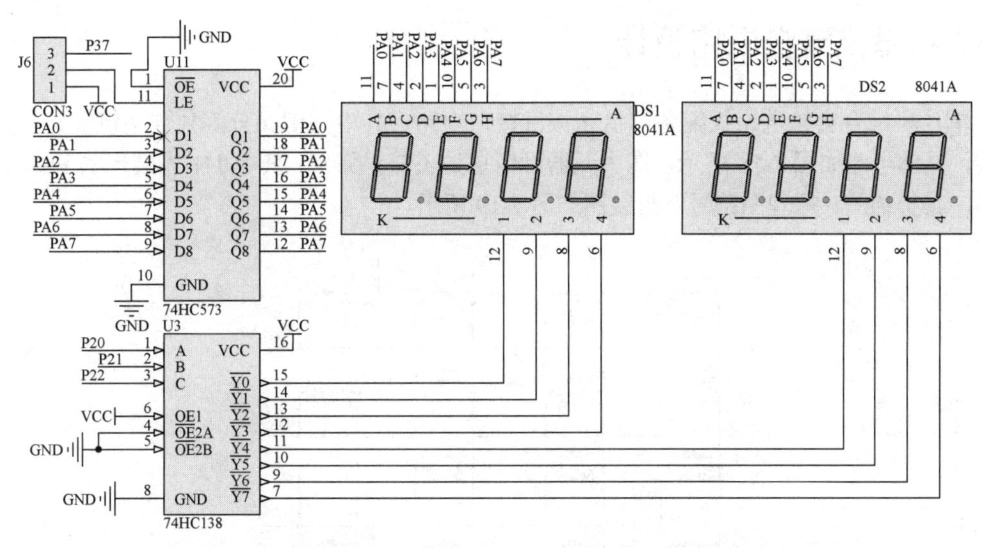

图 7-16　单片机综合实验电路板的 8 位共阴数码管显示电路原理图

## 7.5.4　液晶显示电路设计

液晶显示电路主要有两种方案，一种是 LCD1602，一种是 LCD12864，如图 7-17 所示。图中 J1 为两根排针，两根排针套上跳线帽相当于短路，若不套跳线帽，则 J1 的两只引脚处于开路状态。Q1（9015）在电路中起开关的作用。R1 为偏置电阻，分别与 Q1 的基极和单片机的 P27 连接。W1 和 W2 分别为 10kΩ 的可变电阻，其作用是一样的，分别用来控制液晶的亮度。LCD12864 和 LCD1602 的数据引脚、控制引脚分别通过网络标号与单片机 U9 对应的引脚连接。

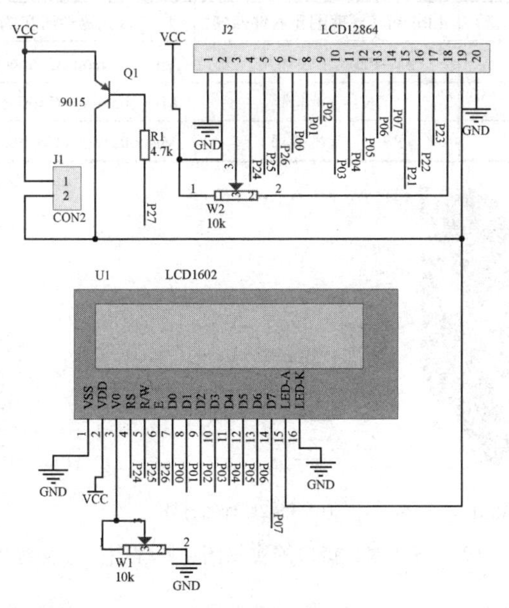

图 7-17　单片机综合实验电路板的液晶显示电路

## 7.6 按键及键盘电路设计

单片机综合实验电路板配备键盘和按键接口电路，其中按键又分为独立按键和矩阵按键两种，具体电路如图 7-18 所示，图中元器件信息如表 7-5 所示。其中 J41 为圆形的 PS/2 键盘接口，其实物图、原理图符号及封装图如图 7-19 所示。

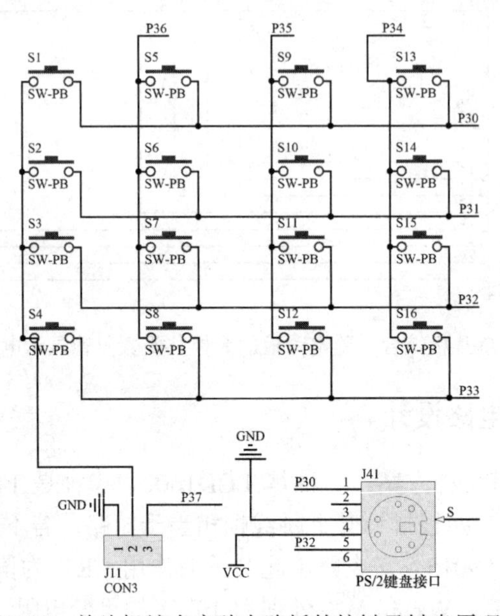


图 7-18 单片机综合实验电路板的按键及键盘原理图

**表 7-5 单片机综合实验电路板的按键及键盘原理图元器件标号及封装对应列表**

| Designator（元器件标号及标称值） | LibRef（原理图元器件库名） | 元器件所在的库 | Footprint（封装） |
| --- | --- | --- | --- |
| S1～S16 | SW-PB（轻触开关） | Miscellaneous Connectors.IntLib | SW-MINI |
| J11 | CON1×3（插针） | Miscellaneous Connectors.IntLib | HDR1×3 |
| J41 | PS/2（键盘接口） | Miscellaneous Connectors.IntLib | PS2-6pin |

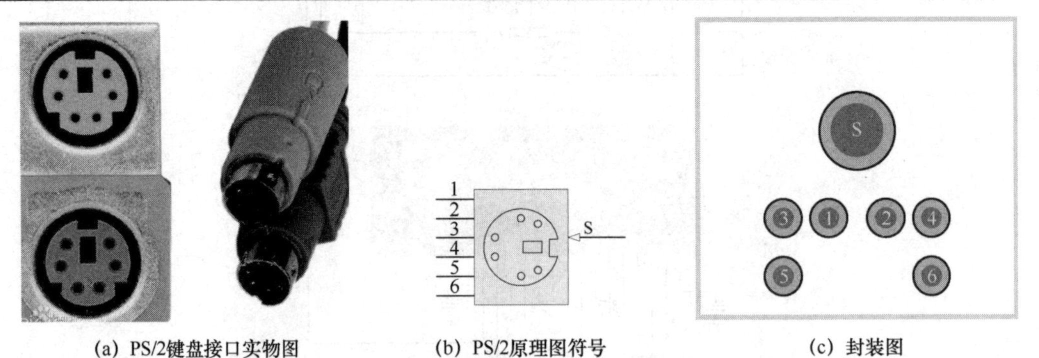


(a) PS/2键盘接口实物图 (b) PS/2原理图符号 (c) 封装图

图 7-19 PS/2 键盘接口的实物图、原理图符号及封装图

### 1．键盘接口电路的分析

图 7-18 中的键盘接口电路只有一个简单的 J41 键盘接口元器件，J41 的 1 引脚和 5 引脚通

过网络标号分别与单片机的 P30 和 P32 引脚连接，J41 的 3 引脚接地，4 引脚接电源。

### 2. 按键接口电路的分析

图 7-18 中的按键接口电路主要由 J11 和 S1～S16 轻触按钮构成，可以实现 4 个独立按键和 16 个矩阵按键的功能。图 7-18 中的 J11 元器件用跳线帽将 1 引脚与 2 引脚短接，接地时，S1、S2、S3 和 S4 构成独立按键；J11 元器件用跳线帽将 2 引脚与 3 引脚短接时，构成 4 行 4 列共 16 个按键。

# 7.7 串行总线扩展电路设计

由于单片机综合实验电路板的大小有限、单片机的引脚资源有限，在外部电路的扩展中应尽量采用串行总线方式扩展，因此 DOFLY Mini80E 单片机综合实验电路板就采用串行总线的方式扩展了 A/D 转换电路、DS1302（实时时钟）、EPROM、DB18B20（温度传感器）及红外遥控电路，下面分别对其电路进行分析。

## 7.7.1 A/D 转换电路设计

单片机综合实验电路板的 A/D 转换电路原理图如图 7-20 所示，图中 W3、W4、W5 和 W6 为 PCF8591 提供 4 路模拟的输入信号；J21 为双排排针，通过跳线帽将变阻器的电压值送给 PCF8591，也可以直接将电压信号通过 J21 的 2、4、6、8 引脚输入 PCF8591。PCF8591 是 8 位基于 I²C 总线的 A/D 转换器，可以同时实现 4 路的 A/D 转换。PCF8591 的 SCL（10 引脚）通过网络标号 SCL 与单片机的 P11 引脚相连，PCF8591 的 SDA（9 引脚）通过网络标号 SDA 与单片机的 P12 引脚连接，PCF8591 的硬件地址端 A0～A2 引脚全部接地，PCF8591 的 AOUT 引脚为 A/D 转换的输出信号，在 J23 上套跳线帽，可以控制 LED12 的发光状态。图 7-20 中的元器件信息如表 7-6 所示。

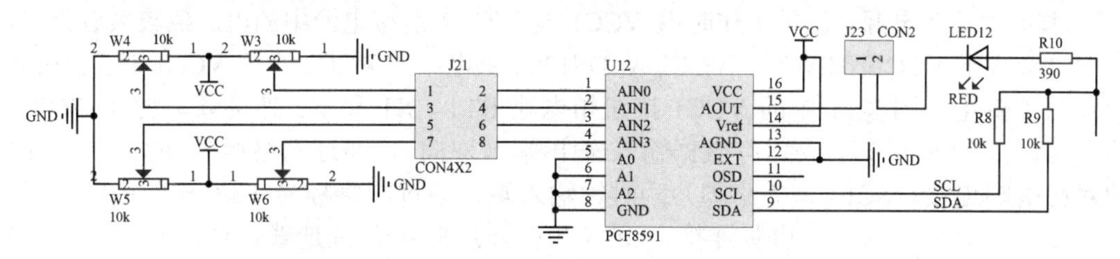


图 7-20　单片机综合实验电路板的 A/D 转换电路原理图

**表 7-6　单片机综合实验电路板的 A/D 转换原理图元器件标号及封装对应列表**

| Designator（元器件标号及标称值） | LibRef（原理图元器件库名） | 元器件所在的库 | Footprint（封装） |
|---|---|---|---|
| W3～W6（10kΩ） | POT2（可变电阻） | Miscellaneous Connectors.IntLib | VR1 |
| J21 | CON4×2（双排插针） | Miscellaneous Connectors.IntLib | HDR4×2 |
| J23 | CON2（单排插针） | Miscellaneous Connectors.IntLib | HDR1×2 |
| U12 | PCF8591 | 专用库 | SOP16 |
| R10（390Ω）；R8、R9（均为 10kΩ） | Res2（电阻） | Miscellaneous Devices.IntLib | 0805R |
| LED12 | LED（发光二极管） | Miscellaneous Devices.IntLib | LED |

## 7.7.2　DS1302 实时时钟电路设计

单片机综合实验电路板的 DS1302 实时时钟电路如图 7-21 所示，图中的元器件信息如表 7-7 所示。DS1302 是美国 DALLAS 公司推出的一种高性能、低功耗、带 RAM 的实时时钟电路，它可以对年、月、日、周、时、分、秒进行计时，具有闰年补偿功能，工作电压为 2.0～5.5V。采用三线接口与 CPU 进行同步通信，并可采用突发方式一次传输多字节的时钟信号或 RAM 数据。DS1302 内部有一个用于临时存放数据的 31×8 的 RAM 寄存器。DS1302 是 DS1202 的升级产品，与 DS1202 兼容，但增加了主电源/后备电源双电源引脚。

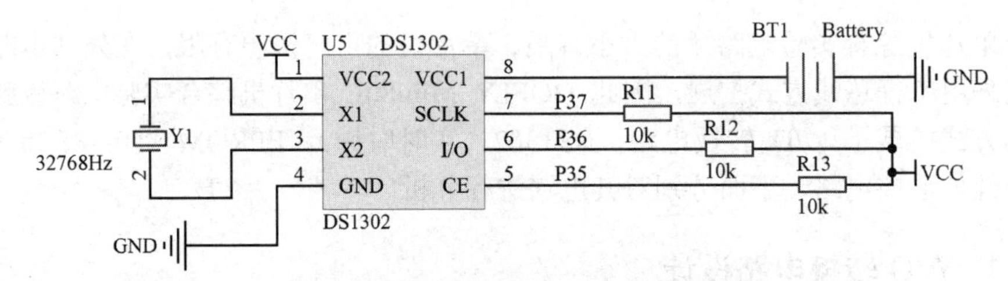


图 7-21　单片机综合实验电路板的 DS1302 实时时钟电路原理图

**表 7-7　单片机综合实验电路板的 DS1302 实时时钟电路原理图元器件标号及封装对应列表**

| Designator（元器件标号及标称值） | LibRef（原理图元器件库名） | 元器件所在的库 | Footprint（封装） |
|---|---|---|---|
| R11、R12、R13（10kΩ） | Res2（电阻） | Miscellaneous Devices.IntLib | 0805R |
| U5 | DS1302 | — | SOP8 |
| Y1 | XTAL | Miscellaneous Devices.IntLib | XTAL2 |
| BT1 | Battery | Miscellaneous Devices.IntLib | CR1220_B（专用库） |

DS1302 的引脚排列如图 7-21 中的 U5 所示，其中 VCC2（1 引脚）为主电源，VCC1（8 引脚）为后备电源，正常工作时由 VCC1 与 VCC2 所接电源中的电压值较大者供电，当 VCC2 大于 VCC1+0.2V 时，VCC2 给 DS1302 供电；当 VCC2 小于 VCC1 时，DS1302 由 VCC1 供电，图 7-21 中的 VCC1 接纽扣电池 BT1。X1 和 X2 外接频率为 32.768kHz 的晶振。I/O（6 引脚）为串行数据输入/输出端（双向），通过网络标号 P36 与单片机的对应引脚连接。SCLK（7 引脚）为时钟输入端，通过网络标号 P37 与单片机的对应引脚连接。CE（5 引脚）是复位/片选线，通过网络标号 P35 与单片机对应的引脚连接，当 CE 为高电平时，允许对 DS1302 进行操作，如果 CE 为低电平，则会终止此次数据传输，I/O（6 引脚）变为高阻态；上电运行时，在 VCC>2.0V 之前，CE 必须保持低电平，只有在 SCLK（7 引脚）为低电平时，才能将 RST 置为高电平。

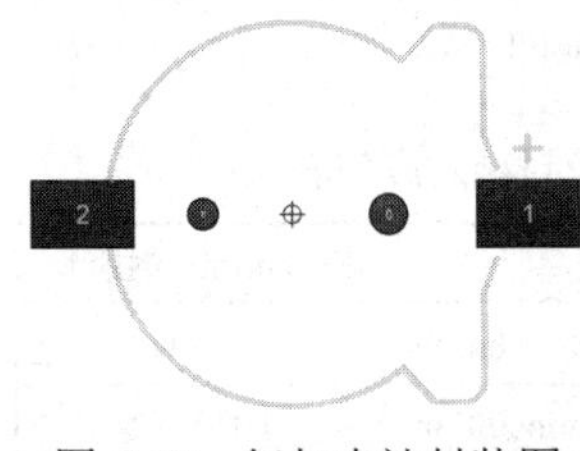

图 7-22　纽扣电池封装图

图 7-21 中的 U5 采用 SOP 贴片封装；BT1 为 CR1220 纽扣电池，其封装图如图 7-22 所示；Y1 为频率为 32768Hz 的无源晶振，其实物、参数图、原理图符号如图 7-23 所示。

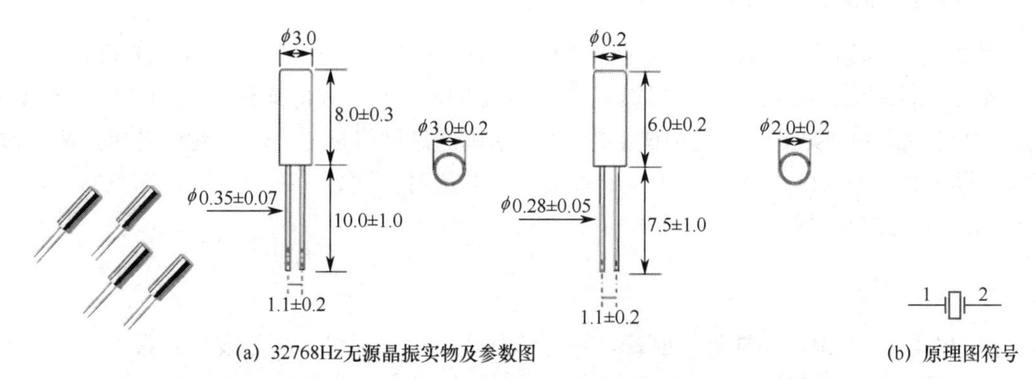

(a) 32768Hz无源晶振实物及参数图　　(b) 原理图符号

图 7-23　32768Hz 无源晶振的实物、参数图、原理图符号（左图的单位为 mm）

### 7.7.3　存储器、温度传感器及红外遥控电路设计

单片机综合实验电路板的存储器、温度传感器及红外遥控电路原理图如图 7-24 所示，图 7-24 中的元器件信息如表 7-8 所示。

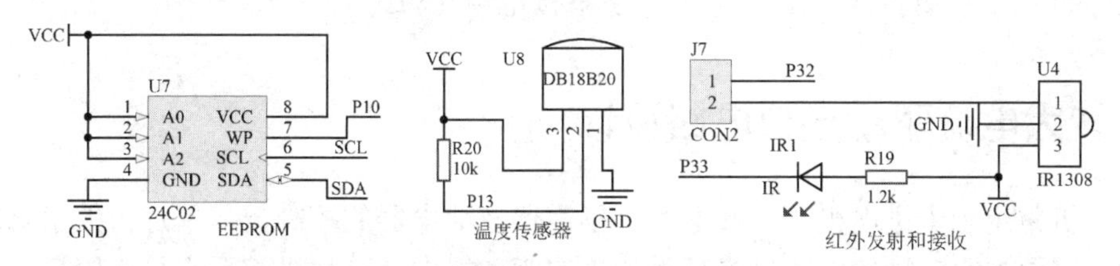

图 7-24　单片机综合实验电路板的存储器、温度传感器及红外遥控电路原理图

**表 7-8　单片机综合实验电路板的存储器、温度传感器及红外遥控电路原理图元器件标号及封装对应列表**

| Designator（元器件标号及标称值） | LibRef（原理图元器件库名） | 元器件所在的库 | Footprint（封装） |
| --- | --- | --- | --- |
| R19（1.2kΩ），R20（10kΩ） | Res2（电阻） | Miscellaneous Devices.IntLib | 0805R |
| IR（红外发射管） | LED | Miscellaneous Devices.IntLib | LED |
| U7 | 24C04 | — | SOP8 |
| DB18B20 | DB18B20 | — | TO-92A |
| U4（红外接收器） | IR1308 | — | TO-92A |

#### 1．存储器接口电路

图 7-24 中的存储器采用的 24C02 是基于串行的 $I^2C$-BUS 的存储器件。24C02 遵循二线制协议，由于其具有接口方便、体积小、数据掉电不丢失等特点，在仪器仪表及工业自动化控制中得到大量的应用。图 7-24 中的 U7 为 24C02 的原理图符号，A0（1 引脚）、A1（2 引脚）、A2（3 引脚）为器件地址线，可以进行地址编码，在这里都与 VCC 连接，其地址编号为 111；WP（7 引脚）为写保护引脚，通过网络标号 P10 与单片机的对应引脚连接；SCL（6 引脚）、SDA（5 引脚）为二线串行接口，符合 $I^2C$ 总线协议，分别通过网络标号 SCL 和 SDA 与单片机的对应引脚连接。24C02 采用 SOP8 贴片封装。

### 2. 温度传感器接口电路

图 7-24 中的温度传感器采用的 DB18B20 具有独特的单线接口方式，DS18B20 在与单片机连接时仅需要一条线即可实现微处理器与 DS18B20 的双向通信。图 7-24 中的 U8（DB18B20）的 1 引脚接地，3 引脚接电源，2 引脚通过网络标号 P13 与对应的单片机引脚连接，同时接一个 10kΩ 的上拉电阻。在元器件装配时，面朝平的那一面，左负右正，一旦接反，就会立刻发热，有可能烧毁。

### 3. 红外遥控电路

图 7-24 中的 IR1 为红外发射管，也称红外线发射二极管，属于发光二极管，所发射的中心波长为 830～950nm，它是可以将电能直接转换成近红外线（不可见光）并能辐射出去的发光器件，其形状与普通 LED 的形状相同，IR1 的负极通过网络标号 P33 与单片机对应的引脚连接。IR1308 是一种能接收红外线信号，并能输出与 TTL 信号兼容信号的红外线接收器，体积和普通的塑封三极管差不多，IR1308 的 1 引脚接 J7（CON2）的 2 引脚，通过跳线帽与 J7 的 1 引脚连接，然后通过网络标号 P32 与单片机的对应引脚连接，IR1308 的 2 引脚接地，IR1308 的 3 引脚接电源（VCC）。

## 7.8 较大电流驱动接口电路设计

单片机常用于步进电机、直流电机、扬声器及继电器的控制，但单片机的引脚驱动能力有限，需要加驱动接口电路来提高单片机的驱动能力。单片机综合实验电路板的较大电流驱动接口电路原理图如图 7-25 所示，图 7-25 中的元器件信息如表 7-9 所示。图 7-25 中的 UN2003 是集成达林顿管电路，具有电流增益高、工作标准电压高、温度范围宽、带负载能力强等特点，适用于各种高功率的驱动电路。UN2003 有 16 只引脚，包含 7 路输入/输出，其中 8 引脚接 GND，9 引脚（COM）接电源，实验电路板采用 SOP16 贴片封装。U10 的 12 引脚、13 引脚、14 引脚和 15 引脚分别与 J19 连接，用于控制直流电机，J19 为单排插针，用于与外接的直流电机连接。U10 的 11 引脚与 B1（蜂鸣器）连接，用于控制蜂鸣器的工作，蜂鸣器的封装图参考第 5 章的图 5-9。RBL 为 5V 继电器，其 2 引脚与 U10 的 16 引脚连接，1 引脚接电源，3 引脚、4 引脚、5 引脚分别与 J12 连接，继电器的原理图及封装图参考第 2 章的图 2-57。J12 为 5.08mm 连接器。

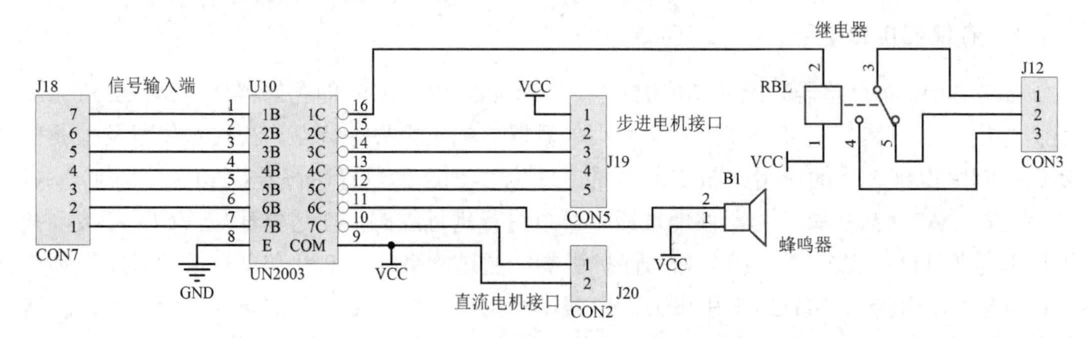


图 7-25　单片机综合实验电路板的较大电流驱动接口电路原理图

表 7-9　单片机综合实验电路板的较大电流驱动接口电路原理图元器件标号及封装对应列表

| Designator（元器件标号及标称值） | LibRef（原理图元器件库名） | 元器件所在的库 | Footprint（封装） |
|---|---|---|---|
| J12 | CON3（单排插针） | Miscellaneous Connectors.IntLib | 5.08mm 连接器 |
| J18 | CON7（单排插针） | Miscellaneous Connectors.IntLib | HDR1×7 |
| J19 | CON5（单排插针） | Miscellaneous Connectors.IntLib | HDR1×5 |
| J20 | CON2（单排插针） | Miscellaneous Connectors.IntLib | HDR1×2 |
| U10（UN2003） | UN2003 | — | SOP16 |
| B1（扬声器） | SPEAKER | Miscellaneous Devices.IntLib | SPEAKER |
| RBL | Relay-S-DC5V | 继电器专用库 | Relay_C_B |

根据前面各单元电路的原理图，将其汇总为一幅整体原理图，如图 7-26 所示。

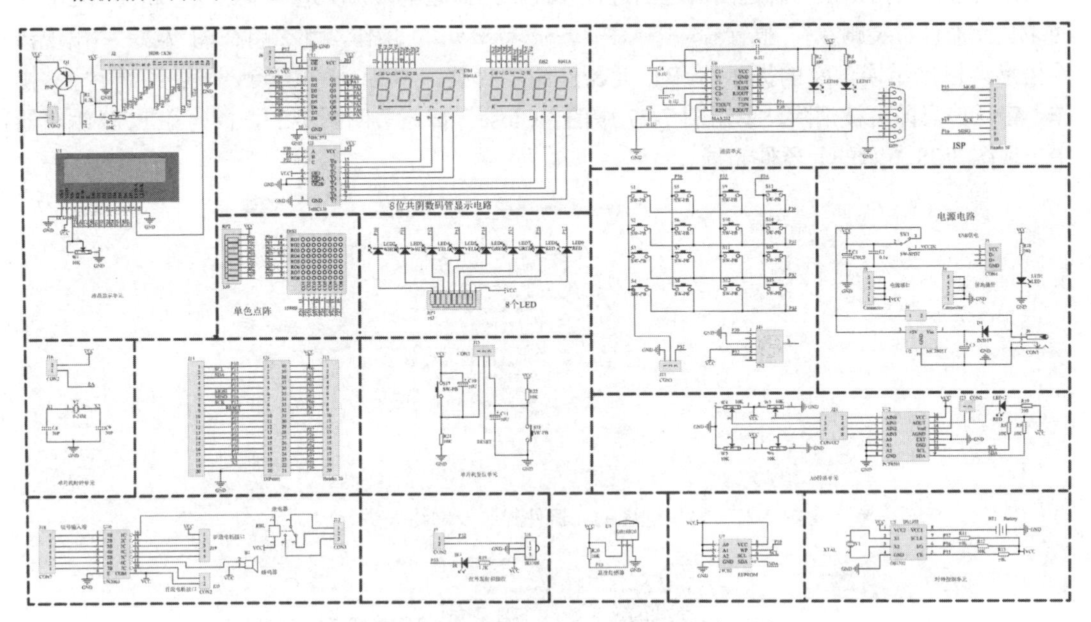


图 7-26　单片机综合实验电路板整体原理图

## 7.9　双面 PCB 设计

单片机综合实验电路板整体原理图如图 7-26 所示，完成单片机综合实验电路板的双面 PCB 的设计步骤如下。

### 1．对原理图进行编译

在图 7-26 所在的原理图编辑器中单击“Project”菜单，在其下拉菜单中选择 Compile PCB Project 单片机综合实验电路板.PrjPcb 命令，对图 7-26 进行编译，检查原理图的错误，若发现错误则需进行修改。完成原理图编译后，系统会自动生成原理图的网络表和元器件列表。

### 2．新建单片机综合实验电路板文档，打开 PCB 编辑器

在 Projects 项目管理器中，将光标移到 单片机综合实验电路板.PrjPcb 上并右击，在弹出的

菜单中选择 Add New to Project 命令，再在其右边菜单中选择 PCB 命令，系统会在 单片机综合实验电路板.PrjPcb 的 Source Documents 目录下生成一个“PCB1.PCB”文件，同时打开 PCB 编辑器，将“PCB1.PCB”另存为“单片机综合实验电路板.PCB”，完成 PCB 文档的创建。

### 3. 将原理图的元器件封装及网络连接信息导入 PCB 图

在图 7-26 所在的原理图编辑器中单击“Design”菜单，在其下拉菜单中选择 Update PCB Document 单片机综合实验电路板.PcbDoc，弹出图 7-27 所示的对话框，其功能是对原理图中的元器件封装和网络信息与设计中加载的库文件进行校对，单击“Execute Changes”按钮，如果原理图的元器件引脚或元器件封装与 PCB 设计加载的库文件不一致，则将在图 7-27 的 Status 中显示相关的错误信息，根据错误信息返回原理图进行修改。比如这里人为制造一个错误“将图 7-26 中的 B1 元器件封装删除”，执行 Update PCB Document 单片机综合实验电路板.PcbDoc 操作，那么将在图 7-27 中出现错误信息，根据错误信息的提示给 B1 元器件添加封装，执行 Update PCB Document 单片机综合实验电路板.PcbDoc 操作，错误信息即可被消除。单击图 7-27 中的“Close”按钮关闭图 7-27，同时在 PCB 编辑器中出现图 7-28 所示的元器件布局。

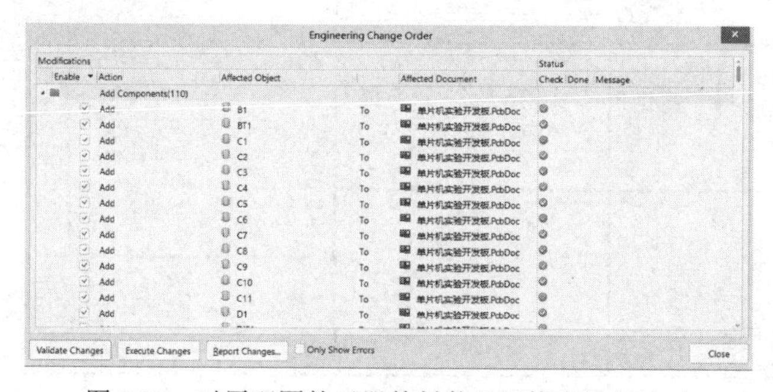


图 7-27　对原理图的元器件封装及网络表进行校对

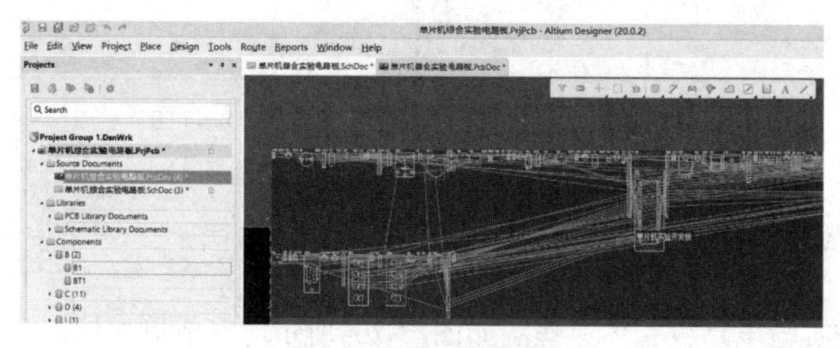


图 7-28　元器件布局

### 4. 元器件手工布局

电路板设计过程中花费时间最多的就是元器件的布局，PCB 图的元器件布局要遵循以下设计规则。

（1）核心原则是相互连接的引脚间导线要最短，信号线短，则信号衰减小，信号对其他电路的干扰小。

（2）顺序按照信号的流向，以从左到右、从上到下的顺序进行初步的元器件布局。

（3）元器件大小（即元器件的轻重）布局规则是重的元器件尽量放置在 PCB 有定位

支撑的附近，减少元器件重力对电路板的影响。

（4）接口元器件要放置在电路板的边缘，有利于电路板与外界的连接。

根据以上原则，在图 7-28 所示的 PCB 编辑器中移动单片机综合实验电路板的 Room 到 PCB 编辑器工作区，并调节单片机综合实验电路板的 Room 的边框，将 Room 区域内的元器件重新进行布局，如图 7-29 所示。在元器件布局中将液晶接口（J2 和 U1）、键盘接口（J41）、串行程序下载接口（J10）、ISP 程序下载接口（J17）、DC 电源插座（J9）、三端集成稳压器（U2）、USB 接口（J5）、电源类型选择开关（SW1）、继电器外接信号接口（J12）、纽扣电池（BT1）、可调电位器（W1～W6）分别放置在 PCB 的周边位置，方便进行与外部的连接；将实验电路板的最核心元器件（单片机的 ZIP 插座）放置在 PCB 的中心位置。其他元器件按照原理图中信号的连接关系及元器件引脚之间连线最短的原则进行放置。

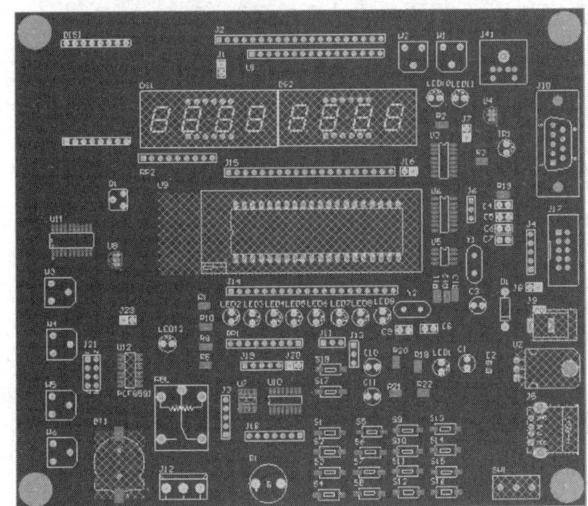
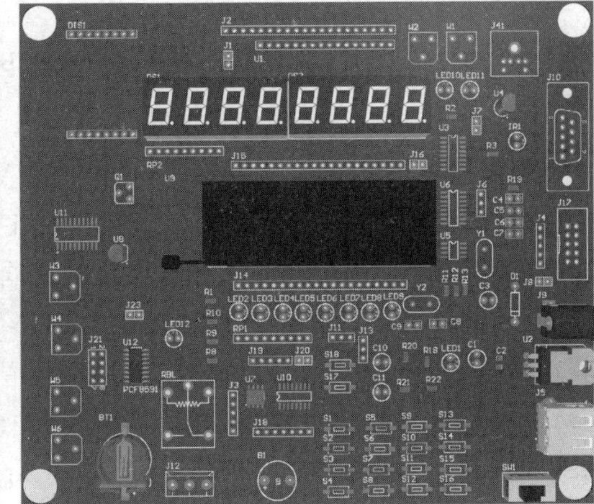

图 7-29　单片机综合实验电路板元器件布局及 3D 图

在 PCB 的 4 个角放置 4 个定位孔，在图 7-29 所在的 PCB 编辑器中单击“Place”菜单，在其下拉菜单中选择 Pad（焊盘）命令，光标处于放置焊盘状态，此时按一下 Tab 键，弹出焊盘属性对话框，将 Designator（焊盘编号）改为“1”，Hole Size（焊盘孔的大小）设为“10mm”，并设置 X-Size、Y-Size 和 Hole Size 尺寸为相同值，目的是不要表层铜箔。按照此方法依次放置 4 个定位孔。

### 5. 设置布线规则

完成了单片机综合实验电路板的 PCB 元器件布局后，还需要对自动布线规则进行设置。

在图 7-29 所在的 PCB 编辑器中单击“Design”菜单，在其下拉菜单中选择 Rules... 命令，即可打开 PCB 规则及约束编辑器对话框。在这里只对其中的信号线、电源线及地线的宽度和信号布线层进行设置。

1）Width（导线宽度）规则

（1）设置一般信号线的线宽。

单片机综合实验电路板的 PCB 设置采用双面板布线，其 Top Lay（顶层）和 Bottom Lay（底层）中一般信号线的线宽设置如图 7-30 所示，将最小尺寸、优选尺寸及最大尺寸分别设置为 10mil、15mil 和 20mil，设置完毕后单击“Apply”按钮，完成一般信号线的线宽设置。

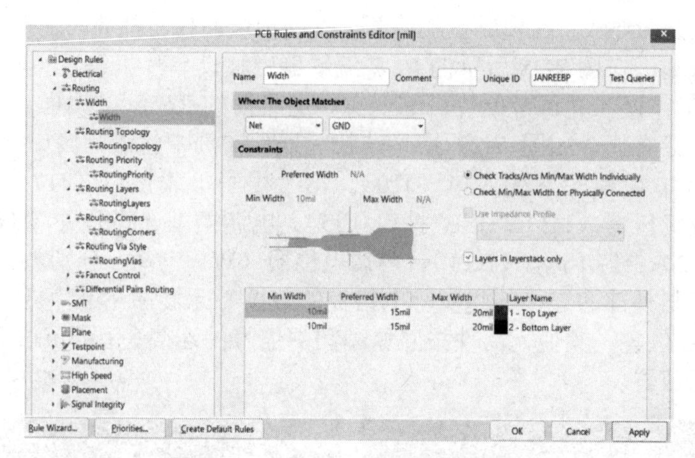

图 7-30　设置 PCB 中信号线的线宽

（2）设置地线（GND）的线宽。

在图 7-30 的界面中右击 Width，在弹出的菜单中选择 New Rule... 命令，这时图 7-30 中的 Width 的目录由 Width / Width 变成了 Width / Width_1 / Width*，增加了一个线宽的设置规则。单击 Width_1，系统会弹出一个和图 7-30 一样的新线宽设置对话框，在新的线宽设置对话框中需要修改一些参数。在新的线宽设置对话框中单击 Where The Object Matches All 的 ▾ 图标，在 All 的下拉框中选择 Net，则进入 Where The Object Matches Net No Net，在 No Net 的下拉框中选择 GND，No Net 变成 GND，将 Min Width 的对应值改为 10mil，Preferred Width 的对应值改为 20mil，Max Width 的对应值改为 50mil，再单击“Apply”按钮，即完成 GND 网络的线宽设置，如图 7-31 所示。

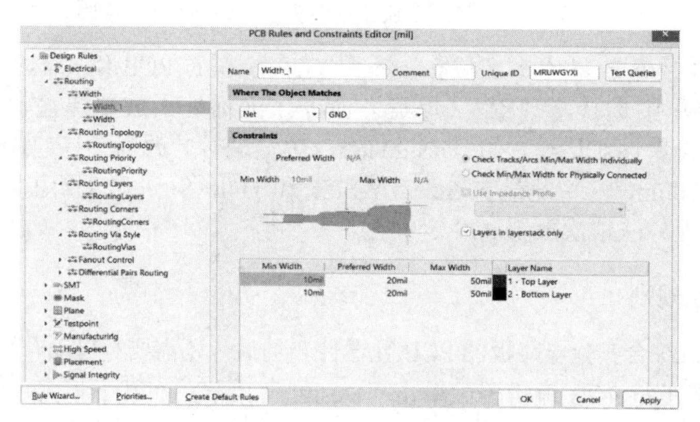

图 7-31　GND 网络的线宽设置

（3）设置电源（VCC）的线宽。

在图 7-31 的界面中右击 Width，在弹出的菜单中选择 New Rule... 命令，再增加一个新的线宽设置规则，这时图 7-31 中的 Width 的目录将由 Width / Width_1 / Width* 变成了 Width / Width_2 / Width_1* / Width*，单击 Width_2，在该线宽设置对话框中单击 Where The Object Matches All 中的 ▾，在 All 的下拉框中选择 Net，则进入

Where The Object Matches Net No Net ，在 No Net 的下拉框中选择 VCC，则 No Net 变成 VCC ，将图中的 Min Width 的对应值改为 15mil，Preferred Width 的对应值改为 20mil，Max Width 的对应值改为 30mil，再单击“Apply”按钮，即完成 VCC 网络线宽设置。完成 GND 和 VCC 的线宽设置后，单击 Width ，系统将前面三次设置的线宽规则进行优先级排列，如图 7-32 右侧所示，其中 Width2 的优先级为 1 级（最高），Width1 的优先级为 2 级（第二高），而最先创建的 Width 的优先级为 3 级（最低）。最后单击“OK”按钮，则完成了单片机综合实验电路板 PCB 中的所有信号线的线宽设置。

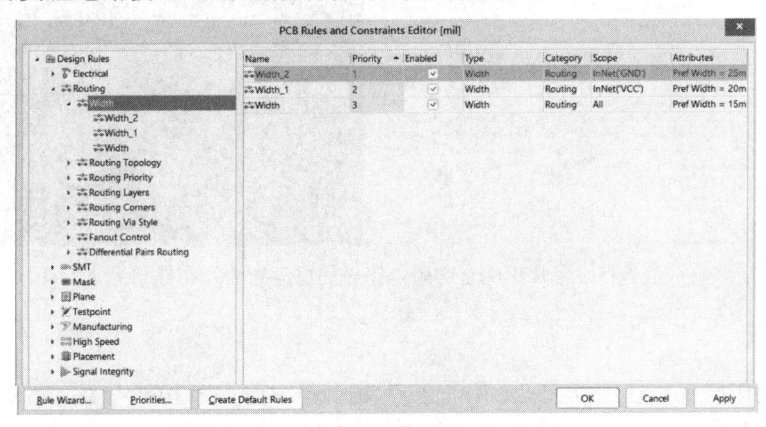


图 7-32　多个线宽规则优先级排列

2）Routing Layers（布线层）规则

单片机综合实验电路板的 Routing Layers 规则如图 7-33 所示，在 **Enabled Layers** 下面列出了 Top Layer 和 Bottom Layer 两个布线层，系统默认为双面板设置，这里无须更改，即本次设计为双面板。

### 6. 自动布线

在图 7-29 所在的 PCB 编辑器中选择“Route→Auto Route→All”命令，系统弹出图 7-34 所示的对话框。单击“Route All”按钮，系统开始进行自动布线。在布线过程中，Messages 信息框将被打开，逐条显示当前布线的状态信息，如图 7-35 所示。由最后一条提示信息可知，此次自动布线已全部布通。

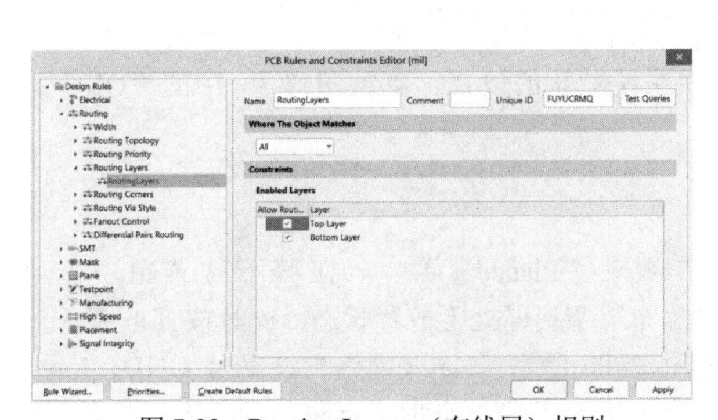

图 7-33　Routing Layers（布线层）规则

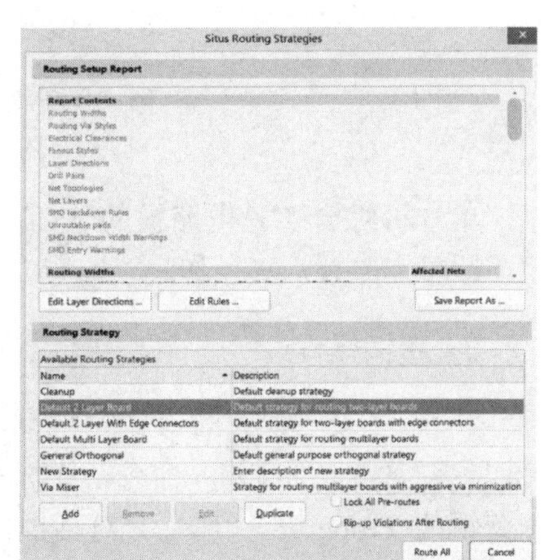

图 7-34　对整个 PCB 进行自动布线

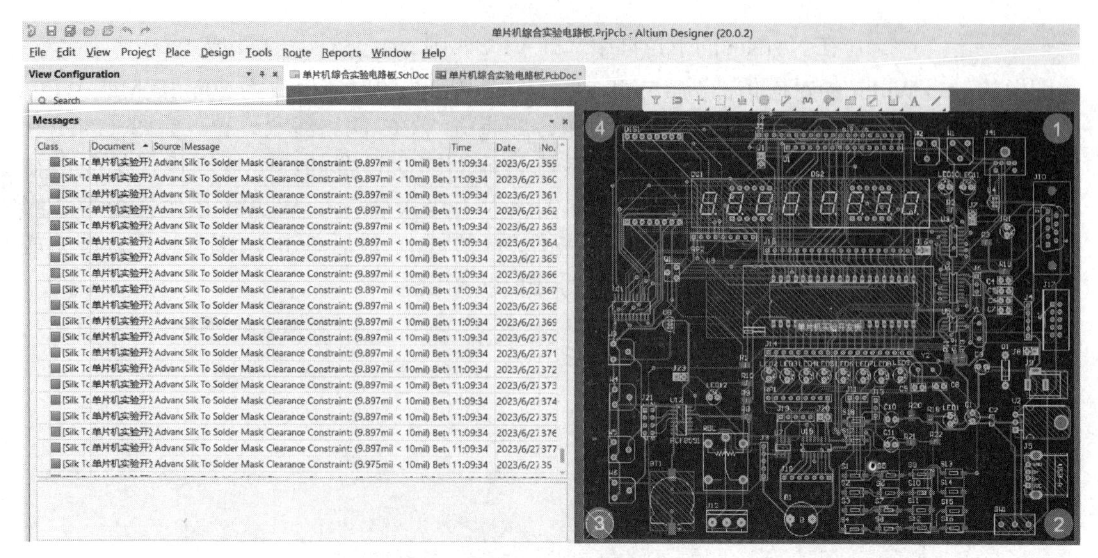


图 7-35　单片机综合实验电路板的自动布线及布线信息

## 7．补泪滴

补泪滴操作如下：在图 7-35 所示的 PCB 编辑器中单击“Tools”菜单，在其下拉菜单中选择 Teardrops... （泪滴）命令，打开图 7-36 所示的泪滴设置对话框。

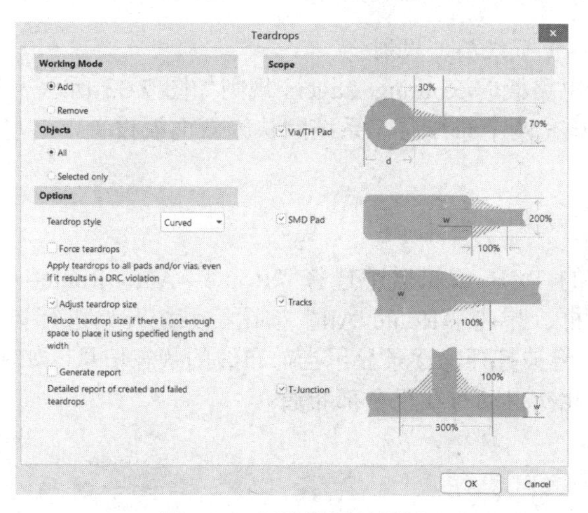


图 7-36　泪滴设置对话框

单片机综合实验电路板的 PCB 采用系统默认的设置，单击图 7-36 中的“OK”按钮，即可完成补泪滴操作。

## 8．覆铜操作

在图 7-35 所示的 PCB 编辑器中单击“Place”菜单，在其下拉菜单中选择 Polygon Pour... （覆铜）命令，光标变成“十”字形即处于放置状态，此时按 Tab 键，弹出覆铜的 Properties（属性）对话框，如图 7-37 所示，Net（网络）设置为 GND，Layer（层）设置为 Top Layer，再单击 ⏸ 按钮，完成属性设置。此时光标依然为“十”字形，在

PCB 图的■ [1] Top Layer（顶层）工作状态下，在 PCB 图的四周各单击一下，放置一个矩形图形，然后右击退出，即完成顶层的覆铜操作，如图 7-38 所示。同理，可以在■ [2] Bottom Layer 放置覆铜，但需要注意在放置覆铜时，将覆铜属性中的 Layer（层）设置为 Bottom Layer。

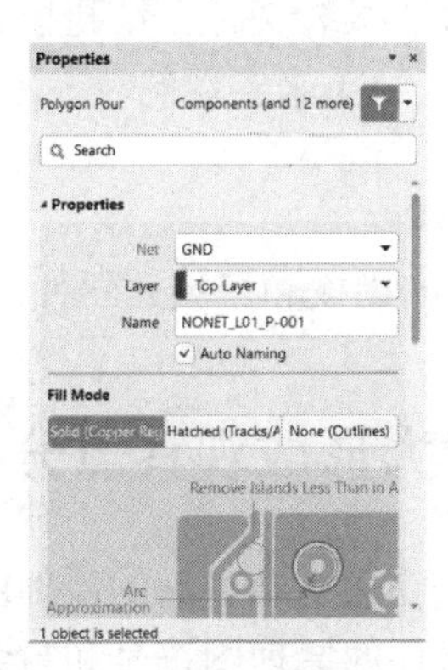

图 7-37　覆铜的属性对话框

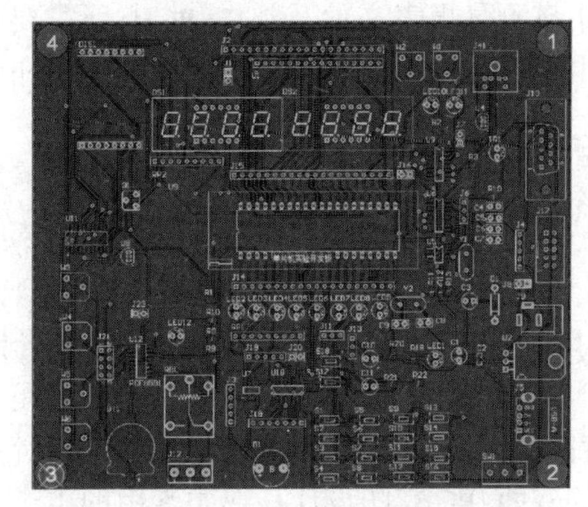

图 7-38　补泪滴和覆铜后的 PCB

## 9. PCB 验证和错误检查

通过设计规则检查可对安全错误、未走线网络、宽度错误、长度错误、影响制造和信号完整性的错误等各种违反规则的走线情况进行分析并发现错误。启动设计规则检查（DRC）的方法是：在图 7-38 所在的 PCB 编辑器中单击"Tools"菜单，在其下拉菜单中选择 Design Rule Check... 命令，打开图 7-39 所示的 Design Rule Checker（设计规则检查器）对话框。

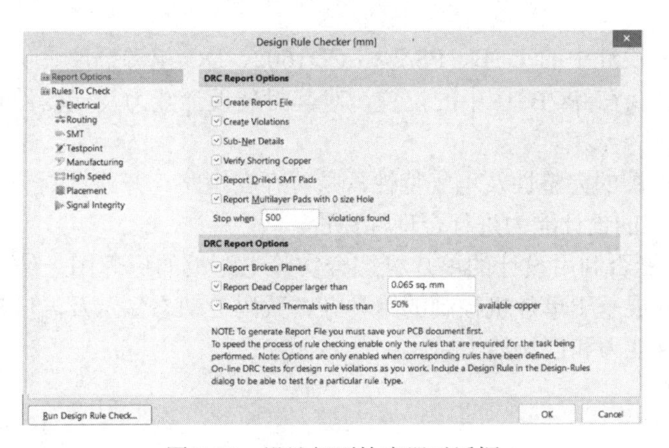

图 7-39　设计规则检查器对话框

Rules To Check 选项共列出了 Electrical（电气规则）、Routing（布线规则）、SMT（贴片规则）、Testpoint（测试点规则）、Manufacturing（生产规则）、High Speed（高速规则）、Placement（放置元器件的规则）和 Signal Integrity（信号完整性的规则）这 8 项设计规则。这些设计规则都是在 PCB 规则和约束编辑器对话框中定义的设计规则。在图 7-39 所示的对话框中单击 Run Design Rule Check...（运行 DRC）按钮，将进行设计规则检查。系统将打开 Messages 信息框，在这里列出了所有违反规则的信息项，其中包括所违反的设计规则的种类、所在文件、错误信息、序号等，如有错误，则必须修改。

### 10．生成 PCB 报表

PCB 设计中的报表文件主要包括电路板报表文件、元器件清单报表文件、网络状态报表文件、距离测量报表文件及制作 PCB 所需要的底片报表文件、钻孔报表文件等。这些报表文件主要是通过在 PCB 编辑器中单击“Reports”菜单来实现的。

### 11．打印输出 PCB 图

完成 PCB 图的设计后需要将 PCB 图输出，以生成印刷板和焊接元器件。

## 7.10　单片机综合实验电路板项目设计能力形成观察点分析

根据项目设计目标，要求学生能运用模块设计方法完成复杂电路的原理图设计；能完成复杂电路的双面 PCB 图设计；熟悉常用的电子元器件的原理图符号和封装图，熟悉常见的排针、排母、USB、低压电源、RS232、PS/2 及 ISP 接口，能查找或绘制标准库没有的元器件符号和封装图。根据工程教育认证的要求，需对学生的能力进行合理性评价，因此在项目实施过程中设计了以下观察点。

1．检查单片机综合实验电路板原理图的完整性及电气特性，是否存在电气连接、遗漏元器件、网络连接等问题，对其原理图的设计能力进行合理性评价。

2．检查原理图中比较特殊的 USB、PS/2、LCD1602、DC 电源插座、电源开关、继电器及各种连接器的原理图符号，对其原理图符号的设计及元器件的识别能力进行合理性评价。

3．检查 PCB 设计中的 USB、PS/2、LCD1602、DC 电源插座、电源开关、继电器及各种连接器的封装及在 PCB 图中的位置，对其封装设计能力及元器件布局能力进行合理性评价。

4．检查 PCB 图的完整性及电气特性，是否存在短路、开路、封装错误、布局错误等问题，对其 PCB 图的设计能力进行合理性评价。

5．询问学生能否利用设计的单片机综合实验电路板的原理图，结合前期的仿真技术和单片机知识，开展基于单片机控制的跑马灯、数码管动态显示及温度检测等实验，观察学生是否具有综合能力和创新能力。

## 本章小结

本章按照工程教育认证的要求，完成了一块相对比较复杂的单片机综合实验电路板的原理图及 PCB 图的设计，涉及原理图元器件、PCB 封装、原理图及 PCB 图设计，设计工作量较大。对于刚接触电路设计的学生来说难度大，学生最大的难点是对元器件不熟悉，不知道元器件的形状、功能、封装，找不到元器件的设计库，为了完成该项目的设计，学生除应利用课堂时间外，还需利用大量的课外时间查阅各种元器件的资料。经过多次的教学实践，本项目的设计能提高学生的电路设计能力、元器件的识别能力、查找专业资料的能力及单片机电路的设计能力。

# 思考与练习

## 一、思考题

1．如何查找非标准元器件的原理图符号和封装图？

2．在 PCB 的布局中，如何规划接口元器件的位置？

3．如何规划单片机的 PCB 布线规则？

## 二、练习题

1．绘制图 7-40 所示的 TDA2030 双声道功放电路设计的原理图和其对应的单面板 PCB，元器件布局如图 7-41 所示。要求 PCB 的大小控制在 5cm×5cm 以内，走线的安全距离为 10mil，电源线宽度不小于 30mil，其他走线宽度不小于 20mil。原理图元器件清单如表 7-10 所示。

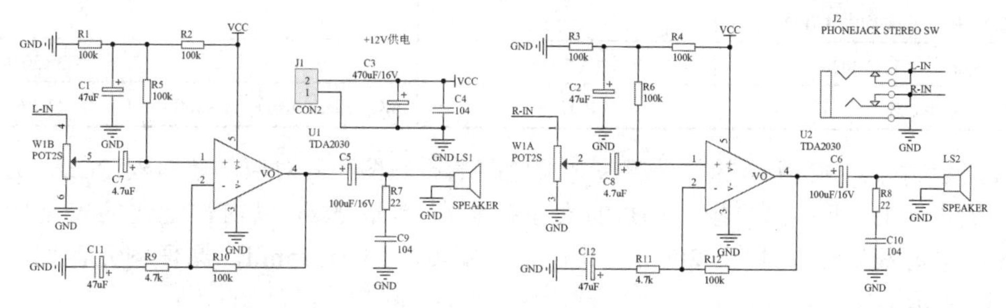


图 7-40　TDA2030 双声道功放电路设计的原理图[19]

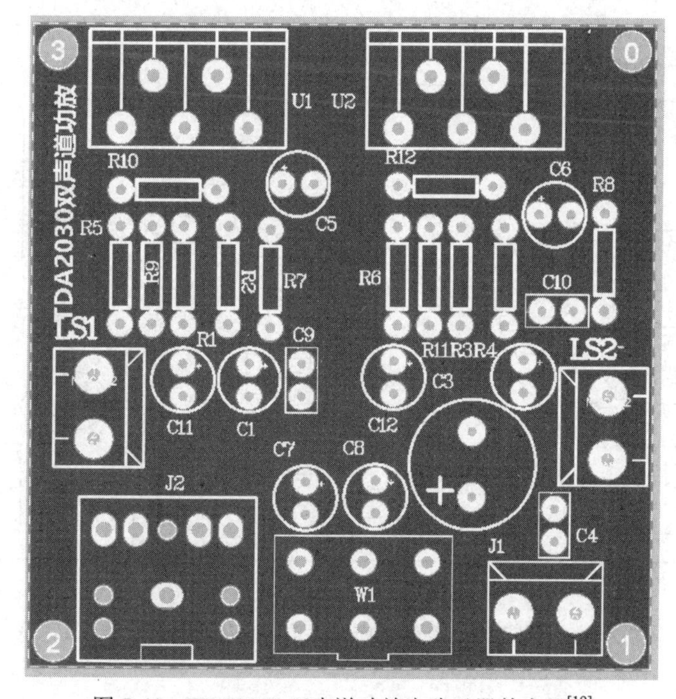


图 7-41　TDA2030 双声道功放电路元器件布局[19]

表 7-10 TDA2030 双声道功放电路原理图元器件标号及封装对应列表

| Designator（元器件标号及标称值） | LibRef（原理图元器件库名） | 元器件所在的库 | Footprint（封装） |
| --- | --- | --- | --- |
| C1、C2、C11、C12 均为 47μF；C5、C6 均为 100μF/16V；C7、C8 均为 4.7μF | ELECTRO1 | Miscellaneous Devices.IntLib | RB.1/.2 |
| C3（470μF/16V） | ELECTRO1 | Miscellaneous Devices.IntLib | RB.2/.4 |
| C4、C9、C10 均为 0.1μF | CAP | Miscellaneous Devices.IntLib | RAD0.1 |
| J1 接线端子 | CON2 | 专用库 | 5.08-S201 |
| J2 音频接口 | PHNEJACK STERE SW | Miscellaneous Devices.IntLib | 自制 |
| LS1、LS2（扬声器） | SPEAKER | 专用库 | 5.08-S201 |
| R1、R2、R3、R4、R5、R6、R10、R12 均为 100kΩ；R7、R8 均为 22Ω；R9、R11 均为 4.7kΩ | RES2 | Miscellaneous Devices.IntLib | AXIAL0.3 |
| U1、U2 均为 TDA2030 | LM1875 | — | TDA2030A |
| W1 双联电位器 | POT2S | Miscellaneous Devices.IntLib | VR6 |

2．绘制图 7-42 所示的红外感应开关电路的原理图和其对应的单面板 PCB，元器件布局如图 7-43 所示。要求 PCB 的大小控制在 5cm×5cm 以内，走线的安全距离为 10mil，电源线宽度不小于 20mil，其他走线宽度不小于 15mil。原理图元器件清单如表 7-11 所示。

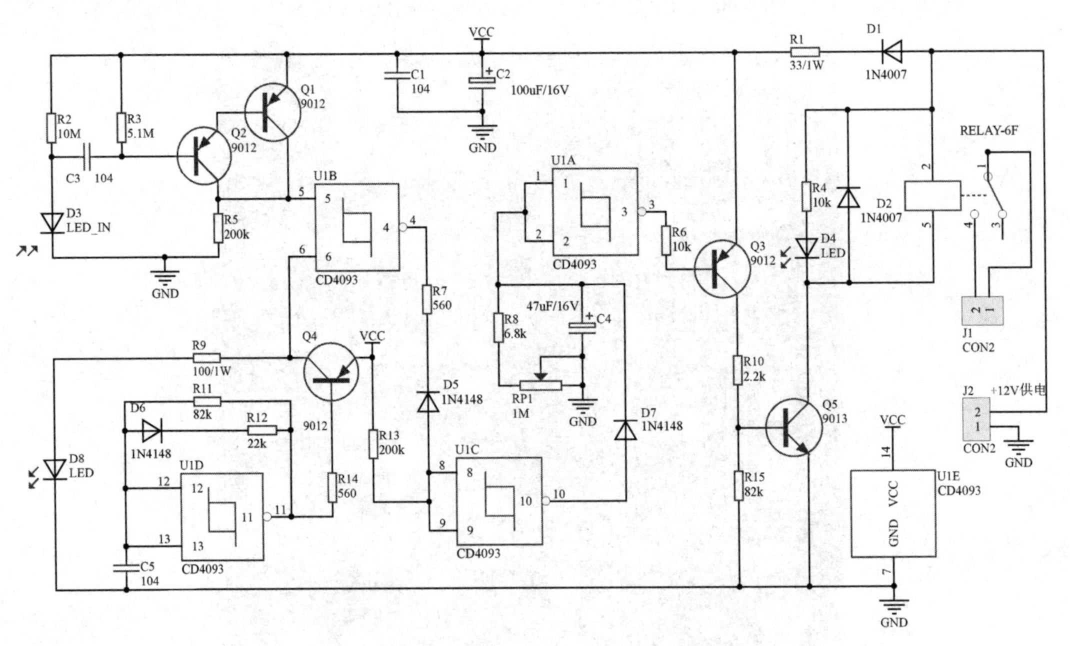


图 7-42 红外感应开关电路的原理图[19]

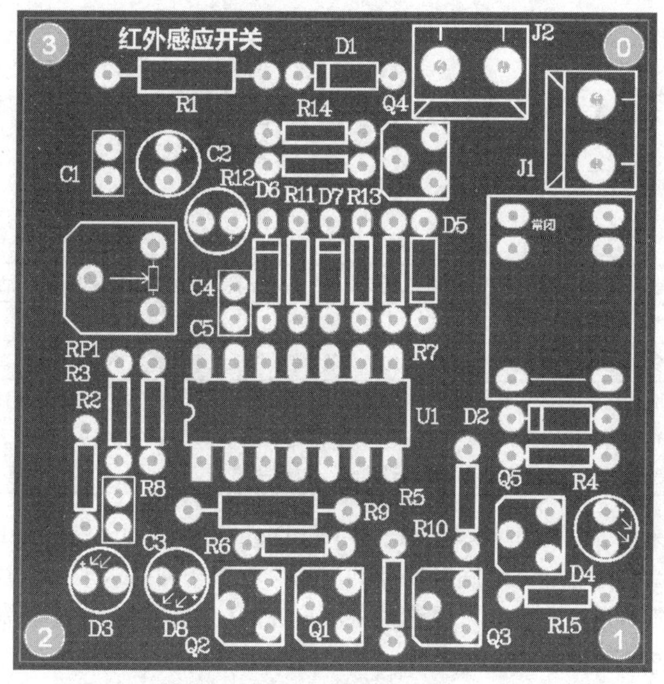


图 7-43　红外感应开关电路的单面板 PCB 布局图[19]

**表 7-11　红外感应开关电路的原理图元器件标号及封装对应列表**

| Designator（元器件标号及标称值） | LibRef（原理图元器件库名） | 元器件所在的库 | Footprint（封装） |
|---|---|---|---|
| C1、C3、C5 均为 0.1μF | CAP | Miscellaneous Devices.IntLib | RAD0.1 |
| C2（100μF/16V）；C4（47μF/16V） | ELECTRO1 | Miscellaneous Devices.IntLib | RB.1/.2 |
| R1（33Ω）；R2（10MΩ）；R3（5.1MΩ）；R4、R6 均为 10kΩ；R5、R13 均为 200kΩ；R7、R14 均为 560Ω；R8（6.8kΩ）；R9（100Ω/1W）；R10（2.2kΩ）；R11、R15 均为 82kΩ；R12 均为 22kΩ | RES2 | Miscellaneous Devices.IntLib | AXIAL0.3 |
| RP1 为 1MΩ 的用于延时的电位器 | POT2 | Miscellaneous Devices.IntLib | VR1 |
| D1、D2 均为 1N4007；D5、D6、D7 均为 1N4148 | DIODE | Miscellaneous Devices.IntLib | DIODE0.3 |
| D3（红外线接收管） | LED_IN | Miscellaneous Devices.IntLib | LED_IN |
| D4（普通发光二极管）、D8（红外线发射管） | LED | Miscellaneous Devices.IntLib | LED |
| J1、J2 均为接线端子 | CON2 | 专用库 | 5.08-S201 |
| Q1、Q2、Q3、Q4 均为 9012 | PNP | Miscellaneous Devices.IntLib | TO-92C |
| Q5（9013） | NPN | Miscellaneous Devices.IntLib | TO-92C |
| U1（CD4093） | CD4093 | CMOS 芯片库 | DIP14 或 DIP-14 |
| K1（5V 继电器） | Relay-SPDT | Miscellaneous Devices.IntLib | MODUL5B |

# 第 8 章　基于 STM32 的 DDS 信号源硬件电路设计

内容导航

| 目标设置 | 能运用层次原理图的设计方法完成复杂电路的原理图设计；能完成复杂电路的双面 PCB 图设计 |
|---|---|
| 内容设置 | 层次原理图设计；双面板设计 |
| 能力培养 | 问题分析能力（工程教育认证标准的第 2 条），使用现代工具能力（工程教育认证标准的第 5 条） |
| 本章特色 | 运用 DDS 信号源的设计案例培养学生对层次原理图的设计能力；分别运用两种不同的原理图设计方法，分析原理图设计的技巧；介绍 PCB 设计的覆铜、补泪滴和覆铜接地等设计技巧，通过 DDS 信号源的设计提高学生的电路分析能力、电路设计能力和软件操作能力 |

DDS 信号源采用直接数字频率合成（Direct Digital frequency Synthesis，DDS）技术，把信号发生器的频率稳定度、准确度提高到与基准频率相同的水平，并且可以在很宽的频率范围内进行精细的频率调节。采用这种方法设计的信号源可工作于调制状态，可对输出电平进行调节，也可输出各种波形。

## 8.1　基于 STM32 的 DDS 信号源主要技术指标

基于 STM32 的 DDS 信号源的主要技术指标如下。

（1）可产生正弦波和方波。其中正弦波信号的幅度为 0～5V，输出信号的频率能达到 200kHz 以上；可以调节方波的脉冲宽度。

（2）通过按键可选择产生波形的种类、频率与峰峰值。

（3）能显示输出信号的波形，具备程序下载接口和信号输出接口。

## 8.2　基于 STM32 的 DDS 信号源硬件系统设计

根据设计要求，基于 STM32 的 DDS 信号源系统主要由电源、STM32 单片机控制器、液晶显示、D/A 转换、信号输出调理、按键控制、程序下载及数据通信等功能模块组成。其中，电源模块为整个电路提供电源，保证整个系统的正常运行；STM32 单片机控制器作为整个系统的核心控制器，完成系统的控制和输出信号的数字合成功能；D/A 转换模块将 STM32 单片机输出的数据转换为模拟信号；信号输出调理模块对输出的信号进行整形和放大；按键控制模块用于选择输出波形；程序下载模块用于 STM32 单片机的程序下载；数据通信模块用于实现与外界的通信联系。系统框图如图 8-1 所示。

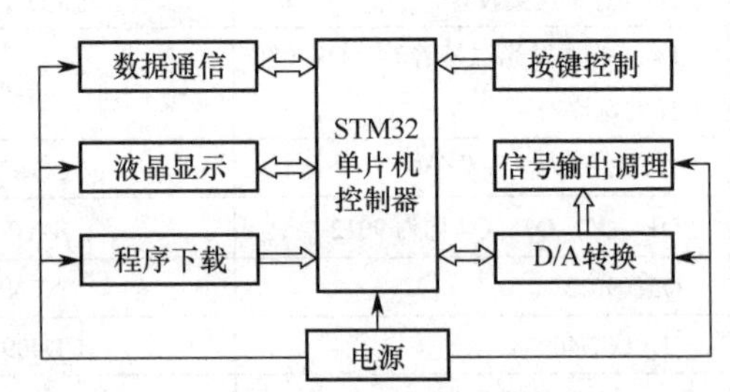


图 8-1　基于 STM32 的 DDS 信号源的系统框图

## 8.3　基于 STM32 的 DDS 信号源硬件电路原理图设计

复杂系统的电路原理图很难在有限大小的单张原理图上绘出，即使绘制出来，其错综复杂的连线及逻辑结构也非常不利于电路的阅读和分析。因此，Altium Designer（AD）软件为复杂电子产品系统的开发设计提供了另一种设计方式，即层次原理图设计。层次原理图设计的基本思想是将整体系统按照功能分解成若干逻辑互联的模块，每个模块都能够完成一定的独立功能，具有相对独立性，可以是原理图，也可以是 HDL 文件，可以由不同的设计者分别完成。这样就把一个复杂的大规模设计分解为多个相对简单的小型设计，整体结构清晰，功能明确，同时便于多人共同参与开发，提高了设计的效率[16]。

### 8.3.1　层次原理图的基本结构

层次原理图的设计理念是将复杂电路划分为多个电路模块，划分的原则是每个电路模块都有明确的功能特征和相对独立的结构，而且有简单、统一的接口，便于模块之间的连接。层次原理图主要包括顶层原理图和子原理图两大部分，其中，子原理图仍可包含下一级子原理图，如图 8-2 所示。

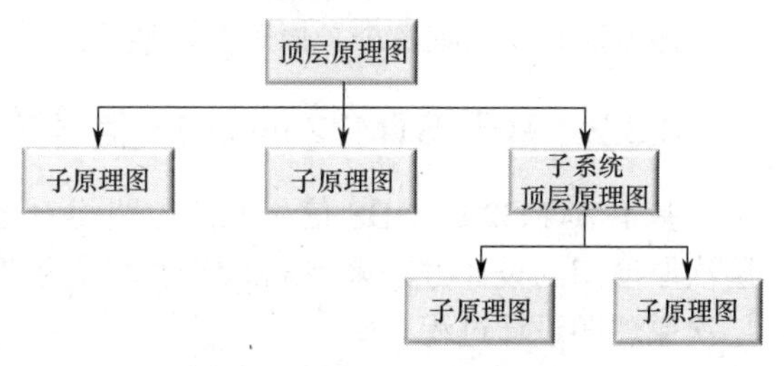


图 8-2　两级层次原理图结构

#### 1．顶层原理图

顶层原理图（即母图）结构由多个图纸符号、图纸入口及图纸入口之间的连线构成，主要用于描述子原理图之间的连接关系，如图 8-3 所示，该顶层原理图主要由 7 个图纸符号组成，每个图纸符号都有自己的标识符和名称，都代表一个相应的子原理图文件。图纸符号上的图纸入口对应子原理图中的电路端口，它们的名字是相同的，但称呼发生了变化。对于同一个项目的所有电路原理图（包括顶层原理图和子原理图），相同名称的电路端口在电气意义上都是相互连接的。

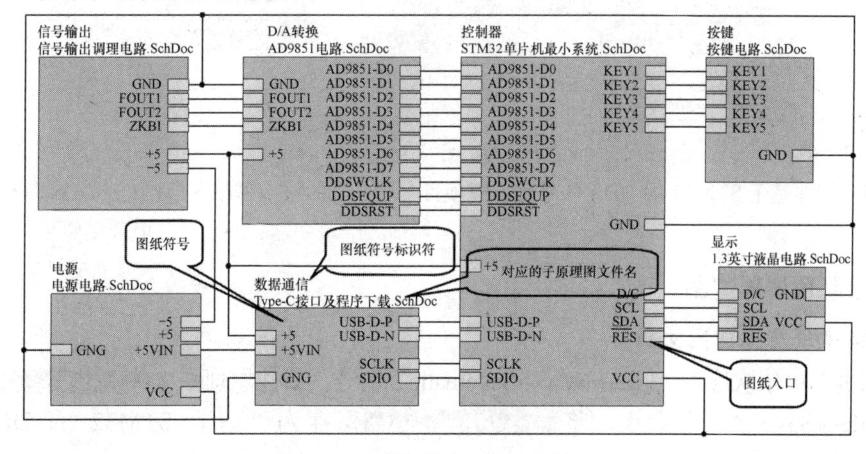


图 8-3　顶层原理图的结构

### 2. 子原理图

子原理图是用于描述某一个具体电路的原理图，主要由各种具体的元器件符号、导线、端口等组成，其中端口是用于子原理图与顶层原理图或其他子原理图之间进行电气连接的通道，绘制方法与一般电路原理图完全相同。

### 3. 层次原理图的设计方法

根据层次原理图的基本结构，可分为“自顶向下”（Top Down）和“自底向上”（Bottom Up）两种设计方法，下面对这两种方法进行简单介绍。

1）“自顶向下”设计方法

该方法是先划分功能模块，绘制出顶层原理图，然后由顶层原理图中的图纸符号来生成与之相对应的子原理图。

2）“自底向上”设计方法

该方法是先绘制各个子原理图，然后通过顶层原理图建立彼此之间的连接。

## 8.3.2 基于 STM32 的 DDS 信号源的“自顶向下”层次原理图设计

基于 STM32 的 DDS 信号源的电路相对比较复杂，因此在原理图设计过程中需要采用层次原理图的设计方法来完成。下面将采用“自顶向下”设计方法来分析基于 AD 软件的层次原理图设计过程。

### 1. 新建工程项目文件

打开 AD 软件，单击“File”菜单，在其下拉菜单中选择 New 命令，再选择 PCB Project 命令，弹出图 8-4 所示的对话框，在 Project Name 栏中输入“基于 STM32 的 DDS 信号源”，在 Folder 栏中选择存放的路径，单击“Create”按钮，即可完成“基于 STM32 的 DDS 信号源”工程项目文件的创建，如图 8-5 所示。

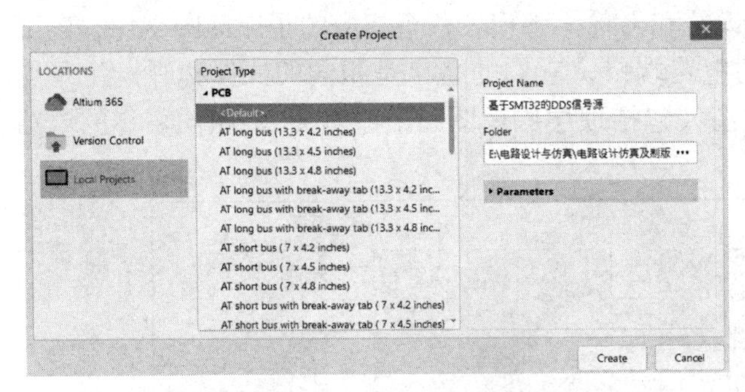


图 8-4　创建基于 STM32 的 DDS 信号源工程项目

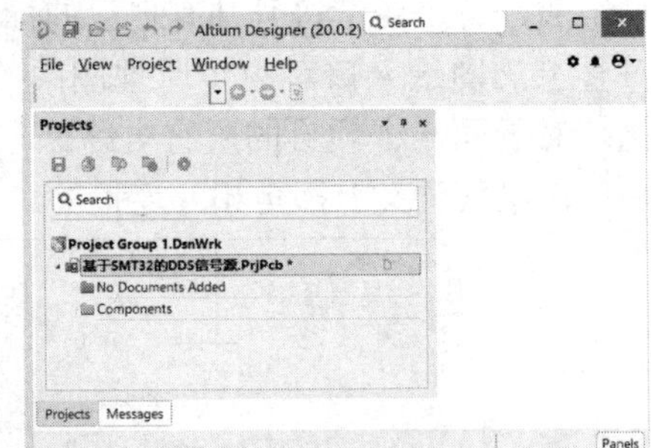


图 8-5　基于 STM32 的 DDS 信号源工程项目文件

### 2. 绘制顶层原理图

1）新建顶层原理图文件

在图 8-5 中依次选择“File→New→Schematic”命令，新建原理图文件 Sheet1.SchDoc (1)。选择“File→Save As..”命令，将 Sheet1.SchDoc (1) 保存为“基于 STM32 的 DDS 信号源.SchDoc”。

2）放置顶层原理图的图纸符号（Sheet Symbol）

在“基于 STM32 的 DDS 信号源.SchDoc”所在的原理图编辑器中依次选择“Place→Sheet Symbol”命令或单击“Wring”工具栏中的 （放置图纸符号）按钮，光标变成“十”字形并带有一个方块图形，如图 8-6 所示，在放置时按下 Tab 键，弹出图纸符号的属性面板（图 8-6 左边的“Properties”），可以同时修改图纸符号的属性，在 Designator 栏输入“控制器”，在 Properties 面板的第 2 个 File Name 栏输入“STM32 单片机最小系统.SchDoc”，即 File Name　STM32单片机最小系统.SchDoc　••• ，则面板的第 1 个 File Name 会跟着变化，注意文件名中的“.SchDoc”后缀，如果缺了后缀，顶层原理图与子原理图之间的关系就不是“上下级”关系了。完成图纸符号的属性设置后，单击工作区的 符号，可以继续设置图纸符号的大小，单击确定方块的一个顶点，移动光标到合适的位置再次单击，确定方块的另一个顶点，即完成“STM32 单片机最小系统”图纸符号的放置。按照此方法依次放置数据通信、液晶显示、按键控制、D/A 转换、信号输出调理和电源等模块的图纸符号，并修改其属性，放置后如图 8-7 所示。各模块的图纸符号的大小在后续设计中可以根据端口数量进行适当调整。

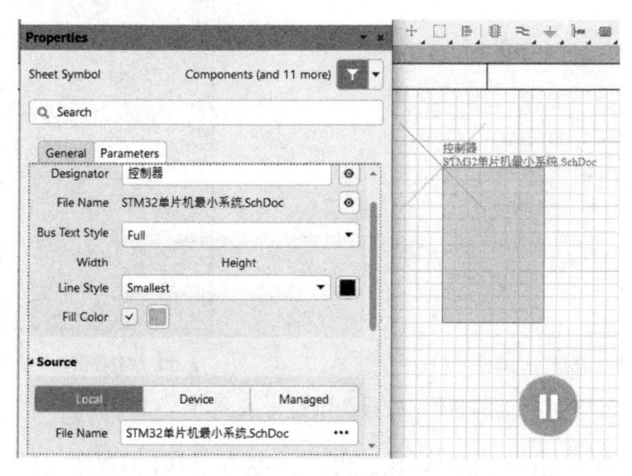


图 8-6　放置“STM32 单片机最小系统”图纸符号

图 8-7　放置全部图纸符号

3）放置图纸入口（Sheet Entry）

在图 8-7 所在的原理图编辑器中单击“Place”菜单，在其下拉菜单中选择 Add Sheet Entry 命令，同时按下 Tab 键，弹出图 8-8（a）所示的图纸入口属性对话框，在图 8-8（a）中的 Name 栏输入图纸入口的名称，该名称要与子原理图文件中相应端口的名字一致，这里输入“VCC”；I/O Type 栏用于设置端口的输入/输出类型，即信号的流向，单击该栏对应的 ▾ 按钮，在其下拉菜单中有 Unspecified（未定义）、Output（输出）、Input（输入）和 Bidirectional（双向）这 4 种选择，本次设计选择 Unspecified，完成后单击工作区的 ，此时 vcc 处于活动状态，移动 vcc 到图纸符号的合适位置，单击即完成一个图纸入口的放置，注意图纸入口要靠近图纸符号的边缘。顶层原理图中各图纸符号上的所有图纸入口放置如图 8-9 所示。当然，也可以在放置后单击图纸入口图形，在弹出的属性对话框中修改图纸入口的属性。

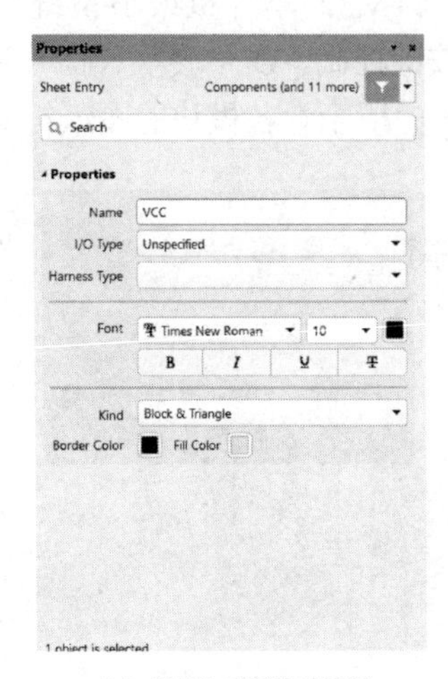


(a) 图纸入口属性对话框

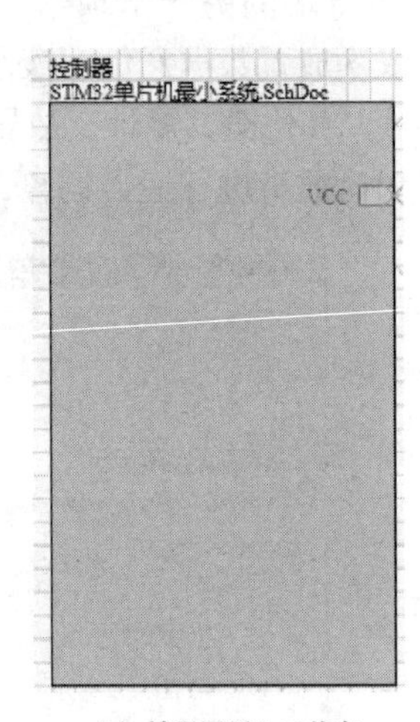


(b) 放置图纸入口状态

图 8-8　放置图纸符号的图纸入口

图纸入口是顶层原理图与子原理图之间进行电气连接的通道，只允许放置在图纸符号的边缘内侧，每个图纸符号中相连接的图纸入口的名称、类型要一致。

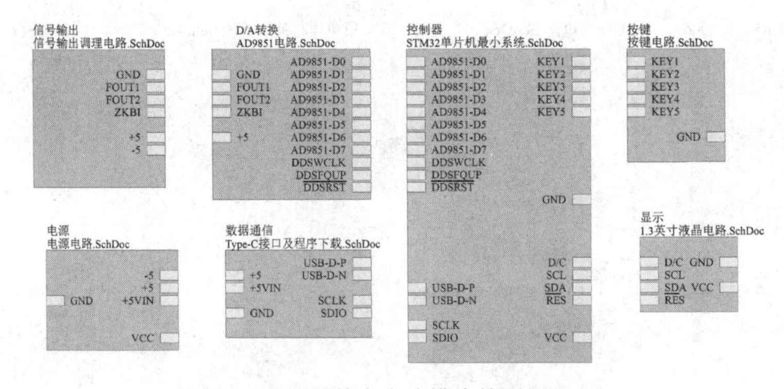


图 8-9　放置整个电路模块的图纸入口

4）连线

根据各图纸符号之间的电气连接关系，单击布线工具栏中的 （放置线）图标，将对应的图纸符号上的图纸入口进行连接，完成顶层原理图的连线，如图 8-10 所示。

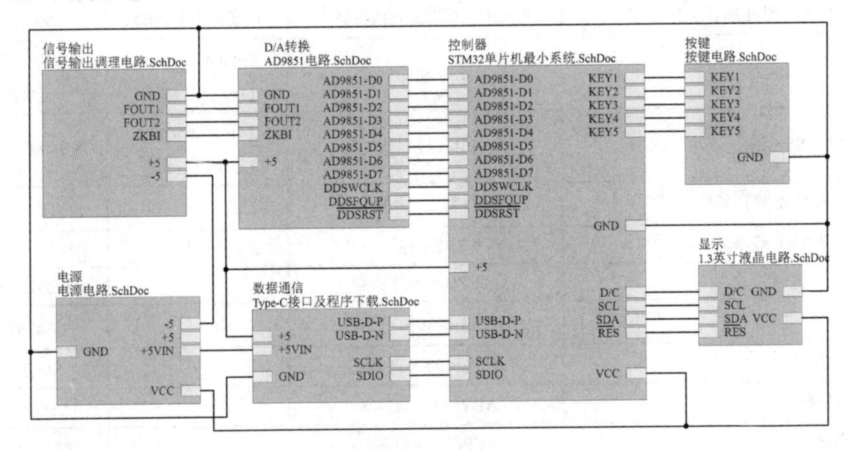

图 8-10　顶层原理图的连线

### 3．产生图纸并绘制子原理图

在绘制子原理图之前，需要准备好原理图元器件库，并对原理图元器件进行封装，基于 STM32 的 DDS 信号源电路的原理图元器件标号及封装对应列表如表 8-1 所示，并制作对应的原理图元器件库和封装库。

表 8-1　基于 STM32 的 DDS 信号源电路的原理图元器件标号及封装对应列表

| Designator（元器件标号及标称值） | LibRef（原理图元器件库名） | 元器件所在的库 | Footprint（封装） |
|---|---|---|---|
| C1、C3、C14、C16、C12、C18、C20、C21 均为 0.1μF；C13 为 0.01μF；C5、C6、C7、C19 均为 10μF；C15、C17 均为 20pF；C8 为 33pF；C9、C10、C11 均为 22pF | Cap（无极性电容） | Miscellaneous Devices.IntLib | 0805 |
| C2（47μF）、C4（22μF） | Cap Pol1（电解电容） | Miscellaneous Devices.IntLib | C1210_N |
| CR1（30MHz） | CRYSTAL-30M（晶振） | — | CRYSTAL-SMT-5X7 |
| D1（红色发光二极管） | LED2（发光二极管） | Miscellaneous Devices.IntLib | D0805+ |
| L1（490nH）；L2、L3（390nH）；L4（磁珠） | Inductor（电感） | Miscellaneous Devices.IntLib | 6-0805_N |
| P1 | Header 4 四排插座 | Miscellaneous Connectors.IntLib | HDR1X4 |
| P2、P3 | SMA（自制） | — | SMA-KE（自制） |
| R1（10Ω）；R4（25Ω）；R10、R12、R13、R14 均为 49.9Ω；R5、R6 均为 200Ω；R7（3.9kΩ）；R2、R3、R8、R9、R11、R15 均为 10kΩ | Res2（电阻） | Miscellaneous Devices.IntLib | 0805 |
| RP1（10kΩ）、RP2（1kΩ）、RP3（10kΩ） | POT2（变阻器） | Miscellaneous Connectors.IntLib | VR7 |

（续表）

| Designator（元器件标号及标称值） | LibRef（原理图元器件库名） | 元器件所在的库 | Footprint（封装） |
|---|---|---|---|
| S1 | SW SPDT | Miscellaneous Devices.IntLib | SW-SPDT-7P（自锁开关） |
| S2、S3、S4、S5、S6 | SW-PB（轻触按键） | Miscellaneous Devices.IntLib | SW-MINI（自制） |
| U1（XC6219B332 稳压管） | XC6219（自制） | — | SOT23-5L（自制） |
| U2（1.3 英寸 TFT 液晶） | 1.3 英寸 TFT 液晶（自制） | — | 1.3-TFT-TPS（自制） |
| U3（ICL7660 电压转换器） | ICL7660（自制） | — | SO8_N（自制） |
| U4（32 位单片机） | STM32F103C8（自制） | — | TQFP-48（自制） |
| U5（放大器） | OPA2690（自制） | — | SO-8（自制） |
| U6（A/D 转换器） | AD9851（自制） | — | TSSOP28（自制） |
| USB1（Type-C 接口） | TYPE-C（自制） | — | TYPE-C（自制） |
| Y1（8MHz 晶振） | XTAL | Miscellaneous Devices.IntLib | XTAL2 |

1）产生子原理图图纸

在图 8-10 所示的原理图编辑器中单击“Design”菜单，在其下拉菜单中选择 Create Sheet From Sheet Symbol（从图纸符号产生图纸）命令，此时光标变成“×”，移动鼠标带动光标“×”到某一图纸符号，比如移动到“按键电路”图纸符号上并单击，系统自动生成一个新的原理图文件，名称为“按键电路.SchDoc”，在该原理图中放置了与图纸符号上图纸入口名称相同的端口符号，如图 8-11 所示。

2）绘制子原理图

（1）添加 PCB 元器件库文件。

单击图 8-11 右下角的 Panels 图标，弹出图 8-12 所示的 Panels 菜单，选择 Components 命令，系统弹出 Components（元器件）管理对话框，这里已经添加好“基于 STM32 的 DDS 信号源电路.SCHLIB”元器件库，如果软件中没有添加，则单击 Components 管理对话框右边的 ≡ 图标，在其下拉菜单中选择 File-based Libraries Preferences... 命令，系统弹出图 8-13 所示的添加元器件库对话框。

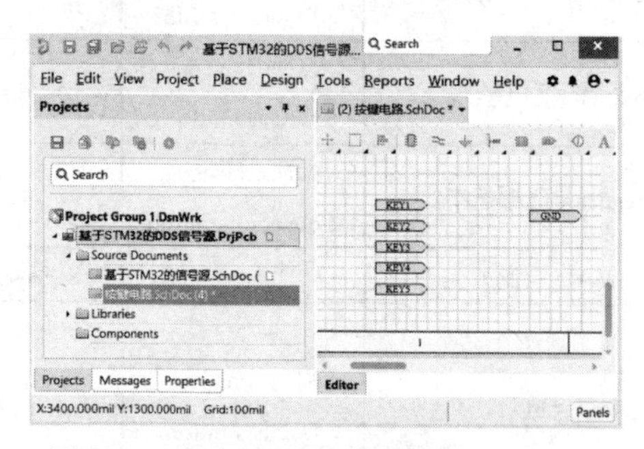

图 8-11　生成按键子原理图图纸

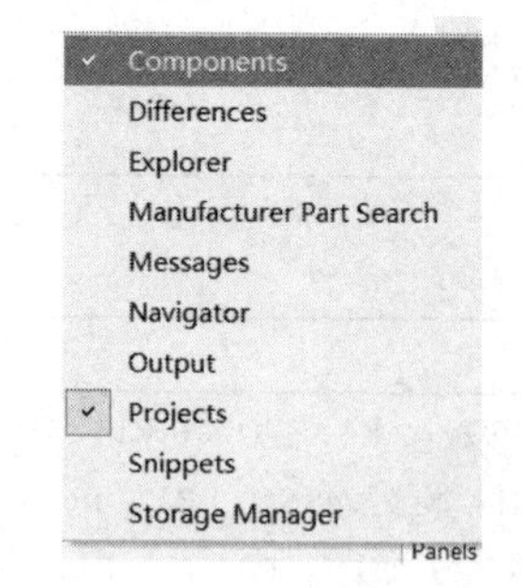

图 8-12　Panels 菜单

在图 8-13 所示的对话框中，首先在“Library Path Relative To:”栏确定“基于 STM32 的 DDS 信号源电路.SCHLIB”所在文件夹的存放路径，如图 8-14 所示，找到存放“基于

STM32 的 DDS 信号源电路.PcbLib”文件夹的路径后，单击“选择文件夹”，回到图 8-13，在“Library Path Relative To:”栏输入对应的路径。然后单击图 8-13 中的“Install...”按钮，弹出图 8-15 所示的对话框，选择基于“STM32 的 DDS 信号源电路.SCHLIB”，再单击图 8-15 中的“打开”按钮，则“STM32 的 DDS 信号源电路.SCHLIB”即添加到系统中，回到图 8-13 所示的对话框。

图 8-13　添加元器件库对话框

图 8-14　找库所在的路径

图 8-15　添加“基于 STM32 的 DDS 信号源电路.SCHLIB”

按照上述方法将“基于 STM32 的 DDS 信号源电路.PcbLib”也添加到该项目的设计中。

（2）绘制按键子原理图。

在图 8-11 所示的原理图编辑器中放置 5 个按键（SW-PB），并与对应的端口连线，如图 8-16 所示。端口符号的位置可以移动和调整，按键电路通过 KEY1～KEY5 端口与 STM32 单片机系统连接。

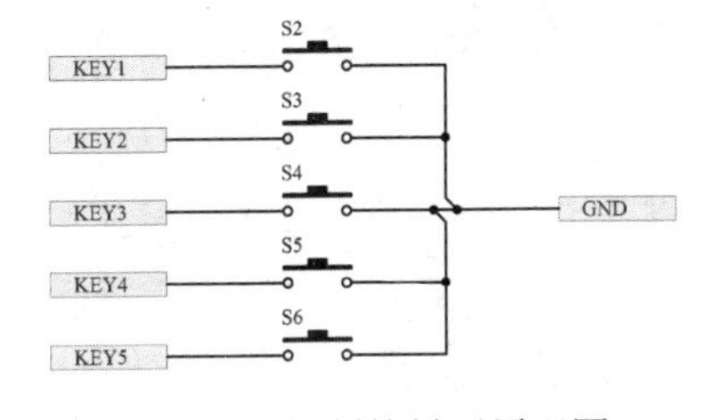


图 8-16　绘制按键子原理图

3）绘制其他子原理图

按照 1）和 2）操作步骤分别绘制 STM32 单片机最小系统、AD9851 电路、信号输出调理电路、电源电路、Type-C 接口及程序下载和 1.3 英寸液晶电路等子原理图，各子原理图的元器件名称及封装信息如表 8-1 所示。对于标准库中没有的元器件，需要查阅资料并制作原理图元器件和对应的封装图。

（1）绘制 STM32 单片机最小系统子原理图。

STM32 单片机最小系统主要由 STM32 单片机、时钟电路和复位电路构成，电路原理图如图 8-17 所示，其绘制的方法同前面按键电路的子原理图的设计方法一致，先创建子原理图，然后在子原理图中放置元器件并连线从而绘制电路图。STM32 单片机系统是整个电路的控制中心，其通过程序下载电路将外部编写的程序下载到 STM32 单片机；系统通过读出按键电路中的按键值，控制输出信号的类型及相关功能；输出的信号类型及参数值是通过 STM32 单片机内部的算法实现的，STM32 单片机输出的数字信号通过 AD9851 实现 A/D 转换（数字信号转换为模拟信号）；STM32 单片机还可以通过 Type-C 实现与外部的数据传输。

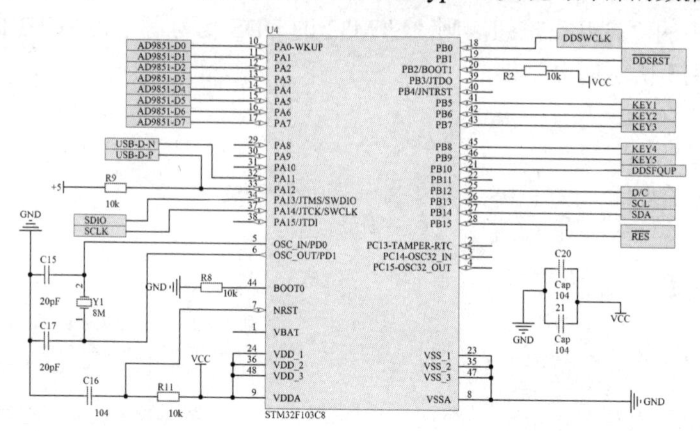


图 8-17　STM32 单片机最小系统原理图

（2）AD9851 电路子原理图。

AD9851 电路主要将 STM32 单片机输出的数字信号转换为模拟信号，参考前面的步骤绘制图 8-18 所示的 AD9851 电路子原理图，图中 CR1 为 AD9851 提供 30MHz 的时钟信号，70MHz 低通滤波器对 AD9851 的 21 引脚（IOUTA）输出信号进行滤波，然后通过 FOUT1 端口输出。AD9851 的 21 引脚输出信号通过网络标号 IOUTA 与 70MHz 低通滤波器的输入连接。IOUTA 网络标号放置的方法是：在图 8-18 所示的原理图编辑器中单击“Place”菜单，在其下拉菜单中选择 Net Label（网络标号）命令，系统处于放置网络标号状态，此时按下 Tab 键，弹出图 8-19 所示的网络标号属性对话框，在对话框中的 Net Name 项输入 IOUTA（网络标号名称），再单击工作区中的图标，则 IOUTA 处于活动状态 IOUTA，移动 IOUTA 到需要放置的导线上并单击，则 IOUTA 就放置好了。注意：网络标号一定要放到导线上，不能离导线太远，原理图上的同一网络标号应至少出现两次，单个网络标号没有意义，网络标号相同的地方，它们在电气上是连接在一起（相当于用导线连接）。

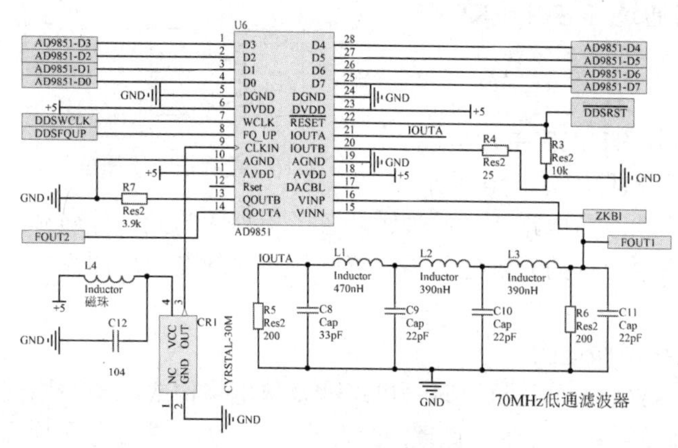


图 8-18　AD9851 电路子原理图

图 8-19　网络标号属性对话框

AD9851 通过 AD9851-D0～AD9851-D7 端口接收来自 STM32 单片机的数据，STM32

单片机通过 DDSWCLK、DDSFQUP 和 $\overline{\text{DDSRST}}$ 端口控制 AD9851 芯片完成数据的转换。

（3）信号输出调理电路子原理图。

信号输出调理电路子原理图如图 8-20 所示，其功能是将 AD9851 输出的正弦信号 FOUT1 进行放大和整形并由 P1 输出，可以通过 RP2 调节输出正弦信号的幅值；AD9851 输出的方波信号通过 P2 输出，通过 RP1 调节方波信号的占空比。

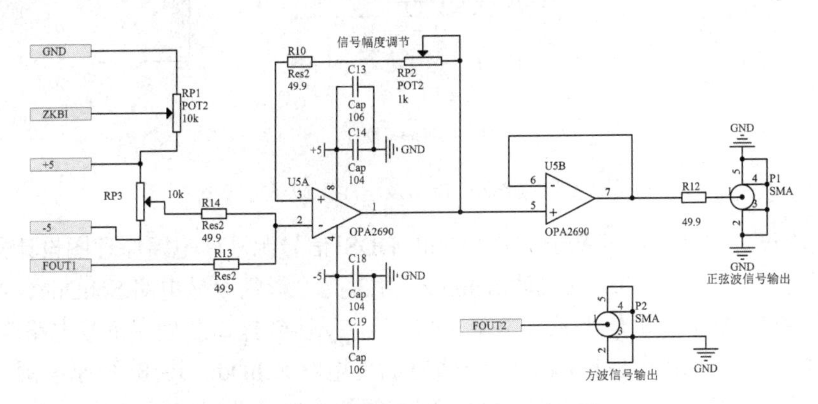


图 8-20　信号输出调理电路子原理图

（4）1.3 英寸液晶电路子原理图及电源电路子原理图。

图 8-21 所示为 1.3 英寸液晶电路子原理图，STM32 单片机通过 D/C、SCL、SDA 和 $\overline{\text{RES}}$ 端口实现对 1.3 英寸液晶的控制。图 8-22 所示为电源电路子原理图，通过端口+5VIN 接入+5V 的电源，再经过 XC6219B332 输出 3.3V 电压，为整个系统供电；输入的+5V 经过 ICL7660 输出−5V 电压。

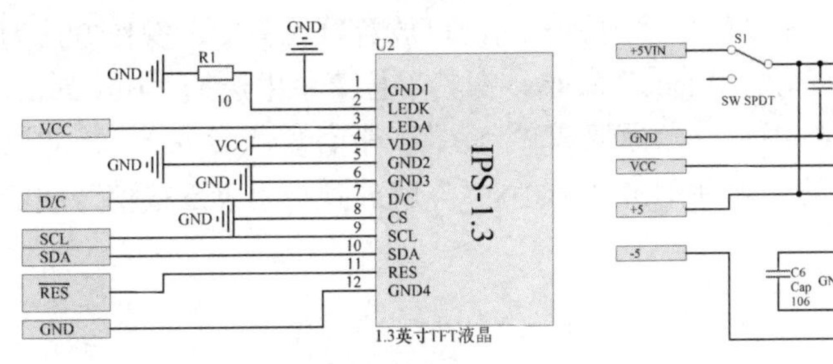


图 8-21　1.3 英寸液晶电路子原理图　　图 8-22　电源电路子原理图

（5）Type-C 接口及程序下载子原理图。

图 8-23 所示为 Type-C 接口及程序下载子原理图，STM32 单片机通过 USB-D-P 和 USB-D-N 端口与 Type-C 接口连接，可以与外部建立通信关系；STM32 单片机通过 SCLK 和 SDIO 端口与 Header 4 相连，可以实现程序下载。

**4．对编辑好的层次原理图进行编译**

在当前的原理图编辑器中单击“Project”菜单，在其下拉菜单中选择 Compile PCB Project 基于STM32的DDS信号源.PrjPcb 命令，对“基于 STM32 的 DDS 信号源.PrjPcb”工程项目进行编译，也就是对“基于 STM32 的 DDS 信号源.PrjPcb”工程项目进行电气规则检查，根据软件提示对编译中出现的错误进行修改。只有进行了编译的工程项目，才可以完成 PCB 的设计和层次原理图之间的切换。

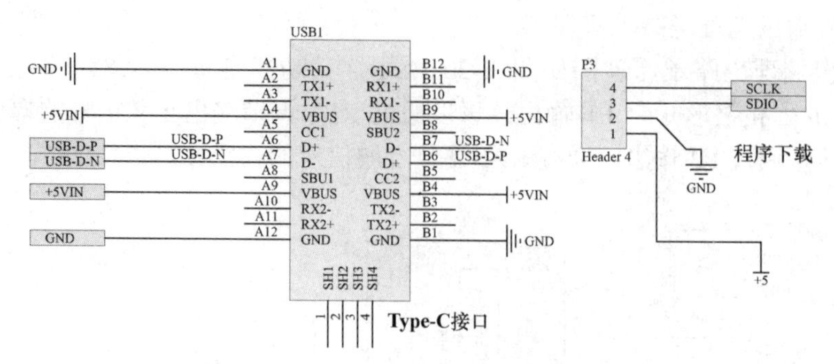


图 8-23　Type-C 接口及程序下载子原理图

采用层次设计方法完成的基于 STM32 的 DDS 信号源硬件电路原理图设计共包含顶层原理图基于 STM32 的 DDS 信号源.SchDoc、1.3 英寸彩色液晶电路.SchDoc、AD9851 电路.SchDoc、STM32 单片机最小系统电路.SchDoc、Type-C 接口及程序下载电路.SchDoc、按键电路.SchDoc、电源电路.SchDoc、信号输出调理电路.SchDoc 共 8 张原理图，其实它与图 8-24 所示的原理图等效。层次原理图之间靠图纸入口、端口实现顶层原理图与子原理图之间的连接，而图 8-24 所示的各电路模块之间主要靠网络标号实现各模块之间的连接。在图 8-24 中可使用总线，总线的绘制方法及步骤如下。

1）放置总线与引脚之间的信号线

在 U6 的 1、2、3、4 引脚处，放置一段与之相连的信号线，如 。

2）放置总线分支（或称为总线入口）

在第 1）步中绘制的与引脚连接信号线的另一端，可放置总线分支。操作方法为：在图 8-24 所示的原理图编辑器中单击“Place”菜单，在其下拉菜单中选择“Bus Entry（总线分支）”命令，或者按快捷键 P+U，光标变成“ ”（带有总线分支），移动鼠标将“ ”移到与引脚连接信号线的一端并单击，则“ ”就放到与引脚连接信号线的另一端，如 。

3）放置总线

总线的放置方法与绘制导线的方法类似，在需要连接的地方单击，确定总线的起点，移动鼠标到另一位置并单击，确定总线的终点，再右击，取消绘制总线。在图 8-24 所示的原理图编辑器中单击“Place”菜单，在其下拉菜单中选择“Bus（总线）”命令，或者按快捷键 P+B，进入放置总线状态，如 。

4）放置网络标号

在图 8-24 所示的原理图编辑器中单击“Place”菜单，在其下拉菜单中选择“Net Label（网络标号）”命令，在总线分支与引脚连接的线上放上网络标号“AD9851-D0”“AD9851-D1”“AD9851-D2”“AD9851-D3”，如 。

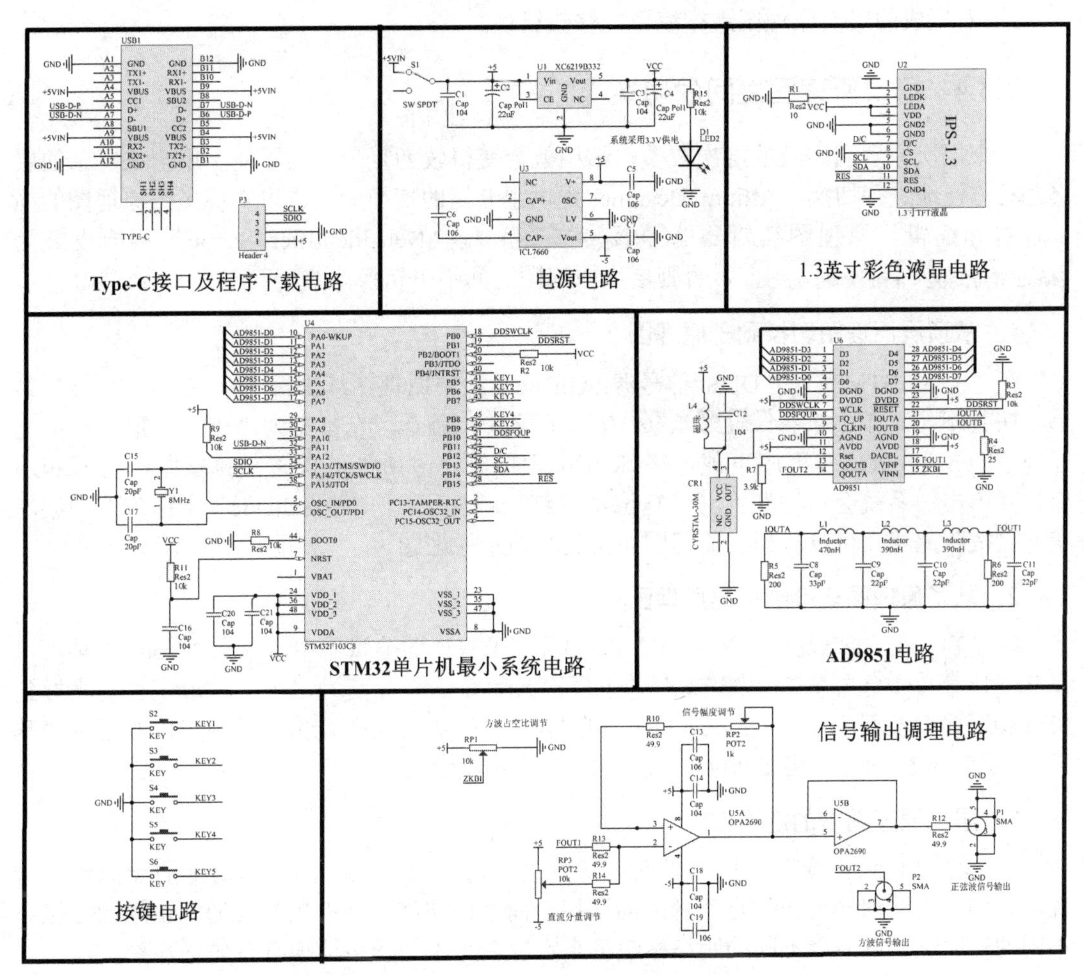


图 8-24　基于 STM32 的 DDS 信号源硬件电路原理图[19]

### 8.3.3　基于 STM32 的 DDS 信号源的“自底向上”层次原理图设计

“自底向上”层次原理图设计方法是先设计底层的子原理图，然后绘制顶层原理图。设计步骤与“自顶向下”的设计方法略有不同，下面简单介绍“自底向上”层次原理图设计方法。

1．新建工程项目。设计步骤与前面相同。

2．新建原理图，绘制子原理图。按照前面子原理图的设计方法绘制子原理图，注意放置子原理图与顶层原理图或其他子原理图之间连接的端口符号（Port）。

3．新建原理图，生成顶层原理图。方法是在新建的原理图编辑器中单击“Design”菜单，在其下拉菜单中选择 Create Sheet Symbol From Sheet （从图纸生成图纸符号）命令，在弹出的对话框（包含多个设计好的子原理图）中选择一个子原理图，比如选择 AD9851电路.SchDoc ，就会在当前的原理图中生成一个 AD9851 电路的图纸符号，执行多次将所有的子原理图都生成对应的图纸符号，如图 8-9 所示。

4．对生成的图纸符号进行连线并保存。

5．对生成的层次原理图进行编译，修改错误。

### 8.3.4　层次原理图之间的切换

如果层次原理图涉及的层次较多，结构就会变得较为复杂。为了便于用户在复杂的层次之间方便地进行切换，Altium Designer 提供了专用的切换命令，可实现多张原理图的同步查看和编辑。原理图编辑器的 Project Options... 中，“Net Identifier Scope”不能设置为 Global (Netlabels and ports global)，否则层次原理图之间不可切换。

#### 1．从顶层原理图切换到子原理图

在“基于 STM32 的 DDS 信号源.SchDoc”顶层原理图编辑器中，单击“Tools”菜单，在其下拉菜单中选择 Up/Down Hierarchy（上/下层次）命令，光标变为“十”字形。移动光标到“Type-C 接口及程序下载电路.SchDoc”图纸符号所处的位置（包括图纸符号和端口）并单击，系统会自动切换到“Type-C 接口及程序下载电路.SchDoc”子原理图的编辑状态。按照此法，可以从顶层原理图切换到其他子原理图。

#### 2．从子原理图切换到顶层原理图

在“Type-C 接口及程序下载电路.SchDoc”子原理图编辑器中，单击“Tools”菜单，在其下拉菜单中选择 Up/Down Hierarchy（上/下层次）命令，光标变为“十”字形。移动光标到“Type-C 接口及程序下载电路.SchDoc”的端口处（如 +5VIN 上）并单击，则返回“基于 STM32 的 DDS 信号源.SchDoc”顶层原理图编辑器中。

#### 3．层次原理图中的连通性[16]

连通性具体包括横向连接和纵向连接两个方面：对于位于同一层次上的子原理图来说，它们之间的信号连通就是一种横向连接；而不同层次之间的信号连通则是纵向连接。不同的连通性可以采用不同的网络标识符来实现，常用的网络标识符有如下几种。

1）网络标号（Net Labels）

网络标号一般用于单张原理图内部的网络连接。层次原理图中，在整个工程没有端口的情况下，Altium Designer 会自动将网络标号提示为全局的网络标号，在匹配情况下可进行全局连接，而不再局限于单个子原理图。

2）端口（Port）

端口既可以表示单张图纸内部的网络连接（与网络标号相似），也可以表示图纸间的网络连接。端口在层次原理图设计中可用于纵向连接和横向连接：横向连接时，可以忽略多图纸结构而把工程中所有名字相同的端口连接成同一个网络；纵向连接时，需和图表符、图纸入口相联系——将相应的图纸入口放到图纸的图表符内，这时端口就能将子图纸和父系图纸连接起来。

3）图纸入口（Sheet Entry）

图纸入口只能位于图纸符号的内部，且只能纵向连接到图纸符号所调用的下层文件的端口处。

4）电源端口

同一个工程项目内的电源端口是一个全局量，工程中所有同一电源端口（如 VCC）对象都是连接在一起的。

## 8.4　基于 STM32 的 DDS 信号源硬件电路的双面 PCB 设计

### 1．新建 PCB 文件

新建的 PCB 文件一定要在与之对应的原理图所在的工程项目中，才能将原理图的信息加载到对应的 PCB 设计中，因此“基于 STM32 的 DDS 信号源.PcbDoc”文件也必须在“基于 STM32 的 DDS 信号源.SchDoc”所在的“基于 STM32 的 DDS 信号源.PrjPcb”中。打开“基于 STM32 的 DDS 信号源.PrjPcb”，将光标移到 基于STM32的DDS信号源.PrjPcb 上并右击，在弹出的菜单中选择 Add New to Project 命令，再在它的子菜单中选择 PCB 命令，系统会自动在“基于 STM32 的 DDS 信号源设计.PrjPcb”工程项目下新建一个名为“PCB1.PcbDoc (2)”的 PCB 文件，同时打开 PCB 编辑器。将光标移到 PCB1.PcbDoc (2) 图标上并右击，在弹出的菜单中选择“Save As”命令，将文件存放在“基于 STM32 的 DDS 信号源.PrjPcb”所在的路径及文件夹，并保存为“基于 STM32 的 DDS 信号源.PcbDoc”。工程项目变成了 基于STM32的DDS信号源.PrjPcb * Source Documents 基于STM32的DDS信号源.PcbDoc 基于STM32的DDS信号源.SchDoc，到此“基于 STM32 的 DDS 信号源设计.PcbDoc” PCB 文件已经建好，如图 8-25 所示。

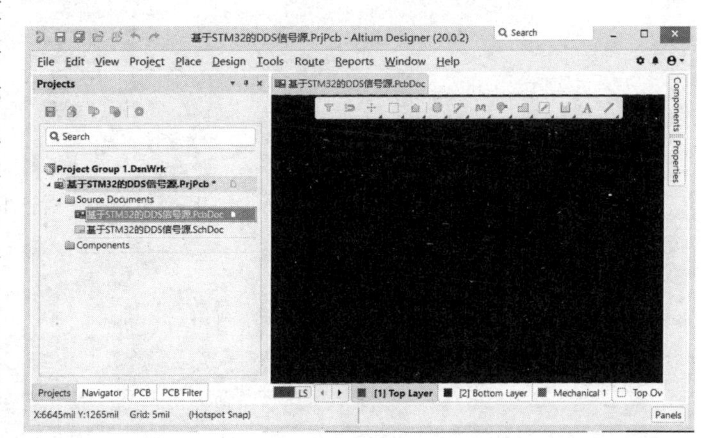


图 8-25　创建“基于 STM32 的 DDS 信号源”的 PCB 文件

### 2．添加 PCB 元器件库文件

在绘制 PCB 之前，必须添加工程项目设计所用到的元器件库，考虑到在前面“基于 STM32 的 DDS 信号源.PrjPcb”设计过程中已经添加了库，这里就不再重复描述了。

### 3．在 PCB 编辑器中导入原理图的网络表和元器件

在前面的原理图设计中已经选择 Compile PCB Project 基于STM32的DDS信号源.PrjPcb 命令对原理图进行了编译，同时产生了原理图的元器件列表及元器件之间的连接关系列表及网络表，然后在图 8-25 所示的 PCB 编辑器中单击“Design”菜单，在弹出的下拉菜单中选择 Update Schematics in 基于STM32的DDS信号源.PrjPcb（工程变更）命令，系统弹出图 8-26 所示的对话框，该对话框内显示了参与 PCB 设计而受影响的元器件、网络、Room 及受影响的文档信息。

（1）单击“Validate Changes”（验证更改）按钮，在右侧的“Check”（检测）和“Message”（信息）栏会显示受影响元器件的各种信息。检查无误的信息以绿色的“√”表示，检查出错的信息以红色的“×”表示，并在“Message”栏中详细描述不能通过的原因，如图 8-27 所示，图中 R7 出错，主要是因为 R7 的封装不在加载的封装库中，导致无

法找到正确的元器件封装。解决的方法有两种：第一种方法是记下错误的元器件信息，关闭该对话框，回到原理图并找到出错的 R7 元器件，双击 R7，在弹出的 R7 元器件的属性对话框中修改 R7 的封装，保证在加载的封装库中存在其封装；另一种方法是暂时忽略，等加载 PCB 时，在 PCB 编辑器中增加一个 R7 的封装，然后修改补加的封装的焊盘上的网络属性。由此可见，第一种方法更好，它从源头上对错误进行了修正。修改错误后，再选择 Update Schematics in 基于STM32的DDS信号源.PrjPcb 和 Validate Changes 命令，对电路原理图再次进行检查，查看是否还存在错误。

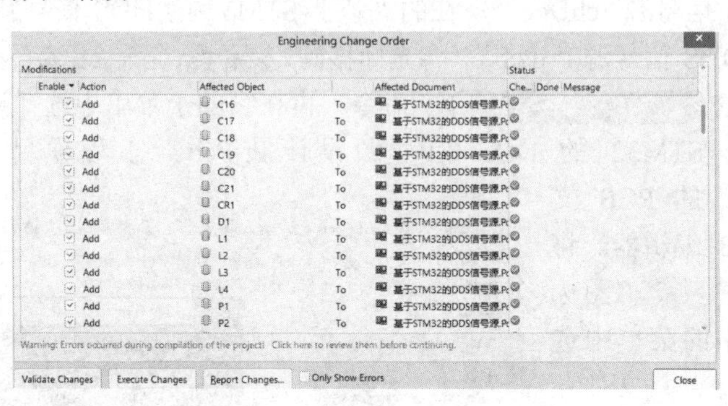


图 8-26 “工程变更指令”对话框

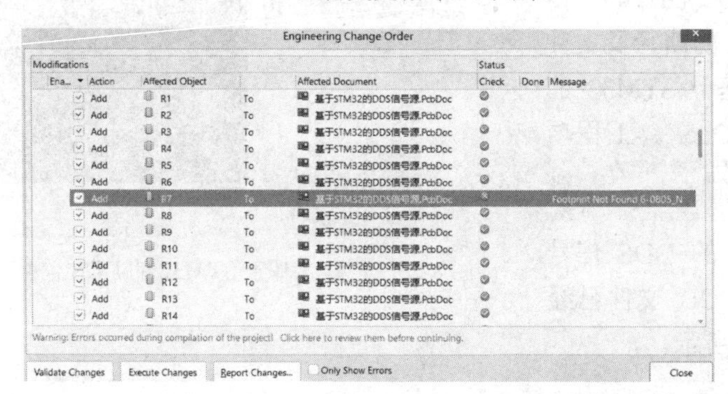


图 8-27 执行“Validate Changes”检查结果

（2）检查无错后，单击“Execute Changes”（执行变更）按钮，将原理图的元器件和网络连接关系加载到 PCB 编辑器，实现了将原理图信息同步到 PCB 文件中。

（3）单击“Close”（关闭）按钮关闭对话框。系统自动跳到 PCB 编辑器，可以看到，加载的元器件和网络表集中在一个名为“基于 STM32 的 DDS 信号源”的 Room 空间内，并放置在 PCB 电气边界外面，加载的元器件之间的连线以预拉线的形式显示，这种连接关系就是元器件网络表的具体体现，如图 8-28 所示。

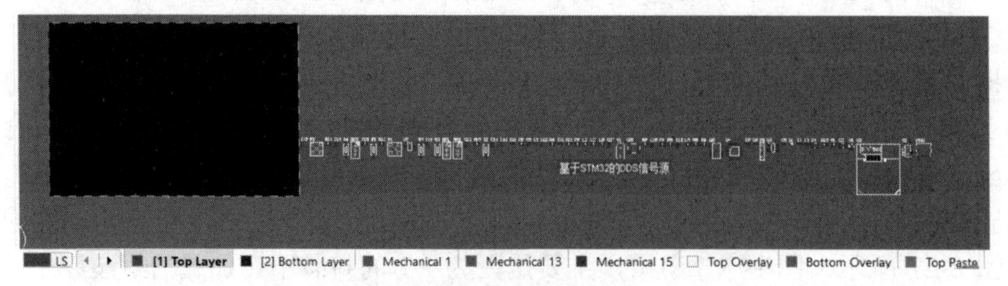


图 8-28 加载的元器件及网络表

Room 空间是一个逻辑空间，用于将元器件进行分组放置，同一个 Room 空间内的所有元器件将作为一个整体被移动、放置或编辑，单击“Design”菜单，在其下拉菜单中选择 Room 命令，会打开系统提供的 Room 空间操作命令菜单。

### 4．电路板元器件布局

1）设置元器件布局规则

在 Altium Designer 的 PCB 编辑器中单击“Design”菜单，在其下拉菜单中选择 Rules... 命令，打开图 8-29 所示的 PCB 规则及约束编辑器对话框，对话框的左侧列出了系统提供的 Electrical（电气规则）、Routing（布线规则）、SMT（贴片规则）、Mask（阻焊规则）、Plane（铺铜规则）、Testpoint（测试点规则）、Manufacturing（生产规则）、High Speed（高速规则）、Placement（布局规则）和 Signal Integrity（信号完整性的规则）共 10 大规则设置，每一规则又包含很多子规则。其中 Electrical 和 Routing 规则的设置在第 5 章中有较详细的介绍。这里主要介绍与布局有关的 Placement 规则。

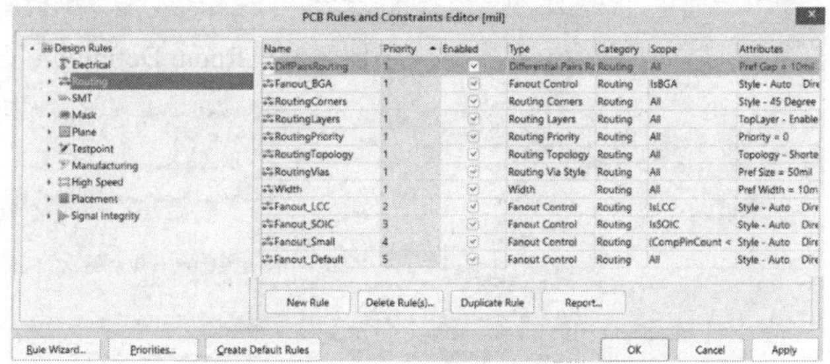


图 8-29　PCB 规则及约束编辑器对话框

单击图 8-29 左侧的“Placement”前面的 ▸，可以看到需要设置的布局子规则有 6 项，如图 8-30 所示。

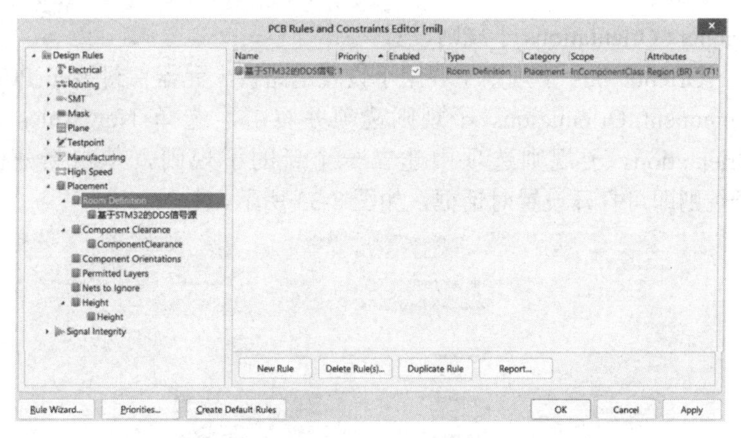


图 8-30　Placement 布局规则的子规则

（1）Room Definition 子规则设置。

Room Definition 子规则主要用来设置 Room 空间的尺寸及它在 PCB 中所在的工作层面。选中 Room Definition 子规则选项并右击，弹出图 8-31 所示的对话框，允许设计者增加一个新的 Room Definition 子规则，或者删除现有的不合理的子规则。

（2）Component Clearance 子规则设置。

Component Clearance 子规则主要用来设置元器件布局时各元器件封装之间的最小间距，即安全间距。单击 Component Clearance 子规则选项下面的子规则，即可在对话框的右边打开图 8-32 所示的对话框。

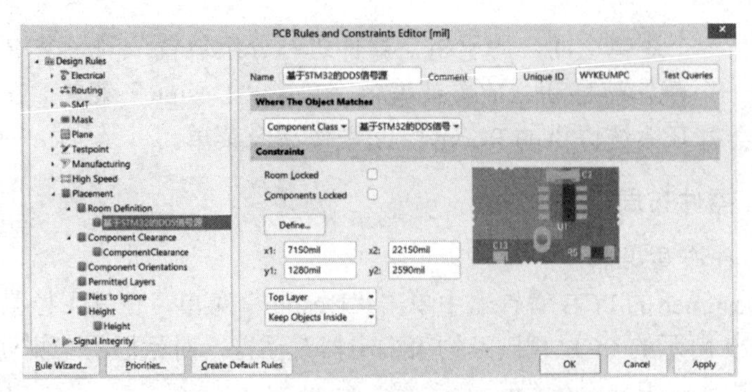


图 8-31　Room Definition 子规则设置

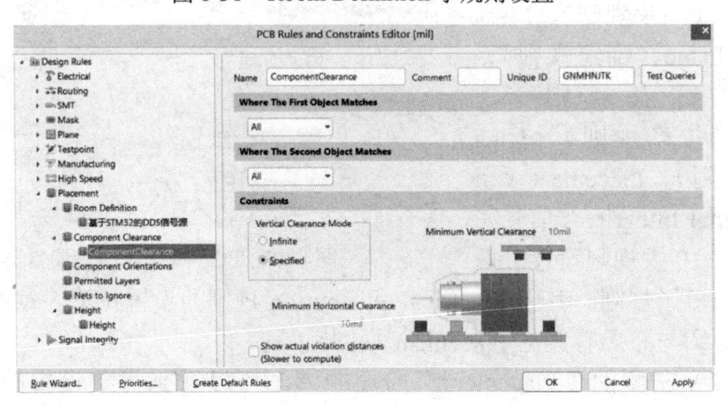


图 8-32　Component Clearance 子规则设置

（3）Component Orientations 子规则设置。

Component Orientations 子规则主要用于设置电路板上元器件封装在 PCB 上的放置方向。选中 Component Orientations 子规则选项并右击，选择 New rules... 命令，则在 Component Orientations 子规则选项中建立一个新的子规则，单击新建的 Component Orientations 子规则即可打开设置对话框，如图 8-33 所示。

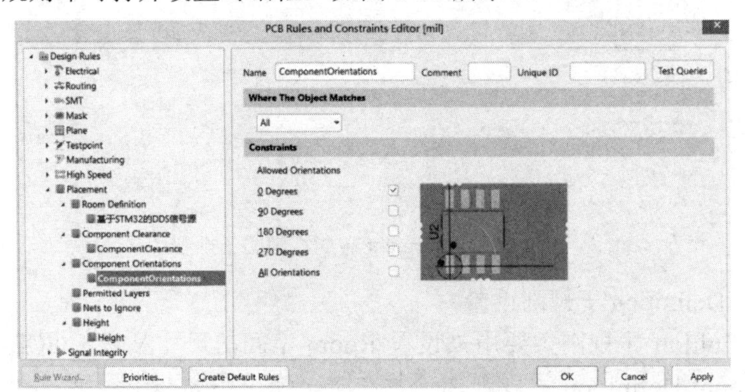


图 8-33　Component Orientations 子规则设置

（4）Permitted Layers 子规则设置。

Permitted Layers 子规则主要用于设置电路板上元器件封装放置的工作层面。选中 Permitted Layers 子规则选项并右击，选择 New rules... 命令，则在 Permitted Layers 子规则选项中建立一个新的子规则，单击新建的子规则即可打开设置对话框，如图 8-34 所示。在约束区域内，允许元器件放置的工作层有两个选项，即顶层和底层，一般来说，插针式元器件封装都放置在 PCB 的顶层，而贴片式元器件可以放置在顶层，也可以放置在底层。

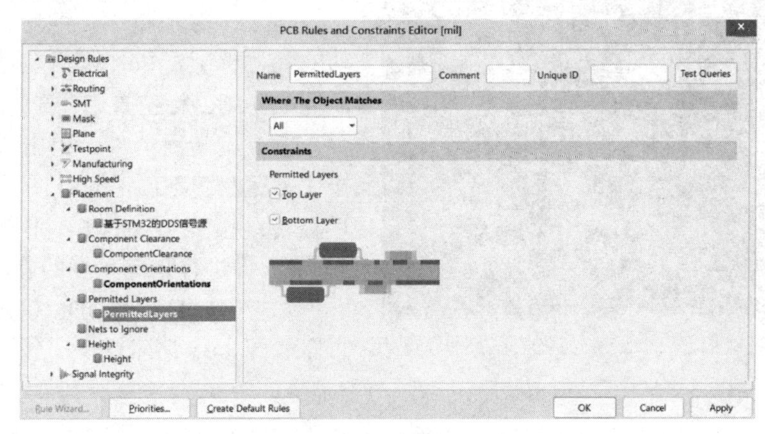


图 8-34　Permitted Layers 子规则设置

（5）Nets to Ignore 子规则设置。

选中 Nets to Ignore 子规则选项并右击，选择 New rules... 命令，则在 Nets to Ignore 子规则选项中建立一个新的子规则，单击新建的子规则即可打开设置对话框。该子规则的约束区域内没有任何设置选项，需要的约束可直接通过上面的规则匹配对象适用范围来设置。

（6）Height 子规则设置。

Height 子规则主要用于设置元器件封装的高度范围，在某些特殊的电路板上进行布局操作时，电路板的某些区域可能对元器件的高度要求很严格，此时就需要设置此子规则。Height 子规则用于定义元器件，在约束区域内可以设置元器件封装的最小的、最大的及优先的高度。

2）元器件布局

完成了元器件和网络表的同步后，基于 STM32 的 DDS 信号源的元器件被放在一个名为"基于 STM32 的 DDS 信号源"的 Room 空间内，如图 8-28 所示。这种情况下，还需进行重新布局，而且是无法进行布线操作的。对于电路板上元器件的布局，软件能按照设置的布局规则进行自动布局，在元器件较多的情况下仍使用自动布局，自动布局还需要手工调整，对于元器件较少的电路板多采用手工布局。

（1）自动布局。

完成自动布局规则设置后，回到图 8-28 所示的 PCB 编辑器状态，单击"Tools"菜单，在其下拉菜单中选择 Component Placement ▸（器件摆放）命令，在该命令的右侧菜单中选择 Arrange Outside Board （排列到板子外的器件）命令，系统开始根据默认规则进行元器件的布局。

（2）手工布局。

在自动布局的基础上，根据信号的流动方向，将元器件放置在 PCB 上相对应的位置。其中 USB 接口、I/O 接口、液晶显示、信号输出接口放置在板的边缘，连线较多的核心芯片放置在板的中间位置，其中单片机的时钟和复位电路要靠近单片机芯片的相关引脚，最后在 PCB 的 4 个角放置 4 个定位孔。

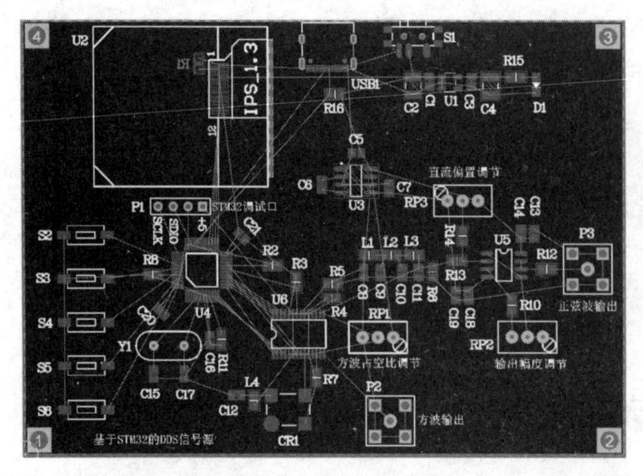


图 8-35　基于 STM32 的 DDS 信号源的元器件布局[19]

元器件的手工布局主要采用移动和旋转方式将元器件固定在合适的位置。

（a）移动元器件。将光标移到需要移动的元器件上，按住鼠标左键不放，将元器件拖动到目标位置。

（b）旋转元器件。单击选中元器件，按住鼠标左键不放，同时按下 X 键进行水平翻转；按下 Y 键进行垂直翻转；按下“空格”键进行指定角度的旋转。

基于 STM32 的 DDS 信号源的元器件布局如图 8-35 所示。

### 5．电路板布线

1）设置布线规则

在 Altium Designer 的 PCB 编辑器中单击“Design”菜单，在其下拉菜单中选择 Rules... 命令，打开图 8-36 所示的 PCB 规则及约束编辑器对话框，在对话框的左侧有 10 项设置规则，这里主要对安全距离、布线规则进行设置。

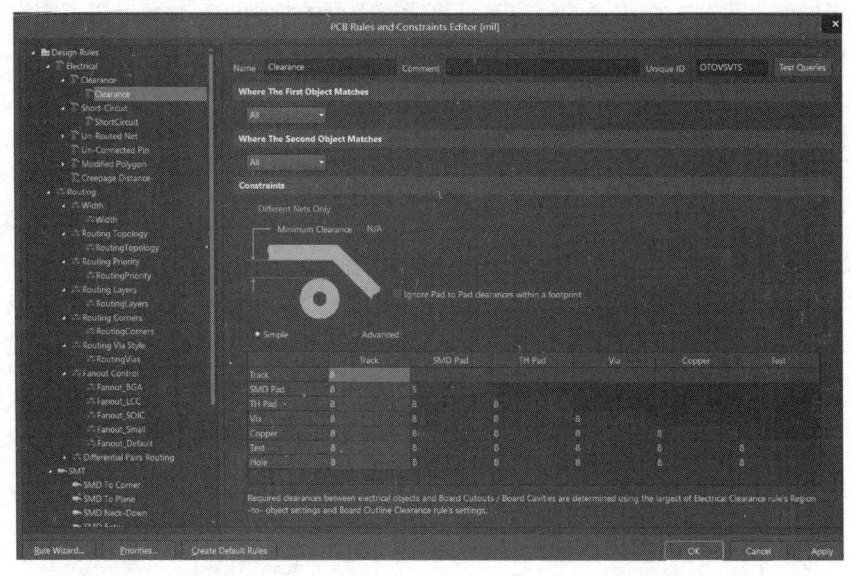


图 8-36　“Clearance”电气规则的安全距离设置

（1）设置安全距离。

在图 8-36 中，单击“Clearance”选项，按照图 8-36 所示的参数完成该项目的电气规则的安全距离设置，除 SMD Pad 设为 5mil 外，其他全部设置为 8mil。

（2）设置线宽。

完成电气的安全距离设置后，单击设置规则左边“Routing”项前面的◢图标，展开其所有的子项设置，单击“Width”子项，按照图 8-37 所示的参数设置该项目的走线宽度。

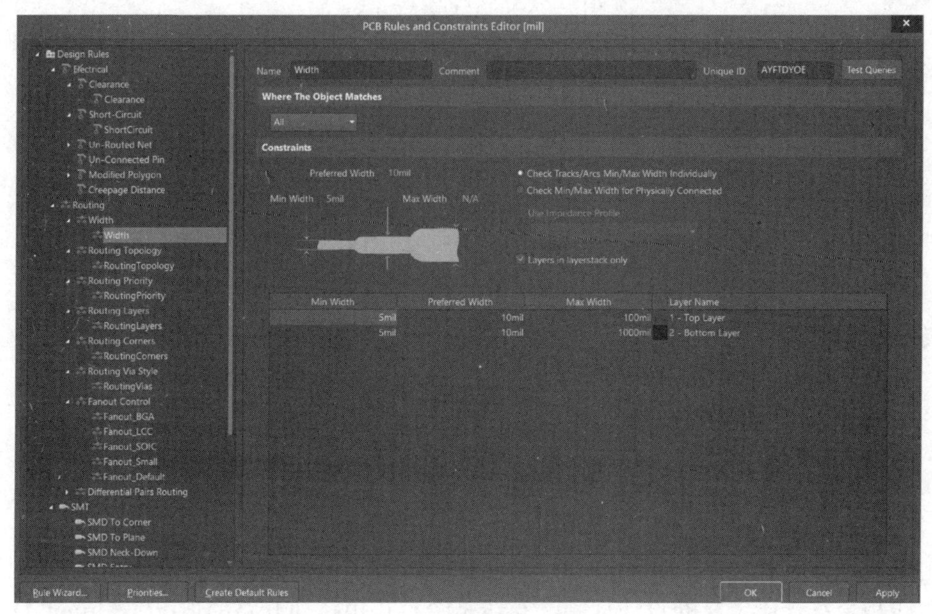

图 8-37　设置走线的宽度

（3）设置走线的层数。

单击设置规则左边“Routing”项前面的◢图标，展开其所有的子项设置，单击“Routing Layers”，按照图 8-38 将项目设置为双面板。系统默认为双层板设置。

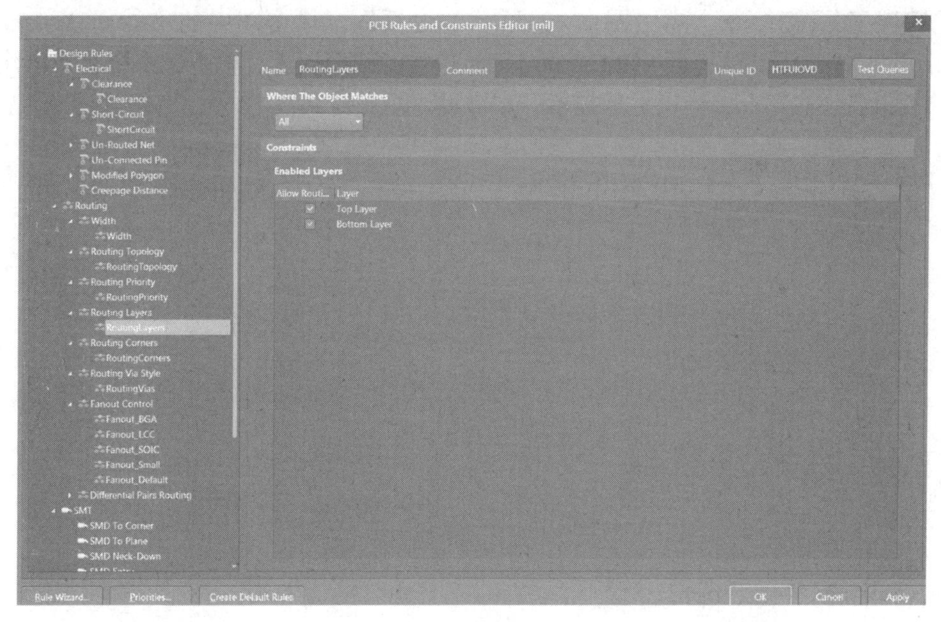

图 8-38　设置走线的层数

2）自动布线

完成布线规则设置后，返回图 8-35 所在的 PCB 编辑器，单击“Route”菜单，在其下拉菜单中选择 Auto Route 命令，然后选择 All...命令，执行对双面板的所有目标的自动布线，系统开始对该项目进行自动布线，一段时间后，完成图 8-39 所示的布线。

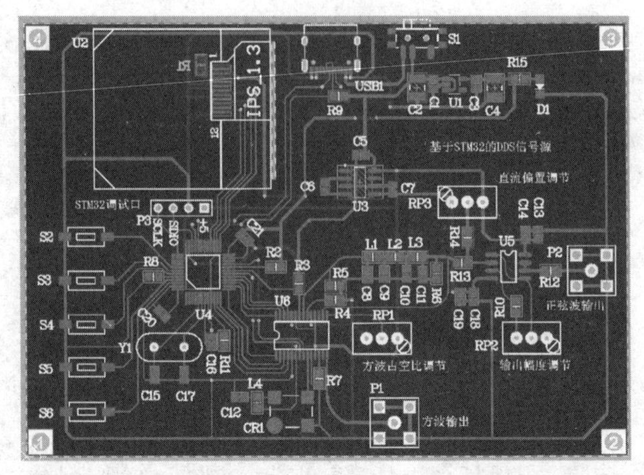


图 8-39　基于 STM32 的 DDS 信号源的双面板布线图[19]

3）设计规则检查

电路板设计完成之后，需对 PCB 上元器件的布局和布线进行标准化的检查，检查布局和布线是否符合所定义的设计规则、布线是否存在短路和开路的情况。Altium Designer 提供了设计规则检查功能（Design Rule Check，DRC），可对 PCB 的电气规则进行检查。检查之前需设定检查的标准，主要是设置安全错误、未走线网络、宽度错误、长度错误、影响制造和信号完整性的错误的检查标准。

在图 8-39 所在的 PCB 编辑器中单击“Tools”菜单，在其下拉菜单中选择 Design Rule Check... 命令，弹出图 8-40 所示的对话框。单击图中的“Run Design Rule Check...”按钮，可以对基于 STM32 的 DDS 信号源双面板进行检查。系统会弹出检查报告，检查报告会对存在的错误进行提示。本次设计没有错误。

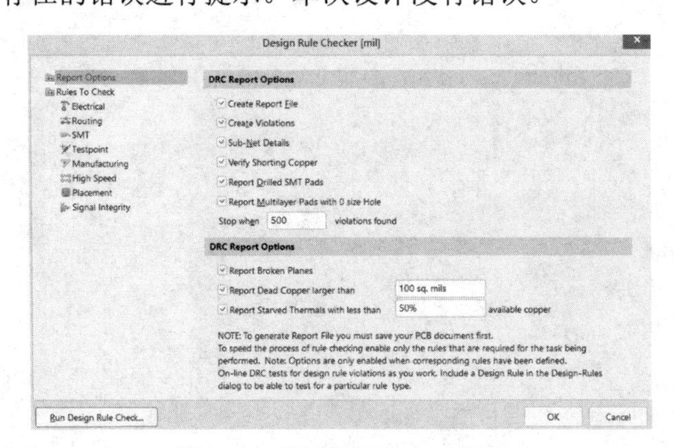


图 8-40　设计规则检查对话框

### 6．补泪滴（Teardrops）

补泪滴就是在铜膜导线与焊盘或者过孔交接的位置处，特意将铜膜导线逐渐加宽的一种操作，目的是防止机械制板时，焊盘或过孔因承受钻针的压力而与铜膜导线在连接处断裂，此外，补泪滴后的连接面会变得更光滑，不易因残留的化学药剂而导致对铜膜导线的腐蚀[17]。

补泪滴操作步骤：在图 8-38 所在的 PCB 编辑器中单击“Tools”菜单，在其下拉菜单中选择 Teardrops（泪滴）命令，打开泪滴设置面板，根据第 5 章中介绍的补泪滴的内容，完成基于 STM32 的 DDS 信号源双面板的补泪滴操作。

### 7．覆铜（Polygon Pour）

覆铜就是将 PCB 上闲置的空间作为基准面，然后用固体铜填充，这些铜区又称为灌铜。覆铜的目的在于减小地线阻抗、提高抗干扰能力、降低压降、提高电源效率、与地线相连、减小环路面积。

在图 8-39 所在的 PCB 编辑器中单击“Place”菜单，在其下拉菜单中选择 Polygon Pour...（覆铜）命令，或者单击“布线工具栏”中的（放置多边形平面）按钮，或者按快捷键 P+G，即可执行放置覆铜命令，此时的光标变成“十”字形，即处于放置状态，开始覆铜操作。在放置覆铜边界时，可以按“空格”键切换拐角模式，包括直角、45°角、90°角和任意角模式。先将光标移到 PCB 的一个角单击，确定覆铜多边形的一个点，再用光标沿着“Keep-Out（禁止布线层）”边界移动到拐点处并单击，直至确定矩形框的 4 个顶点，右击后退出。系统会自动将起点和终点连接起来构成一个闭合框线，形成一个雾化的覆铜区域。可以分别在 PCB 图的 [1] Top Layer（顶层）和 [2] Bottom Layer 放置覆铜。

### 8．放置过孔阵列（Via stitching）

通过在顶层和底层之间添加批量过孔可以加强抗干扰、减小接地电阻、增加铜皮之间的连接性能。使用放置过孔阵列工具要在覆铜操作之后。

在 PCB 编辑器中单击“Tools”菜单，在其下拉菜单中选择 Via Stitching/Shielding 命令，然后选择其左边的 Add Stitching to Net... 命令，弹出图 8-41 所示的过孔阵列设置对话框。

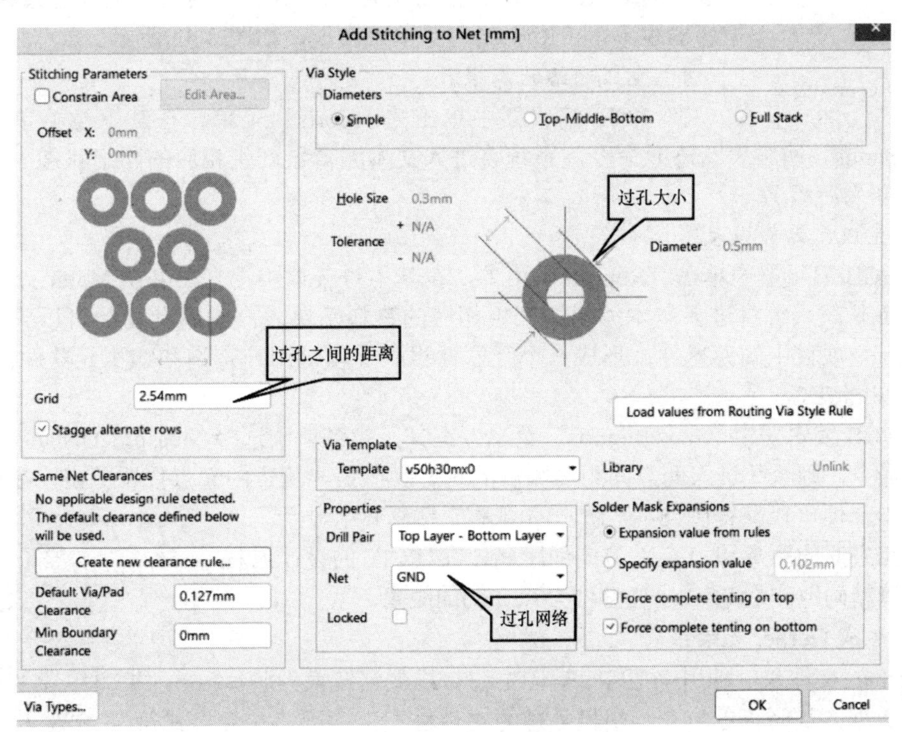


图 8-41　过孔阵列设置对话框

图 8-41 中过孔之间的距离不能太小，如果太小，系统放置的过孔太多，放置的时间会太久；过孔网络要选择“GND”网络。设置好对应的参数后，单击“OK”按钮，放置泪滴、覆铜及过孔阵列的基于 STM32 的 DDS 信号源双面板如图 8-42 所示。

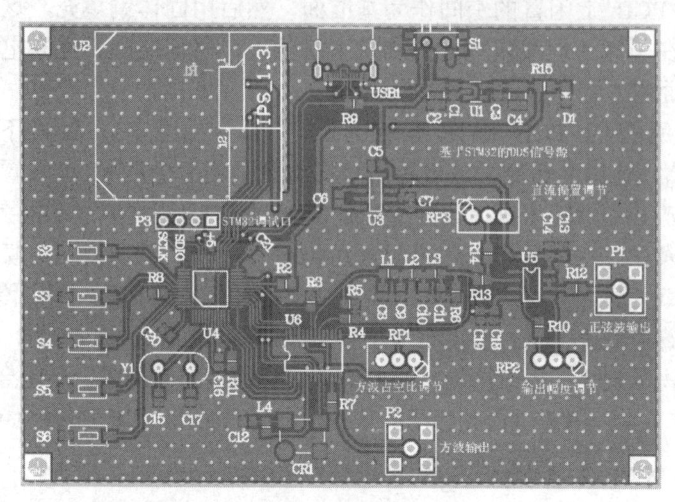


图 8-42　放置泪滴、覆铜及过孔阵列的双面板[19]

### 9. 生成 PCB 报表

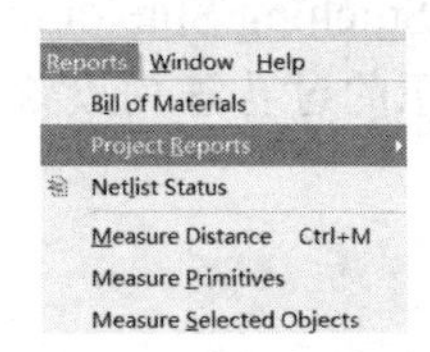


图 8-43　Reports 菜单

PCB 设计中的报表文件主要包括电路板报表文件、元器件清单报表文件、网络状态报表文件、距离测量报表文件及制作 PCB 所需要的底片报表文件、钻孔报表文件等。这些报表文件主要通过在 PCB 编辑器中单击“Reports”菜单来实现，如图 8-43 所示。

1）生成网络状态报表

在 PCB 编辑器中单击“Reports”菜单，在其下拉菜单中选择 Netlist Status（网络表状态）命令，系统将进入文本编辑器产生相应的网络状态表，该文件以.html 为后缀名。

2）生成元器件报表

在 PCB 编辑器中单击“Reports”菜单，在其下拉菜单中选择 Bill of Materials（物料清单）命令，系统将进入文本编辑器产生相应的物料清单表，利用此功能可以整理一个电路或一个项目中的元器件，形成一个元器件报表，以供用户查询和购买元器件。

3）测量距离

在 PCB 编辑器中单击“Reports”菜单，在其下拉菜单中选择 Measure Distance（测量距离）命令，则系统进入两点间距离测量的状态。在需要测量的起点位置单击，在终点位置再单击，便可以获得图 8-44 所示的测量信息，其中显示了两个测量点之间的距离和 *X*、*Y* 方向的距离。在 PCB 的设计过程中，可以精确地测量 PCB 中任意两个点之间的距离。

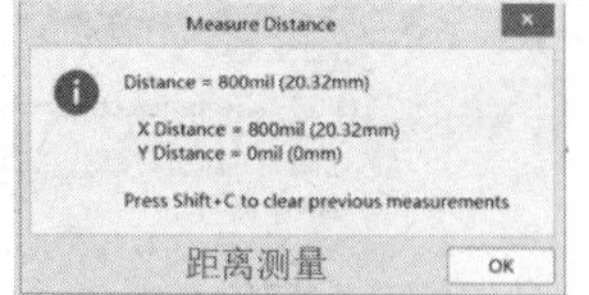


图 8-44　测量信息

4）生成 Gerber 光绘报表

Gerber 文件是一种用来把 PCB 图中的布线数据转换为胶片的光绘数据，从而可以被光绘图机处理的文件格式。由于该文件格式符合 EIA 标准，因此各种 PCB 设计软件都有支持生成该文件的功能，一般的 PCB 生产厂商就用这种文件来进行 PCB 的制作。在实际设计中，有经验的 PCB 设计者通常会将 PCB 文件按自己的要求生成 Gerber 文件，再交给 PCB 生产厂商制作，以确保制作出来的 PCB 符合个人定制的设计需要。在 PCB 编辑器中单击“File”菜单，在其下拉菜单中选择 Fabrication Outputs（制造输出）命令，然后选择 Gerber Files 对话框，选择输出的文件类型。

5）生成 NC 钻孔报表

钻孔是 PCB 加工过程的一道重要工序，生产厂商需要设计者提供的数控钻孔文件，以控制数控钻床完成 PCB 的钻孔工作。钻孔设备需要读取 NC Drill 类型的钻孔文件，文件中包含每个孔的坐标和使用的钻孔刀具等信息。通常有三种类型的钻孔文件，分别是“.DRR”“.TXT”“.DRL”文件。对于多层带有盲孔和埋孔的 PCB，每个层都产生单独的带有唯一扩展名的钻孔文件。

在 PCB 编辑器中单击“File”菜单，在其下拉菜单中选择 Fabrication Outputs（制造输出）命令，然后选择 NC Drill Files 对话框，选择输出的文件类型。

6）打印输出 PCB 图

在完成 PCB 图的设计后，需要将 PCB 图输出以生成印制板和焊接元器件，这就需要首先设置打印机的类型、纸张的大小和电路图的设定等，然后进行后续的打印输出。

## 8.5　基于 STM32 的 DDS 信号源项目设计能力形成观察点分析

根据项目设计目标，要求学生能运用层次原理图的设计方法完成复杂电路的原理图设计；能完成复杂电路的双面 PCB 图设计；熟悉常用的电子元器件的原理图符号和封装图，熟悉多引脚的集成芯片的电路设计。根据工程教育认证的要求，完成项目设计后需对学生层次原理图的设计能力进行合理性评价，因此在教学实施过程中设计了以下观察点。

1．检查基于 STM32 的 DDS 信号源原理图的完整性及电气特性，是否存在电气连接、遗漏元器件、网络连接等问题，对其原理图的设计能力进行合理性评价。

2．检查原理图中 USB 接口、程序下载连接器接口的原理图符号，对其原理图符号的设计及元器件的识别能力进行合理性评价。

3．检查 PCB 设计中的 STM32、USB 接口及程序下载连接器的封装及在 PCB 图中放置的位置，对其封装设计能力及元器件布局能力进行合理性评价。

4．检查 PCB 图的完整性及电气特性，是否存在短路、开路、封装错误、布局错误等问题，对其 PCB 图的设计能力进行合理性评价。

5．询问学生能否利用第 7 章的模块化设计方法完成基于 STM32 的 DDS 信号源的原理图设计，并说明设计步骤；询问学生能否查阅资料并采用“自底向上”层次原理图设计方法，完成基于 STM32 的 DDS 信号源的原理图设计；询问学生能否查阅资料并采用四层板的设计方式，完成基于 STM32 的 DDS 信号源的 PCB 设计；通过这三种方式检查学生的查阅资料能力、自学能力及创新能力。

# 本章小结

本章通过基于 STM32 的 DDS 信号源电路设计，详细地介绍了复杂电路的层次原理图的设计过程、电路双面板的设计过程。本章内容的训练可以提高学生的电路分析能力、电路设计能力和对现代工具的操作能力。

# 思考与练习

## 一、思考题

1．什么是层次原理图？层次原理图的设计方法有几种？
2．什么是总线？试说明绘制总线的步骤。
3．在原理图中具有电气连接的方式有几种？

## 二、练习题

1．根据表 8-2 中的元器件信息（对标准库中没有的元器件需要查阅资料并制作原理图和对应的封装）绘制图 8-45 所示的 USB 转串行口连接器的电路原理图及双面板，USB 转串行口连接器的实物图如图 8-46 所示，USB 转串行口连接器的元器件布局图如图 8-47 和图 8-48 所示。

表 8-2　USB 转串行口连接器的电路原理图的元器件标号及封装对应列表

| Designator（元器件标号及标称值） | LibRef（原理图元器件库名） | 元器件所在的库 | Footprint（封装） |
|---|---|---|---|
| C1、C2（22pF）；C3、C4、C6（0.1μF）均放置在底层 | Cap（贴片无极性电容） | Miscellaneous Devices.IntLib | C3216L |
| C5（10μF）放置在底层 | Cap Pol1（贴片电解电容） | Miscellaneous Devices.IntLib | C1210_N |
| Y1（12MHz 晶振） | XTAL | Miscellaneous Devices.IntLib | XTAL2（自制） |
| VD1、VD2、VD3 均放置在顶层 | LED2（贴片红色发光二极管） | Miscellaneous Devices.IntLib | 0805 |
| R1、R2（22Ω）；R3、R4（1.5kΩ）均放置在顶层。R5、R6（1.5kΩ）；R7、R8（10kΩ）均放置在底层 | Res2（贴片电阻） | Miscellaneous Devices.IntLib | 1608L |
| U1（PL2303HX）放置在顶层 | PL2303HX（自制） | — | SOP28_L（自制） |
| J1（3 引脚排针跳线） | Header3 | Miscellaneous Devices.IntLib | HDR1X3 |
| P1（4 引脚排针跳线） | Header4 | Miscellaneous Connectors.IntLib | HDR1X4H |
| USB 接口 | 1-1470156-1 | ASM Serial Bus USB.IntLib | USB |

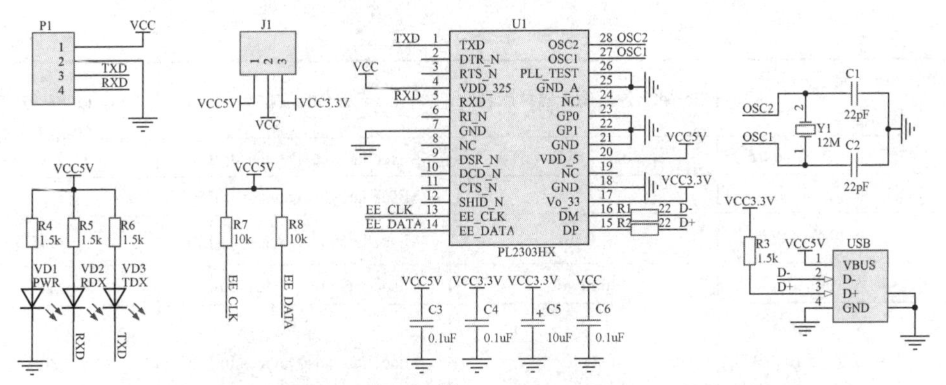


图 8-45　USB 转串行口连接器的电路原理图[17]

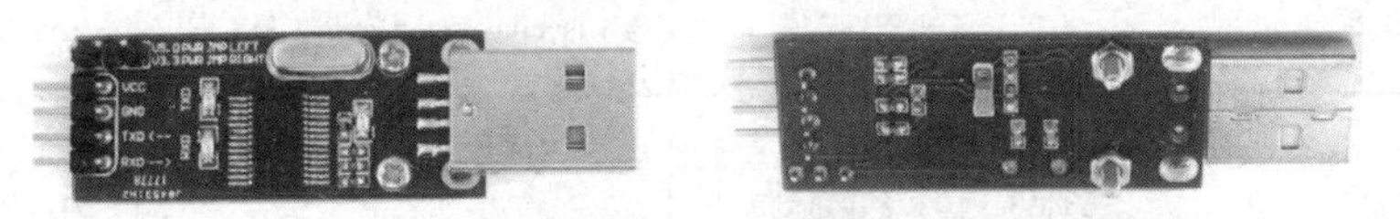

图 8-46　USB 转串行口连接器的实物图[17]

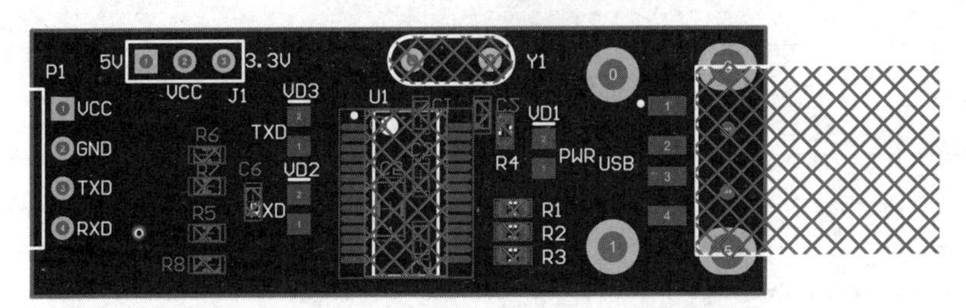


图 8-47　USB 转串行口连接器的顶层元器件布局图[17]

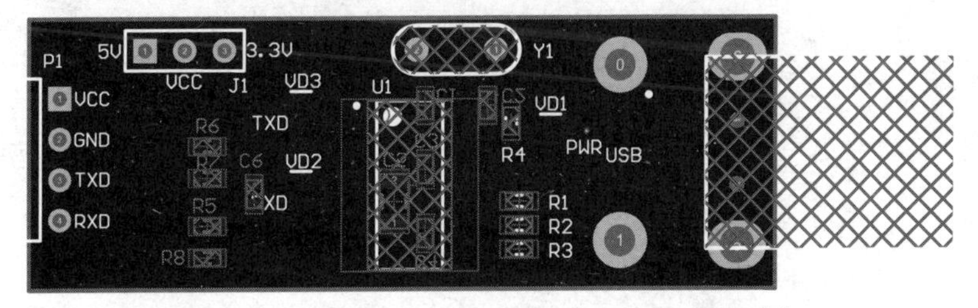


图 8-48　USB 转串行口连接器的底层元器件布局图[17]

2．根据表 8-3 中的元器件信息（对标准库中没有的元器件需要查阅资料并制作原理图和对应的封装）绘制图 8-49 所示的 STM32 功能板的电路原理图及双面板，STM32 功能板的双面 PCB 的元器件布局图如图 8-50 所示，STM32 功能板的实物图如图 8-51 所示。

表 8-3　STM32 功能板电路原理图元器件标号及封装对应列表

| Designator（元器件标号及标称值） | LibRef（原理图元器件库名） | 元器件所在的库 | Footprint（封装） |
|---|---|---|---|
| C1（30pF）；C2（100pF）；C3、C4、C5、C6、C7、C8、C9、C10、C11 均为 0.1μF | Cap（无极性电容） | Miscellaneous Devices.IntLib | C0805（标准库） |

（续表）

| Designator（元器件标号及标称值） | LibRef（原理图元器件库名） | 元器件所在的库 | Footprint（封装） |
|---|---|---|---|
| C20（47μF）、C21（100nF） | Cap Pol1（电解电容） | Miscellaneous Devices.IntLib | C1210_N |
| Y1（8MHz 晶振） | XTAL | Miscellaneous Devices.IntLib | XTAL2 |
| D1、D2（红色发光二极管） | LED0 | Miscellaneous Devices.IntLib | 0805 |
| L1、L2（均为 100μH） | Inductor | Miscellaneous Devices.IntLib | 0805 |
| R1、R2、R3、R4、R5、R6、R7、R8、R9、R10、R11（均为 1kΩ） | Res2 | Miscellaneous Devices.IntLib | 0805 |
| K1（轻触按键） | SW-PB | Miscellaneous Devices.IntLib | SW-MINI（自制） |
| K2（自锁开关） | SW SPDT | Miscellaneous Devices.IntLib | SW-SPDT-7P（自制） |
| U1（32 位单片机） | STM32F103C8（自制） | — | TQFP-48（自制） |
| U2（ASM1117） | Volt Reg | Miscellaneous Devices.IntLib | SOT-23（自制） |
| J1（Type-C 接口） | TYPE-C（自制） | — | TYPE-C（自制） |
| J2 | Header3 | Miscellaneous Connectors.IntLib | HDR1X3 |
| JP1 | Header3 | Miscellaneous Connectors.IntLib | HDR2X3 |
| JP2 | Header10 | Miscellaneous Connectors.IntLib | HDR2X10 |
| JP3、JP4 | Header16 | Miscellaneous Connectors.IntLib | HDR2X16 |

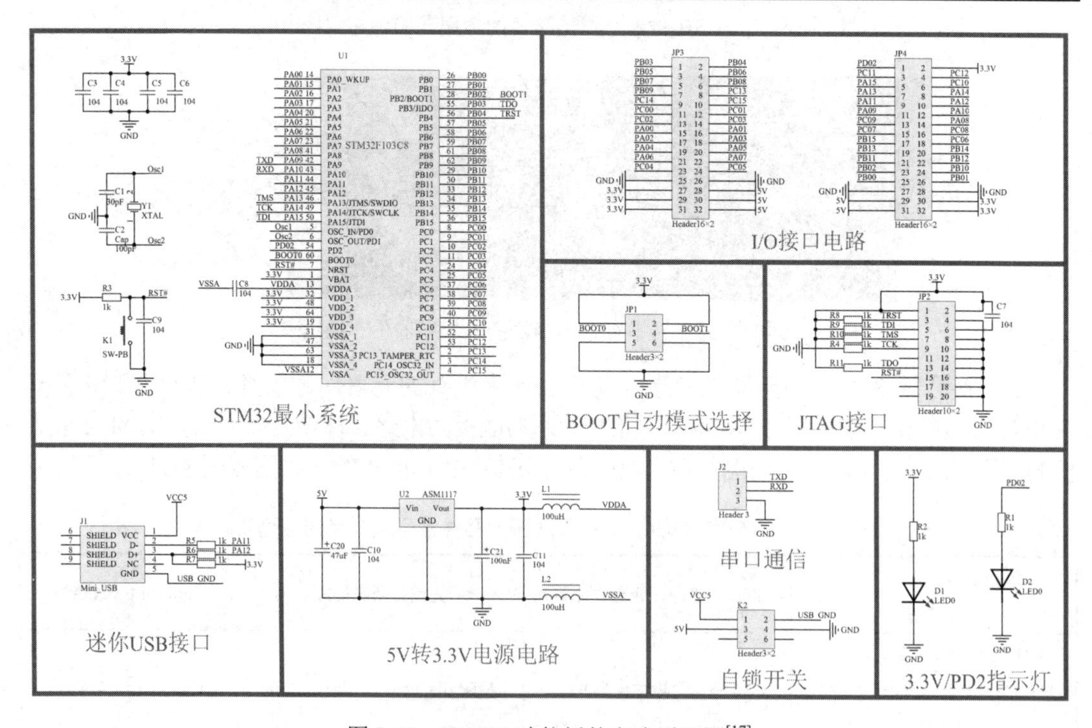


图 8-49　STM32 功能板的电路原理图[17]

图 8-50　STM32 功能板的元器件布局图[17]

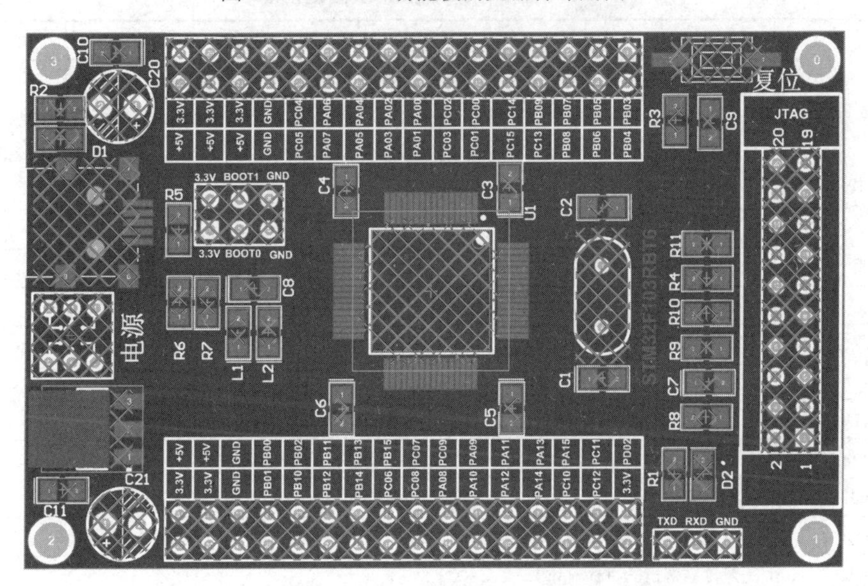


图 8-51　STM32 功能板的实物图[17]

# 附录 A　Altium Designer 快捷键大全

Altium Designer 软件提供了很多快捷键的操作，在 Altium Designer 的原理图、PCB 图及元器件库编辑中，在英文输入法的状态下，只要分别或同时按下键盘上的几个按键（大小写没有区别），即可快速地执行 Altium Designer 的某项功能，这些快捷键在 Altium Designer 的原理图、PCB 图及元器件库编辑器的菜单上有对应的说明。下面分别对比较常用的快捷键进行说明，如表 A-1 所示，表中有多种组合，如“Ctrl+C”表示“在操作中同时按下 Ctrl 和 C 两个按键”，“P，N”表示“先按 P 键，再按 N 键”。

表 A-1　Altium Designer 快捷键功能表

| 快 捷 键 | 功 能 |
|---|---|
| | 在 Altium Designer 设计中，鼠标使用得最多，鼠标的按键功能也最多，归纳为：（1）单击，选定目标；（2）右击，弹出快捷菜单；（3）双击，编辑鼠标位置的对象；（4）鼠标滚轮滚动，上下移动画面；（5）Ctrl+鼠标滚轮（上下滚动），以光标为中心放大或缩小画面；（6）Shift+鼠标滚轮滚动，以光标为中心，左右移动画面 |
| F1 | 启动在线帮助窗口 |
| F3 | 在原理图中查找匹配字符 |
| Esc | 放弃或取消 |
| Tab | 进入浮动图件的属性对话框，比如在放置元器件时，元器件处于浮动状态，按 Tab 键即进入元器件属性对话框 |
| PageUp | 将编辑器的窗口显示比例放大 |
| PageDn | 将编辑器的窗口显示比例缩小 |
| End | 刷新屏幕 |
| Home | 以光标位置为中心，刷新屏幕 |
| Delete | 删除被选出的目标对象 |
| + | 在 PCB 设计中，切换到下一层（数字键盘） |
| − | 在 PCB 设计中，切换到上一层（数字键盘） |
| * | 在 PCB 设计中，切换到下一布线层（数字键盘） |
| ↑↓←→ | 沿箭头方向以一个网格为增量，移动光标 |
| x | 先用鼠标选中对象，按住鼠标左键，然后按“x”键，则被选取的对象进行左右翻转 |
| y | 先用鼠标选中对象，按住鼠标左键，然后按“y”键，则被选取的对象进行上下翻转 |
| Space（空格） | 先用鼠标选中对象，按住鼠标左键，然后按“空格”键，则被选取的对象进行 90° 翻转 |
| G | 网格的单位循环切换，如在原理图编辑器中，网格单位在 1mm、2mm 与 5mm 之间切换；在 PCB 编辑器中，弹出捕获网格菜单，可自由选择单位 |
| Q | 在 PCB 编辑器中，网格的单位在英制与公制之间切换 |
| N | 在 PCB 编辑器中，移动元器件时隐藏网状线 |
| L | 在 PCB 编辑器中，镜像元器件到另一布线层 |

（续表）

| 快　捷　键 | 功　　能 |
|---|---|
| Alt | 在 PCB 编辑器中，在避开障碍物和忽略障碍物之间切换 |
| Ctrl | 在 PCB 编辑器中，布线时临时不显示电气网格 |
| Alt+F4 | 关闭 Altium Designer 软件 |
| Alt+Tab | 在打开的各个应用程序之间切换 |
| Alt+F5 | 切换全屏模式 |
| Ctrl+G | 在原理图中，跳转到指定的位置，并进行替换操作 |
| Ctrl+F | 寻找指定的文字 |
| Ctrl+T | 将选定对象以上边缘为基准，顶部对齐 |
| Ctrl+L | 将选定对象以左边缘为基准，靠左对齐 |
| Ctrl+R | 将选定对象以右边缘为基准，靠右对齐 |
| Ctrl+H | 将选定对象以左右边缘的中心线为基准，水平居中排列 |
| Ctrl+Shift+h | 将选定对象在左右边缘之间，水平均布 |
| Ctrl+Shift+v | 将选定对象在上下边缘之间，垂直均布 |
| Ctrl+G | 弹出 Snap Gird 对话框 |
| Ctrl+Z | 撤销上一次操作 |
| Ctrl+Y | 重复上一次操作 |
| Ctrl+A | 选择全部 |
| Ctrl+S | 保存当前文档 |
| Ctrl+C | 复制 |
| Ctrl+X | 剪切 |
| Ctrl+V | 粘贴 |
| Ctrl+R | 复制并重复粘贴选中的对象 |
| Ctrl+M | 测量快捷 |
| Ctrl+Home | 跳转到绝对原点（工作区的左下角） |
| Ctrl+PageDown | 调整视图以适合所有对象 |
| Ctrl+PageUp | 放大到 400% |
| Ctrl+PageDown | 缩放到合适 |
| Ctrl+End | 跳转到工作区的相对起始坐标 |
| Shift +A | 调用蛇形走线，再按 1 和 2 改变转角，按 3 和 4 改变间距，按“，”和“。”改变宽窄 |
| Shift+S | 切换单层显示和多层显示 |
| Shift+空格 | 在交互布线的过程中，切换布线形状 |
| Shift+C | 清除当前的过滤 |
| Shift+空格 | 被选中的导线、总线、直线等移动对象，以逆时针旋转 90° |
| Shift+Ctrl+C | 清除高亮应用 |
| Shift+R | 在三种布线模式间循环切换 |
| Shift+E | 开关电气栅格 |
| Ctrl+Shift+滚轮 | 放过孔，同时切换上下层 |
| Shift+B | 建立查询 |
| Shift+PageUp | 以小幅度放大 |

（续表）

| 快 捷 键 | 功 能 |
| --- | --- |
| Shift+PageDown | 以小幅度缩小 |
| P，N | 放置网络标号 |
| C，C | 项目编译 |
| P，L | 布线快捷键 |
| P，D，L | 量尺寸 |
| J，L | 定位到指定的坐标位置。这时要注意确认左下角的坐标值，如果定位不准，可以放大视图并重新定位，如果仍不准，则需要修改栅格吸附尺寸（定位坐标应该为吸附尺寸的整数倍） |
| J，C | 定位到指定的元器件处，在弹出的对话框内输入该元器件的编号 |
| R，M | 测量任意两点间的距离 |
| R，P | 测量两个元素之间的距离 |
| G，G | 设定栅格吸附尺寸 |
| O，B | 设置 PCB 属性 |
| O，P | 设置 PCB 相关参数 |
| O，M | 设置 PCB 层的显示与否 |
| D，K | 打开 PCB 层管理器 |
| E，O，S | 设置 PCB 原点 |
| E，F，L | 设置 PCB 元器件（封装）的元器件参考点。（仅用于 PCB 元器件库）元器件参考点的作用：假设将某元器件放置到 PCB 中，该元器件在 PCB 中的位置（$X$、$Y$ 坐标）就是该元器件参考点的位置，当在 PCB 中放置或移动该元器件时，鼠标指针将与元器件参考点对齐。如果在制作元器件时元器件参考点设置得离元器件主体太远，则在 PCB 中移动该元器件时，鼠标指针也离该元器件太远，不利于操作。一般可以将元器件的中心或某个焊盘的中心设置为元器件参考点 |
| E，F，C | 将 PCB 元器件的中心设置为元器件参考点（仅用于 PCB 元器件库）。元器件的中心是指该元器件的所有焊盘围成的几何区域的中心 |
| E，F，P | 将 PCB 元器件的 1 号焊盘的中心设置为元器件参考点（仅用于 PCB 元器件库） |
| T，M | 去掉 PCB 中的高亮度显示 |

# 参 考 文 献


[1] 赵广林. 电路图快速识读一读通[M]. 北京：电子工业出版社，2013.

[2] 毛期俭. 数字电路与逻辑设计实验及应用[M]. 北京：人民邮电出版社，2005.

[3] 张校铭. 从零开始学电子元器件——识别检测维修代换应用[M]. 北京：化学工业出版社，2017.

[4] 王双喜，孙瑞娟，等. 金工实习[M]. 武汉：武汉大学出版社，2014.

[5] 马存宝，成功，胡云兰，等. 继电器可靠性影响因素分析[J]. 继电器，2006(04)：66-68，88.

[6] 马军. 零欧姆贴片电阻的应用技巧[J]. 家电检修技术，2013(07)：54.

[7] 王彦华，刘希璐. 光敏电阻器原理及检测方法[J]. 装备制造技术，2012(12)：101-102，113.

[8] 夏征农，陈至立. 大辞海——信息科学卷[M]. 上海：上海辞书出版社，2015.

[9] 李海强. LTE 多模终端的关键技术及系统设计[M]. 北京：北京理工大学出版社，2016.

[10] 王成安. 电子产品生产工艺实例教程[M]. 北京：人民邮电出版社，2009.

[11] 毛楠，孙瑛，等. 电子电路抗干扰实用技术[M]. 北京：国防工业出版社，1996.

[12] 赵全利，李会萍. Multisim 电路设计与仿真[M]. 北京：机械工业出版社，2017.

[13] 徐龙道. 物理学词典[M]. 北京：科学出版社，2007.

[14] 周润景，李楠. 基于 Proteus 的电路设计、仿真与制板[M]. 2 版. 北京：电子工业出版社，2020.

[15] 李精华，李云. 51 单片机原理及应用[M]. 北京：电子工业出版社，2017.

[16] 高敬鹏，武超群，冯收，等. Altium Designer 21 原理图与 PCB 设计教程[M]. 北京：机械工业出版社，2022.

[17] 郭勇，陈开洪. Altium Designer 印制电路板设计教程 [M]. 2 版. 北京：机械工业出版社，2022.

[18] 李精华，梁强，李铀，等. 微机原理与单片机接口技术[M]. 2 版. 北京：电子工业出版社，2023.

[19] 刘涛，赵中华，童有为，等. Altium Designer 20 电子电路设计软件及应用[M]. 成都：电子科技大学出版社，2021.

[20] Altium 中国技术中心. Altium Designer 19 PCB 设计官方指南（高级实战）[M]. 北京：清华大学出版社，2019.

# 反侵权盗版声明